우리 국토 좋은 국토

국토관리의 패러다임

우리 국토 좋은 국토

국토관리의 패러다임

2014년 4월 1일 초판 1쇄 찍음
2014년 4월 7일 초판 1쇄 펴냄

지은이 권용우·박양호·유근배·조준현·우명동·오세열·황상규·변병설·이재준·김세용
        김광익·유환종·이용우·이원호·구자용·황철수·김형태·이자원·박지희·정경연

편집 권현준, 김유경
디자인 디자인 시
마케팅 이영은

펴낸곳 (주)사회평론
펴낸이 윤철호

등록번호 10-876호(1993년 10월 6일)
전화 02-326-1185(영업) 02-326-1543(편집)
팩스 02-326-1626
주소 서울특별시 마포구 월드컵북로12길 17 (주)사회평론
이메일 editor@sapyoung.com
홈페이지 www.sapyoung.com

우리 국토 좋은 국토

국토관리의 패러다임

권용우 · 박양호 · 유근배 외 지음

사회평론

사랑하는 마음으로 국토 바라보기

국토는 땅과 바다로 이루어져 있다. 사랑하는 마음으로 국토를 바라보면 국토에서 감동이 느껴진다. 삼천리 구석구석이 나름대로 아름답지 않은 곳이 없다. 같은 장소라도 봄, 여름, 가을, 겨울의 각 절기마다 예쁜 옷을 갈아입고 자태를 뽐낸다. 우리나라의 북쪽은 유라시아 대륙과 연결되어 있다. 나머지 동쪽, 남쪽, 서쪽은 바다다. 그 바다를 힘차게 헤쳐 나가면 태평양에 이른다. 전 세계적으로 땅과 바다를 다 함께 가지고 있는 나라는 흔하지 않다. 아름다운 땅과 푸른 바다가 있는 우리나라는 축복받은 나라다.

사랑하는 마음으로 국토에서 감동을 찾으려 한 예는 허다하다. 프랑스의 비달 드 라 블라슈(Vidal de la Blache)는 인간과 함께하는 국토에 의미를 둔다. 그는 사람들이 국토에서 필요한 바를 얻어내려 한다고 강조한다. 그러므로 사람들의 생활양식(genre de vie)을 알아내는 것이 국토를 사랑하는 핵심이라고 정리한다. 독일의 프리드리히 라첼(Friedrich Ratzel)은 국토는 사람과 연계된 공간적 유기체라고 전제한다. 그는 국토 안에서 사람들의 활동이 생동감 있게 드러나는 생활공간(Lebensraum)의 내용을 파악할 때 국토의 이치와 감흥을 접할 수 있다고 설명한다. 독일 학자 알프레드 헤트너(Alfred Hettner)는 세계 각 지역을 샅샅이 답사한다. 그는 자연과 인간이 어우러져 삶의 현장인 지역(Länder)을 만든다는 결론을 끌어낸다. 그는 땅과 인간의 상호작용을 터득해야 국토가 지닌 아름다움을 받아들일 수 있다고 지적한다.

우리 선현들의 예술 작품은 상당수가 국토의 아름다움을 표현하는 감동의 결과다. 예술 작품뿐만 아니라 국토를 접하고 관리하는 자세 또한 우리가 본받을 만하다. 세종은 당대 최고의 엘리트들의 도움을 받아 『세종실록지리지』를 간행했다. 나라 관리의 근본이 치산치수(治山治水)임을 분명히 하면서 조선 팔도의 지리적 실태를 상세히 밝힌다. 조선시대 실학자들에게서 우리는 국토 관리의 여러 철학과 패러다임을 접한다. 도로를 중시하고 농지 관리의 묘안을 제시하며 하천과 어종 관리에 열성을 보인다. 김정호는 전국 방방곡곡을 누비고 다니며 『대동여지도』를 만든다. 정약용은 영조의 명을 받아 조선시대 신도시인 화성을 축성한다.

　사랑하는 마음으로 국토를 바라보면 새록새록 정감이 솟아나고 아름답게 보인다. 땅은 예나 지금이나 있던 그 자리에 의연하게 자리 잡고 있다. 문제는 땅에 다가가는 사람들의 마음가짐이다. 땅은 접근하는 사람들과의 관계를 통해 부단히 자기의 정체성(identity)을 변화시킨다. 이렇게 볼 때 오늘날 땅을 보는 부류는 두 가지로 나눌 수 있는 듯하다. 하나는 땅을 돈의 대상으로 보아 무차별적으로 개발해 황금을 챙기는 부류다. 다른 하나는 땅을 사랑의 대상으로 보아 여러 처지를 세심히 살펴가면서 땅을 지속 가능하게 관리하는 부류다. 땅에서 감동을 찾는 경우는 어느 것일까? 당연히 후자의 품격을 일컬음이리라. 진정으로 국토를 사랑하는 사람들에게, 땅은 감동을 찾으려는 끈질긴 집념과 힘찬 생명력을 요구한다. 뜨거운 활력으로 땅에 관한 여러 패러다임을 때로는 만들고, 때로는 발전시켜야 하기 때문이다. 땅에 대한 사랑, 이것은 땅에서 감동을 찾으려는 사람들이 지녀야 할 덕목의 전부다.

　그렇다면 어떻게 해야 우리의 국토를 좋은 국토로 여기고 사랑할 수 있을까? 저자들은 무엇보다 먼저 우리 국토에 관한 정확한 인식에서 출발해야 한다고 전제한다. 국토를 잘 알아야 국토에 대한 사랑의 마음이 더욱더 새로워지고 단단해질 것이라고 믿기 때문이다. 이런 관점에서 스무 명의 국토 관련 전문가들은 본인들이 가장 잘 아는 분야를 택했다. 그리고 그 내용을 보통 사람들이 쉽게 이해할 수 있도록 글로, 그림으로, 사진과 표 등으로 설명하려 했다.

이 책을 출판하는 과정에서 여러 분들이 노고를 아끼지 않았다. 이자원 교수를 비롯하여 김광익 박사, 유환종 교수, 이원호 교수, 박지희 박사, 김형태 박사 등 여섯 분은 헌신적으로 편집을 진행해주었다. 수원시정연구원의 박예진 연구원, 경기개발연구원의 김미영 전 연구원은 꼼꼼히 교정을 해주었다. 성신여대 대학원생 정혜진, 나혜경, 손은영 양은 사진 교열을 맡아주었다. 모든 분들께 감사드린다. 특히 흔쾌히 이 책을 출판해준 사회평론에 고마움을 표한다.

2014년 4월
저자 대표 권용우

차례

제1부

국토관리의 지리학

1 생활국토시대

권용우(성신여자대학교)

오늘날 경제민주화의 패러다임과 함께 새로운 국토정책이 필요하다. 한반도와 세계를 동시에 아우르는 새로운 국토철학이 요구되는 시점이다. 2013년 이후의 새로운 국토철학은 국민 한 사람 한 사람의 일상적 생활과 직결되는 이른바 '생활국토시대'에 적합한 국토철학이어야 한다. 생활국토시대란 보통 사람들의 삶의 질을 최우선적으로 중시하며 국토정책을 실천하는 시대를 말한다. 이 글에서는 생활국토시대를 성찰하기 위해, 지난 시기의 국토정책의 흐름을 살펴보고, 생활국토시대의 국토정책이 지녀야 할 목표와 특성, 그리고 몇 가지 정책 패러다임을 제시할 것이다.

1-1 표트르 대제에 의해
완성된 상트페테르부르크
여름궁전(필자 촬영)

1-2 개선문이 보이는
파리의 신도시 라데팡스
중심광장(필자 촬영)

새로운 국토정책

국토[1] 문제는 국민의 재산권이 걸린 문제다. 이런 연유로 국토 문제는 한 나라의 최고 권력자나 권력자 집단의 의지가 결정적인 영향력을 행사한다. 동서고금의 사례를 보면 한 나라의 국토 문제가 국가의 주요 국정과제가 되는 경우는 대체로 두 가지 과정을 거친다. 하나는 최고 권력자가 스스로 국토 문제에 몰두하여 여러 정책을 실행하는 경우다. 다른 하나는 여러 전문가의 의견이나 시대의 염원을 수렴하여 국토 문제를 국정의 최우선 과제로 삼는 경우다. 둘 중 어느 쪽이라도 최종결정은 최고 권력자나 권력자 집단의 몫이다.

러시아의 표트르 대제는 핀란드 만 연안에 직접 거주하면서 상트페테르부르크 신도시를 건설하여 수도로 삼았다.(1-1) 영국의 빅토리아 여왕은 해양 개척을 통해 영국을 세계 강국의 반열에 올려놓았다. 미국의 루스벨트 대통령은 TVA를 통해 대공황을 극복하였고, 독일의 지도자들은 라인 강을 관리해 독일 부흥의 기적을 만들었다. 프랑스 지도층은 대혁명을 기념해 에펠탑과 신도시 라데팡스를 건설하였다.(1-2)

우리나라는 세종대에 국토에 관한 연구와 정책 집행이 매우 체계적으로 이루어졌다.(1-3) 이러한 전통은 영·정조대의 정약용까지 이르렀다.(1-4) 조선

세종시대	조선시대	영·정조시대	대한민국 건국 이후
· 체계적인 국토 연구, 정책 집행	· 국정의 핵심과제 치산치수(治山治水)		· 국토 건설 · 그린벨트 · 세종시

1-3 우리나라 국토 연구와 정책 집행의 역사적 흐름

1-4 정조시대 정약용이 관여해 만든 계획도시 수원(수원시)

시대의 치산치수(治山治水)는 국정의 핵심과제로 자리 잡았다. 대한민국이 건국된 이후에는 국토 건설, 그린벨트, 세종시 등이 국정의 최우선과제로 다루어진 바 있다.

이처럼 국토 문제에 관한 동서고금의 흐름을 볼 때, 우리나라는 국가적 정책과제 설정에서 새로운 패러다임을 맞이하고 있다. 이른바 '경제민주화'의 논리가 국가 관리의 중심 화두가 되고 있기 때문이다. 새로운 패러다임인 경제민주화는 국토 문제에 접근하는 방법에서도 새로운 시각 정립을 요구하고 있다.[2] 국토와 도시정책을 입안하고 실천하는 데에 경제민주화 논리의 공간적 적용이 가능할 것으로 보인다.

더욱이 대외적으로 '해외경제영토 확충'이라는 변화가 활발하게 전개되고 있다.(1-5) 우리나라는 대외경제력을 신장시켜 80여 개국과 자유무역협정(FTA)을 맺으면서 해외경제영토를 넓히고 있다. 경제력 신장에는 자동차, 선박, 전자, 건설, 석유, 기계 등의 과학기술 산업이 크게 기여한다. 우리나라는 20-50클럽 국가로 성장하면서, G9 무역대국과 무역 1조 달러 시대를 열었으며 서아시아 지역에 건설시장을 확충하고 있다. 무역대국이 된 우리나라에서 국가 교통망체계와 물류항만의 역할은 그 어느 때보다도 중요하다.

20-50클럽 1인당 국민소득 2만 달러 이상, 인구 5천만 명 이상의 기준을 동시에 충족한 국가를 지칭하는 신조어.

1-5 해외경제영토 확충

분야 \ 시기	1시기 1960~1980	2시기 1980~2000	3시기 2000~2010	4시기 2010~
정치 · 경제 사회 · 문화	- 근대화 - 산업화	- 민주화 - 세계화	- 선진화	- 글로벌화
국토	- 재건 - 건설	- 개발 - 환경	- 균형	- 생활
시대 정의	국토 1.0	국토 2.0	국토 3.0	국토 4.0

표 1-1 1960년 이후 우리나라 국토정책 패러다임의 변화

국토정책의 흐름

1960년 이후의 우리나라 국토정책[3]은 정치·경제·사회·문화정책의 흐름과 궤를 맞춰볼 때 대체로 4시기로 나눌 수 있다.(표 1-1)

1시기는 1960~1980년의 기간이다. 4·19혁명과 이어 등장한 박정희 정부에서는 근대화와 산업화를 국정의 패러다임으로 정한다. 국토 분야는 재건하고 건설하는 일에 몰두한다.

1960년대(1960~70)는 서울 – 인천 특정지역 지정과 위성도시 구상(1965), 국토계획 기본구상과 대도시 방위지향정책(1968), 성남단지개발, 영동잠실지구개발,(1-6) 대덕학원연구도시건설 등이 전개된다. 1970년대(1971~80)는 국토공간의 재편성을 지향하는 전국적 차원의 인구 분산화정책이 전개된다. 이러한 분산화정책에 의해 제1차 국토종합개발계획(1972~81)과 수도권 위성도시 배치정책(1971), 개발제한구역의 설정(1971), 국토이용관리법(1972), 과천 신도시 건설(1978~83), 반월 신도시 건설(1977~87), 여천 신도시 건설(1977~86) 등이 진행된다. 교통물류 부문은 태동기(1945~60)를 거쳐, 1970년대에 이르러 기간시설로서 교통물류망의 골격을 형성한다.[4] 항공법제도 정비, 경인고속도로 개통(1968), 경부고속도로 완공(1970),(1-7) 전기철도 시대 개막(1972), 지하철 시대 개막(1974), 국적선 확보 및 컨테이너선 운항, 민간항공기 확장 등이 진행된다.

2시기는 1980~2000년의 기간이다. 1980년대 이후에 들어선 문민정부는 국정의 방향을 민주화와 세계화로 내세운다. 국토 분야는 개발에 중점을 두나, 점차 환경을 중시해야 한다는 논리가 부상한다.

1-6 서울의 영동잠실지구 개발
(서울시청, 1999)

1-7 경부고속도로 건설
(한국도로공사, 2007)

1980년대(1980년 전후~1990)는 대도시권 수용정책이 기조를 이룬다. 이에 따라 수도권 인구재배치 기본계획(1977), 5대 거점도시권정책 및 임시행정수도 구상(1978), 제2차 국토종합개발계획(1982~91), 성장거점도시 및 생활권 계획정책(1981), 수도권 정비계획(1982) 등이 제시된다. 1990년대(1990년 전후~2000년 전후)는 수용의 차원을 넘어 적극적으로 도시를 개발하자는 확대개발이 전개된다. 분당 등 수도권 5개 신도시 개발, 수도권 정비계획법 및 시행령 개정(1993), 제2차 수도권 정비계획(1995), 제3차 수도권 정비계획(1996) 등이 만들어진다. 1980년대 중반 이후에 이르러 '개발은 하되, 지속가능하고 친환경적인 개발이 필요하다'는 논리가 등장한다. 교통물류 부문은 1980년대에 교통물류산업의 성장과 시설 확충을 도모한다. 광역도시 철도망 구축, 해운산업의 합리화 추진, 공항시설 확충, 올림픽 고속도로와 5개 대도시 도시철도 개통 등이 이루어진다. 1990년대에는 간선망의 형성과 시설 확충이 전개된다. 국가기간도로망 확충, 고속철도망 구축, 해운산업의 국제화, 복수민항으로 경쟁력 강화, 자동차 1천만 대 돌파와 승용차 억제 시도, 물류정보화시설망 구축이 진행된다.

3시기는 2000~2010년의 기간이다. 2000년대에 집권한 정부에서는 국정의 방향을 선진화로 모은다. 국토 분야는 균형을 주요 패러다임으로 정한다.

2000년대에 들어선 참여정부(2003~2007)는 수도권과 비수도권 모두의 삶의 질과 경쟁력 향상을 추진하겠다는 균형발전을 천명한다. 그것은 구체적으로 세종시, 혁신도시, 기업도시, 살고 싶은 도시 등 일련의 도시정책으로 제시된다. 이명박 정부(2008~2013)는 국토를 수도권, 충청권, 호남권, 대경권, 동남권의 5개 대권과 강원권, 제주권의 2개 권역으로 묶어 관리하자는

1-8 우리나라 국토정책의
발전 양상

'5+2' 광역경제권을 제시한다. 정책의 패러다임을 지역 간 균형발전에서 권역별 특화발전으로 변환하자는 취지다. 2000년대의 교통물류 부문은 글로벌화와 친환경 인간 중심 체계로 들어선다. 친환경 인간 중심 첨단도로 건설, 고속철도 중심 교통체계 확충, 국제복합물류 글로벌화 추구, 신국제공항 및 제3민항 개방, 교통수요관리정책 강화, 동북아 물류중심 로드맵(2003), 국가물류기본계획(2006), 국가기간교통망 수정계획(2007) 등이 진행된다.

4시기는 2010년 이후 현재 진행되고 있는 기간이다. 국정의 방향은 글로벌화로 요약된다. 국토 분야는 균형정책과 함께 생활국토 등 새로운 패러다임을 모색하고 있다.

이상의 국토 정책의 발전양상을 정치·경제·사회·문화 등 시대적 패러다임과 연계하여 변천단계를 구분하면, 재건·건설시대(국토 1.0), 개발·환경시대(국토 2.0), 균형시대(국토 3.0), 생활국토시대(국토 4.0) 등으로 나누어볼 수 있다.(1-8)

생활국토정책의 목표와 특성

생활국토정책의 목표는 분명하다. 그것은 국민 한 사람 한 사람이 국토정책의 내용과 효과를 고스란히 피부로 느껴 삶의 질(quality of life)을 누릴 수 있도록 국토정책을 만드는 것이다.

우리나라의 국토정책은 대체로 2000년을 전후하여 성격을 달리하는 측면이 있다. 1960년부터 2000년까지 국토정책은 하향식 개발과 불균형 성장의

1960~2000	2000 이후
□ 하향식 개발 □ 불균형 성장 논리 ➔ 건설과 개발 중시	□ 성장 결실을 국민 모두에게 □ 삶의 질 향상 ➔ 균형과 생활국토

1-9 우리나라 국토정책
1960~2010년대

논리 아래 건설과 개발을 중시했다. 그러나 2000년 이후 성장의 열매가 국민 모두에게 골고루 돌아가게 하는 균형과 생활국토 등이 화두로 떠올랐다.(1-9)

2000년 이후에 다룬 정책 가운데 노무현 정부의 '세종시'와 이명박 정부의 '4대강'은 진행 중이다. 세종시는 균형발전을 목표로 하며,(1-10) 4대강은 환경과 관련된 삶의 질의 내용을 전제로 한다.

세종시와 4대강 정책의 경우, 정책을 입안하여 집행하는 정책수행자와 정책을 받아 누리는 정책수혜자를 나누어 분석해보면 흥미로운 사실이 관찰된다. 결론적으로 말해 정책수혜자들이 목소리를 크게 내고 있다는 것이다. 각 정책에 대해 자기들의 요구사항을 분명히 하고, 정책에 직접 참여하여 이해관계를 가늠하려는 의지를 강하게 보이고 있다. 이른바 '참여적 민주주의(participatory democracy)'가 실천적 단계에 이르렀다고 보인다.(1-11)

1-10 세종시 전경 조감도
(세종시)

정책수행자 〈 정책수혜자　　　· 요구사항 발언
　　　　　　　　　　　　　　　　　　　　· 정책 직접 참여

1-11 참여적 민주주의

　　1960년대 이후 참여적 민주주의가 강조되면서 더불어 본격적으로 정립된 시민참여는 민선자치시대인 오늘날 우리나라 정책집행에서 중요성을 더해가고 있는 것으로 보인다. 시민참여는 풀뿌리 민주주의의 형태와 기능을 가리킬 뿐 아니라 지극히 전문적인 의미로도 사용되는 다의적인 개념이다. 통상적으로는 시민이 행정기관이나 공직자들의 정책 결정 과정에 주체의식을 가지고 참여하여 투입기능을 수행하는 행위를 의미한다.

　　시대적 흐름을 보면 18세기 이후 프랑스 대혁명과 산업혁명을 거쳐 민주화와 산업화가 진행되면서 공간 점유의 재구조화가 이루어진다.[5] 비도시지역에 살던 보통 시민들이 도시지역을 공유할 수 있게 되고, 농촌과 도시, 중심지와 지방이 공생 발전하는 '민주적' 공간질서를 형성하게 된다.

　　'민주(民主)'라는 용어는 본래 주권이 국민에게 있음을 의미한다. 도시사회운동 관점에서 '민주(民主)'의 의미는 '제도적·독점적 속박에서 벗어나 시민 스스로가 자유롭게 도시 권리를 획득하는 것', 또는 '시민들이, 시민에 의한, 시민을 위한 공간의 권리를 갖는 것'을 의미한다.[6]

　　예를 들어 우리나라에서 도시 관련 정책에 시민들이 참여하는 행태는 1980년 이후부터 본격화되었다고 할 수 있다.(표 1-2)

　　시민들이 직접 도시정책에 참여하여 생활의 도시체험을 하는 사례는 각종 시민환경운동, 시민참여 도시정책 수립과 관리계획, 시민참여 마을 만들기 등 그 양상이 다양하다.

　　한편 2012년에 이르러 우리나라는 세계 10위권 경제 강국에 진입했다. 그러나 경제력은 국토의 특정 지역에 집중되었고, 이에 따라 경제적 풍요로움을 누리는 사람도 특정화되는 양상을 나타내고 있다. 이에 반해 국민들의

표 1-2 시민참여 도시 관련 제도 변화

구 분		도시 관련 제도	시민참여	비고
행정주도	일제강점기	· 도시계획시설의 확충 및 시가지 정리 · 조선시가지계획령을 공포 · 가로계획과 토지구획정리사업 · 조선시가지계획령(1934)	· 민간의 권익 무시로 시민참여가 불가능	–
	1960년대	· 건축법(1961) · 도시계획법(1962) · 국토건설종합계획법(1963)	· 울산도시계획안의 현상공모를 통해 원시적 시민참여	
	1970년대	· 개발제한구역 도입과 토지구획정리사업 진행 · 도시계획법 전문재정 · 개발제한구역과 도시개발예정지구 신설	· 도시계획법 개정되었으나 시민참여제도가 도입되지 않음	
시민참여	1980년대	· 제2차 국토종합개발계획 확정 · 성장거점도시 육성	· 공청회 개최와 도시계획 입안 시 공람과 의견서 제출 가능	도입기
	1990년대	· 제3차 국토종합개발계획 확정 · 수도권 견제기능의 강화 및 중소도시의 경쟁력 제고	· 시민에게 도시계획입안의 제안권을 부여하며 도시계획 초안에 대해 공람 가능	
	2000년대	· 제4차 국토종합계획 확정 · 수도권 분산과 계획적 정비 · 지역특성에 맞는 개발전략의 추진 · 국토의 계획 및 이용에 관한 법률 제정	· 지구단위계획의 지정·변경, 수립에 시민제안제도 도입 · 도시관리계획 수립 시 의견 청취 · 조례 제정 시 시민발의 통해 참여 · 시민 투표 통한 시민 의견 수렴	정비기

(권용우 외, 2012, 『도시의 이해』[4판], 박영사, p. 564 참조)

의식은 OECD 상위국가들 수준으로 성숙한 상태다. 지속가능하고, 친환경적이며, 시민과 함께하면서, 골고루 잘살기 위한 국토관리를 요구하는 단계에 이르렀다는 인식이다. 이를 더욱 현실적인 용어로 풀어본다면, 성장의 열매가 평범한 보통 사람에게 와 닿는 생활 정책이 되어야 한다는 주장이 강하게 일고 있다는 이야기다. 국토정책이야말로 국민 한 사람 한 사람이 '국가가 우리들 일상생활 속으로 파고들어 와 우리들 삶의 질을 높이는 정책을 펴는

유연성(flexibility)
· 정책입안자 및 집행자가 직접 국민 속으로 들어가는 유연한 자세가 필요
➜ 시민이 체감할 수 있는 정책수립 가능성

다양성(diversity)
· "소주제 다양성": 개개인의 이해관계, 관심사는 무한대
➜ 다양성에 대응할 다방면의 전문가 필요성

적시성(just in time)
· 다양한 정책 수행자 ➜ 빠른 변화가 요구되는 국토 정책
· "지금", "여기" ➜ 적정한 시간·장소에 정책 공급

1-12 생활국토정책의 특성

구나'라고 느낄 수 있는 분야가 아닐까?

이런 관점에서 본다면 국토부 산하 6개 국책연구기관이 2012년 10월에 설정한 '국민생활 밀착형 국토정책'은 2010년 이전의 국토정책에서 진일보한 '보통 사람을 위한 국토정책'이라고 여겨진다.[7] 달리 말하면 보통 시민들의 삶의 질을 구체적으로 향상시키겠다는 새로운 정책의지를 담고 있다고 해석된다.

2000년 이후 국토정책의 수행자와 수혜자가 쌍방향으로 소통하는 길이 열렸다. 시민들이 이러한 정책의 장점을 직접 피부로 경험하려면 다음 3가지 특성이 신중하게 고려되어야 한다.(1-12)

첫째는, 유연성(flexibility)이다. 국민 속에 살아 있는 국토정책이 되기 위해서는 정책입안자와 집행자가 직접 국민 속으로 들어가야 한다. 책상 위에 자료를 늘어놓고 정책 구상을 하고 정책을 펴면 국민들에게 도움이 될 것이라는 종래의 방식으로는 실효성을 거두기 어렵다. 시민들을 직접 만나 함께 고민하고 함께 풀어가려는 유연한 자세가 요구된다. 앞서 나간 서구 사회의 경우, 시민들과 직접 관계되는 국토정책을 펼 때는 시민들의 동의를 얻는 일에 상당한 정성을 기울인다. 노력의 양을 100%라고 본다면 시민들의 동의를 구하는 데 70~80% 정도 노력을 사용한다. 종래의 경직된 자세로는 시민들이 체감할 수 있는 정책이 나오기 어렵다.

둘째는, 다양성(diversity)이다. 예전에는 주제가 컸다. 대규모 국토건설이나 해양개발 등 보통 시민들은 그저 정책이 진행되는 것을 바라보는 형국이었다. 그러나 생활국토정책은 특성상 주제가 아주 다양하면서 상대적으로 작을 수 있다. 간략히 표현하면 '소주제 다양성'이다. 국토, 해양 등 전 분야에 걸쳐 이해관계를 가진 당사자가 시민 하나하나일 수도 있기 때문에, 각자의 이해관계와 관심사에 따라 주제가 세세하게 나뉘고 종류가 무수하다. 따라서 소주제 다양성에 대응할 수 있는 다양한 전문가들이 있어야 생활국토정책을 성공시킬 수 있다.

셋째는, 적시성(just in time)이다. 생활국토정책은 변화속도가 매우 빠르다. 정책의 수혜자가 다양하기 때문에 이쪽에서 도움이 되는 정책은 다른 곳에서는 당장 필요하지 않을 수 있다. 따라서 적정한 시간에 맞춰 정책이 필요한 사람과 장소에 해당 정책이 공급되어야 한다. 제 아무리 뛰어난 정책이라 하더라도 '바로 이때 여기에서' 필요하지 않으면 소용이 없게 된다.

생활국토정책의 패러다임

생활국토정책에서 지향해야 할 정책 패러다임은 무엇이 있겠는가? 여기에서는 다음의 4가지 패러다임을 제안하고자 한다.(1-13)

첫째는, 지속가능한 열린 국토정책이다. 2010년대 우리나라는 대내외적으로 괄목할 만한 국토공간의 변화를 보인다. 우리나라는 동북아시아의 중심에 서서 세계 80여 개국과 자유무역 교류를 추진하는 열린 국토(open country)가 되었다. 거듭 말하지만 G20 회의를 주관하고, G9 무역대국이 되면서, 20-50클럽 국가로 진입하였다.[8] 자동차·조선·전자제품·건설업·석유·기계제품 등을 중심으로 한 과학기술제품은 세계 최고 수준의 우수 품목으로 전 세계로부터 주목받고 있다. 아시아권을 비롯해 여러 나라에서 우리나라를 최

| 1. 지속가능한 열린 국토정책 | 2. 친환경적인 푸른 국토정책 |
| 3. 시민과 합의하는 소통 국토정책 | 4. 균형 발전하는 상생 국토정책 |

1-13 생활국토정책의
패러다임

종 정착지로 유입해 온 다문화 시민이 1백만 명을 상회한다. 따라서 향후 우리나라는 과학기술 산업을 지속가능하게 발전시키면서, 교류 가능한 세계 모든 국가와 국민들에게 열려 있는 선도국가가 되어야 한다. 국내에서 과학기술 문화가 가장 앞서는 국토 적지(適地)를 선정하여 국익을 위해 사용할 필요가 있다. 특히 열린 국토정책을 입안할 때 육상에서 해양까지 단절 없이 연계되는 국토와 해양의 통합관리체계가 중요하다. 해양이 국가경쟁력의 새로운 원천이 되고 있기에, 해양 생산활동이나 안전한 해양활동 공간 확충이 요망된다.

둘째는, 친환경적인 푸른 국토정책이다. 우리나라는 1980년대 이후 국토 관리에서 환경적 요인이 중요 변수로 되어왔다. 여기에는 성숙한 시민의식과 이를 현실로 옮겨 국토 관리에 반영하자는 국민적 공감대가 뒷받침되었다. 국민들의 친환경 의식은 1992년 리우 환경회의를 거치며 성숙했고, 김대중 정부 시절에 펼친 '그린벨트 보전운동'에서 점화되었다.[9] 노무현 정부 말기에는 환경을 국토계획과 연계해 함께 관리하는 것이 논의되어 '국토환경관리정책조정위원회'가 꾸려진 바 있다.[10] 최근에는 국가적 화두가 '녹색'으로 상징되는 단계에 이르고 있다.[11] 세계적 추세로나 우리나라 국토 관리의 흐름으로나 국토정책에서 친환경적 패러다임은 가장 핵심적인 철학으로 자리매김한 것으로 보인다. 이제는 녹색 국토에서 푸른 국토로 나아갈 시점이 되었다.[12] 이를 위해 국토와 환경문제를 함께 다루는 '국토환경위원회'를 창설하여 저탄소 푸른 국토를 연구하고 관리해야 한다.

이렇게 국토·환경정책을 합쳐 갈등을 최소화하면서 국토 발전을 도모한다면 새로운 국토 시대의 정책 틀이 제시될 수 있다고 본다. 나아가 국토·환경문제를 함께 다루기 위해서는 국토부와 환경부를 통합해 '국토환경부'로 하고 국토와 환경문제를 한가지로 운영할 필요가 있다.

셋째는, 시민과 합의하는 소통 국토정책이다. 민주화의 핵심은 소통과 합의다. 국토 발전의 궁극적 목적은 시민의 삶의 질 향상이다. 따라서 국토 관리는 처음부터 끝까지 시민과 소통하면서 합의를 유도하는 것이 원칙이다. 이러한 원칙을 구현하는 한 방법으로 16개 시도와 230여 개 시군구 도시계획위원회에 시민대표가 참여하도록 권장할 필요가 있다. 국토에 관한 제반 정보와 자료는 보통 시민도 국회의원 수준으로 공유하는 것이 바람직하다. 시민참여 국토 만들기 행사를 장려하고, 국토 순례와 각종 국토 교육을 통해 국토 사랑의 마음을 공유하도록 유도하여 소통과 합의를 도출해야 한다. 육상영토와 해양영토에 대한 균형 잡힌 교육을 실시하여 21세기 미래 성장 동력으로서 국토와 해양에 관한 확실한 국민적 공감대를 조성할 필요가 있다.[13] 독일, 프랑스, 영국 등에서는 이미 오래전부터 국토와 세계를 함께 보는 국토철학 교육을 실시하여 국민들과 소통을 도모하고 있다. 그리고 시민들이 향유할 수 있는 미래형 고품격의 국토 해양문화와 관광자원을 육성할 필요가 있다.

넷째는, 균형 발전하는 상생 국토정책이다. 국민들은 어디서나 골고루 잘 살아 상생하는 나라를 희망한다. 수도권과 비수도권은 역할을 분담할 수 있다. 수도권은 물류·금융·정보화 기능을 맡고, 나머지 기능은 비수도권으로 이전하여 상생을 도모하는 것이 바람직하다. 국가의 경제력 상승과 직결되는 과학기술을 연계하여 각 지역이 함께 발전할 필요가 있다. 그리고 비수도권의 균형 발전을 선도하는 세종시, 혁신도시, 기업도시는 적극 추진할 필요가 있다. 해양영토는 배타적 경제수역이나 연안 해역 공유수면 확대의 측면도 배려되어야 한다. 그러기 위해서는 육상에 준하는 해양영토 관리체계를 구축할 필요가 있다.[14] 해양영토를 지속적으로 확대하면 해양자원개발은 필연적으로 함께 이루어진다.

국토민주화를 향한 걸음

국토정책으로 이룩한 성장의 과실이 국토 곳곳에 사는 보통 사람들에게 적정하게 배분되는 현상을 '국토민주화'로 정의할 수 있다. 그렇다면 보통 사람이 피부로 느낄 수 있는 생활국토의 현실화야말로 국토민주화의 실현이다. 지속가능하고, 친환경적이며, 시민들과 함께하면서, 균형 발전을 꾀하는 시대에는 생활국토정책이 큰 의미를 지닌다. 생활국토정책에서 정책 콘텐츠는 보통 시민들이 쉽게 이해할 수 있는 말로 풀어서 제시하면 더욱 효과적이다. 그 내용이 피부에 와 닿게 구체적으로 느껴져 의미를 되새길 수 있기 때문이다.

2010년 이후 우리나라는 성장에서 성숙으로, 개발과 분배를 함께 도모하는 시대로 나아가고 있다. 성숙과 분배의 시대에는 보통 시민들의 참여와 소통이 효율적으로 이루어질 때, 그 정책의 공감대가 극대화된다.

생활국토시대는 수도권과 비수도권이 각자의 역할을 맡아 국가 전체에 도움을 주는 신(新)균형발전이 이루어지고, 국토·해양·환경 등 국토 관련 여러 구성 요소가 함께 고려되는 대(大)공존시대가 되어야 한다. 신균형(new balanced growth)과 대공존(mega harmony)은 우리나라를 '국토 4.0' 단계로 이끌 것이다.[15]

주

1   이 글에서 '국토'는 땅과 바다와 하늘을 포함한 개념이다.

2   변형윤(2012),『경제정의와 경제민주화』, 지식산업사; "특집: 경제민주화 시대의 도시정
    책과제,"『도시문제』530, 행정공제회, pp.6~35. 여기에 실린 논문은 다음과 같다. 서순탁,
    "경제민주화시대의 도시정책"; 안두순, "왜 경제민주화인가?"; 장병순, "경제민주화와 일
    자리 창출"; 김용웅, "도시 중소기업 육성을 위한 정책과제"; 변창흠, "경제민주화와 부동
    산 정책"; 박헌주, "경제민주화와 도시정책 과제"

3   권도엽 전 국토해양부장관은 우리나라 국토개발의 역사를 혼란기(1950년대), 발아기
    (1960년대), 부흥기(1970년대), 성숙기(1980년대), 안정기(1990년대), 융합 및 도약기
    (2000년대)로 나눈 바 있다. 권도엽(2009), "우리국토 바로알기," 특강자료원고, p.6.

4   한국해양수산개발원(2009),『한국경제 60년사』(교통·물류 편).

5   권태준(1998), 경실련 도시개혁센터 특강자료원고.

6   국립국어원(2012),『국립국어원 사전』, '민주'; Soja, E.(2011), *Postmodern Geographies:
    The Reassertion of Space in Critical Social Theory*, 2nd ed., Verso, p.119.

7   6개 국책기관에서는 2012년 10월 25일 진행한 제4회 국토해양연구회 세미나에서 "미래
    의 생활국토에서 구현될 국토정책"(국토연구원), "연안 해운 활성화를 통해 국민의 삶의
    질을 높이는 정책"(한국해양수산개발원), "국민의 생활을 풍요롭게 하는 국토 건설정책"
    (한국건설기술연구원), "해양재해와 재난사고로부터 국민의 생명과 재산보호를 도모하
    는 정책"(한국해양과학기술원), "전국 대중교통을 통합하여 국민에게 편의를 주려는 정
    책"(한국교통연구원), "녹색교통기술인 철도체계를 편리하게 구축하여 국민에게 도움을
    주려는 정책"(한국철도기술연구원) 등의 내용을 발표했다. 이 세미나에서 필자는 "국민
    생활 속에 살아 있는 국토해양 정책"이라는 제목으로 기조강연을 했다. 이 글은 이 강연
    의 내용을 기초로 새롭게 수정·보완해 재구성한 것이다.

8   박양호(2012), "세계 속의 우리국토,"『국토의 이해』, 국토지리학회·국토부;『조선일보』,
    2012.1월~7월; 대통령 직속 지역발전위원회(2012), 지역상생포럼 창립총회 문집.

9   권용우(2004), "그린벨트 해제 이후의 국토관리정책,"『지리학연구』38(3), pp.241~258;

권용우·변병설·이재준·박지희(2013),『그린벨트: 개발제한구역 연구』, 박영사.

10 건설교통부장관과 환경부장관이 발의한 국토환경관리정책조정위원회는 2006년 7월부터 논의되어오다가 2007년 10월 26일 제1회 운영회의를 열었다. 건설교통부, 환경부, 민간위원 등을 망라한 16인의 위원회와 실무위원회를 구성하고 전문가 자문단 등을 만들기로 했다. 동 위원회는 국토종합계획·국가환경종합계획 등의 수립 및 이해관계의 조정 필요사항과 법령 제·개정 및 국무회의 상정 안건 중 부처 간 이해관계 조정 필요사항 등을 심의하기로 한 바 있다.

11 유선철·권용우·왕광익(2009), "저탄소 녹색국토 조성을 위한 도시정책 사례연구: 일본과 영국을 사례로,"『국토지리학회지』43(3), 국토지리학회, pp. 471~483.

12 이재준(2011),『녹색도시의 꿈』, 상상; 이인식(2012),『자연은 위대한 스승이다』, 김영사; 클라이브 폰팅(2010),『녹색 세계사』, 이진아·김정민 옮김, 그물코.

13 권용우 외(2010), "국토교육에 관한 정책연구,"『대한지리학회지』45(6), pp. 721~734; 백인기(2012), "해양정책,"『국토의 이해』, 국토지리학회·국토부; 권용우(2011), "G20 글로벌 경제영토 시대의 국토와 세계지리 교육," G20 글로벌 시대의 경제영토 세미나 발표논문, 국토연구원.

14 한국해양수산개발원(2009),『한국경제 60년사』(해양 개발·관리 편), pp. 486~487.

15 이 글을 작성하는 과정에서 자료의 수합과 정리에 도움을 준 성신여자대학교 박지희 박사와 박예진 강사에게 감사드린다.

참고문헌

국토지리학회(2012),『국토의 이해』, 국토해양부.

국토지리학회(2012),『살기 좋은 수원 바로알기: 수원 도시환경지리지』, 수원시.

권도엽(2009), "우리국토 바로알기," 특강자료원고.

권용우(2004), "그린벨트 해제 이후의 국토관리정책,"『지리학연구』38(3).

권용우(2011), "G20 글로벌 경제영토 시대의 국토와 세계지리 교육," G20 글로벌 시대의 경제영토 세미나 발표논문, 국토연구원.

권용우 외(2010), "국토교육에 관한 정책연구,"『대한지리학회지』45(6).

권용우 외(2012),『도시의 이해』(4판), 박영사.

권용우·변병설·이재준·박지희(2013),『그린벨트: 개발제한구역 연구』, 박영사.

권태준(1998), 경실련 도시개혁센터 특강자료원고.

김석철(2012),『한반도 그랜드 디자인: 2013 대통령 프로젝트』, 창비.

대통령 직속 지역발전위원회(2012), 지역상생포럼 창립총회 문집.

박양호(2012), "세계 속의 우리국토,"『국토의 이해』, 국토지리학회·국토부.

박지희(2011), "우리나라 개발제한구역의 변천과정에 관한 연구," 성신여자대학교 박사학위 논문.

변형윤(2012),『경제정의와 경제민주화』, 지식산업사.

서순탁 외(2013), "특집: 경제민주화 시대의 도시정책과제,"『도시문제』530, 행정공제회.

유선철·권용우·왕광익(2009), "저탄소 녹색국토 조성을 위한 도시정책 사례연구: 일본과 영국을 사례로,"『국토지리학회지』43(3), 국토지리학회.

이인식(2012),『자연은 위대한 스승이다』, 김영사.

이재준(2011),『녹색도시의 꿈』, 상상.

전상인·박양호 공편(2012),『강과 한국인의 삶: 미래의 강, 문화의 강』, 나남.

클라이브 폰팅(2010),『녹색 세계사』, 이진아·김정민 옮김, 그물코.

한국해양수산개발원(2009),『한국경제 60년사』(해양 개발·관리 편; 교통·물류 편).

한국해양수산개발원·국토연구원·한국교통연구원·한국건설기술연구원·한국철도기술연구원·한국해양과학기술원(2012), "국민생활 밀착형 국토해양 정책," 제4회 국토해양 연구회 세미나 자료집.

Barbler, E. B.(2012), *Economics and Ecology: New Frontiers and Sustainable Development*, Springer Verlag.

Soja, E.(2011), *Postmodern Geographies: The Reassertion of Space in Critical Social Theory*, 2nd ed., Verso.

Stacy, H. M. and Lee, W.(2012), *Economic Justice: Philosophical and Legal Perspectives*, Springer Verlag.

2 세계 속의 우리 국토

박양호(홍익대학교)

우리나라가 동북아의 전략적 요충지로서 국토의 지정학적 강점을 잘 활용하기만 한다면, 세계로 뻗어가고, 세계로부터 발생하는 기회를 가져오는 데 최적의 여건을 보유하고 있다고 할 수 있다. 현재로서는 국토의 잠재력을 먼 미래까지 내다보는 선각자다운 통찰력을 가지고 때에 맞춰 국가 발전과 국토 발전을 도모하는 일이 매우 중요하다.

우리 국토의 지정학적 경제성

우리 국토는 삼면이 바다로 둘러싸인 반도로 이루어져 해양과 대륙을 활용하기에 아주 좋은 조건을 가지고 있다. 랜드브리지(Land Bridge)이자 전략적 관문(Strategic Gateway)으로서 세계로 뻗어가고 세계의 변화를 국토 전체의 발전으로 이어갈 수 있는 것이다.

가장 넓은 바다인 태평양, 그리고 가장 큰 대륙인 유라시아와 접하고 있으므로 이런 입지 조건을 잘 활용한다면 한국은 경제력과 국민의 삶의 수준에서 양적·질적으로 크게 도약할 수 있을 것이다. 더욱이 세계경제가 과거 유럽의 대서양에서 태평양으로 중심이 이동하면서 급속히 떠오른 동북아시아의 요충지에 자리하고 있으니 더없이 좋은 여건과 기회를 만나고 있다.

우리 국토는 동북아의 주요 대도시와 아주 가까이 닿아 있어 글로벌 접근성이 우수하다.(2-1) 가령 베이징(Beijng), 서울(Seoul), 도쿄(Tokyo)를 연결하는 대도시 회랑은 일찍부터 도시 이름의 머리글자를 따서 베세토(BE-SETO) 라인으로 불리고 있다. 또한 서울에서 1시간 30분대의 항공거리에는 30여 개 대도시가 분포하고 3시간 30분대의 항공거리에는 70여 개 대도시가

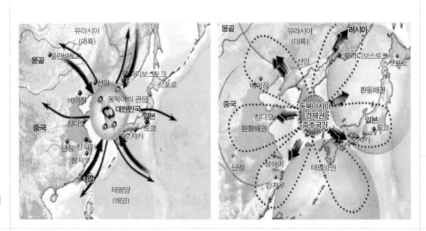

2-1 한반도의 지정학적 잠재력
(국토연구원, 2011)

분포하여, 우리나라가 동북아의 중심지 기능을 할 수 있음을 보여준다. 나아가 동북아의 거점 대도시인 서울, 도쿄, 베이징, 상하이, 블라디보스토크 등 5대 도시 간의 거리와 시간거리를 기준으로 하면 서울에서 이들 거점 대도시로 접근하는 것이 가장 빠르다. 우리 국토의 동해 건너 가까이에는 일본이 자리하고, 서해 건너 가까이에는 중국이 자리한다. 러시아도 우리 국토의 북쪽에 인접해 있다. 베트남, 필리핀, 인도네시아, 싱가포르, 말레이시아 등 동남아 여러 국가도 우리 국토와 비교적 가까이 위치하고 있다.

　우리 국토는 동쪽과 서쪽에 두 개의 국제경제권을 지니고 있다. 동쪽에는 환동해경제권이 있고 서쪽에는 환황해경제권이 있다. 우리 국토의 좌우에 바다를 중심으로 두 개의 국제경제권이 양 날개 역할을 하고 있는 셈이다.

　일반적으로 환동해경제권은 한반도와 일본과 중국의 동북 3성 일부와 러시아의 블라디보스토크 지역을 중심으로 하는 연해주가 포함된다. 일본은 세계경제대국이며, 중국의 동북 3성은 경제적으로 급속히 성장하고 있고, 러시아는 동북아로의 진출을 도모하기 위해 블라디보스토크 지역을 육성하고 있다. 환동해경제권에 여러 국가가 포함되기 때문에 공동 발전을 위한 국가 간 협력도 중요해지고 있다. 우리나라에서도 환동해경제권 시대의 기회를 활용하기 위한 동해안 축이 부각되고 있다. 강원도, 경상북도, 부산, 울산을 포함하고 북한의 금강산 지역과 원산, 나진, 선봉 지역으로 이어지는 동해안 축은 에너지와 물류, 문화, 관광 등 여러 분야에서 잠재력을 발휘할 것으로 보인다. 최근 우리나라의 국토종합계획에서도 동해안 축을 환동해경제권 시대의 중심축으로 육성할 계획을 담았다. 일본 역시 한동해경제권을 활용하기 위해 동해와 연접한 니카타에서 규슈에 이르는 지역을 중요한 발전축으로 육성하고 있다.

한편 우리 국토의 서쪽에 있는 환황해경제권에는 세계경제의 슈퍼파워로 성장하고 있는 중국이 힘을 발휘하고 있다. 세계경제의 큰 축을 동북아가 담당할 것으로 일찍부터 전망되면서 중국은 환황해경제권의 톈진, 상하이, 푸동, 선전 등 연안을 따라 거대한 경제특구벨트를 구축하여 해외자본을 끌어들이는 노력에 성공하였으며 급격한 경제성장을 이루고 있다. 우리나라도 환황해경제권 개발을 위해 1990년대부터 서해안 지역의 육성을 도모했다. 인천, 평택, 당진, 군산과 장항, 목포와 광양에 이르는 'L' 모양의 서해안 축을 개발한 것도 세계경제 속의 동북아, 그리고 환황해경제권의 중요성을 간파한 때문이라고 할 수 있다.

또한 남해안 축도 세계와 함께 발전할 수 있는 좋은 여건을 지니고 있다. 부산에서 광양을 거쳐 목포에 이르는 남해안 축은 태평양으로 나가고 들어오는 교두보 역할을 할 수 있다. 가까이는 일본, 중국과 교류하고 동남아, 미국 등 세계 각국과 활발히 교역할 수 있는 좋은 여건을 갖추고 있다.

세계를 향한 우리 국토상의 동·서·남해안 축의 중요성 때문에 연안의 합리적인 개발을 위한 법률도 제정된 바 있다. 동·서·남해안을 따라 주요 도시에 대규모 산업단지와 고속도로, 철도, 국제항만, 국제공항 등이 발달한 것은 우연이 아니다. 일본, 중국을 비롯해 세계 각국과 교류하기 위한 기반이 필요한 상황에서 그 기반의 역할을 가장 잘 할 수 있는 곳으로서 개발된 것이다. 특히 우리 국토는 세계에서 가장 많은 해상화물이 이동하는 동아시아와 미주항로를 연결하는 해상물류 간선항(Trunk Line Route)상의 중심에 위치하고 있기 때문에, 부산, 인천, 광양 등 국제항만이 발달했으며 항만과 연계해 산업단지와 철도, 고속도로, 그리고 도시가 융합적으로 발전했다. 이는 우리 국토가 지니는 세계적인 입지 잠재력을 활용하려는 국토전략의 일환이었음을 알려준다.

　　종합해볼 때, 우리나라가 동북아의 전략적 요충지로서 국토의 지정학적 강점을 잘 활용하기만 한다면, 세계로 뻗어가고, 세계로부터 발생하는 기회를 가져오는 데 최적의 여건을 보유하고 있다고 할 수 있다. 현재로서는 국토의 잠재력을 먼 미래까지 내다보는 선각자다운 통찰력을 가지고 때에 맞춰 국가 발전과 국토 발전을 도모하는 일이 매우 중요하다.

반도국가의 이점

우리 국토가 세계적인 자랑거리가 될 수 있다는 점은 이미 지리학자 김교신(金敎臣, 1901~1945)이 『조선지리소고(朝鮮地理小考)』에서 분명히 이야기했다. 김교신은 일제강점기였던 1930년대를 전후해 고등학교 지리교사로 지내며 『조선지리소고』라는 국토지리학 논문을 발표했다.

　　우선 그는 우리 해안선의 장점을 명쾌하게 주창했다. 그에 따르면 동·서·남의 세 해안 가운데 동해안은 가장 단조롭지만 세계적인 항구가 발달될 여건을 갖추고 있다. 서해안은 목포, 군산, 인천, 진남포 등 좋은 항구가 적당한 거리에 입지할 뿐만 아니라, 항구와 항구 사이에 도서(島嶼)와 리아스식 해안의 작은 항구가 발달해 일찍부터 해상교통이 편했으며, 동시에 항구들과 배후지의 수륙연결이 원활한 장점을 지니고 있다. 또한 남해안의 리아스식

해안은 세계에서 그 유래를 찾아 볼 수 없는 독특한 특성을 지니고 있다. "포도송이에 포도송이가 맺히듯이 이삭에 또 이삭이 달리듯이 반도에 또 반도가 붙고, 섬에 또 섬이 달려서 조선의 에게 해라는 별명을 가진 남해안"이라는 것이다. 그는 이순신 장군이 남해안으로 몰려드는 왜적을 물리친 것도 남해안 다도해의 독특한 지리적 특성을 올바르게 파악했기 때문이라고 말한다.

김교신은 지중해 문명의 중심지인 이탈리아와 그리스 모두 반도국가로서 로마 문명과 그리스 문명을 잉태하고 세계적인 문명을 전파했음을 강조한다. 만일 이탈리아 반도와 그리스 반도의 장점만을 결합한 반도국가가 있다면 이는 범에게 날개가 붙은 격이 될 것이며 지구상에는 이 이상의 이상적 강토를 상상할 수 없을 것이나, 바로 그런 이상적 강토가 한반도라고 보았다. 그는 한반도가 동북아의 중심이며 심장이라고 하면서, 미래에 세계적이고 고귀한 문명을 반드시 이 한반도에서 찾을 것으로 내다보았다. 김교신의 국토관은 세계 속에서 한반도가 나타내는 독특성을 간파하고 있었다.

세계경제 흐름과 산업단지의 변화

우리 국토의 역동성은 세계경제의 변화에 대응하는 산업공간에서도 엿볼 수 있다. 산업단지는 국가경제 성장과 지역경제 육성을 도모할 목적으로 조성되는데, 주요 생산요소(원자재, 노동력, 토지, 용수 등)를 얻기 쉽고 원자재, 인력, 상품의 국내외 이동에 유리한 교통여건을 갖춘 지역에 주로 개발되었다. 산업단지는 세계시장을 겨냥해 수출을 촉진하고, 세계경제의 급격한 변화에 대응해 우리나라의 경제구조를 고도화하고, 세계시장에 팔릴 수 있는 상품을 제조하기 위한 산업공간의 역할을 수행함으로써, 항상 세계경제와 긴밀히 연계되어 있었다.

1960년대부터 우리나라는 수출주도형 공업화에 매진했다. 이때에는 주로 노동집약적인 경공업 공산품을 만들어 해외수출에 박차를 가했다. 이를 위해 정부는 1965년에 '수출산업공업단지 개발조성법'을 제정했다. 이 법에 따라 서울에는 한국수출산업공단(1, 2, 3단지)이 개발되었다.

1970년대에는 국제경제 여건의 변화로 우리나라 산업정책에 대대적인 변화가 일어났다. 경공업 중심의 수출전략에서 벗어나, 1973년 '중화학공업 입국선언'을 계기로 중화학공업 육성전략이 추진되었다. 경제의 고도성장과 산업구조의 고도화, 수출의 선도적 증대를 위해 철강, 기계, 조선, 전자, 비철금속, 석유화학공업의 육성이 중요해졌다. 이에 따라 1970년대에 업종이 특화된 대규모 산업도시와 산업단지가 개발되어 세계시장을 향한 중화학공업 수출의 전진기지 역할을 담당했다. 이를 위해 1973년에 '산업기지개발촉진법'이 제정되었다. 울산에 석유화학공업단지, 미포공업단지가 만들어지고, 경남에는 온산공업단지, 죽도산업기지, 옥포산업기지, 창원기계공업단지, 경북에는 포항공업단지 등이 개발됨으로써 국토의 동남해안 지역을 따라 대규모 산업단지가 조성되었다. 이는 우리나라 제1차 국토건설종합계획(1972~81)의 주요 전략으로 등장한 동남해안공업벨트를 육성하려는 계획의 일환이었다. 동남해안공업벨트 개발을 통해 대규모 산업용지가 가능해졌으며 항만, 철도, 도로 등 간선교통시설의 추가적인 개발이 뒤따랐다. 동남해안공업벨트 개발은 우리 국토가 보유한 바다의 강점을 살리고 세계로 향하는 해양지향적 국토발전 패러다임과 맥락을 같이한다고 볼 수 있다.

1970년대에는 수출을 더 자유롭게 할 수 있도록 세금 혜택이 주어지고 각종 규제가 상대적으로 완화된 산업단지 개발도 강조되었다. 수출자유지역 설치법에 따라 경남의 마산과 전북의 익산에 양대 수출자유지역이 개발되어, 우리나라가 일찍부터 자유무역지대(Free Trade Zone) 개념을 도입해 수출시장을 확대하고 일자리, 자금 및 기술을 보유한 외국 기업 유치에도 상당한 노력을 기울였음을 입증한다. 이들 수출자유지역은 섬유, 조립금속 등의 제품을 생산하여 수출의 거점이 되었다. 또한 경기도의 반월공업단지, 경북의 구미수출산업공단 등도 1970년대에 개발된 산업도시로서 해외수출의 중심지역할을 하며 경제성장과 국민의 일자리 제공에 크게 기여했다.

1980년대와 90년대에는 산업구조의 조정을 거치면서 환황해경제권의 거점을 개발하기 위해 서해안 일대 산업단지 개발이 강조되었으며, 동시에 전 세계적으로 정보화산업과 지식산업 등 첨단기술산업이 중시됨으로써 첨단과학산업단지 개발이 이루어졌다. 우리 국토가 세계시장에 좀 더 효율적이고도 전략적으로 대응하기 위한 산업입지 전략의 일환이었다. 개혁과 개방정책에 따라 급속한 경제성장을 하고 있는 중국에 대응해 환황해권의 교두보를 만들기 위해 서해안산업벨트가 구축되기 시작했다. 인천남동공단, 시화공단, 충남 아산만 일대의 산업단지, 군장산업기지, 대불공업단지, 광양산업단지 등 서해안 산업축이 개발되었다. 나아가 국내외 시장을 넓히고 성장 잠재력이 우수한 첨단지식산업을 육성하기 위해 고급인력 확보가 상대적으로 용이한 도시에는 첨단산업단지가 개발되었다. 부산, 대구, 광주, 강릉, 청주, 전주 등의 주요 지방거점도시에는 1990년대 초부터 첨단과학산업단지가 개발되기 시작했다. 이는 세계경제의 핵심이 될 첨단산업의 중요성을 인식한 산업입지정책이며, 우리 국토가 세계경제와의 연계 속에서 부단히 변화하고 진화함을 알 수 있게 한다.

최근에는 기초과학과 연구개발 활동에 근거한 발명이나 원천기술의 확보가 지속적인 경제성장과 산업발전의 핵심으로 여겨진다. 우리나라에서는 대덕연구단지 일대를 연구개발특구로 지정해 육성하고 있다. 나아가 충청권에는 관련법률에 근거해 '국제과학비즈니스벨트'를 구축하여 기초과학과 융합된 과학기술 기반을 조성하고 있다. 그동안 우리나라가 선진기술 추격 전략으로 급속한 경제발전을 이루었으나, 기초과학 역량 부족으로 성장의 한계에 직면할 것이라는 우려가 있었다. 이를 해결하기 위해 국제과학비즈니스벨트 사업은 세계적인 기초과학과 원천기술 역량을 높이고 과학과 비즈니스 융합을 통한 새로운 경제성장을 도모할 목적으로 추진되었다. 그 핵심이 되는 거점지구는 대전광역시 내에 지정되었으며, 장차 이곳에 세계적인 과학두뇌가 모여드는 기초연구거점이 구축되고 과학기술연구에 필수적인 중이온가속기 등이 들어서면서 국제적인 정주여건이 마련될 계획이다. 거점지구와 연계해 천안시, 청원군, 세종시에는 기능지구가 구축되어 벤처기업과 특화된 연구개발 사업이 집중지원, 육성될 계획이다.

국제과학비즈니스벨트는 충북 오송 지역의 첨단의료복합단지, 아산의 반도체산업지구, 대덕의 연구개발특구와 연계되고 전국에 입지한 주요 과학기술 거점과 네트워크를 형성해, 동북아의 핵심 산업단지로 떠오를 것으로 기대된다.

외국 기업 유치와 경제자유구역

2000년대에 들어서는 세계적인 개방화 추세에 부응한 산업정책이 추진되었다. 이른바 '경제자유구역정책'에서는 외국 기업을 유치하기 위해 인센티브를 도입하고 규제를 완화하는 내용을 골자로 한다.

무역 자유화가 본격화되면서 주요 국가와 도시들 사이에서는 외국자본을 유치하려는 경쟁이 더욱 치열해졌다. 조세 감면, 각종 규제 완화, 편리한 의료·문화 환경 제공, 원스톱의 통합행정서비스와 관련 인프라 제공 등 기업하기 좋은 경제특구를 조성하려는 경쟁이 치열하다. 우리나라 역시 2002년에 '경제자유구역의 지정 및 운영에 관한 법률'을 제정하여 세제혜택 등 외국투자기업의 자유로운 경영환경 조성, 규제 완화, 물류 등 인프라 확충, 경제자유구역청 운용, 편리하고 선진적인 주거 및 의료문화 여건이 가능하도록 제도적 틀을 우선 마련했다.

현재 경제자유구역으로 지정된 곳은 연안 지역과 주요 대도시 지역으로, 인천경제자유구역, 부산·진해경제자유구역, 광양만경제자유구역, 서해안의 경기도와 충남 일부에 걸쳐 있는 황해경제자유구역, 대구·경북경제자유구역, 새만금·군산경제자유구역 등이 운영되고 있다. 그러나 최근 경제자유구역에 대한 외국인 기업투자 실적이 부진한 것으로 파악되어, 앞으로 다른 나라에 비해 파격적인 조세 인센티브, 경제자유구역 간의 기능 특화와 역할 분담을 통한 실질적 경쟁력 강화 등 전반적인 제도의 개선이 필요한 것으로 평가되고 있다.

우리 국토에서 새만금 프로젝트는 막대한 규모의 사업이다. 전북 부안

군·군산시 일부 앞바다에 방조제를 쌓아 여의도 면적의 140배에 달하는 부지를 만들어내고 있는데, 새만금 지역의 일부는 땅으로 일부는 물로 이루어진다. 새만금 방조제의 총 길이는 33.9km로 네덜란드에 있는 주다치 방조제보다 1.4km가 더 길어 세계에서 가장 긴 방조제가 되었다. 이렇게 전북 지역의 서해에 생겨나는 새만금 지역을 어떻게 활용할 것인지가 그간 국가적 과제로 쟁점이 되어왔다. 최근 정부는 전라북도와 함께 새만금 지역을 동북아의 경제중심지로 만들기 위한 새만금 마스터플랜을 세웠다. 이곳을 신재생에너지 등 첨단제조업과 글로벌 비즈니스, 새로운 농업이 복합적으로 이루어지고 국내외 기업이 활동하기 좋은 동북아 경제중심지로 만들겠다는 것이 정부의 입장이다.

세계를 축소하는 고속교통망

국토의 세계 속 위상을 생각할 때 또 하나 중요한 것이 교통이다. 우리는 인간의 공간적 이동을 빠르고 편리하게 하며, 세계와 연결되고 세계로 드나들 수 있는 고속교통망을 살펴봐야 한다. 육지와 해상과 공중에서 고속도로와 고속철도, 국제항만, 국제공항이 국토의 세계화를 촉진하는 데 크게 기여한다.

먼저 고속도로의 사례로 경부고속도로를 들 수 있다. 1967년 박정희 대통령이 대통령 선거공약으로 경부고속도로 건설을 제시하면서 사업이 구체화되기 시작했다. 서울·대전·대구·부산 등 주요 도시를 연결하는 경부고속도로 건설 사업은, 제1차 경제개발 5개년 계획의 성과로 급증한 여객과 화물의 수송을 원활히 하여 지속적인 경제성장을 뒷받침하고 지역개발을 활성화하기 위해 추진되었다. 1968년 2월 1일 공사가 시작되어 1970년 7월 7일 완공되기까지 2년 5개월이 걸렸다. 428km에 이르는 경부고속도로의 건설로 국토공간에서 여객과 화물의 이동시간이 획기적으로 단축되어 전국이 일일생활권으로 처음 들어왔으며, 우리나라에서도 자동차 시대가 열리고 '한강의 기적'이라는 경제발전의 초석이 마련되었다. 경부고속도로의 성공적인 건설은 호남고속도로, 영동고속도로 등 국토에 거미줄처럼 얽힌 지역 간 새로운 고속도로 건설로 이어졌다. 고속도로를 통해 해외로 향하는 여객은 국제공항으로, 수출화물은 부산과 인천 등 국제항만으로 신속하게 이동할 수 있었다. 나아가 우리의 고속도로 건설 경험은 베트남 등 동남아를 비롯한 주요 국가로 수출되어 해당 국가의 발전에 기여할 뿐만 아니라 해외건설사업의 활성화를 통해 경제발전을 촉진하는 역할을 하고 있다. 앞으로 경부고속도로를 비롯한 주요 고속도로는 북한으로 연결되고 중국과 동남아 등 인근국가로 연결되어 아세안하이웨이 등 국제고속도로망으로 발전할 수 있다.

고속철도 역시 국토의 세계화를 촉진하고 있다. 경부고속철도는 경부축의 교통과 물류난을 해소하고, 전국을 일일생활권을 넘어 반나절생활권으로 변모하게끔 유도할 목적으로 건설되었다. 1992년 공사가 시작되고 나서 2004년 4월에 서울-동대구 구간이 개통되고 2010년 11월에 동대구-부산 구간이 개통되어 서울-부산의 운행시간이 2시간 18분으로 단축되었다. 경부고속철도에 이어 현재 호남고속철도 건설이 추진되고 있다. 고속철도는 세계로 이동하는 시간도 크게 단축시킨다. 고속철도를 이용해 국제공항과 국제항만으로 여객과 화물이 신속하고 안전하게 이동할 수 있다. 오늘날 고속철도

기술의 국산화, 고속철도의 해외수출 노력이 이루어지고 있다. 앞으로 고속철도는 국토 곳곳에 건설되어 전국이 90분대의 고속철도망으로 압축되고, 나아가 고속철도망이 북한, 중국, 유라시아 등으로 연결되어 우리 국토가 유라시아와 태평양으로 뻗어가는 국제고속철도망의 기종점이자 전략적 관문 역할을 하게 될 것으로 전망된다.

국제항만과 국제공항은 대내외를 오고 가는 접점이자 교통관문으로서 국토의 세계화를 가시적으로 활성화하는 촉매가 된다. 부산항, 인천항, 광양항 등 국토상에 입지한 거점항만지역은 국내에서 해외로 나가고 해외에서 국내로 들어오는 해상관문이다. 오늘날 국제항만 일대는 물류공간이 개발되고 있어 국제물류거점으로서 중요성을 띤다. 또한 국가 간 국제항만끼리 협력관계를 구축하고 있어 더욱 편리하게 국제항만을 이용할 수 있다. 국제항만으로 쉽게 연결되도록 고속도로와 고속철도 등을 확충하고, 국제항만 일대를 도시재생지역으로 지정해 경제특구로 운영하는 등 국제항만과 도시개발을 통합한다면 국토의 세계화를 촉진할 수 있을 것이다.

국제공항은 어느 교통거점보다도 세계 속의 국토를 실감할 수 있는 곳이다. 경제성장과 국민소득의 향상, 해외여행 자유화 등으로 항공 수요가 급증하면서 동북아의 허브공항을 건설할 목적으로 1992년부터 인천국제공항 건설사업이 시작되었다. 2001년 개항한 뒤로 오늘날에는 약 70개의 국제항공사가 50여 개국의 170여 개 도시를 운항하고 있으며, 우리나라 전체 국제선 여객의 85%가 이용하고 있다. 인천국제공항은 개항 이후 비약적으로 발전해 국제여객수송 순위는 세계 8위, 수송화물은 세계 2위 물량을 자랑한다. 국제공항협의회(ACI)가 실시하는 세계공항서비스평가에서 2005년부터 2013년 현재까지 8년 연속 세계 1위를 계속 기록하는가 하면 『비즈니스 트래블』, 『글로벌 트래블』 등 주요 국제여행잡지가 선정하는 세계최고공항상을 연이어 수상하기도 했다.

나라의 빛을 발하는 국제관광지

'관광(觀光)'은 중국 주(周)나라 시대의 『역경(易經)』에 나오는 '관국지광(觀國之光)'에서 유래한 단어로, 본래 '나라의 빛을 본다'는 뜻으로 사용되었다. 세계 속에서 '우리나라의 빛'을 보기 위해서는 우리 국토 곳곳에 발달된 관광지역을 살필 필요가 있다. 우리 국토에는 세계적으로 자랑할 만한 관광지가 많다. 역사문화의 자산이 두터운 한편 아름다운 자연자원도 풍부하기 때문이다.

먼저 유네스코 세계문화유산으로 지정된 곳들이 있다. 신라 천년고도 경주에 자리한 석굴암, 불국사, 경주 양동마을, 경주 남산지구와 황룡사지구 등을 포함한 경주 역사유적지구, 해인사 장경판전(팔만대장경판), 수원 화성, 창덕궁, 종묘, 역사마을인 안동 하회마을과 경주 양동마을, 고창, 화순, 강화 고인돌유적, 조선왕릉 등이 세계문화유산으로 등재되어 있다. 이곳들은 국제적 관광지로 알려져 해마다 수많은 국내외 관광객이 몰린다. 안동 하회마을은 1999년 4월 21일, 영국 엘리자베스 2세 여왕이 방문하여 세계적으로 더욱 유명해졌다. 또한 낙화암과 정림사지, 백제 금동대향로를 볼 수 있는 부여와 공주 등 백제문화유적지, 충북의 중원문화관광지, 가야문화관광지, 경복궁을 비롯한 조선문화유적지 등 우리 국토에는 수많은 역사문화 관광지가 분포하고 있다.

우리 국토의 독특하고 아름다운 자연과 수려한 경관 자체가 국제적 관광지가 되기도 한다. 우리 국토는 비단에 수놓은 듯한 아름다운 산천을 가졌다는 의미로 예부터 금수강산(錦繡江山)이라고 불렸다. 우리 국토가 보유한 천혜의 3해(海) 3다(多)는 국보적 가치를 지닌다. 3해(海), 즉 동해, 서해, 남해에 더하여, 3다(多), 즉 산, 강, 섬이 많은 자연 조건은 국제적 관광지를 형성한다. 백두산에서 지리산에 이르는 백두대간은 국토의 등뼈 역할을 하며 울창한 산림은 국토의 허파 역할을 한다. 지리산, 설악산 등 아름다운 주요 산이 국립공원으로 지정되어 있으며, 유네스코 세계자연유산으로 지정된 제주화산섬과 용암동굴이 있는 제주도는 오늘날 세계적인 관광휴양지가 되었다. 유럽의 지중해 지역보다 더욱 아름답다고도 하는 남해안의 다도해 지역이 그 뒤를 이을 수 있다. 다도해 지역 일부는 한려해상 국립공원으로 지정되어 있다. 여수와 통영 등 남해안의 아름다운 연안도시를 비롯해 생태환경 관광지인 순천만은 갈대밭 관광명소이다. 서해안 일대에 발달한 갯벌은 세계 5대 갯벌지역으로서, 태안반도, 다도해, 연안도시 및 어촌 전원과 연계한다면 세계적인 서해안 관광벨트로 구축될 수 있을 것이다. 또한 수심이 깊고 푸른 동해안을 따라 포항, 강릉, 속초 등 동해안 연안도시와 어촌도 국제적 관광지가 될 수 있다. 동해안의 울릉도와 독도는 국제관광지로 부각되고 있다.

문화관광지는 국제행사와 연계하여 부가가치를 더욱 높여나가는 경향이 있다. 가령 1974년부터 개발되어 1979년에 개장한 경주보문관광단지는 경주의 역사문화 관광자원을 관광객이 즐길 수 있도록 숙박·휴양시설, 도로 등 기반시설, 식재 등 조경을 마련해 국제적 수준의 관광휴양지로 기능했다. 개장한 해에 태평양관광협회(PATA) 워크숍이 경주보문단지에서 개최되어 외국 대표만 1,093명이 참가했고, 이 행사는 경주가 고유한 역사문화도시로서 국제성을 갖추는 데 크게 기여했다. 최근에도 경주에서는 세계문학인의 대축제인 국제PEN대회, 국제관광박람회, 국제마라톤대회 등 매우 다채로운 국제행사가 개최되었다.

올림픽, 월드컵 축구대회, G20회의, APEC정상회의, 세계박람회, 국제영화제 등 유명한 국제행사를 유치한 한국의 도시는 세계적인 관광문화도시로 떠오르고 있다. 2018년 평창 동계올림픽 개최는 평창뿐만 아니라 강릉 등 강원도 지역이 국제관광지로 부각되는 계기가 될 수 있을 것이다. 이렇듯 우리 국토에 자리하고 발달한 주요 관광지는 세계 속에서 더욱 가치가 빛나는 소중한 자산이다.

21세기 글로벌 연성국토의 시대

오늘날 지구촌은 점점 '평평해지고' 있다. 이른바 '평평한 세계(Flat World)'가 되고 있다. 평평해지고 있다는 말은, 과거에는 산악으로 막히고 바다로 단절되어 공간과 공간 사이에 소통의 장벽이 있었지만 지금은 그 소통의 장벽이 없어진다는 것을 뜻한다. 오늘날 항공기 등 첨단고속교통망과 첨단정보통신망의 급속한 발달로 전 세계가 공간적 단절 없이 언제 어디서나 막힘없이 한 번에 소통이 될 수 있기 때문에 지구촌이 평평해진다고 한 것이다.

지구촌이 평평해진다는 것은 전 세계가 네트워크로 연결되는 현실을 의미하기도 한다. 국토, 지역, 도시, 농촌 등의 공간이 물리적으로는 행정구역과 같은 일정한 면적 속에 한정되어 있지만, 다른 공간과 교류를 하고 상호 네트워크를 구축하면 그 공간적 범위와 기능은 물리적 한계를 초월해 더욱 다양하고 강력해진다. 이렇게 하나의 공간이 물리적 한계를 뛰어넘어 다른 공간과 네트워크로 연결되어 다양하고도 긴밀한 교류를 함으로써 실질적으로 더욱 넓어지게 된 공간을 연성공간(Soft Space)이라 한다. 그렇게 보면 '연성국토', '연성지역', '연성도시', '연성농촌' 등 '연성공간' 개념이 성립할 수 있다.

우리 국토는 전 세계와 다양한 네트워크를 맺는 글로벌 연성국토로 빠르게 변모하고 있다. 몇 가지 사례를 생각해보자. 먼저 글로벌 경제영토의 확대를 들 수 있다. 과거 우리나라는 수출입 활동을 통해 전 세계에 수출입네트워크를 구축했다. 그러나 그 수출입활동은 국가 간 관세라는 큰 장벽과 다양한 규제 속에서 이루어졌다. 이제 그 장벽이 무너지고 더욱 자유로운 국가 간 교역이 가능해졌다. 자유무역협정(FTA)을 통해 관세 장벽이 없어지거나 낮아지면서 상품과 서비스의 교역이 더욱 자유롭고 활발해졌다. 우리나라에서 생산된 자동차나 섬유제품 등이 다른 나라에서 관세 없이 더욱 싼 가격으로 판매되고 그쪽 나라의 영토에 우리가 자유롭게 진입할 수 있으니 우리의 경제영토가 전 세계적으로 더욱 넓어지고 있는 셈이다. 우리나라는 미국과 유럽연합, 칠레 등 40여 개국과 자유무역협정을 발효, 타결했거나 협상 중이다. 자유경제영토 측면에서 보면 자유무역협정 네트워크를 따라 5대양 6대주에 걸쳐 나비 모양의 글로벌 연성국토 지도를 그릴 수 있다.(2-2) 이 글로벌 경제영토 네트워크는 전 세계에 한국의 새로운 뿌리를 심는 역할을 하게 될 것이다.

글로벌 연성국토는 다른 분야에서도 가능하다. 한류문화의 확장이 한 예다. 최근 K-Pop, 싸이의 '강남스타일', 한국 드라마와 영화가 세계적으로 널리 퍼지고 있다. 특히 유튜브를 통해 과거에 비해 놀라울 정도로 빠르고 두텁고 다양하게 전파되고 있다. 일본, 중국, 동남아 등 아시아뿐만 아니라 프랑스를 비롯한 유럽, 미국, 남미, 호주 등지에도 한류문화네트워크가 구축되고 있다. 한류문화를 통해 글로벌 한류문화 연성국토가 만들어지고 있는 것이다.

글로벌 연성국토에는 건설경제영토도 중요한 몫을 한다. 우리나라가 경제성장과 도시화를 거치며 풍부한 경험과 기술을 보유하게 된 신도시 건설과 고속도로·고속철도·항만·국제공항 등의 사회간접자본 건설, 수자원개발, 산업단지건설, 자원개발 등의 활동을 해외에 수출할 수 있다. 전 세계에 걸쳐 건설경제 네트워크를 구축함으로써 글로벌 건설경제의 연성국토를 구축할 수 있을 것이다. 우리나라가 경험한 새마을운동 정책도 아프리카와 아시아를 비롯한 개발도상국 등에 전파하여 그 나라의 실정에 맞춰 추진한다면 세계적인 새마을운동 네트워크가 구축되어 글로벌 새마을운동 연성국토가 만들어

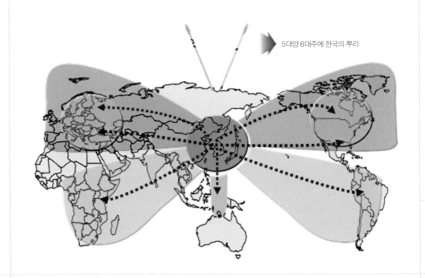

5대양 6대주에 한국의 뿌리

2-2 글로벌 연성국토(나비
모양의 국토 글로벌 모형)
(박양호, 2011)

질 수 있을 것이다.

　이제 우리는 21세기형 신라방이 세계 거점 곳곳에 만들어질 것을 기대한다.(2-3) 그러한 희망이 한반도뿐만 아니라 전 인류의 행복과 번영에도 기여하려면, 우리 국토가 5대양 6대주와 네트워크를 이루면서 남북한의 조화롭고 평화로운 창조적 공영 발전, 국토의 균형발전, 자

세계로부터 기회가 몰려오는 한반도 大국토 실현

한반도 大국토 = ● 5대양 6대주와 네트워킹된 국토
　　　　　　　 ● 남북한의 조화로운 공영 발전
　　　　　　　 ● 국토의 균형 발전
　　　　　　　 ● 자연·문화 친화적 지역 발전

2-3 세계로 뻗어가는 한반도 대(大)국토
(국토해양부·국토연구원, 2010)

연친화적이고 문화융성적인 국토발전을 이루어나가야 한다. 전 세계에서 기회가 몰려오는 한반도 대(大)국토의 실현을 위해 새로운 노력이 필요한 시점이다.

참고문헌

국토연구원(2005), 『국토50년』.

국토연구원(2008), 『국토60년 상전벽해』(사업편, 정책편).

국토연구원(2011), 『한국의 국토정책』.

국토해양부 · 국토연구원(2010), 『그랜드 비전 국토 2040』.

국토해양부(2011), 『국책사업갈등사례: 분석 및 시사점』.

권용우 외(2014), 『도시의 이해』, 박영사.

김교신(1993), 『조선지리소고』, 성천문화아카데미.

대한민국정부(2011), 『제4차 국토종합계획 수정계획(2011~2020)』.

대한지리학회(2010), 『국토잠재력 분석』.

박양호(2011), "G20 글로벌 경제영토 개척의 길," G20글로벌 경제영토 세미나 자료, 국토연
　　　　구원 · 국토지리학회.

박양호(2011), "캔 두(Can Do) 정신과 국가발전," 2011 글로벌 새마을포럼 조찬강연(경주
　　　　보문단지, 2011. 4. 20).

박양호(2012), "세계 속의 우리 국토," 『국토의 이해』, 국토지리학회.

박양호(2013), "창조국토론," 『서울경제』, 2013. 4. 11.

박양호(2014), "한반도 번영을 위한 메가경제권 비전," 『메가수도권』, 경기개발연구원(근간).

유근배(2011), "G20 글로벌 경제영토시대의 이론적 배경과 전략," G20글로벌 경제영토 세미
　　　　나 자료, 국토연구원 · 국토지리학회.

제18대 대통령직인수위원회(2013), "박근혜정부 국정비전 및 국정목표," 청와대 정책홍보자료.

한국교통연구원(2006), 『교통, 발전의 발자취 100선』.

OECD(2012), "OECD 한국도시정책보고서," 국토연구원.

3 국토와 해안관리

유근배(서울대학교)

인간 문명은 해안의 퇴적물, 에너지, 생태에 뚜렷한 영향을 끼쳐왔고, 해안의 자연성(自然性, naturalness)을 훼손해왔다. 자연성의 훼손은 해안지역의 지속 가능성을 잠식한다. 해안관리는 해안에 미치는 인위적 충격을 최소화하여 자연성을 높이는 동시에, 파랑의 침식과 폭풍해일로부터 지역사회를 보호하는 과정이다. 현세대의 필요를 충족시키고 미래세대의 기회를 함께 보장하기 위해서는 해안지역의 자연성 훼손을 억제하고 지속가능성을 확보하는 해안관리가 이루어져야 한다. 해안관리는 다양한 형태의 손상과 변화로부터 해안선을 보전하고 지속가능성을 확보하기 위한 자원배분전략을 이끌어내고 적용하는 과정이라고 정의할 수 있다.

왜 해안관리가 필요한가?

풍부한 수자원과 낮고 평평한 지형, 편리한 교통, 아름다운 수변환경(水邊環境)은 도시와 산업, 관광위락지 등의 입지에 유리한 조건이다. 이러한 문화적 역동성은 해안의 자연작용과 함께 해안경관을 형성하는 데 큰 영향을 미쳐왔다. 일반적으로 해안에서 100km까지 범역을 해안지역으로 정의하며, 세계적으로 인구의 50% 내외가 해안지대에 거주하는 것으로 파악된다. 특히 선진국일수록 해안지역에 대한 선호도가 높아서 인구의 절반이 해안선으로부터 60km 이내에 분포하고 있다. 해안지역의 인구는 매년 5천만 명 정도 증가하고 있어, 2050년경에는 전 세계 인구의 절반 이상이 거주할 것으로 예상된다.

해안지형경관은 일반적 지형과정을 겪는다. 지형이란 종이가 발명되기 이전에 사용하던 양피지(palimpsest)와 같다. 양피지에 기록된 정보를 전달하고 나면, 그 내용은 지워지고 다시 새로운 내용이 기록된다. 양피지에는 덜 지워진 정보의 흔적이 남아 있는 채로 새로운 정보가 덧입혀진다. 지형도 이와 같다. 과거의 지형작용일수록 흔적이 희미하지만, 지형경관에는 과거의 흔적 위에 새로운 지형과정이 뚜렷한 지형을 각인한다. 인간의 과학기술능력이 진보를 거듭하면서 지형이라는 양피지 위에 인간의 문명 흔적을 덧입혀왔다. 특히 근대에 들어서서 해안지역의 문화적 역동성이 한층 고양됨에 따라 해안지형은 문화지형학(cultural geomorpholoy)의 전형적 대상으로 자리잡게 되었다.

해안은 수역과 육역, 대기가 서로 영향을 주고받는 인터페이스다. 바람과 파랑으로 풍부한 에너지가 공급되고, 육역과 수역으로부터 퇴적물이 유입되기 때문에 지형적으로나 생태적으로 역동성이 크다. 퇴적물의 수지는 에너지 변화에 민감하게 반응하고, 지형 또한 마찬가지다. 공간적으로 해안의 한 부분에서 일어나는 현상이 인접지역에 영향을 미치고, 그 영향은 에너지와 퇴적물의 반응으로 나타난다. 해안시스템은 민감하기 때문에 시스템의 한 부분에 충격이 주어지면 시스템 전체에 영향이 파급된다.

최근 해안은 연안개발과 수질오염 등의 국지적 변화뿐만 아니라 해수면 상승과 같은 전 지구적 규모의 충격에 직면하고 있다. 이러한 변화도 해안의 프로세스에 온전히 맡겨지면 또 다른 균형으로 나아갈 것이다. 이른바 방치정책(do-nothing-policy)이 적용될 수 있다면, 문제는 간단하다. 그러나 해안지역에는 자연의 작용과 자원에 의존하는 동시에 해안위험으로부터 보호받아야 하는 인구가 조밀하게 분포하고 있다.

인간 문명은 해안의 퇴적물, 에너지, 생태에 뚜렷한 영향을 끼쳐왔고, 해안의 자연성(自然性, naturalness)을 훼손해왔다. 자연성의 훼손은 해안지역의 지속가능성을 잠식한다. 해안관리는 해안에 미치는 인위적 충격을 최소화하여 자연성을 높이는 동시에, 파랑의 침식과 폭풍해일로부터 지역사회를 보호하는 과정이다. 현세대의 필요를 충족시키고 미래세대의 기회를 함께 보장하기 위해서는 해안지역의 자연성 훼손을 억제하고 지속가능성을 확보하는 해안관리가 이루어져야 한다. 해안관리는 다양한 형태의 손상과 변화로부터 해안선을 보전하고 지속 가능성을 확보하기 위한 자원배분전략을 이끌어내고 적용하는 과정이라고 정의할 수 있다.[1]

미국의 CZMP(Coastal Zone Management Program)이나 우리나라의 연안통합관리계획 같은 통합연안관리(ICZM, Integrated Coastal Zone Management)는 방대한 주제와 내용을 담아내고 있다. 해안관리라는 포괄적인 제목을 붙이긴 했으나 지면의 제한이 있어 ICZM을 다루지 못하는 것이 아쉽다. 다만, 지난 30여 년간 해양해안지리학이 관심을 경주해온 연구문제들 가운데 해안관리, 또는 연안역 관리에서 고려해야 할 몇몇 중요한 주제를 소개하고자 한다.

해안 프로세스의 복합성: 흐름과 연결의 미학

해안지역, 특히 해안선에는 복합적인 프로세스가 진행되고 있다. 바다와 육지의 끊임없는 상호작용은 침식현상과 퇴적현상으로 나타나고, 흔히 침식과 퇴적이 동적 평형으로 설명된다. 침식과 퇴적의 역동성이 확보된 해안, 퇴적물의 흐름이 유지된 해안지역에서는 건강한 해안생태를 찾을 수 있다.

침식이 발생하는 해안절벽이나 하천을 따라 토사가 운반되어 오는 하구는 해안에서 퇴적물의 공급처 역할을 한다. 공급처로부터 퇴적물이 연안류나 조류를 따라 흐르다가 유동 에너지가 낮은 부분에 도착하면 토사는 퇴적된다. 퇴적물의 발생과 운반, 퇴적은 공간적으로 연결되어 있다. 이러한 퇴적물의 흐름(sediment flow)은 해안선을 따라 순환 고리, 또는 퇴적물 셀(sediment cell, sub-compartment)을 형성한다.

퇴적물 셀은 해안선에 평행하게 발달하며, 셀의 경계를 지나면 인접해서 또 다른 셀이 발달한다. 퇴적물은 셀 내부에서 순환하며, 비교적 소량의 퇴적물이 셀의 경계를 넘어서 이동한다. 퇴적물 셀들이 모여 한 단계 높은 수준의

퇴적물(sediment) 침식과 퇴적을 받는 비고결 물질을 가리키는 일반 용어로서, 지리학이나 지질학에서 주로 사용한다. 그러나 퇴적물이라고 하면 퇴적된 물질을 떠올리기 쉬우므로, 침식된 물질을 지칭할 때에는 세심한 주의가 필요하다. 분야에 따라 물을 매질로 이동하는 퇴적물을 표사(漂砂), 바람에 의해 이동하는 퇴적물을 비사(飛砂)라고도 한다.

셀을 구성한다.

한편 해안선에 대해 수직방향으로 형성되는 순환체계를 모래공유체계(sand sharing system)라고 부른다. 사구가 발달한 해안에서 명료하게 관찰되는 모래공유체계는 사구-해빈-연안사주의 배열로 구성된다.(3-1) 폭풍해일이 심한 황천(荒天)에는 해안사구와 해빈에서 모래가 침식되어 연안사주에 쌓이고, 온화한 정온(靜穩)의 환경에는 연안사주로부터 해빈과 사구로 이동한다. 평형을 이루는 체계 내에서는 퇴적물이 이동할 뿐 소멸은 없다. 황천과 정온에 따라 일시적인 재분배가 일어날 뿐이다. 해안 에너지환경에 변화가 일어나거나 인위적 간섭으로 퇴적물 순환 시스템이 교란을 받게 되면, 체계 내부의 퇴적물이 증감을 겪는다. 퇴적물이 증가하면 해안선을 바다 쪽으로, 감소하면 육지 쪽으로 이동시킨다.

해안사구가 침식되는 과정에서 퇴적물에 섞여 있는 유기물도 해역으로 운반된다. 이러한 육상기원의 유기물은 해양생물의 먹이가 된다. 한편, 연안

연안사주(沿岸沙洲) 바다 물결의 작용으로 해안선과 거의 평행하게 형성되는 좁고 긴 모래와 자갈로 된 퇴적지형.

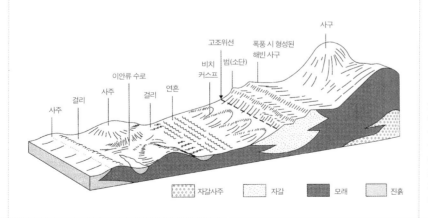

3-1 모래공유체계: 연안사주(bar)에서 해빈(beach), 해안사구(dune)로 이어지며, 이들 지형을 구성하는 퇴적물은 체계 내에서 유동하면 공유된다. (Briggs, D. et. al., 1997)

3-2 달랑게가 쌓아놓은 공 형태의 모래

사주를 구성하던 퇴적물이 해빈이나 해안사구로 운반될 때 Na, Mg, K 등 해양기원의 영양염류가 모래에 입혀져서 함께 이동한다. 이러한 교류는 해안지대 생태계의 생산성을 높인다. 이 때문에 건강한 해빈에는 게가 번창한다. 게는 모래에 붙어 있는 해양기원의 먹이를 섭취하고 콩알 같은 작고 동그란 모래 공(sand ball)을 쌓아놓는다. 모래 공 무더기는 배수가 활발하며 빨리 건조되고, 건조된 모래는 바람을 따라 후빈(back beach)이나 배후의 해안사구로 운반된다.(3-2) 건강한 해안에서는 습도가 높은 여름철에도 사구가 성장할 수 있는 이유가 바로 여기에 있다.[2]

해안선에 인접한 얕은 바다, 즉 천해(淺海)는 연안 생태계의 핵심요소이다. 해안선에서 바다 쪽으로 이행하면서 수심이 증가하고, 수심의 증가에 따라 하루 중의 수몰기간(水沒期間, hydroperiod)과 염도(鹽度)가 증가한다. 각각의 해양생물이 선호하는 수몰기간과 염도가 다르기 때문에 이러한 변수의 구배(勾配)에 따라 각 생물종의 산란장과 보육장, 서식처가 자리한다.(3-3) 좁고 긴 천해는 그 면적에 비해 수심과 염도, 수몰기간 등이 다양하기 때문에 연안에 서식하는 생물의 종류는 육상이나 깊은 바다에 비해 훨씬 다채롭다. 어린 어패류는 천해에서 산란되며, 치어기와 보육기간을 이곳에서 거친다. 철새들도 천해에서 쉼과 영양분을 얻어 다음 기착지로 이동한다.

천해는 하구와 인접한 육상으로부터 유기물과 담수가 유입되고, 태양광선이 충분하며, 조류와 연안류 덕분에 에너지가 풍부하기 때문에 자연계에서 생산력이 가장 높은 곳으로 평가되고 있다.[3] 파랑이 해안선을 향해 밀려들

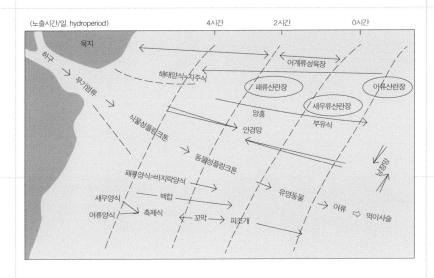

(노출시간/일. hydroperiod)

3-3 뭍으로 드러나는 시간과
생물종, 어로, 양식방법의 분포
(정장석, 1987)

면 파랑의 기저부(wave base)가 천해의 바닥에 부딪히고, 이 과정에서 퇴적물을 재가동시킨다. 파랑은 천해역에서 퇴적물을 침식·운반·퇴적시키고 그 과정을 통해 에너지를 소비한다. 모래해안이나 개펄해안, 절벽해안을 막론하고 천수역의 폭이 넓은 지역일수록 파랑 에너지의 소비가 활발하여 폭풍해일로부터 보호를 받는다.

해안에는 풍부한 물질과 에너지가 흐른다. 연안사주, 해빈, 그리고 해안사구로 이어지는 모래공유체계, 해안선을 따라 형성되어 있는 퇴적물 순환셀이 이러한 흐름을 주도한다. 해안사구와 해안습지, 해빈, 다양한 미소지형(微小地形), 다양한 생태, 그리고 이들 구성요소 사이의 상호작용과 공간적 연계성이 해안지대의 복합적이고도 역동적인 프로세스를 일으키는 바탕이다. 해안의 특성은 흐름과 연결, 다양성으로 요약된다.

해안관리의 쟁점

해안 프로세스가 집중 조명을 받기 시작한 것은 비교적 최근의 일이다. 짜임새 있는 해안지형학 교과서가 소개된 것은 1970년대였고, 해안관리에 관한 전문서적이 발간된 것은 1990년대였다.[4] 해안 프로세스가 충분히 이해되기 전인 20세기 초부터 해안지역에 인구가 밀집하기 시작했고,[5] 인구가 집중된 해안지대에는 예외 없이 난개발이 심각하게 진행되었다. 해안지형학과 해안 생태학의 연구성과가 축적된 이후에도 해안관리당국이 적절한 지식과 기술로 무장하지 않은 지역에서는 20세기 초 서구에서 발생했던 해안환경 훼손이 계속되고 있다.

인구밀집과 난개발은 해안의 역동성과 흐름을 차단하고, 다양성을 떨어뜨린다. 해안의 문제는 여타 환경문제와 같이 자연성의 훼손이 핵심을 이루고 있다. 앞에서 설명한 바와 같이 해안 프로세스의 특징은 역동성, 흐름, 다양성, 연결성이다. 해안의 자연성을 침식해온 인위적 간섭으로는 매립, 해안제방과 해안도로 건설, 연안오염, 광물자원 채취 등이 대표적이다. 우리나라의 경우, 육지부 해안선 중 49.4%가 인공해안으로 구성되어 있고, 20년 전에 비해 간석지는 20%가 사라졌다. 그간의 노력으로 연안역의 수질이 약간 개선되었다고는 하나, 대도시와 산업단지에 인접한 반폐쇄성 해역은 중금속이나 유해화학물질 등으로 오염이 가중되었다. 이를 반영하듯 2000년 이후부터는 유해적조가 상시적으로 발생하고 있다.

해안 개발의 문제들
간석지 매립

간석지는 조석운동에 따라 주기적으로 물에 잠기는 지형으로 모래해안이나 절벽해안에서는 비교적 폭이 협소하고, 개펄과 염생습지로 구성된 해안에서는 폭이 넓다. 일제 강점기 이후 서해안 간석지에서 대규모로 진행되었던 간척사업은 천수역의 생태적, 지형적 기능과 함께 방재적 기능을 심각하게 위축시켜왔다. 간척사업으로 연안류와 조류의 흐름이 차단되거나 유향이 변하고, 퇴적이 일어나던 퇴적물 싱크(sediment sink)가 사라짐에 따라 퇴적물 순환 셀이 교란되어 이전과는 상이한 지점에서 침식과 퇴적이 발생하기도 한다. 특히 해안습지가 담당하던 다양한 생물의 서식처, 산란장, 그리고 보육장의 기능이 축소되면서 해양생태계 자체가 고갈된다. 해양생태계에 전적으로 의지하던 수산업이나 오염물질 처리기능이 심각하게 위축되고 말았다.

　토지부족문제가 심각한 해안지역에서 간척사업은 외면하기 어려운 유혹이다. 그러나 천수역은 해양·해안 생태계의 핵심기능을 가지고 있기 때문에 국가안보시설이나 항만과 같이 그 지역에 긴요한 하부구조를 위한 것이 아니라면 매립을 엄격하게 억제하는 용단이 필요하다. 최근 습지은행(wetland bank)을 통해 습지 면적 총량의 확보(no-net-loss)라는 중재안이 소개되고 있다. 그러나 습지마다 공간적 맥락에서 해안의 다른 요소들과 연관된 독특한 기능을 가지고 있어 면적을 중심으로 습지를 평가하는 것은 근시안적이다.

경성호안구조물

호안구조물로 널리 이용되어온 암석이나 콘크리트로 축조된 해안제방(seawall)은 해안선을 고정시키고 물질과 에너지의 흐름을 차단시킨다. 건설재료가 단단하다는 특성으로 경성호안구조물(硬性護岸構造物, hard defences)이라고 불리는 이러한 수공구조물은 일단 구축되고 나면 해안선의 이동은 억제된다.

　해안선은 정적인 구조가 아니다. 해수면의 높이, 파후(波候), 그리고 계절의 변화에 따라, 해안선은 바다 쪽으로 또는 육지 쪽으로 이동한다. 해안선을

3-4 미국 뉴저지 주 사주섬 해안의 뉴 저지제이션

3-5 안면도의 백사장해수욕장: 해안제방 건설 이후 사빈이 사라져 이름만 백사장해수욕장이다.

중심으로 바다 쪽의 연안사주(longshore bar), 연흔(ripple), 해안선에 평행하게 형성된 작은 수로(gully) 등 다양하고도 섬세한 미소지형, 그리고 풀이 자라는 염생습지, 풀이 없는 개펄 등 다양한 지형요소가 분포한다. 해안선이 어떤 이유로 말미암아 육지 방향으로 이동하면, 이러한 지형들도 해안선을 따라 평행 이동한다. 해안제방이 설치된 곳에서는 해안선은 제방으로 고정되고, 제방이 파랑의 에너지를 흡수하지 못하기 때문에 제방 앞의 해빈은 침식되고 퇴적물은 고갈된다. 천해에 자리 잡고 있던 다양한 지형을 포괄하던 모래공유체계가 사라지고, 천수역의 생태적 기능과 방재적 기능도 소실된다. 이러한 현상을 해안압착(coastal squeeze)라고 한다. 해안압착이 발생한 해안에서는 사구/해빈 시스템의 역동적 안정성은 유지될 수 없어, 해수면 변동에 적응할 수 있는 완충력을 잃어버린다.

해안제방은 해안선을 넘나들던 퇴적물 이동을 차단한다. 퇴적물의 흐름이 차단되면, 육상기원의 유기물이 해양생태계로 공급되거나, 해양기원의 영양염류가 육상생태계로 공급되기 어렵다. 해안제방이 강고하게 축조된 해안에는 육상이나 해양이나 생물의 생산성이 현저하게 낮아질 가능성이 크다.

165km에 이르는 미국 뉴저지 주의 해안선은 지난 세기에 걸쳐서 해안제방과 돌제(groin), 도류제(jetty), 방파제(breakwater) 등의 경성호안으로 80% 이상이 고정되었다.(3-4) 인공해안, 움직이지 않는 해안선, 곧 자연성이 사라진 해안 현상을 뉴 저지제이션(New Jerseyzation)이라고 한다. 뉴 저지제이션이 일단 일어나면, 경성호안구조물의 유지와 관리에 많은 비용이 필요하다. 시각적인 견고함에도 불구하고 해안제방의 수명은 수년에 불과한 경우가 대부분이다. 해안제방 앞에 전개된 사빈(沙濱)을 유지하기 위해서는 주기적

돌제(groin) 육지에서 강이나 바다로 길게 내밀어 만든 둑. 바다로 들어가는 강어귀에 퇴적물을 막고 물 깊이를 고르게 하기 위하여 만든다.

도류제(jetty) 도랑을 내려고 쌓은 둑. 물 흐름의 방향을 일정하게 유도하고, 흘러내리는 흙과 모래를 일정 수심까지 배출하기 위하여 만든다.

으로 모래를 공급하는 양빈(養濱, beach nourishment)이 필요하다.

우리나라에서도 해안제방으로 피해가 자주 발생한다. 충청남도 태안군 안면도에 자리 잡은 백사장해수욕장은 명칭에서 짐작하듯 사빈의 폭이 넓고 모래의 질이 높았다. 이곳에도 퇴적물 수지가 역동적이었을 것이다. 침식을 방지하겠다는 목적으로 국립공원관리공단은 콘크리트 제방을 축조했고, 그 후에 해빈의 모래는 대부분 사라지고 해수욕장은 폐쇄되고 말았다.(3-5)

한편 임해지역에 설치된 중요한 시설물을 보호하기 위해서는 경성호안 구조물이 불가피하다. 그러나 토지이용의 특성을 고려하여 해안선을 관리할 필요는 명백하다. 파랑에너지를 흡수하고 해안의 흐름이 유지될 수 있는 모래나 식생을 사용하여, 해안 프로세스에 부담을 덜 주는 연성호안을 고려하는 것이 좋은 대안이다. 특히 자연성이 중요한 해안, 예컨대 어로, 수산양식, 공원, 해수욕장, 관광지 등에 널리 활용될 전망이다.[6]

경성호안공법도 최근 몇십 년간 설계에서 변화를 보이고 있다. 새로 설치된 대부분의 돌제는 전통적으로 채택하던 목재나 콘크리트, 강철이 아니라 거력(巨礫)을 사용하고, 해안제방도 입사하는 파랑에너지를 여러 방향으로 분산하여 감쇠시킬 수 있도록 제방의 표면을 울퉁불퉁하게 처리하고 제방의 벽면에 경사를 주고 있다. 이러한 움직임은 경성호안공법을 친환경적으로 발전시키려는 노력의 소산이라고 평가할 수 있다. 해안 프로세스에 순응하려는 목적의 연성호안기법도 넓은 의미의 인위적 충격이기 때문에 지속적인 개선이 필요하다.

거력(巨礫) 기반암에서 떨어져 나온 큰 암석 덩어리. 입자의 직경이 256mm 이상이며, 운반과정에서 마모되어 약간 둥글어진 퇴적물이다.

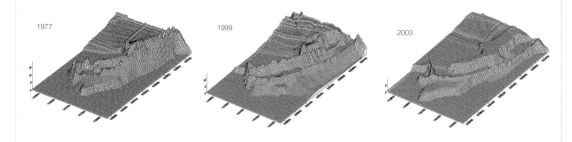

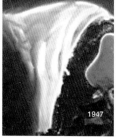
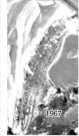
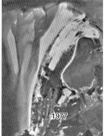
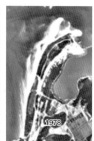

3-6 장곡리 해안사구의 변천: 1989년에는 규사채취로 이차사구 훼손이 심하다. 2003년에는 해안제방으로 일차사구에도 훼손이 일어났다.

3-7 장곡리 해안사구와 해빈의 변화: 희게 보이는 부분이 해빈이며, 그 폭의 축소가 뚜렷하다.

사취(砂嘴) 모래가 해안을 따라 운반되다가, 바다 쪽으로 계속 밀려나가 쌓여 형성되는 해안 퇴적지형. 한쪽 끝이 모래의 공급원인 육지에 붙어 있다.

자원의 채취

해안에서 일어나는 자원채취는 경우에 따라 연안시스템에 치명적인 악영향을 초래한다. 우리나라에서는 해안사구의 규사채취(硅砂採取)가 모래공유체계를 교란시켜 해안환경에 치명적인 영향을 주었던 사례가 대표적이다. 충남 태안군의 안면도 장곡리 해수욕장은 사취(砂嘴) 위에 발달된 사빈과 해안사구로 구성되어 풍광이 뛰어났다. 풍부한 퇴적물의 공급으로 사빈의 폭은 백수십 미터에 이르고 전사구(foredune)의 배후에는 두세 열의 이차사구가 발달했다. 1970년대부터 2000년대 초에 이르는 동안 사구로부터 약 11,000,000m³의 규사가 채취되었다. 이차사구 부분에서 사구 고도가 10m 내외 낮아지고 전사구지대에서도 1~2m 낮아졌다.(3-6) 전사구의 침식을 방지하고 지속적인 규사채취를 확보하기 위해서 높이 3~5m의 콘크리드 제방이 축조되었다. 해빈의 고도가 낮아지면서 해빈의 폭은 현저하게 축소되고,(3-7) 월파가 일어나 해빈과 사구를 훼손시켜왔다. 해안제방의 수명은 길지 못해서 지속적으로 재건축되고 그때마다 해안제방의 크기가 증대되었으나, 2007년 폭풍해일로 월파가 일어나면서 제방이 터져나가면서 해빈과 사구지대 상당

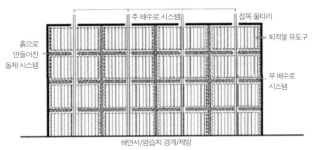

주 배수로 시스템　　　　잡목 울타리

흙으로
만들어진
돌제 시스템

퇴적물 유도구

부 배수로
시스템

해안서/염습지 경계/제방

부분이 초토화되었다. 장곡리의 사례는 모래공유체계 내에서 퇴적물 손실이 심각하게 발생할 때, 그리고 그 위에 해안제방의 영향이 부가될 때 발생할 수 있는 최악의 해안환경훼손을 유감없이 보여주었다.

심해(deep water)에서 일어나는 모래채취는 모래공유체계에 직접적인 영향을 끼치지 않는 것으로 알려져 있다. 그러나 심해에서 퇴적물을 준설하는 과정에서 물질이 부유하고, 이 가운데 미립물질은 원거리를 이동할 수 있다.[7] 이러한 미립부유물질, 특히 이 가운데 오염물질이 혼재된 경우에는 연안생태계와 수산양식에 심각한 악영향을 줄 수 있기 때문에 준설지점에 대한 포괄적인 검토가 필요하다.

해안관리 방안

개펄의 퇴적 활성화

북해의 바덴 해 연안에서는 예부터 간석지 위에 섶나무를 이용해 1m 내외의 오시어 댐(osier dam)을 축조해왔다.(3-8) 오시어 댐은 조류의 유속을 떨어뜨려 조류에 실려 있는 개흙(wad)이 퇴적되도록 돕는다.(3-9) 개흙의 퇴적으로 간석지의 고도가 높아지면 그 위를 흐르는 파랑의 에너지는 현저하게 줄어든다. 거친 북해의 파랑과 폭풍해일로부터 생활터전을 보호하려는 지혜다. 고도가 높아진 개펄에서는 침수기간이 줄어들고 염생식물이 착생할 기회가 늘어난다. 식물로 말미암아 개흙의 퇴적속도는 더 빨라지고 풀은 더욱 밀생한다. 염생습지의 고도가 더 높아지면 육화가 진행되어 마침내 목초지가 형성된다. 이후에 낮고 긴 모래제방(sand dyke)이 목초지에 둘러쳐지면 폭풍해일의 피해는 더욱 경감된다. 네덜란드의 전통적인 간척은 토지 확보보다는 바

3-8 오시어 댐

3-9 오시어 댐을 격자 형태로 축조하여 뻘의 퇴적을 유도하는 시스템(French, P. W., 1997)

다로부터 육상을 보호하려는 목적이 더 중요했다.

　　한편, 일제강점기의 대규모 간척사업은 서해안의 주요 염생습지를 대부분 고갈시켰다.[8] 염생습지는 식물이 자라고 유체가 쌓이는 과정을 통해서 피트 층(peat layer)을 형성하고, 단백질 등을 축적하여 해양생태계에 영양을 공급한다. 근래에 들어서 해안환경의 악화로 수산업의 기초가 잠식되고, 지구온난화로 폭풍해일의 위험이 증가하기 때문에 염생습지의 생태적·방재적 기능이 더욱 절실하다. 이러한 맥락에서 개펄의 퇴적 활성화 사업을 고려할 필요가 있다.

수산 양식업에 먹이사슬 개념을 도입

육상으로부터 유입한 폐유기물이나 생물의 사체는 해양생태계의 먹이그물망을 거치면서 처리된다. 한 생물종의 폐기물은 다른 종의 먹이가 되고 마침내 폐유기물은 무기물질로 변화한다. 그러나 지금까지의 양식업은 대체로 해양생태계의 단편을 모사할 뿐이었다. 해양생태계를 평면적으로 모사하고 있기 때문에 양식장에서 생산되는 어패류의 종류는 지극히 제한적이고, 양식장 주변은 그물망을 통과한 사료나 어분 등으로 오염물질의 농도가 높은 것이 일반적이다. 공간적으로 먹이사슬이 연계되어 있지 않은 탓이다.

　　최근 해외에서 먹이사슬 개념을 양식업에 도입하는 사례가 증가하고 있다. 이른바 생태통합적 양식업(IMTA, Integrated Multi-tropic Aquaculture)으로 불리는 이 기법에서는, 여러 종류의 어종을 먹이사슬로 연계하고 있다. 예컨대 어류 양식장에서 나오는 폐기물이 굴 양식장의 먹이로 활용되고, 굴 양식장의 폐기물은 다시 우뭇가사리 양식장에서 먹이로 활용되는 식이다. 먹이사슬을 통해 오염원으로 전락할 수 있는 물질을 재활용하여 연안오염을 획기적으로 감소(bioremediation)시키기 때문에, 생산성을 증가시키고 환경비용을 크게 절감해준다. 캐나다의 한 연구에 따르면 생태통합적 양식업으로 운영비의 35%가 줄어들고, 직접고용효과가 3~4배가 상승한다고 한다.[9] 다양한 어패류를 양식하기 때문에 시장의 경기변동에 영향을 덜 받고, 자연재해에 대한 완충력은 크다. 이를테면 태풍이 발생했을 때 어종에 따라 피해가 서로 다르기 때문이다.

정보의 축적과 재해·위험관리

해안 프로세스는 다양한 공간적, 시간적 규모에서 복합적으로 이행되는 과정이기 때문에 효율적인 해안관리를 위해서는 장기간의 체계적 데이터베이스가 구축되어야 한다. 해안선의 이동, 해빈과 해안사구의 체적 변화, 퇴적물 특성 변화 등과 같은 지형이력, 해수면 변동, 파랑정보, 조류·해류정보, 천후정보와 함께 토지이용, 사회문화적 변화 등이 데이터베이스의 중요한 요소가 된다. 모범적인 사례를 소개하면, 덴마크와 미국 뉴저지에서는 해안선을 따라 각각 1km와 1mile 간격으로 매년 선정된 지형단면을 중심으로 이러한 자료를 축적해오고 있다.

예컨대 범람으로 수해가 발생할 경우, 국지적 지형특성과 토지이용에 따라 지역적으로 피해가 다르다. 고도가 낮을수록, 지가가 높을수록 피해가 크다. 이 때문에 재해관리를 위한 의사결정이 지역 수준(regional level)에서 이루어질 때 비용 효율성이 높다. 이러한 의사결정을 뒷받침할 수 있는 시공간적 해상도의 데이터베이스가 갖추어져야 한다.

해수면 상승 속도에 따른 해안관리 전략

해빈이 침식되지 않더라도 해수면이 상승한다면, 해안선은 육지 방향으로 후퇴한다. 브룬(P. Brunn)의 간단한 설명 모형에 따르면, 상승 정도와 해안지형의 경사가 침수 면적을 결정한다. 우리나라 주변해역의 해수면 상승 속도는 세계 평균에 비해 높은 편이어서[10] 해안관리 전략에 침수해안에 대한 고려가 필요하다.

해안관리 방향에 해수면 상승 속도와 토지이용 특성이 반영되어야 한다. 지가가 낮은 저밀도 토지이용지역에서 빠른 해수면 상승 속도로 말미암아 많은 비용이 필요하다면, 침수가 예상되는 범위를 고려해 해안선을 육지 방향으로 후퇴하게(retreat) 관리하는 것이 현명하다. 주거지가 있다면 이전하고, 농·목축지라면 방치하는(do-nothing policy) 전략이 호안설치(protection, defence)보다 비용 효율적일 것이다. 반면에 고가의 시설이 입지한 고밀도 토지이용지역과 해수면 상승속도가 완만한 조합이라면, 호안대책이 저비용전략이 될 것이다.

호안대책과 후퇴대책의 점이지대에서는 상승 속도를 고려하여 토지이용을 조정하는 방안이 선호된다. 예컨대 20년 이후 즈음 침수되는 지역에는 20년 미만 수명의 구조물을 허용하는 등 적절한 수명의 토지이용을 채택한다면, 토지의 경제적 이용과 방재대책을 동시에 추구할 수 있다. 이른바 기획후퇴(managed realignment)가 이에 해당한다.(3-10)

해안관리의 가장 큰 어려움 가운데 하나는 개발이 지속적으로 이루어지고 있다는 것이다. 개발을 담당하는 부서는 호안을 책임지지 않으며, 개발업자에게 부과되는 재정적 불이익도 없다. 이미 서해안 사구지대에서 경험한

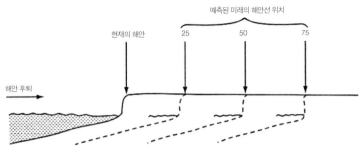

3-10 해안선 조정과 기획후퇴(French, P. W., 1997)

바와 같이 미개발 해안에 호안시설을 설치하면, 뒤를 이어 개발이 일어나고 해안 프로세스에 주어지는 인위적 간섭이 점차 늘어난다. 이러한 고리를 차단하기 위해서는 지역계획을 해안관리에 통합시켜야 한다. 즉 해안관리부서는 잠재적 위험지역을 찾아내고, 계획부서는 이러한 지역을 개발계획에서 제외시킨다.

완충공간 설정

생태적 기능과 방재적 기능을 모두 갖추고 있는 해안습지나 해안사구는 역동적이다. 물질과 에너지의 수지에 따라 공간적 범위가 확대되거나 축소되고, 기능의 측면에서도 그러하다. 전사구에서는 앞에서 언급한 바와 같이 침식과 퇴적의 반복이 절대적으로 중요하다. 육지 쪽의 사구 후면도 공간적으로 신축적이다. 대부분의 지역에서 장기간의 체계적인 데이터베이스가 마련되어 있지 않기 때문에, 한 시점의 공간적 범위와 생태적 기능을 참고하여 자연자원을 평가하는 사례가 적지 않았다. 이러한 문제를 피하기 위해서는 사구나 습지 주위에 일정한 폭의 완충공간을 설정하는 지혜가 필요하다.

거버넌스와 주민 홍보

지난 수십 년 동안 해안 프로세스에 대한 과학기술이 급속히 발전했다. 그러나 전문가들의 지식을 국민 일반이 이해하고 수용하기까지는 시간이 필요하다. 단단한 콘크리트 제방보다 모래로 구성된 사빈과 해안사구 시스템이 전체 해안의 환경보전에 더 유익하다는 전문가들의 지식을 주민들이 쉽게 납득하지 못하는 것이 현실이다. 해안 프로세스를 이해하더라도 자신의 재산이 어느 곳에 입지해 있는가에 따라 이해관계가 상충할 수도 있다. 2000년 당시 국립공원관리공단의 사례와 같이 지역에 따라서는 해안관리당국 자체가 최신의 지식과 기술을 갖추지 못한 경우도 있다. 최근에는 공기관보다 사기업이 전문지식에서 앞서는 예가 크게 늘어나고 있다.

투명해지는 사회구조에서 지역사회의 지식과 기술을 집약할 수 있고, 이해당사자들 사이의 소통을 증진시킨다면, 시간과 비용을 절감할 수 있다. 이러한 맥락에서 다양한 이해당사자들과 해당 문제의 전문가들, 지역주민들이 협력하여 지혜를 모으는 거버넌스가 널리 활용되고 있다. 지역의 거버넌스는 사회교육에도 효율적이다. 거버넌스에 속해 있는 전문가들은 주민들에게 당면한 문제에 적용할 수 있는 최신의 과학기술을 소개하고 주민들의 그 지역의 독특한 조건을 설명하여 문제해결을 위한 이해의 수준을 향상시킬 수 있다.

행정관할권을 넘어선 파트너십

퇴적물 셀은 퇴적물이 공급되는 곳이나 하구에서 시작하여 퇴적이 일어나는 싱크(sediment sink)로 이어지는 순환고리를 갖는다. 만입지형이 종종 작은 규모의 셀을 형성하고, 작은 규모의 셀들은 차상위 수준의 셀을 구성한다. 이러한 셀은 대부분 명료하게 구분되는 공간적 범위를 갖는다. 셀과 셀 간의 퇴적물 교류는 내부의 흐름에 비해 현저히 제한적이다. 이러한 셀을 온전히 포함하는 전체적 접근(holistic approach)이 필요하다. 예컨대 경기만 덕적도 인근해역에서 발생한 퇴적물 준설로 미세부유물질이 행정구역을 넘어서서 태안반도 인근해역에도 퇴적될 수 있다. 부유물질에 오염물질이 포함되어 있다면, 관리를 위해서 관할경계를 넘어선 기관 간의 파트너십이 필요하다.

이러한 움직임은 1992년 리우환경회의 이후 국제적으로도 확산되고 있다. 하천관리 문제에서는 행정구역보다는 하천유역이 더 효과적인 관리단위라고 할 수 있다. 예컨대 북해의 해안관리는 북해에 면한 여러 국가의 공조가 필수적이고, 이들 국가는 모범사례를 만들어내고 있다.

미래의 해안관리

지난 40여 년간 해안과학의 발달로 해안 프로세스에 대한 이해가 깊어졌고, 검증된 자료가 축적되었다. 다양한 해안거동 모형이 발달했고 모형의 적용력이 높아지고 있다. 앞으로 모형을 사용하여 미래의 해안선 위치와 침식·범람 위험지역(erosion zone)을 파악하는 과학기술이 향상되어 다양한 해안지역 관리에 활용될 전망이다.

해안관리에서도 획기적인 발전을 이루었는데, 바로 전체론적 관점(holistic viewpoint)의 수용이다. 그 배경에는 해안 프로세스가 인위적 간섭에 민감하다는 것과 부분적이고 단편적이었던 과거의 해안공학적 접근이 초래한 문제들에 대한 이해가 자리 잡고 있다. 전체론적 관점의 핵심은 전체 해안을 하나의 시스템으로 간주해야 한다는 것이다. 해안 프로세스는 광범위한 지역에 걸쳐 작용하는 프로세스이며 해안 시스템은 복잡계 시스템이라는 것과, 해안 프로세스와 상호조율될 수 있는 기술의 채택이 중요할 뿐 아니라 그 영향이 미치는 전 지역에 걸친 해안 프로세스의 관리도 중요하다는 점을 널리 이해하게 되었다.

이러한 이해를 바탕으로 해안관리와 토지이용계획을 연결시키고, 호안 기술에 해안 프로세스를 활용하는 등 해안의 다양한 측면을 통합할 필요가 인지되어 통합연안관리(ICZM) 분야가 발전해왔다. ICZM을 통해서 개발 부문과 해안관리 부문, 계획 부문 등 이해집단 사이의 갈등과 상충을 극복할 수 있는 길이 열리게 되었다. ICZM은 진행형이며, 아직 극복해야할 과제가 산적해 있다.

심도 있는 생태적 접근이 해안관리의 개념과 방법론에 포함되어야 한다. 현재까지 대부분의 해안거동 모형에는 생태적 측면이 크게 결여되어 있다. 해안환경문제가 사회적 이슈로 등장하는 과정에는 생태파괴문제와 이와 연관된 농수산업문제가 촉매로 작용하는 경우가 대부분이었다. 해안에서 이뤄지는 인간의 어떤 문화활동이나 개발에서도 침식과 운반, 퇴적의 지형 프로세스, 생물서식지의 변화가 반드시 고려되어야 한다.

한편 해안관리 프로세스의 이해와 환경친화적 기술을 주민이 납득하고 수용할 수 있는 지역의 협력적 거버넌스가 활성화되어야 한다. 전문관리자의 지식과 지역주민의 의식에 괴리가 있을 때, 해안선 재조정이나 방치정책은 지역에 따라 커다란 사회적 갈등을 초래할 수 있다. 투명한 사회와 거버넌스,

사회교육을 통한 해안 프로세스의 이해가 뒷받침될 때 해안관리의 효율성이 향상될 수 있다.

해안관리는 관할권을 넘어선 파트너십 또한 요구된다. 해역의 특성에 따라 전체론적 해안관리를 위해서 국제적 공조가 활발히 진행되고 있다. 1992년 리우 환경회의에서 채택된 의제21은 임해 국가들의 통합적인 해안역관리를 협의한 내용이다.

진화하는 해안문제를 이해하기 위해서는 학제적인 접근이 필요하다. 해안 프로세스의 이해가 확대되면서, 새로운 해안문제가 출현하고 있다. 기왕의 문제도 새로운 지식과 새로운 관점에서 다시 설명되어야 한다. 해안지형학과 공학, 생태학 등 자연현상과 응용학문뿐만 아니라 인문지리학, 경제학, 정치학 등 사회과학에 이르는 넓은 범위의 지식이 해안관리를 뒷받침할 것이며 이로부터 응용학문의 특성이 완전히 발전할 수 있을 것이다.

주

1 이러한 정의는 아래 문헌들에서 일관되게 논의되고 있다. French, P. W.(2001), *Coastal defences:processes, problems and solutions*, London: Routledge; Goldberg, E. D.(1994), *Coastal Zone Space:Prelude to Conflict?*, Paris: UNESCO; OECD(1993), *Coastal Zone Management:Integrated Policies*, Paris.

2 태안군 어촌에 거주하는 노인은 이 현상을 "달랑게가 사구를 만든다"라고 설명했다. 해안의 복합적 프로세스를 간명하게 표현한 촌철살인의 명언이 아닐 수 없다.

3 습지는 수몰기간과 수심으로 정의하는 것이 일반적이다. 육상에서는 수심 2m, 또는 물에 잠기는 기간이 1주일 이상이면 담수습지로 분류하고, 해안습지는 람사조약에서 수심 6m 까지의 범위로 정하고 있다.

4 본격적인 해안지형학 교과서는 Komar나 Pethick의 것이 널리 읽혔다. 해안관리는 해빈이나 사구, 습지 등의 주제별로 저술되었다.

   Komar, P. D.(1976), *Beach Processes and Sedimentation*, Englewood: Prentice-Hall.

   Pethick, J.(1984), *An Introduction to Coastal Geomorphology*, London: Arnold.

   Bird, E. C. F.(1996), *Beach Management*, Chichester: Wiley.

   French, P. W.(1997), *Coastal and Estuarine Management*, London: Routledge.

5 예컨대 영국에는 20세기 초반부터 해안 여가활동이 시작하였다. 해안선을 따라 설치된 제방 위를 산보하는 것이 유행이었다. 당시 장엄한 빅토리아 사조를 반영하여 웅장한 해안구조물은 시각적으로 인상 깊었다. 시각적 만족이 해안지역에 초래할 비용은 수십 년이 지나면서 깨닫게 되었다.

6 1970년대 초반에 미국의 국립공원 당국은 해안선을 자연 상태로 유지한다는 정책을 채택했다. 물론 당시에는 급진적 정책으로 인식되었으나, 1980년대에 들어서 세계 여러 곳에서 전통적인 경성호안기법의 문제가 지적됨에 따라 연성호안이 널리 전파되었다. 그러나 여전히 전통적인 경성호안에 애착을 갖고 있는 연구자들은 변호를 계속했다. 1980년대에 해안제방이 바다 쪽으로 파랑에너지를 반사함에 따라 해빈의 침식이 집중적으로 일어나고, 이것은 해빈퇴적물을 연안류나 근해 방향으로 운반시켜 모래공유체계 내의

퇴적물 고갈을 초래하여 종국적으로 해빈 고도를 낮춘다는 연구결과가 이어졌다. 해안 제방과 같은 물리적 장벽이 없다면 해빈의 소실, 또는 해안압착이 일어나지 않는다.

7 Kim, Chang S. and Lim, Hak-Soo(2009), "Sediment dispersal and deposition due to sand mining in the coastal waters of Korea," *Continental Shelf Research* 29, pp. 194~204. 경기만의 연구 사례에서 미립부유물질이 20km이상 운반되는 것으로 나타났다.

8 아직 생태적으로나 수산업의 관점에서 피해가 산정되지는 않았으나, 그 손실 규모는 막대할 것으로 쉽게 짐작할 수 있다.

9 Chopin, T., Sawhney, M., Shea, R., Belyea, E., Bastarache, S., Armstrong, W., Reid, GK., Robinson, SMC., MacDonald, B., Haya, K., Burridge, L., Page, F., Ridler, N., Justason, A., Sewuster, J., Powell, F., Marvin, R.(2007), "An interdisciplinary approach to the development of integrated multi-trophic aquaculture (IMTA): the inorganic extractive component," *World Aquaculture Society*, Aquaculture 2007 conference proceedings, p. 177.

10 지난 백 년간(1961~2003년) 세계 평균 해수면 상승 속도는 1.8mm/y를 기록했으나, 부산 연안과 제주도 주변에서는 각각 2.2mm/y와 5.1mm/y로 나타났다.

참고문헌

노버트 P. 슈티 · 더글라스 D. 오피아라(2008),『해안위험관리』, 유근배 옮김, 한울.

유근배(1994), "연안개발과 환경문제," 최정호 편,『물과 한국인의 삶』, 나남출판사, pp. 285~296.

유근배(2009), "미국의 해안관리: New Jerseyzation의 반성과 연방정부 연안역관리 프로그램의 확산,"『대한지리학회지』44, pp. 481~496.

정장석(1987), "西海岸 漁業과 干拓事業: 漁場 現況과 事業 展望을 중심으로,"『水産振興』10, pp. 17~23.

조광우 외 4인 공저(2002),『지구온난화에 따른 한반도 주변의 해수면 변화와 그 영향에 관한 연구』II, 한국환경정책평가연구원.

피터 W. 프렌치(2007),『해안보호』, 유근배 옮김, 한울.

한국환경정책평가연구원(2008),『국가 기후변화 적응 마스터플랜 수립연구』.

Bird, E. C. F.(1996), *Beach Management*, Wiley&Chichester.

Briggs, D., et. al(1977), *Fundamentals of the Physical Environments*, Lodon: Routledge, p. 557.

Brunn, P.(1962), "Sea level rise as a cause of shore erosion," *Journal of Waterways and Harbours Division,ASCE*, vol. 88, pp. 117~130.

Chopin, T., Sawhney, M., Shea, R., Belyea, E., Bastarache, S., Armstrong, W., Reid, GK., Robinson, SMC., MacDonald, B., Haya, K., Burridge, L., Page, F., Ridler, N., Justason, A., Sewuster, J., Powell, F., Marvin, R.(2007), "An interdisciplinary approach to the development of integrated multi-trophic aquaculture (IMTA): the inorganic extractive component," *World Aquaculture Society*, Aquaculture 2007 conference proceedings, p. 177.

French, P.W.(1997), *Coastal and Estuarine Management*, London: Routledge.

Goldberg, E. D.(1994), *Coastal Zone Space: Prelude to Conflict?*, Paris: UNESCO.

Komar, P. D.(1976), *Beach Processes and Sedimentation*, Englewood: Prentice-Hall.

OECD(1993), *Coastal Zone Management: Integrated Policies*, Paris.

Pethick, J.(1984), *An Introduction to Coastal Geomorphology*, London: Arnold.

제2부

도시와 환경

4 우리나라 도시환경의 역사

변병설·정경연(인하대학교)

통일신라에서는 경주로 인구와 부가 집중되고 귀족의 권력다툼이 심해지자, 이를 해소하기 위해 인구와 도시 기능을 지방으로 분산하는 9주5소경 정책을 폈다. 고려 태조 왕건은 훈요십조에서, 승려 도선이 국토의 균형과 조화를 맞추어놓았으니 함부로 사찰을 지어 자연을 훼손시키지 말라는 유훈을 남겼다. 도선이 추점한 사찰은 대개 자연재해가 우려되는 곳에 있었다. 이는 승려들의 경비를 통해 비상시 인력을 쉽게 동원하기 위해서였다. 조선시대에는 한양에 금산법을 제정하여 산림을 보호하려 했고, 일정 폭 이상의 도로를 확보하여 화재 저지선으로 삼았다. 또한 장마철에 청계천 물이 넘쳐 시전행랑과 민가가 침수되자, 태종부터 영조에 이르기까지 하천 정비작업을 실시했다. 근대에 일제는 개항장에 조계지를 설치하고 해안을 매립하여 신시가지를 조성했다. 전차가 운행되고 성벽이 헐렸다. 해방 이후 해외동포가 귀국하며 서울 인구가 포화상태에 이르렀다. 1960~1970년대에는 이촌향도로 주택부족이 심각해지고 산비탈과 하천변의 무허가 불량주택이 도시환경을 악화시켰다. 오늘날에도 신도시 개발과 대단위 택지개발로 그린벨트가 심하게 훼손되고 있는 실정이다.

통일신라 왕경 경주, 고려 개경 황성터, 조선 한양(여지도), 행정중심복합도시 세종시

역 사 속 의 도 시 환 경

통일신라, 경주 집중과 지방 분산정책

경주는 신라 천년의 도읍지이다. 삼국 중 고구려와 백제는 도읍을 여러 번 옮긴 반면 신라는 한 번도 옮기지 않았다. 신라는 5~6세기에 낙동강과 한강 유역을 차지하고, 7세기 중반에는 강국이었던 백제와 고구려를 물리치고 삼국 통일을 이루었다. 통일을 이룬 신라는 정치와 사회 안정을 위해 고구려와 백제의 지배세력과 지방의 실력자들까지 신라의 골품제에 편입시켰다. 점령지로부터 새롭게 부와 노동력이 유입되었고 문화가 융성했다.

통일신라 문화의 중심에는 경주를 근거로 한 귀족세력이 있었다. 이들은 온갖 부귀영화를 누리며 스스로를 왕경인(王京人)이라 부르고 지방인들에 비해 특권의식을 가졌다. 태평성대가 계속되자 중국과 일본, 동남아시아, 아랍 지역까지 교역이 활발해져 더 많은 재화가 쌓였다. 통일 이후 200여 년간 평화로운 시기를 보내면서 귀족들은 사치와 향락에 빠져들었다.

경주에 있는 안압지, 임해전, 포석정 등의 연못과 정자 누각은 모두 신라 귀족들이 즐기던 곳이다. 당시 귀족들은 삼십오금입택(三十五金入宅)이라고 하는 크고 호화로운 주택을 짓고 사는 것이 유행이었다. 이 무렵 경주의 가구 수는 약 17만 호였는데 모두 기와집이었고, 더러는 기둥을 금으로 장식한 집도 있었다.[1] 계절이 바뀔 때마다 옮겨 살 수 있는 별장도 많았다.[2] 거리에는 사찰이 별처럼 많이 흩어져 있어 탑이 기러기 떼처럼 줄을 지었고, 초가는 하나도 없었으며, 거리에 음악 소리가 그치질 않았다.

경주로 인구와 부가 집중되자 지방과의 지역 격차가 생기고 귀족들끼리

분쟁이 자주 발생했고 신라 사회는 불안해졌다. 이에 신라 왕실은 지역 불균형을 해소하기 위해 인구와 기능을 지방으로 분산하는 정책을 폈다. 전국을 크게 9주와 5소경으로 구획하였다. 9주는 군사와 행정적인 성격이 강했다. 5소경은 삼국통일 전후에 늘어난 귀족들에 대한 일종의 회유책으로 정치적인 성격이 강했다. 결과적으로 신라가 경주에 집중되었던 인구와 권력, 부와 문화를 지방으로 분산하여 전국이 균형 있게 발전하는 계기가 되었다.

고려, 자연재해 방지를 위한 사찰과 열악한 시가지 환경

고려 태조 왕건은 훈요십조 제2훈에 다음과 같은 말을 남겼다.

> 모든 사원은 도선이 산수의 순역을 살펴서 개창한 것이니, 도선이 추점한 곳 이외에는 다른 곳에 함부로 사원을 짓지 마라. 만약 사원을 짓는다면 지덕을 손상시켜 국운이 영구치 못할 것이다.

이 내용은 도선이 국토의 균형과 조화를 맞추어놓았으니 함부로 사찰을 지어 자연을 훼손시키지 말라는 뜻으로 해석할 수 있다. 도선이 추점한 사찰은 대개 외적의 침입을 감시하기 쉬운 곳이나 자연재해의 피해가 우려되는 지점에 건설하였다. 승려들이 항상 대기하고 있으므로 외적과 재해를 감시하여 사전예방을 할 수 있고, 막상 일이 터졌을 때에도 인력을 쉽게 동원할 수 있기 때문이었다.

고려시대 수도인 개경의 환경문제는 북송 때의 중국 사신 서긍(徐兢, 1091~1153)이 저술한 『고려도경(高麗圖經)』에서 그 일면을 엿볼 수 있다. 서

긍은 고려 인종 때 사신으로 와 개경에 한 달 남짓 머무르는 동안 보고 들은
바를 그림을 곁들여서 송나라 휘종에게 보고서를 올렸다. 이 중 성읍(城邑)
편에 기술되어 있는 도읍의 모습을 보자.

> 민중들의 주거지가 좁고 누추하며 들쭉날쭉 가지런하지 못하기 때문에, 긴 행
> 랑채 수백 칸을 만들어 그것으로 가려서 사람들에게 누추함을 보이지 않게 하
> 였다.

> 백성들의 주거는 열두어 집씩 모여 하나의 마을을 이루었고, 바둑판같은 시가
> 지는 달리 취할 만한 것이 없었다.

> 왕성이 비록 크기는 하나, 자갈땅이고 산등성이여서 땅이 평탄하지도 넓지도
> 않다. 그래서 백성들이 거주하는 형세가 고르지 못하여 마치 벌집이나 개미구
> 멍 같다. 풀을 베어다 지붕을 덮어 겨우 비바람을 막는데, 집 크기는 서까래를
> 양쪽으로 잇대어놓은 것에 불과하다. 부유한 집에서는 기와를 얹었으나, 겨우
> 열에 한두 집뿐이다.[3]

이로 보아 당시 개경 시가지는 격자형으로 도시 정비가 이루어지지 않았
으며, 자연지형 흐름에 따라 건물을 배치한 것으로 보인다. 또한 서민들의 주
택은 도시 미관을 해칠 만큼 불량했던 것으로 짐작된다. 고려 정부는 이를 해
결하기 위해 도시를 정비하기보다는 가리는 쪽을 택한 것 같다.

조선, 화재 예방을 위한 한성부의 도로망

조선시대 수도인 한양은 화재가 자주 일어났다. 초가집이 많고 민가가 조밀하게 붙어 있어 한번 화재가 나면 도성 전체로 퍼져나갔다. 화재의 확산을 막기 위해 일정한 폭의 도로를 확보하여 화재 저지선으로 삼았다. 또 곳곳에 물독을 두어 방화수로 활용토록 하였다. 도성안의 도로에 관한 논의로서 최초로 기록되고 있는 것은 태종 7년(1407) 4월 20일 한성부에서 올린 도성에 대한 사의(事宜) 조목이다.

> 본래 성안은 큰 길 이외에 작은 길도 모두 평평하고 곧아서 차량의 출입이 편리하였는데, 지금 무식한 사람들이 자기의 주거를 넓히려고 길을 침범해 울타리를 만들었으니 길이 좁고 구불구불해졌으며, 혹은 툭 튀어 나오게 집을 짓고, 심한 자는 길을 막아서 다니기에 불편하고, 화재가 두렵사오니 도로를 다시 살펴서 전과 같이 닦아 넓히소서. 아울러 지붕을 띠로 덮은 민가가 너무 조밀하여 화재가 두려우니, 각 방에 한 관령마다 물독을 두 곳에 설치하여 화재에 대비토록 하옵소서. 또 길옆의 각호는 도롯가에 나무를 심게 하고, 냇가의 각호도 두 양안에 제방을 쌓고 나무를 심게 하소서.

태종 15년에 한성부가 도로의 제도를 다시 올려서 윤허를 받았지만 이렇다 할 결과가 없었다. 그러다가 세종 8년, 도성 안에 큰 불이 나서 경시서와 전옥서, 북쪽의 행랑 106칸, 중부의 인가 1,630호, 남부의 인가 350호, 동부의 인가 190호가 불타고, 많은 인명피해가 초래하는 참변이 일어났다. 방화대책의 하나로 일정한 도로 폭의 확보와 기존 도로망의 재정비가 시급히 요청되었다. 한성부에서는 다시 다음과 같이 아뢰었다.

> 『주례고공기(周禮考工記)』에 의하면 나라를 경영할 때, 도성의 도로는 남북으로 아홉 길, 동서로 아홉 길로 하되, 도성 내의 대로(大路)는 7궤가 되어야 할 것이고, 중로는 2궤로 하고, 소로는 1궤로 하되, 그 양쪽 가의 도랑인 수구(水溝)는 함께 계산에 넣지 마소서.

이렇게 해서 노폭은 결정되었으나 그것이 제대로 실시되기에는 적지 않은 난관이 있었다. 첫째, 철거해야 할 가옥이 너무 많아 그것을 일일이 손댈 수 있느냐 하는 문제였다. 둘째, 철거해야 할 가옥 중에 권문세가, 특히 왕실의 주거지가 포함되어 있어 이것까지 과감히 철거하기가 곤란하다는 문제였다. 세종이 말하기를, "성안 도로의 넓고 좁음은, 조종께서 도읍을 세울 때에 이미 정한 것인데, 간특한 백성들이 길을 침범하여 집을 지으므로 연전에 화재가 있은 뒤에 다시 바루기는 하였으나 또 전처럼 침범한 집들이 간혹 있다 하니, 이제 길을 침범한 인가를 철거하자면 몇 집이나 헐어야 되겠는가" 하니, 대언 등이 거의 만여 호에 이른다고 대답하자, 헐게 하는 것이 마땅한지 아닌지를 다시 의논하라고 하였다.

이와 같은 과정을 거쳐서 마침내 『경국대전(經國大典)』 공전(工典) 교로조(橋路條)에 도성 내의 도로 폭에 관하여 규정하였다.(4-1) "대로의 넓이는 56척으로 하며, 중로는 16척으로, 그리고 소로는 11척으로 한다. 또 도로 양편에 수구(도랑)를 두는데 그 넓이는 각각 2척이다"라고 규정하였다. 이 척수를 오늘날의 단위로 환산하면 영조척(營造尺) 1척(尺)은 31.21cm이다. 그러므로

『주례고공기(周禮考工記)』 도성의 건설, 궁궐조영, 수레, 악기, 병기, 관개, 농기구 등에 관한 기록. 중국에서 가장 오래된 기술 관련 백과사전이다. 특히 「장인영국기(匠人營國記)」에는 도시의 기본 공간구조, 도로 폭, 성문 등 도시건설기법이 상세하게 기록되어 있다. 이 책은 중국뿐만 아니라 한국과 일본, 동북아시아 지역에 널리 전파되어 근대까지 도시건설의 기준이 되어왔다. 다산 정약용은 수원성을 건설할 때 『주례고공기』를 활용했다고 『경세유표』에 적고 있다.

4-1 도로 폭이 넓은 종로의 옛 모습(왼쪽), 도로를 무단 점령한 가옥(오른쪽)

대로 56척은 17.5m, 중로 16척은 5m, 소로 11척은 3.43m이고, 도랑의 넓이는 62cm 정도가 된다. 당시 1궤는 한 차선으로 너비를 8척(2.5m)으로 보았다.

홍수예방을 위한 태종의 개천 정비

청계천(淸溪川)은 여러 산과 골짜기에서 흘러내리는 물줄기들이 도성 한가운데를 서에서 동으로 가로질러 흐르는 도심하천이다.(4-2) 청계천이라는 이름은 일제강점기 초기에 서울의 지명을 개명할 때 붙인 것이고, 조선시대에는 초기부터 말기까지 개천(開川)으로 불렀다. 개천이란 배수가 잘 되도록 어느 정도의 인공이 가해진 하천을 말하며, 순전한 자연하천을 개천이라 하지 않는다. 반드시 사람의 손이 개(開)한 천(川)이어야 하고 구거(溝渠, 도랑)보다는 규모가 큰 인공하수도를 가리키는 보통명사다.[4]

서울이 조선의 수도로 정해지기 전 청계천은 자연 상태의 하천이었다. 사방이 산으로 둘러싸인 지리적 특성상 성안의 모든 물은 청계천으로 모인다. 우리나라 기후는 계절풍의 영향으로 봄·가을·겨울은 건조하고 여름은 고온다습하다. 그러므로 청계천은 봄·가을·겨울은 대부분 물이 말라 건천(乾川)으로 있다가, 여름 장마철에는 물이 넘쳐 홍수가 날 정도로 유량의 변화가 심하였다. 청계천 주변에는 시전행랑과 민가가 밀집해 있어, 비가 올 때마다 가옥이 침수되거나 다리가 유실되어 막대한 피해를 입었다. 따라서 도성 건설에 배수를 위한 물길을 만드는 것은 매우 중요하고 큰 사업이었다.

태종은 한양으로 재천도한 이듬해부터 하천의 바닥을 쳐내서 넓히고, 양안의 둑을 쌓는 등 하천 정비 사업을 실시했다. 물길을 바로 잡기 위해 하상을 파내고 하폭을 넓히는 한편 제방을 쌓았다. 당시로는 운하를 파는 것과 같

은 대역사였다.

　태종 때 개천 정비 공사가 대역사이긴 했지만 도성의 배수시설이 완비된 것은 아니었다. 개천 본류는 정비되었지만 개천으로 유입되는 지류(支流)와 세류(細流)는 아직 자연 그대로의 상태였다. 도성의 물이 빠져나가는 수구 또한 도성을 처음 쌓을 때 그대로였다. 이 때문에 큰 비가 오면 빈번하게 수해를 입었다. 특히 세종 3년 6월 7일부터는 장마가 시작되어 한 달 넘게 큰 비가 물을 퍼붓듯이 내려서 막대한 인명과 재산 피해를 보았다. 세종 3년 7월 3일 판한성부사 정진이 상소를 올려 아뢰기를,

　　상왕(태종)께서 개천을 정비하고 돌다리를 만들었으나, 지류와 작은 시내를 다 파서 넓히지는 못하였습니다. 유사가 의견을 올려 완성하도록 하였으나, 상왕께서는 백성을 너무 자주 동원할 수 없다는 심려에서 재위 중에는 다시 공역을 일으키지 않았습니다. 그러나 지금 비가 한 달이 넘어도 그치지 않아서, 물이 넘치고 하류가 막혔으니 도성 안이 다시 침몰될 근심에 있습니다. 바라옵건대, 별도로 수문 하나를 더 만들어 물이 빨리 빠져나가게 하고, 종루 이하로는 지세가 낮으므로 도랑을 깊고 넓게 하여 수재에 대비하게 하소서. 좌우 행랑의 뒤에도 도랑 하나를 만들어 물길을 하천 하류로 바로 연결시키면 크게 편리할 것입니다. 진장방에는 산골짜기에서 여러 곳의 물이 세차게 흘러내려, 격류로 쏟아져 경복궁 동쪽 면의 내성을 무너지게 하니 내를 넓히고 돌을 쌓아 물길을 방비해야 합니다. 경복궁 서쪽 성 밖에도 마땅히 내를 넓혀 흐름을 터놓아야 할 것입니다. 다리들은 수레와 가마가 상시 지나는 곳으로 견고해야 함에도 나무로 만들었으니 돌다리로 만들게 하소서.

4-2 청계천의 역사: 왼쪽부터 조선시대 도성 하천(광여도), 구한말 청계천, 1960년대 청계천, 1970년대 청계천 복개 고가도로, 2000년대 복원된 청계천

라고 하였다. 이에 임금은 공조에 명하여 농한기를 기다려 시행하도록 했다.

세종은 10여 년간에 걸쳐 농한기만을 이용하여 소규모의 보수·확장을 거듭함으로써 개천의 배수기능을 완비했다. 세종 23년에는 마전교 서쪽 수중에 표석을 세우고, 표석에 눈금을 새겨 수위를 측정할 수 있도록 했다. 수표(水標)는 개천의 수위를 계수화하여 사전에 홍수를 예방하는 데 도움이 되었다.

세종 때 주목할 만한 사항은 청계천의 성격을 '도심의 생활하천'으로 규정했다는 것이다. 청계천은 도성 한가운데를 흐르므로 하수도 시설이 없던 당시로서 온갖 쓰레기와 오물들이 흘러들 수밖에 없었다. 세종 26년 12월 21일 집현전 교리 어효첨이 상소하기를, "도읍의 땅에서는 사람들이 번성하게 사는지라, 번성하게 살면 더럽고 냄새나는 것이 쌓이게 되므로, 반드시 소통할 개천과 넓은 시내가 그 사이에 종횡으로 트여 더러운 것을 흘려 내어야 도읍이 깨끗하게 될 것이니, 그 물은 맑을 수가 없습니다" 하였다.

세종은 어효첨의 논설이 정직하여 마음으로 감동했다고 하면서 청계천을 생활하천으로 결정했다. 이로써 청계천은 조선왕조 오백년과 2005년 청계천 복원이 이루어질 때까지 도성에서 배출되는 많은 생활쓰레기를 씻어내는 하수도로서 기능을 하였다.

조선의 그린벨트제도, 금산법

조선시대 개천의 오염문제는 한양의 심각한 도시문제를 지적하는 사건이라 할 수 있다. 세종 26년 이선로가 제기한 개천의 오염문제는 생활하수와 유량의 부족이 지적되었으며, 이는 산의 보전과 밀접한 연관성을 갖는다. 한양은 인구증가로 주택의 공급문제, 생활하수처리문제, 산림의 이용과 보전문제 등

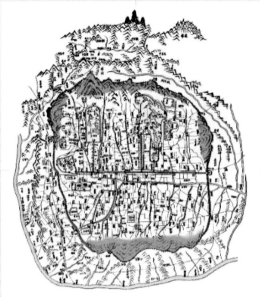

4-3 조선시대 금산 지역

이 중요하게 부각되기 시작했다. 조선시대 사회경제를 고려한다면 산림의 이용은 불가피한 것이고 인공적인 하수처리가 없었던 상황에서 도시 내에 흐르는 하천의 오염은 매우 당연한 결과라 할 수 있다.[5]

금산법(禁山法)은 도성 안팎에 일정한 구역, 즉 금산을 정해두고 그 안에서는 농사짓거나, 나무를 베거나, 돌을 캐거나, 흙을 퍼가거나, 집을 짓거나, 묘지를 쓰거나, 나무뿌리를 캐어 먹거나, 풀을 태우거나, 허가 없이 입산하는 등의 일을 일체 못하게 하는 제도다. 특히 소나무 보호와 재배에 큰 관심을 가졌는데 그 첫 번째 목적은 손상된 지맥을 보호하기 위한 것이었다. 두 번째는 한양의 경관이며, 세 번째는 홍수와 가뭄 예방적인 측면이 강했다.

금산 지역은 조선 전기에는 도성 안과 성 밖의 일부 지역, 후기가 되면 성 밖 십리에 이르는 지역으로 확대된다. 조선 후기 들어 한양의 인구가 늘어나고 토지가 부족해지면서 많이 느슨해지긴 했지만 대부분의 금산은 구한말까지 유지되었다. 현재 서울 강북의 주요 녹지대는 대부분 과거에 금산이었던 곳이다.(4-3) 금산법은 도시의 지나친 팽창을 막고 자연을 보존하는 기능을 수행했다는 점에서 '조선시대의 그린벨트제도'라고 할 수 있다.

세조 7년 4월 27일 기록에는 소나무 베는 것을 엄금할 것을 건의한 내용이 있다.

소나무 베는 것을 금하는 법은 매우 엄하지마는, 그러나 지방 관리 및 산지기들이 예사로 여기고 살피어 금제(禁制)하지 아니합니다. 이로 인하여 배를 만드는 재목이 거의 다 베어졌으니, 청컨대 지금부터는 나라에서 쓰는 것 외에 관가나 양반의 집에서는 배를 만들 수 없는 소나무를 쓰게 하고, 서인의 집에서는 잡목을 쓰게 하소서. 이를 어긴 자는 1, 2주(株)를 벤 자는 장(杖) 1백 대, 산지기는 장 80대, 관리는 태(笞) 40대를 때리고, 3, 4주를 벤 자는 장 1백 대를 때려 충군(充軍)하고, 산지기는 장 1백 대, 관리는 장 80대를 때리고, 10주 이상을 벤 자는 장 1백에 온 집안을 변방으로 옮기고, 산지기는 장 1백 대를 때려 충군하고, 관리는 장 1백 대를 때려 파출(罷黜)하고, 10년 동안에 1주도 벤 것이 없으면, 산지기에게 산관직(散官職)으로 상을 주어서 이로써 권장하고 경계하게 하소서.

병조(兵曹)에서 위와 같이 아뢰니, 그대로 따랐다고 한다.

도시 정비를 위한 민가 철거

한양은 원래 인구 10만 명으로 계획된 도시였다. 그런데 중종 말 한양의 인구는 15만 명으로 추정된다. 인구의 증가는 주택과 도시문제를 불러왔다. 자연증가도 있지만 토지를 소유하지 못한 백성들이 자연재해를 계기로 고향을 떠나 대대적으로 유입하였다. 이들은 빈 땅만 있으면 여기저기 무허가로 집을 지었다. 도로를 침범하여 집을 짓는가 하면 궁궐과 관청 벽에까지 붙여서 집을 지었다. 대부분 초가들이 다닥다닥 붙어 있다 보니 도성은 화재와 전염병에 매우 취약했다. 한번 불이 나면 수천 채의 집이 소실되고 수만 명의 이재민이 발생했다. 또한 땔감과 건축자재를 얻기 위해 산을 벌거숭이로 만들고, 경작을 위해 산야를 불사르고 한 치의 땅이라도 개간하기 위해서 개천의 제방을 무너뜨렸다.

마침내 세조는 재위 2년 1월 4일 산야에 불사르거나 초목을 베어버리는 것을 금지했다. 당시 공조에서는 다음과 같이 아뢰었다.

산야(山野)와 개천의 초목을 불사르게 되면, 지기가 윤택하지 못하고, 조금만 가물어도 하천과 연못이 고갈된다. 크고 작은 내와 개천은 모름지기 언덕의 풀이 무성해야 무너지지 않는다. 그런데도 어리석은 백성들이 한 치의 밭이라도 개간하고자 개천 양쪽 가의 초목을 베어버리는 까닭에 조금만 비가 오면 곳곳에서 무너지니, 이제부터 이를 금지토록 하고 위반하는 자는 저죄하게 해주소서.

그러나 민가 철거는 쉽지 않았다. 세조 8년(1462) 1월 30일 민가를 철거하면서 보상으로 도성 내 공한지를 나누어주고, 쌀을 주며 부역을 면제해주는 등의 조치를 취했지만, 인구의 증가와 토지의 부족으로 실효를 거두지 못했다.

성종은 인정(仁政)으로 정치를 이끈 군주였다. 민가가 궁궐 벽에 바로 붙어 있는데도 철거를 하지 말라 이르고, 대신 더 이상 짓지 못하도록 하였다. 그러나 왕의 명령은 지켜지지 않았다. 백성들의 무허가 건축과 무단 토지점유는 생존을 위해 필사적인 것이기 때문에 규제만으로는 해결될 수가 없었다.

연산군은 달랐다. 그는 강력한 왕권을 휘두르며 민가의 궁궐 인접을 금지시키고 강제 철거를 단행했다. 약 2만 명 정도가 철거와 추방을 당했다고 하니 당시 인구를 감안하면 전체의 20% 정도가 희생된 셈이다. 연산군 11년

11월 18일 기사에는 다음과 같이 쓰여 있다.

> 궁궐은 깊숙하지 않으면 안 되는데, 근래에 비록 여러 번 금표(禁標)를 세웠지
> 만 범하는 자가 끊이지 않으니, 이것은 인가가 궁성에 너무 접근해 있는 까닭
> 이다. 동서의 성터를 마땅히 물려야 할 것이니, 동으로는 후원을 환하게 바라
> 볼 수 없는 곳까지 하고, 고지에 담을 쌓아 사람들로 하여금 올라가서 궁궐을
> 바라볼 수 없게 할 것이다. 서쪽으로도 경계를 정한 다음, 경계 안에 있는 인
> 가는 기한을 정하여 철거하도록 하라. 종묘의 삼면에 있는 인가도 마땅히 철
> 거하고 담을 쌓아라.

이 때문에 뜯기는 집이 수만 호여서 의지할 곳 없는 사람들은 길가에 둘
러앉아 소리를 삼키면서 눈물을 머금었다. 연산군의 강제 철거는 민심 이반
을 가져와 1506년 9월 중종반정의 빌미가 되었다.

반정으로 집권한 중종은 연산군 때 강제 철거당한 백성들을 위로하고,
금표를 철거하는 등 규제를 풀었다. 한양은 다시 인구가 날로 불어나서 철거
이전의 모습으로 되돌아갔다. 인가가 궁궐 및 종묘 근처까지 조밀하게 들어
섰고, 일반 백성뿐만 아니라 사대부까지도 집 없는 사람이 많았다. 인구가 많
다 보니 화재가 자주 일어나고, 역병에 전염될 우려가 컸다. 산에 집을 짓는
것을 금해도 산 밑에 집을 짓고, 냇가와 길옆을 무단 점유했다. 한양은 인구
의 증가로 심각한 도시문제에 봉착했으나 인정주의를 내세운 중종과 인종,
명종 대에는 이를 해결하지 못했다. 더구나 유교 전통에서 화재는 임금의 부
덕이 초래한 것이므로, 화재를 빌미로 백성의 거처를 빼앗는 것은 폭군이나

하는 짓이라고 여겼다. 이러한 한양의 도시문제는 임진왜란이 일어나 많은 가옥이 파괴되고 인구가 급속하게 줄어들면서 재정비가 이루어졌다.

도시문제 해결과 빈민구제를 위한 영조의 개천 준설

조선 후기 한양은 인구 증가로 큰 도시문제가 발생했다. 빈민층이 도성으로 몰려들자 주택과 식량, 땔감 문제가 심각해졌다. 그들은 도로와 공한지를 무단 점령하여 마구잡이로 불량주택을 지었다. 이에 따라 큰 도로가 좁은 길로 변했고 수레 하나 돌릴 수 없을 정도가 되었다. 정부에서 강력히 단속을 해도 불량주택은 속수무책으로 늘어만 갔다. 평지에 주거지를 마련하지 못한 도시 빈민들은 법적으로 엄격하게 금지된 도성 주변의 산지를 개간하여 주택을 짓고 밭을 만들었다. 또 취사와 겨울철 난방을 위한 땔감이 부족하자 주변의 모든 산을 헐었다. 개천 주변에도 움막을 짓고 제방을 무너뜨려 채소 등을 심어 경작을 하였다. 당시 한성은 불량한 초가집들이 다닥다닥 붙어 있고, 식수와 화장실, 하수구 등 위생시설이 엉망이다 보니 화재와 전염병에 매우 취약한 도시가 되고 말았다.

　조선 제21대 영조는 세종 이래 개천 정비에 가장 큰 힘을 쏟았다. 영조의 치적으로 탕평책, 균역제와 함께 개천 준천(濬川)을 꼽아도 무리가 아니다. 개천은 태종과 세종 때 정비한 이후 영조 때까지 약 350년 동안 큰 변화가 없었다. 도성 인구가 10만 명 정도일 때는 생활하수를 처리하는 데 별다른 문제가 없었다. 그러나 인구가 급증하면서부터 생활하수를 개천이 감당할 수 없게 되었다. 더구나 가난한 사람들이 개천가에 집을 짓고 채소밭을 경작하자 수로가 막혀 배수가 안 되었다. 땔감의 부족으로 사람들이 산의 나무를 함부로

베자 조금만 비가 와도 산의 토사가 쓸려 개천을 메우게 되었다.(4-4) 이 때문에 영조가 즉위한 1724년경에는 토사가 쌓여 하천 바닥이 평지와 같은 높이가 되었다. 적은 비에도 개천이 범람하여 많은 피해를 초래하니 준설이 불가피한 상황이었다.[6]

영조 36년(1760) 2월 8일 판윤 홍계희와 호조판서 홍봉한이 도성의 시내와 도랑이 여러 해 막혀 있으므로 빨리 준천을 하자고 강력히 주장하자, 2월 18일 공역이 시작되었다. 이때의 준설은 송기교(현재 광화문 네거리와 신문로의 접점)에서 영도교(현재 영미교길)까지 총 8개 구간으로 나누어 진행되었다. 개천에 두텁게 쌓여 있는 토사를 걷어내고 개천의 깊이와 폭을 예전처럼 회복했다. 무너진 다리를 보수하고, 상류와 지류는 물론 경복궁, 경희궁, 창덕궁, 창경궁 등 궁궐 안에 있는 물길도 준설하여 물이 잘 통하게 하였다.

영조는 49년(1773) 6월 다시 개천 정비를 위한 공역을 실시하여 2개월 후인 8월 초 완성하였다. 이때 공사는 1760년 공역 때 인력과 물자 부족으로 시행하지 못했던, 개천 양쪽 제방에 돌을 쌓아 튼튼하게 하는 일, 구불구불한 수로를 곧게 바로잡는 일, 또한 양안에 버드나무를 심어 큰비가 와도 제방이 무너지지 않도록 하는 일이었다.

한편 영조가 개천 준설이라는 대역사를 시작한 것은 빈민들을 구제하기 위한 목적도 있었다. 그것은 곧 두 차례의 전란 이후 생계를 위해 도성으로 몰려든 유민들

4-4 청계천에 쌓인 토사는 범람의 원인이 된다.

| 참고 | 청계천 준천의 역사

청계천(淸溪川)의 본래 이름은 개천(開川)으로 일제강점기 때
이름을 바꾸었다. 개천이란 배수가 잘 되도록 어느 정도의 인공
이 가해진 하천을 말한다. 서울이 조선의 수도로 정해지기 전
청계천은 자연 상태의 하천이었다. 사방이 산으로 둘러싸여 있
는 지리적 특성상 성 안의 모든 물이 청계천으로 모인다. 청계
천 주변에는 시전행랑과 민가가 밀집해 있어, 비가 오면 가옥이
침수되거나 다리가 유실되는 경우가 많았다. 그러므로 도성 건
설에 배수를 위한 물길을 만드는 것은 매우 중요하고 큰 사업이
었다.

태종은 하천을 정비하기 위한 임시도구로 개거도감(開渠都
監)을 설치하고 개천 정비사업을 실시했다. 경상도·전라도·충
청도 3도의 군인을 동원하여 대대적인 공사를 벌여 하상을 파
내고 하폭을 넓히고 제방을 쌓았다. 당시로는 운하를 파는 것
과 같은 대역사였다. 그 결과 600년이 지난 지금도 청계천은
사대문 안의 중심 하천 역할을 하고 있다.

그러나 개천 정비공사가 대역사이긴 했지만 도성의 배수시설이 완비된 것은 아니었다. 개천 본류는 정비되었지만 개천
으로 유입되는 지류는 아직 자연 그대로였다. 도성의 물이 빠져나가는 수구 또한 도성을 처음 쌓을 때 그대로였다. 이 때문
에 큰 비가 오면 빈번하게 수해를 입었다. 특히 세종 3년에는 한 달 넘게 큰 비가 내려 막대한 인명과 재산 피해를 보았다.
세종은 백성의 피해를 줄이기 위해 농한기만을 이용하여 10년에 걸쳐 지천 정비를 실시하였다. 특히 수중에 표석을 세우
고, 표석에 눈금을 새겨 수위를 측정할 수 있는 수표(水標)를 설치하였다. 이를 통해 홍수를 예방하는 데 도움이 되었다.

조선 후기 한양은 인구의 증가로 큰 도시문제가 발생하였다. 개천은 도성 인구가 10만 명 정도일 때는 생활하수를 처리
하는 데 특별한 문제가 없었다. 그러나 인구가 급증하면서부터는 생활하수의 증가로 개천이 감당할 수 없게 되었다. 더구나
가난한 사람들이 개천변에 집을 짓고 채소밭을 경작하자 수로가 막혀 배수가 안 되었다. 땔감 부족으로 사람들이 산의 나무
를 함부로 베어내자 조금만 비가 와도 산의 토사가 쓸려 개천을 메우게 되었다. 이 때문에 영조가 즉위한 1724년경에는 토
사가 쌓여 하천 바닥이 평지와 같은 높이가 되었다. 적은 비에도 개천이 범람하여 많은 피해를 초래하므로 준설이 불가피한
상황이었다.

마침내 영조 36년(1760) 송기교부터 영도교까지 총 8개 구간으로 나누어 준설공사를 시작하였다. 개천에 두껍게 쌓여
있는 토사를 걷어내고 개천의 깊이와 폭을 예전처럼 회복하였다. 무너진 다리를 보수하고, 상류와 지류는 물론 경복궁, 경
희궁, 창덕궁, 창경궁 등 궁궐 안에 있는 물길도 준설하여 물이 잘 통하게 하였다. 이때 양쪽 제방에 돌을 쌓아 튼튼하게 하
고, 구불구불한 수로를 곧게 바로잡고, 양안에 버드나무를 심어 큰비가 올 때도 제방이 무너지지 않도록 하였다. 한편 영조
가 개천 준설을 위하여 대역사를 시작한 것은 빈민들을 구제하기 위한 구휼의 목적도 있었다.

1960년대 들어 농촌 인구의 상경으로 서울 도심 인구가 급격하게 증가하였다. 청계천은 주변에 무허가 판자촌이 늘어나
면서 심각하게 오염되었다. 하천이 더러워져 악취를 풍기고 위생적으로 문제가 생기자 청계천을 복개하여 고가도로를 건설
하였다. 그러나 고가도로가 건설된 지 30년 가까이 되면서, 너무 낡아 안전문제가 불거지고 주변 지역의 발전을 가로막아 이
일대를 슬럼화시켰다. 결국 2003년 청계고가도로 철거공사를 시작으로 청계천 복원이 추진되어 2005년 완공되었다.

에 대한 구휼이었다. 국가에서는 도성 축조나 준천과 같은 큰 토목공사를 일으켜 유민들을 고용하였다. 영조가 실시한 준천 역시 5만여 명의 고용 인력이 투입되었다. 이는 오늘날의 공공근로사업과 같은 성격을 띠었다.[7]

개항기와 일제강점기의 해안 매립

1876년 강화도조약이 체결되면서 조선은 일본에 부산·원산·인천을 차례로 개항하고, 이어서 목포·진남포·군산·마산·성진·청진·신의주를 개항했다. 일본은 개항장에 자국민의 거류지인 조계지(租界地)를 설치하고 마치 자신들의 영토처럼 여겼다. 일본영사관이 행정권을 장악하고 도로와 기반 등 토목사업뿐만 아니라 주민관리·상사·영업·토지·가옥·건축·교육·경찰·위생·병원·선박 등 지방행정 일체를 관리했다. 1880년 7월 '가옥건축규칙'을 제정하여 도시 정비까지 담당함으로써 식민지 지배를 진행시켰다.

일본은 조계지를 발판으로 조선을 상품시장화하고 대륙침략의 전초기지로 삼고자 하였다. 그리하여 보다 많은 일본세력을 침투시키기 위해 이주민을 늘렸고, 일본인의 수가 늘어나자 조계지가 협소해졌다. 그들은 조선과 협의도 없이 조계지를 무단으로 확장했다. 온갖 교묘한 방법으로 섬과 산을 차입하고 조계지 전면의 해안을 매립했다.

첫 개항장인 부산에서는 1902년 중앙동 부근의 바다 매축공사를 시작으로 초량과 부산진 앞바다가 매축되었다.(4-5) 오늘날 부산의 중심지인 광복동 일대가 여기에 포함된다. 일본은 그들의 개화문명을 과시하고자 최신식 건물을 지었다. 또한 조선의 반대를 무시하고 조계지 앞에 있는 절영도(영도)까지 개발하여 그들의 세력을 뻗쳤다.

조계지(租界地) 개항장에 외국인이 자유로이 통상·거주하며 치외법권을 누릴 수 있도록 설정한 구역. 주로 제국주의 국가들의 침략이 시작되면서 불평등조약이 체결된 결과로 빚어진 것으로, 한국과 중국에서는 조계지, 일본에서는 거류지라고 부른다. 최초의 조계지는 아편전쟁 이후 1845년에 영국이 상하이에 설치했다.

4-5 부산 앞바다를 매축한 조계지 지도와 그곳에 건설한 광복동 모습

세 번째 개항장인 인천에는 일본조계지뿐만 아니라 청국조계지, 만국공동조계지가 설치되었다. 청일전쟁과 노일전쟁에서 승리한 일본은 조선에서 지배권을 확보하고 각 개항장의 항만설비공사를 전담하였다. 일본조계지 전면해안을 매립하여 경인철도 인천역, 세관청사, 창고, 내항 등을 건설하였다. 이어서 서울과 인천 사이 42km의 경인철도를 부설하여 서울로 진입하는 기지로 삼았다.

뒤이어 개항한 목포와 군산도 조계지를 설치한 후 해안을 매립하여 영역을 넓혔다. 주로 호남평야에서 생산되는 막대한 쌀을 일본으로 가져가고, 일본에서 생산되는 공산품을 판매하기 위한 전초기지 역할을 했다. 매립하여 일본식 가로명인 본정통(本町通)이라 명명하고 창고와 상업지구를 확대하였다. 목포와 군산 두 항구도시는 일확천금을 꿈꾸는 일본인들에게는 기회의 땅이었다. 조선인보다 더 많은 일본인들이 살면서, 인근의 농지를 수탈하여 영농에 참여하는 숫자가 빠르게 늘어났다.

마산은 일본과 러시아가 조선에서 주도권을 잡기 위해 치열하게 대립한 곳이다. 러시아는 청의 다롄과 뤼순의 조차지를 확보한 상태이기 때문에 블라디보스토크와의 사이에 안전한 해상기지가 필요했다. 러시아가 마산(지금의 진해)에 조계지를 설치하려고 하자 일본은 이를 재빨리 선점하여 병력과 군수품을 수송하는 병참기지로 삼았다. 그리고 바다를 매립하여 군항을 건설하고 신가지를 조성했다.

전기가 들어오고 성벽이 헐리다

우리나라에 처음 전기가 들어온 것은 1887년이다. 1882년 한미통상협정이

4-6 건청궁 시등도
(한국전력공사)

체결되자 민영익, 홍영식 등 우리나라 사절단이 미국에 건너가 그곳에 전등이 보급된 것을 보고 감탄했다. 그들이 돌아와 고종에게 발전소 건설을 건의하여 마침내 에디슨 회사와 계약을 체결하고, 1887년 3월 6일 경복궁 내 건청궁에 첫 전깃불을 밝혔다.(4-6)

경복궁 향원정 연못물을 끌어 올려 석탄을 연료로 발전기를 돌렸는데, 기계 돌아가는 소리가 마치 천둥이 치는 듯 요란했다. 또 발전기 가동으로 연못 수온이 상승해서 물고기가 떼죽음을 당하고, 검은 연기가 하늘을 뒤덮었다. 그러나 고종은 전등을 켜서 궁궐 내를 밝히도록 명령했다. 이후 전기 사용 폭이 점차 늘어나자 고종은 한성 판윤 이채연에게 지시하여 1898년 한성전기회사를 설립했다. 그러나 자본과 기술이 부족한 탓에 미국인 H. 콜브란과 보스윅에게 경영권을 맡겼다.

콜브란과 보스윅은 우선 전차 가설을 계획하고 서대문에서 종로와 동대문을 거쳐 청량리에 이르는 5마일의 단선궤도 및 가선공사를 마쳤다. 1899년 5월 첫 전차 운행이 시작되었다. 동대문에는 전차에 전기를 공급하는 75kw의 직류발전기 1대의 증기발전소를 설치했다. 발전소가 동대문 밖에 입지하면서 이 일대는 매일 시꺼먼 매연이 발생했다.

전차 운행이 인기를 끌자 용산까지 선로가 연장되었다. 그러나 전차가 도성 밖으로 나갈 때는 문을 지나야 하므로 사람들과 섞여 큰 혼잡을 이루었다. 이에 일본은 조선 정부를 간섭하여 1907년 일본인을 위원장으로 하는 성벽처리위원회를 구성하였다. 그리고 숭례문 바로 밖에 있는 남지(南池)를 메우고, 숭례문 좌우의 성벽을 헐어 폭 8간(間)의 새 도로를 내어 전차 길을 마련하였다.(4-7)

한성전기회사 1898년 세워진 우리나라 최초의 전기회사. 고종을 비롯한 황실 권력층이 산업진흥정책의 일환으로 설립했다. 1899년 5월 동대문에서 신문로 사이에 전차를 개통했으며, 1900년 4월에는 우리나라 최초로 종로에 민간 가로등을 점등했다.

4-7 숭례문의 본래 모습과
성벽이 헐린 모습

　　성곽이 헐리자 500년 동안 해왔던 성문의 개폐도 필요 없게 되었다. 그
전까지는 사대문과 사소문에 수문장을 배치하고 새벽 오경(五更)에 33번의
파루종(罷漏鐘)을 쳐서 성문을 열고, 밤 삼경(三更)에 28번의 인정종(人定鐘)
을 쳐서 성문을 닫아 통행을 금지시켰다. 일본은 1909년 콜브란으로부터 한
성전기회사를 매입하여 전기를 비싼 값에 팔아 조선의 발전을 막았다.

현대의 도시환경

서울의 인구집중과 도시확장

서울은 일제강점기에 경기도 관할의 경성부였다. 해방이 되자 서울시로 개칭
하였다. 해방과 함께 서울은 인구가 급증하기 시작했다. 해외동포의 귀국과
월남 난민들의 이주가 급속하게 늘어났다. 1945년 약 90만 명이었던 인구가
3년 후인 1948년에는 약 180만 명으로 증가했다. 서울 인구가 포화상태에 이
르자 1949년 행정구역이 확장되었다. 경기도 고양군의 은평면·숭인면·뚝섬
면과 시흥군 동면의 구로리·도림리·번대방리가 서울의 도시계획구역으로 편
입했다.[8]

　　1960년대 들어서는 이촌향도로 서울 인구가 크게 늘어났다. 1960년 인
구조사에서 244만 명이었던 것이 1966년에는 380만 명으로 증가했다. 종전
의 서울 도시 규모로는 새로운 인구를 수용할 수 없게 되었다. 주택부족이 심
각해지자 정부는 택지난을 해소하기 위해 1962년 11월 21일자로 '서울특별
시 행정에 관한 특별조치법'을 공포·시행했다. 서울시에 인접한 경기도 내 5

4-8 청계천과 중랑천변의 판자촌
4-9 압구정동 현대아파트
4-10 와우아파트 붕괴

개 군 48개 동리 328.15km² 광역을 1963년 1월 1일부터 서울시 행정구역으로 편입하는 조치를 취했다. 이때 경기도 관내에서 서울시로 편입된 지역은 중랑구, 강동구, 송파구, 강남구, 서초구, 도봉구, 강서구, 양천구, 구로구, 관악구 등이다.[9]

　1970년대는 도시로 인구가 급증하는 시대였다. 산업의 공업화는 인구의 도시집중을 유발하여 도시인구가 농촌인구를 앞지르게 되었다. 1970년 서울의 인구수는 543만 명으로 증가했다. 도시인구의 과잉집중은 심각한 주택부족 현상을 불러일으켰다. 판잣집과 무허가 불량건물이 난립하고 환경오염이 심각해졌다. 도시 정비 사업이 필요해진 서울시는 1969년 산비탈에 있는 무허가 불량주택을 헐고 시민아파트를 건설하였다. 청계천과 중랑천변에 있는 판자촌은 강제 철거하여 변두리에 집단 이주시켰다.(4-8) 성남과 봉천동이 이주정착지의 대표적인 곳이다. 또 압구정·반포·동부이촌동·구의지구의 대규모 매립공사를 실시하여 택지개발에도 힘썼다.(4-9) 그러나 졸속개발은 많은 부작용을 초래했다. 무자비한 철거로 삶터를 잃은 철거민문제가 생겨났다. 1970년 4월에는 와우아파트가 붕괴되는 참사를 빚기도 했다.[10](4-10)

여의도와 잠실 개발

1968년 개발이 이뤄지기 전까지만 해도 여의도에는 넓은 백사장과 양말산〔羊馬山〕이 있었다.(4-11) 양말산은 이곳에 목장을 만들어 양과 말을 길렀기 때문에 생긴 이름이다. 산은 높이가 해발 190m 정도이며 지금의 국회의사당 자리에 있었다. 양말산은 한강의 홍수와 가뭄을 예방하는 수구사로서 유속과 유량을 조절하는 역할을 했다. 여의도 대부분은 모래톱이었으며 홍수 때는 물에 잠기는 바람에 당시 사람들에게는 쓸모가 많지 않았다. 그래서 "너나 가져라"라는 한자말로 '여의도(汝矣島)'라 부르게 되었다는 설이 있다.

여의도는 밤섬과 연결되었으며 홍수 때는 갈라져 두 개의 섬이 되었다. 1968년 밤섬을 폭파하여 나온 돌과 흙으로 여의도와 한강 사이 제방을 쌓았다. 높이 16m, 둘레 7.6km의 둑이 110일 만에 완공되자 그 안쪽에 87만여 평의 새로운 여의도를 만들었다. 한강변에 모래톱 형태로 있으면서 홍수와 가뭄을 조절했던 여의도와 밤섬은 한동안 생태적 기능을 상실했다.

잠실은 본래 송파진 앞의 한강의 범람원으로 발달한 섬이었다. 이곳에 뽕나무를 심고 누에를 기른 데서 '잠실(蠶室)' 지명이 유래했으며, 송파와 잠실 사이로 흐르는 한강물을 송파강으로 불렀다. 조선시대 잠실 부근은 군사상 요충지로 송파진이 있었고, 나루터로도 유명하여 서울에서 판교, 용인, 충주로 가려는 사람들이 많이 이용했다. 또 상설시장으로도 유명했는데 시전 상인들의 금난전권(禁難廛權)의 영역을 피해 장사를 하는 부상(富商)들이 많았다. 그러나 1971년 잠실지구 공유수면(公有水面) 매립공사를 시작하면서 지금의 석촌호수 일부를 남기고 범람원 섬과 송파강은 사라져버렸다. 잠실 범람원은 한강 상류에서 물의 유속과 유량을 조절하는 생태적 역할을 담당했다.

공유수면(公有水面) 바다·바닷가와 하천·호소·구거 기타 공공용으로 사용되는 국가 소유의 수면·수류. '공유수면 관리 및 매립에 관한 법률' 제4조에 의해 해양수산부장관 또는 시장·군수·구청장이 관리한다.

4-11 양말산의 위치

대규모 택지개발로 인한 그린벨트 훼손

1980년대 들어 서울의 인구는 폭발적으로 증가했다. 1976년 725만 명이던 인구는 1983년 920만 명, 1988년 1,028만 명이 되었다. 여의도와 잠실, 강남 개발을 통해 대규모 택지가 늘어났지만 인구 증가 속도에는 미치지 못했다. 주택부족문제를 해결하기 위해 1983년 개발제한구역인 목동 신시가지, 1986년 상계지구 대규모 택지가 개발되었다. 그러나 1987년 당시 서울의 주택보급률은 50.6%에 불과했다. 가구수는 연간 3.3%씩 계속 증가하는데 신축주택의 건설과 공급은 부진한 상태다. 정부는 만성적인 주택부족현상을 해소하고 집값을 안정시키기 위하여 서울을 둘러싼 개발제한구역 외곽으로 눈을 돌렸다.[11]

주택 2백만 호 건설계획을 수립하고 서울 도심에서 출퇴근이 가능한 반경 20km 이내에 위치한 분당·일산·평촌·산본·중동 등 5개 지역에 제1기 신도시를 건설했다.(4-12) 신도시는 서울에 직장을 둔 중산층을 위한 베드타운형이어서 이로 인한 교통혼잡 등 도시문제가 발생하게 되었다. 많은 그린벨트를 훼손해가며 제1기 신도시를 성공적으로 건설했지만 수도권의 주택난은 계속되었다. 신도시 안에서도 교통·환경·교육 등 기반시설의 부족과 비용분담 문제 등 심각한 사회문제가 발생했다

이에 따라 제2기 신도시개발이 추진되었다. 서울 도심에서 20~40km 이상 떨어진 지역에 화성 동탄·성남 판교·파주 운정·수원 광교·김포 한강·양주 옥정·양주 회천·송파 위례·평택 국제평화·인천 검단·송도·청라·영종 등이 개발 중이다. 이로 말미암아 수도권 주변의 녹지축은 대부분 훼

4-12 제1기 신도시 분당

손되었으며, 광역도로망 확장으로 생태축은 단절되었다.

저탄소 녹색도시 개념 등장

1985년 세계기상기구와 유엔환경계획은 이산화탄소가 지구온난화의 주범임을 공식 선언했다. 이전까지는 뚜렷한 과학적 합의점이 존재하지 않은 상태였다. 그러나 인류의 산업 활동으로 이산화탄소량이 계속 증가하면서 온실효과가 심각해지자 이산화탄소를 온난화의 주요 원인으로 공식화한 것이다. 또한 나무나 산호초가 줄어들면서 공기 중에 있는 이산화탄소를 자연계가 흡수하지 못해서 이산화탄소량이 증가한다는 것도 밝혔다.

이후 '지속가능한 발전'이라는 개념이 1987년 '환경과 개발에 관한 세계위원회'가 발표한 "우리의 미래"라는 보고서를 통해 등장했다. 이 보고서는 지속 가능한 발전에 대해 "미래세대가 그들의 필요를 충족시킬 수 있는 가능성을 손상시키지 않는 범위에서 현재 세대의 필요를 충족시키는 개발"이라고 정의하였다. 이로서 환경적으로 건전하고 지속가능한 개발(Environmentally Sound and Sustainable Development)의 개념이 확립되었다.

1992년 6월 브라질 리우에서 개최된 지구환경회의에서 이산화탄소를 비롯한 온실가스방출을 제한하기 위한 기후변화협약을 체결하였다. 우리나라도 1993년 12월에 세계에서 47번째로 가입하였으며, 1997년 교토 의정서 발효를 계기로 탄소배출을 최소화하기 위한 탄소중립 프로그램을 운영하고 있다. 도시계획 측면에서는 친환경기법을 도입하여 에너지절약형 도시계획 수립, 자원순환형 도시기반구축, 생태형 도시공간창출을 추진하고 있다.

도시 내에서 지구온난화의 주범인 탄소배출을 원천적으로 차단하고 배

4-13 세종시, 동탄2신도시,
아산탕정신도시

출된 탄소를 흡수하여 대기 중의 온실가스농도를 저감하는 저탄소 녹색도시
계획을 수립하고 있다. 저탄소 녹색도시로 계획된 대표적인 도시로 세종시,
동탄2신도시, 아산신도시 등이 있다.(4-13) 이들 도시들은 계획단계에서부터
에너지절약, 자연순환, 탄소배출 저감을 위한 각종 계획, 친환경대중교통, 신
재생에너지를 활용한 고효율 건축물 등 저탄소 녹색도시 도시구조를 적극 시
도하고 있다.

　세종시는 수도권의 과밀화를 해결하기 위해 서울과 과천에 있던 정부 부
처를 이전하는 행정중심복합도시이다. 탄소저감을 위해 직주근접형 복합적
토지이용, 대중교통지향 개발을 통해 교통량을 최소화하고 있다. 풍부한 공
원녹지 확보를 위해 개발예정지역의 52.3%를 공원·녹지, 친수공간으로 조성
하였다. 물순환체계 확보를 위해 도심과 하천을 연계하고 투수성 포장을 통
해 생태면적율을 50% 이상 확보하였다. 또한 바람길 확보를 위해 바람의 방
향을 고려하여 건물을 배치하고 도시 내부의 대기순환을 촉진하였다. 건축물
은 에너지 효율을 1등급으로 상향조정하고, 건축비용의 5% 이상을 신재생에
너지 설비에 쓰도록 의무화했다. 도시 전체 에너지 소비량의 15%는 태양열,
태양광, 지열 등 신재생에너지로 보급하며, 도시개발지역 전체를 집단에너지
를 공급하여 기존 난방법 대비 22.9%의 탄소를 저감하고 있다.

　교통 부문에서는 대중 및 녹색교통 위주로 통행패턴을 변화시켜 승용차
이용률을 30% 이내로 최소화하고 있다. 또한 자전거도로와 보행로를 통해
교통분담율은 20%를 목표로 하고 있다. 세종시의 교통수단인 BRT 및 지선
버스에 친환경원료(CNG) 버스 100% 도입을 추진하여 자동차 유발 오염을
최소화하고 있다. 도시 전체에 약 4천만 그루의 나무를 심어 탄소 발생량의

생태면적율 전체 개발 면적 중 생
태적 기능 및 자연순환기능이 있는
토양 면적이 차지하는 비율. 개발
공간의 생태적 기능 지표로 활용한
다. 생태면적율(%)=자연순환기능
면적/전체 면적×100=Σ(공간 유
형별 면적×가중치)/전체 면적×
100

6%를 상쇄하고, 미호천 하천부지에 인공습지를 조성하여 탄소를 흡수하도록 했다.

　　동탄2기신도시는 수도권의 과밀억제와 외곽에 중핵 역할을 하는 거점도시를 건설함으로써 서울 집중형 공간구조를 탈피하여 수도권 균형발전을 유도하기 위해서 계획된 도시다. 교통부문에 탄소발생 최소화를 위해 차량운행을 줄이는 대신 자전거 전용차로를 건설하고 있다. 하천과 공원, 녹도를 이용하여 논스톱으로 연결하는 자전거전용도로는 도시 내 전체 교통분담율 20%를 목표로 하고 있다. 건축 부문에서는 인위적인 화석에너지 사용을 최대한 억제할 수 있도록 패시브하우스를 조성했다. 또한 태양광 지열 등 재생 가능한 자연에너지를 이용하고, 우수 등 수자원 및 바람길을 통한 미기후 조절 등 자연자원을 활용한 에너지절약 계획을 지구단위계획 등에 구체적으로 반영했다.

　　아산신도시는 정부의 수도권 인구분산 정책에 부응하여 수도권 기능을 흡수하여 직주균형의 도시를 개발하고 있다. 중·저밀도의 쾌적한 전원도시로 모든 건축물은 단열재, 단열창호, 환기장치 설치를 의무화했다. 교통은 고속철도와 국철, 고속도로 등 입체적인 교통체계로 신속한 이동이 가능한 광역교통망을 갖추었다. 또한 통과교통의 지구 내 유입을 최소화하고 기존의 녹지축이나 보행축을 연계하여 보행과 자전거통행을 위한 녹색교통계획을 수립하였다. 생활폐기물은 자동집하시설과 연계하고, 음식물 쓰레기는 바이오가스로 변환했다. 하수슬러지는 전량 자체 시설 내에서 바이오가스로 변환하고 있으며 빗물 침투·저류 시설을 통해 대체수자원을 확보하였다.

　　이상에서 살펴본 것처럼, 최근 우리나라 신도시는 에너지를 절약하는 저

패시브하우스(passive house)
'수동적인(passive) 집'이라는 뜻으로, 능동적으로 에너지를 끌어 쓰는 액티브하우스(active house)에 대응하는 개념이다. 액티브하우스는 태양열 흡수장치 등을 이용하여 외부로부터 에너지를 끌어 쓰는 데 비하여, 패시브하우스는 집 안의 열이 밖으로 새어 나가지 않도록 최대한 차단함으로써 화석연료를 사용하지 않고도 실내 온도를 따뜻하게 유지한다.

탄소도시로 조성되고 있다. 앞으로 대규모 도시개발사업과 기존 도시의 재생
사업 역시 이러한 저탄소도시를 모델로 할 것으로 예상된다.

주

1 『三國遺事』,「辰韓」,"新羅全盛之時 京中十七萬八千九百三十六戶 一千三百六十坊 伍十伍里 三十伍金入宅(言富潤大宅也)."

2 『三國遺事』,「四節遊宅」,"春東野宅 夏谷良宅 秋仇知宅 冬加伊宅."'사절유택'이란 신라 귀족들이 계절에 따라 각각 모여 놀던 별장을 두루 일컫는 말이다.

3 서긍(2005),『고려도경』, 민족문화추진회 옮김, 서해문집, pp.51~54.

4 서울특별시 서울600년사(www.seoul600.seoul.go.kr), 한성부시대 I, 조선전기의 수도 건설, 개천과 교량.

5 김현욱(2008), "조선시대 한성 5부의 금산 및 금표제도의 변천에 관한 연구,"『한국전통 조경학회지』제26권 제3호, pp.87~92.

6 청계천 홈페이지(http://cheonggye.seoul.go.kr), 영조 개천을 치다.

7 위의 홈페이지 참조.

8 서울특별시 서울600년사, 시대사, 도시계획.

9 서울특별시 서울600년사, 서울특별시시대 II, 도시계획, 여의도와 강남개발사업.

10 위의 홈페이지 참조.

11 한국토지공사(1997),『분당신도시개발사』, p.54.

참고문헌

권용우 · 변병설(2011), 『도시』, 아지북스.

김부식(1998), 『삼국사기』, 이강래 옮김, 한길사.

김정미 · 정필운(2005), "u-City로 바라보는 미래도시의 모습과 전망," 한국전산원.

로버트 헌터(2005), 『2030 기후대반격』, 김희 옮김, 달팽이출판.

박경화(2004), 『도시에서 생태적으로 사는 법』, 명진출판.

박석순(2005), 『살생의 부메랑』, 에코리브르.

박헌렬(2003), 『지구온난화, 그 영향과 예방』, 우용출판사.

서긍(2005), 『고려도경』, 민족문화추진회 옮김, 서해문집.

앨 고어(2000), 『위기의 지구』, 김용원 옮김, 삶과꿈.

이필렬(2004), 『다시 태양의 시대로』, 양문.

일연(1999), 『삼국유사』, 리상호 옮김, 까치.

잭 M. 홀랜더(2004), 『환경 위기의 진실』, 박석순 옮김, 에코리브르.

제임스 구스타브 스페스(2005), 『아침의 붉은 하늘』, 김보영 옮김, 에코리브르.

조홍섭(2005), 『생명과 환경의 수수께끼』, 고즈윈.

최기련 · 박원훈(2002), 『지속가능한 미래를 여는 에너지와 환경』, 김영사.

한국토지공사(1997), 『분당신도시개발사』.

국토해양부 http://www.mltm.go.kr/portal.do

규장각한국학연구원 http://kyujg.snu.ac.kr

서울특별시 서울600년사 http://www.seoul600.seoul.go.kr/seoul-history

세계도시라이브러리 http://www.makehopecity.com

이수호해양개발연구소 http://www.oceanlove.com.ne.kr

청계천 http://www.cheonggyecheon.or.kr

5 그린벨트*

박지희(성신여자대학교)

그린벨트는 도시의 팽창을 억제하고 도시 주변지역의 개발을 제한할 목적으로 지정된 공지와 저밀도의 토지이용지대를 의미한다. 우리나라에서는 그린벨트를 개발제한구역과 동일한 개념으로 사용한다. 우리나라 개발제한구역은 1971년 처음 지정되어 약 40여 년간 유지되어왔다. 이와 관련한 문제는 1997년 대통령선거를 계기로 쟁점화되었고, 1999년 7월 22일 '그린벨트 선언'으로 불릴 수 있는 '개발제한구역제도 개선방안' 발표 이후 대폭적인 변화가 일어났다. 제주 등 7개 중소도시권은 전면 해제되었고, 수도권 등 7개 대도시권은 부분 조정되었다. 7개 대도시권 가운데 환경평가 1·2등급 지역은 묶고, 4·5등급 지역은 풀었으며, 3등급 지역은 광역도시계획에 의해 묶거나 풀 수 있도록 했다. 개발제한구역은 지정 당시 국토면적의 5.4%였으나 조정 이후 약 3.8% 정도(2014년 기준)가 남아 있다. 다만 도시의 평면적 확산을 방지하고 주변환경을 보전한다는 설정 목적은 그대로 유지되고 있다.

그린벨트의 의미

그린벨트(green belt)는 말 그대로 도시 주변지역을 띠 모양으로 둘러싼 녹지대를 가리킨다.[1] 기능상으로는 도시가 바깥으로 팽창하는 것을 막고, 도시 주변지역의 개발행위를 제한하기 위해 설치된 공지와 저밀도의 토지이용지대이다. 영국에서 대도시의 확산으로 심각한 사회문제가 생기자, 대도시의 공간개발을 제어하기 위해 1930년대부터 본격적으로 도입되었다.

그린벨트는 지정된 도시지역의 특징에 따라 차이가 있으나 몇 가지 공통된 목적을 가진다. 첫째, 도시의 인구집중을 억제해 도시가 지나치게 커지는 것을 막는다. 둘째, 자연환경을 보전한다. 녹지대를 만들고, 상수원을 보호하며, 오픈스페이스를 확보하면서, 비옥한 농경지를 영구 보전하여 주변 자연환경을 보존한다. 셋째, 위성도시의 무질서한 개발과 중심도시와의 연계 가능성을 방지한다. 마지막으로, 인구 및 기능이 대도시로 집중되면서 발생하는 공해문제의 심화를 막는다.

그린벨트라는 용어는, 영국의 도시개혁운동가 하워드(Ebenezer Howard)가 1898년 제시한 '전원도시(Garden City)' 개념에서 유래했다. 영국은 세계에서 가장 먼저 산업화에 나서서 경제성장을 이루었다. 그러나 주택·교통·공해 등 여러 측면에서 문제가 생겨났다. 하워드는 1902년 『내일의 전원도시(*Garden Cities of To-morrow*)』를 출판해 도시생활의 편리함과 전원생활의 신선함을 함께 누릴 수 있는 이상적인 전원도시를 제시했다.[2]

전원도시에서는 건강한 생활과 건전한 산업 활동이 행해져야 함을 전제한다. 하워드는 "너무 크거나 작지도 않은 규모의 전원지대로 둘러싸인 전원

오픈스페이스(open space) 개방 공간. 도시계획에서 사람들에게 레크리에이션 활동이나 마음의 편안함을 제공할 목적으로 설치한 공터나 녹지 따위의 공간을 의미한다.

5-1 최초의 전원도시 레치워스(권용우 교수 제공)

5-2 두 번째 전원도시 웰윈(권용우 교수 제공)

도시는 기존 대도시로의 통근을 원칙으로 하지 않고, 경제적 자립성이 있으며, 도시팽창을 억제하는 중요한 요건이 되어야 한다"라고 강조했다. 그리하여 그는 1903년에 파커, 언윈 등과 런던에서 북쪽으로 54km 떨어진 곳에 첫 번째 전원도시인 레치워스(Letshworth)를 건설했다.(5-1) 또한 1919년에 스와송 등과 함께 런던에서 북쪽으로 32km 떨어진 곳에 두 번째 전원도시인 웰윈(Welwyn)을 건설했다.(5-2)

세계의 그린벨트

영국

그린벨트는 영국에서 시작되어 우리나라를 비롯한 세계 각지에서 적용되고 있다. 영국에서는 1935년 런던 도시계획위원회에서 런던 주변에 그린벨트를 설정할 것을 제안해, 1938년 처음으로 그린벨트법(Green Belt Act)이 제정되었다. 1944년 아버크롬비(Pactrick Abercrombie) 교수가 런던 대도시계획을 통해 런던 주변지역에 폭 10~16km 정도의 그린벨트를 설정하면서 실질적으로 그린벨트가 법제화되었다. 1947년에는 도시농촌계획법(Town and Country Planning Act) 개정을 단행해 그린벨트 지정에 필요한 토지의 미래 개발권을 국유화함으로써 보상 없이 그린벨트를 설정할 수 있는 길을 열었다. 그리고 1955년 '계획정책지침 2(Planning Policy Guidance II)'를 제정하여 제도를 구체화했다. 1988년 보완, 공포된 계획정책지침 2(Planning Policy Guidance: PPG 2)는 도시지역의 확산으로부터 주변 농촌지역 경관을 보존하는 것을 그린벨트 정책의 목적으로 추가한다. 이는 1995년에 다시 개정되는데, 이 개정된 세부지침은 그린벨트 내 개발 적합 여부를 판단하는 기준이 된다. 2005년 영국 정부는 독립적인 새로운 그린벨트 관리지침(Green Belt Direction)인 '도시 및 농촌 그린벨트 관리지침 2005〔The Town and Country Planning(Green Belt) Direction 2005〕'에 근거하여 관리지침을 시행함으로써, 그린벨트 내의 개발에 관한 조정과 판단기준을 명확히 하게 된다.

이와 같이 영국의 그린벨트 정책은 오랫동안 상세한 지침을 정해 운용해 왔다. 따라서 그린벨트 보전에 대한 사회적 합의가 공고할 뿐만 아니라, 다른 나라에 비해 개발 압력이 상대적으로 낮다. 또한 그린벨트의 전면적인 규제 완화나 적극적인 개발이 상대적으로 어렵다. 달리 말하면 영국의 그린벨트 정책은 보전의 측면에서 효율적이고 성공적이라고 평가된다.

영국의 그린벨트 면적은 2012년 기준 16,394.1km²로 영국 전체 면적의 약 13%에 해당한다. 1997~2012년의 기간 동안 영국의 그린벨트는 1997년 16,523.1km²에서 2006년 16,318.3km²까지는 감소 추세였으나, 2006년 이후부터는 커다란 변화 없이 유지되는 양상을 보이고 있어 상대적으로 그린벨트가 잘 유지되고 있다고 평가된다.(표5-1) 그린벨트 조정이 이루어진 우리나라 그린벨트 면적이 3,895km²(2011년)인 점에 비교하면, 2012년의 경우 영국의 그린벨트 면적 16,394.1km²는 우리나라의 4.2배나 된다.

영국 그린벨트의 지역별 변화를 보면 거의 대부분 지역의 그린벨트 면적이 증가하고 있다.(5-3) 1974~2011년의 기간 동안 영국의 그린벨트는 약 2.4배가 늘어 2011년에 16,395.4km²

표 5-1 영국의 그린벨트 면적 변화 양상

연도	면적(km²)
1997	16,523.1
2003	16,715.8
2004	16,781.9
2006	16,318.3
2007	16,356.7
2008	16,396.5
2009	16,395.3
2010	16,395.3
2011	16,395.4
2012	16,394.1

주: 2012년의 경우 2012년 3월 31일 기준
(http://www.communities.gov.uk 자료를 통해 재작성)

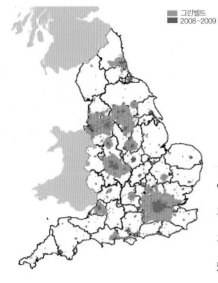

그린벨트
2008~2009

에 이른다. 북서지역의 증가율이 16.8배로 가장 높다. 면적으로는 대도시 지역인 런던/광남동지역의 그린벨트 면적이 1974~2011년의 기간 동안 1.8배가 늘어 2011년에 5,546.7km²가 된다.(표 5-2) 런던 대도시권의 그린벨트 면적은 그린벨트 조정 이전의 우리나라 그린벨트 전체면적 5,397.1km²보다 149.6km²나 많다.

영국의 그린벨트는 국민들의 광범위한 지지를 받고 있다. 그린벨트 거주민의 대다수를 차지하는 중산층이 자연 상태의 개방성(openness)을 선호하여

표 5-2 영국의 지역별 그린벨트 면적변화 (단위: km², %)

지역	1974		1997		2011		증가율(배) 1974~2011
북동지역(North East)	394.0	5.7	534.1	3.2	729.9	4.5	1.9
북서지역(North West)	156.0	2.3	2,557.6	15.5	2,627.7	16.0	16.8
요크셔 및 험버 (Yorkshire and Humber)	1,247.0	18.0	2,613.5	15.8	2,646.4	16.1	2.1
이스트 미드랜드 (East Midlands)	54.0	0.8	797.1	4.8	789.3	4.8	14.6
웨스트 미드랜드 (West Midlands)	1,408.0	20.3	2,691.7	16.3	2,693.8	16.4	1.9
이스트 앵글리아 (East Anglia)	18.0	0.3	266.9	1.6	260.3	1.6	14.5
런던/광남동지역	3,031.0	43.8	6,003.2	36.3	5,546.7	33.8	1.8
남서지역(South West)	620.0	8.9	1,059.0	6.4	1,101.3	6.7	1.8
계	6,928.0	100.0	16,523.1	100.0	16,395.4	100.0	2.4

주: 런던/광남동지역은 베드퍼드셔(Bedfordshire), 에식스(Essex), 하트퍼드셔(Hertfordshire) 등 세 지역을 포함
(박지희, 2011, "우리나라 개발제한구역의 변천과정에 관한 연구," 성신여자대학교 박사학위논문, p. 40을 바탕으로 재작성)

그린벨트의 보전을 강력히 지지하고 있으며, 일반 시민이나 시민환경단체는 물론 중앙정부의 환경교통성도 그린벨트 보전 의지가 높기 때문이다. 한편 영국의 그린벨트 정책은 절대적인 보전보다는 장기적으로 주택문제 등 다른 지역정책과 연계하여 필요한 경우 구역 조정을 시도하면서 융통성 있게 운영하고 있다.

영국의 영향을 받은 오스트레일리아, 뉴질랜드, 남아프리카공화국 등은 명칭은 다르지만 대부분 그린벨트 제도를 도입, 운영하고 있다. 네덜란드, 러시아 등에도 그린벨트와 유사한 녹지대가 설치되어 있다. 특히 독일은 1891년 아디케스법을 제정하여 토지이용규제와 개발이익의 국가 환수를 처음으로 실시하는 등 여러 선진 국가 중 가장 강력한 개발규제를 시행하는 나라다. 독일은 전 국토를 '개발허용지역'과 '개발억제지역'의 두 가지로 분류하여 운용하고 있다. 이 가운데 개발허용지역은 시가지구역이나 지구상세계획이 설정된 지역이기 때문에, 사실상 독일에서는 전 국토가 개발이 제한되는 그린벨트라고 볼 수 있다.

프랑스

프랑스의 그린벨트는 1976년 처음 도입되어, 파리 대도시권이라 불리우는 파리-일드프랑스(Ile-de-France) 지역에 지정되어 있다. 파리 대도시권 그린벨트의 총 면적은 1,420km²로 잘 보존된 삼림과 공원으로 구성되어 있다. 이 중 기존의 공공농지가 320km², 신규로 계획된 공공농지가 220km², 농지가 680km², 기타 200km²로 이루어져 있다. 특히 파리 대도시권 그린벨트 전체 면적의 약 48%인 680km²가 농지여서 그린 앤 옐로우 벨트(green and yellow belt)라고 불리기도 한다.[3] 프랑스의 그린벨트는 주로 파리 외곽의 일정 구역을 중심으로 토지매수를 통해 그린벨트 지역을 확보해나간다. 파리 시내에서는 시 경계선을 따라 녹지회랑(green corridor)과 그린웨지(green wedge)를 확대하여 컨벤션 센터나 체육시설과 같은 공공시설물로 활용되고 있다.

프랑스의 그린벨트 지정 목적은 크게 공간적 목적과 기능적 목적으로 나눌 수 있다. 공간적 목적은 첫째, 세계 여러 그린벨트 지역과 같이 도시의 무분별한 확산을 억제하는 것이다. 둘째, 새로운 도로 및 철도건설에 따른 오픈스페이스의 단절을 보호하는 것이다. 이는 그린벨트 지정을 통해 전략적으로 도시의 범역을 유지하면서 지역주민들을 위한 오픈스페이스를 확보하려는 의도다. 셋째, 경관 보호와 도심지로의 접근성 향상이다.

기능적 목적은 첫째, 삼림의 보호와 확장을 통해 도시 녹지지역을 보전하는 것이다. 둘째, 도시 거주민을 위한 새로운 레크리에이션과 여가활동을 위한 시설을 창출하는 것이다. 셋째, 그린벨트 내 농지비율을 높게 확보하여 도시 근교농업의 감소를 예방하려는 의도다. 넷째, 지역의 동식물 및 자연유산을 보호하여 미래세대에게 물려줄 자연환경 및 토지를 확보하는 것이다. 이 목적은 그린벨트의 환경적인 측면의 중요성을 강조하는 것이라 볼 수 있다.

프랑스의 그린벨트 관리정책은 중앙정부와 지방정부, 그리고 기타 이해당사자 간의 파트너십 구축을 토대로 한다. 엄격한 규제보다는 이해 당사자 간의 합의에 기초한 그린벨트 관리를 우선시한다.

프랑스는 파리를 둘러싼 파리 대도시권에 대규모 그린벨트를 설치했고, 이들 그린벨트와의 경계 사이에 신도시가 형성되어 연담도시가 나타날 수 있다. 이를 방지하기 위해 신도시의 위치를 파리 인근에 계획적으로 배치하여,

연담도시(連擔都市, Conurbation)
기데스(Geddes)가 제안한 개념으로, 한때 분리되어 있던 취락이 분지적 발달을 통해 연속적인 시가지로 합쳐지는 현상을 뜻한다.

앞으로 도시가 외연적으로 확산될 수 있는 공간 범위를 사전에 조정하는 정책을 시행한다. 특히 신도시 사이에 작은 규모의 그린벨트를 설치하고, 파리 대도시권에는 큰 규모의 그린벨트를 설치하는 이중 그린벨트를 만들어, 오히려 그린벨트의 본래 기능을 더욱 강화·유지하는 정책을 실시하고 있다.

일본

일본의 그린벨트는 재해로부터 도시 시설과 인명을 보호한다는 의도로 출발, 도시 외곽에 공지를 조성해 이것을 대피용 시설용지로 사용하면서 그린벨트 기능을 지닌 토지이용이 시작되었다고 볼 수 있다. 2차 세계대전 이후 도쿄를 중심으로 대도시가 급성장하면서 대도시의 무질서한 확산과 연담도시화를 억제해야 한다는 의견이 제시되었고, 이에 시 외곽지역에 대규모 녹지대를 조성하기에 이른다.

일본은 1956년에 '수도권정비법'을 제정하여 그린벨트와 같은 개념으로 근교지대(近郊地帶)를 설정한다. 일본은 이 법에 따라 1958년 수도권정비계획을 수립하고 영국의 '대런던계획(Greater London Plan)'을 모델로 수도권을 기성시가지, 근교지대, 주변지역으로 구분한다. 그리고 도심으로부터 10~15km 범위에 폭 10km의 녹지대를 근교지대로 설정하여 대도시 확장을 차단한다는 방침을 정함으로써 그린벨트 정책을 본격적으로 추진하게 된다.

그러나 급속한 산업화와 중앙집권적인 지역개발정책, 도시화로 인해 시 외곽의 녹지를 개발하려는 압력이 높아졌다. 이러한 개발지상주의적 사고 때문에 결국 근교지대 지정을 포기하고 시 외곽 녹지가 '개발유보지'로 지정되었다. 국가 주도의 급속한 산업화와 그에 따른 산업용지의 필요성이 크게 대두되면서, 특히 도쿄를 중심으로 대도시지역에 대한 개발 압력이 집중된다. 더욱이 시 외곽 녹지보전은 개발압력과 지가폭등으로 인해 지역주민들과 토지소유자들의 반발과 녹지보전을 실시하려는 국가정책에 대한 지방정부의 비협조적인 태도로 현실적인 유지가 어렵게 되었다.

1965년에 수도권정비법을 개정하면서 개발규제를 대폭 완화한 근교정비지대를 새로이 도입하여, 사실상 종전 녹지 성격의 근교지대는 없어졌다. 1968년에 '도시계획법'을 개정하며 일정 기간 도시개발을 억제할 수 있는 시가화조정구역(市街化調整區域)을 도입한다. 시가화조정구역 역시 제한된 개발행위가 가능해, 개발유보지의 성격을 강하게 띠면서 실질적으로 그린벨트 역할을 하는 지역은 더 이상 존재하지 않게 되었다.

당시 일본은 도시화와 경제개발에 따른 택지개발 압력이 높아지면서 환경보전보다는 경제개발을 우선시하였다. 이에 일본의 근교지대 정책이 와해된 첫 번째 원인이 일반인들의 녹지대와 관련해 낮은 인식과 시급한 주택공급문제를 들 수 있다. 전후 주택난에 시달리던 대도시 주민들은 친환경적인 개발보다는 당장의 주택난 해결을 바랐고, 이에 택지공급을 제한하는 어떤 정책도 시행하기 어려웠다. 두 번째는 투기현상과 세수증대를 바라는 지자체의 요구다. 주택과 택지부족으로 근교지역에서 개발이익을 노리는 투기가 성행했다. 또한 지방자치단체 스스로 세수를 늘리기 위해 주택과 공장을 유치하여 토지개발을 주도했기 때문에 근교지대를 유지하기 어려웠다. 세 번째는 재산권을 보호하려는 주민들의 반대다. 정부가 규제법령과 보상규정을 마련하기도 전에 주민들의 극심한 반대운동이 전개되어 실질적으로 정책을 펼치기 어려웠다. 특히 토지소유자들은 근교지대를 설정하면 토지거래가 힘들어지고 개발규제에 대한 손실보상이 이루어지지 않아 불만이 높았다.

이러한 부정적인 눈들 때문에 중앙정부에서도 강력하게 근교지대 지정을 밀어붙이려는 의지가 생겨나지 못했고, 녹지보전을 추진하는 세력도 약해지면서 일본의 그린벨트 정책은 실패하게 되었다.

우리나라의 그린벨트

그린벨트 지정 내용

우리나라는 1960년대 성장주도정책 아래 대도시로 인구와 산업시설이 집중되었다. 이에 정부는 도시의 평면적 확산을 막고, 도시 주변의 자연환경을 보전하는 한편, 안보정책을 실행할 목적으로 그린벨트를 도입했다. 1970년 대통령이 서울시 연두순시에서 그린벨트 지정을 직접 지시한 바 있는데, 도시가 확대되면서 대도시 인근 각종 군사시설이 노출될 수 있다는 판단 때문이었다.

우리나라의 그린벨트는 그린벨트의 효시인 영국의 그린벨트, 일본의 근교지대와 시가화 조정구역을 검토하여 우리나라 실정에 맞게 제도화한 것이다. 1971년 도시계획법을 개정하여 '개발을 제한하는 구역(development restriction area)'으로서 그린벨트를 지정하기에 이른다. 그린벨트는 1971년 7월 서울을 시작으로 1977년 4월 여천에 이르기까지, 8차에 걸쳐 대도시, 도청소재지, 공업도시, 자연환경 보전이 필요한 도시 등 14개 도시권역에 설정되었다.(표 5-3) 당시 그린벨트로 지정된 곳의 총 면적은 5,397.1km²로서 전 국토의 5.4%에 해당하며, 행정구역으로는 1개 특별시, 5대 광역시, 36개 시, 21개 군

표 5-3 그린벨트의 지정 현황 및 목적

구분	대상 지역	지정 일자	지정 면적	지정 목적
7개 대도시권	수도권	서울특별시 인천광역시 경기도	1차: 1971. 7. 2차: 1971. 12. 3차: 1972. 8. 4차: 1976. 12.	463.8km^2 86.8km^2 768.6km^2 247.6km^2	서울시의 확산 방지 안양·수원권 연담화 방지 상수원보호, 연담도시화 방지 안산신도시 주변 투기 방지
				1566.8km^2	
	부산권	부산광역시 경상남도	1971.12.	597.1km^2	부산의 시가지 확산 방지
	대구권	대구광역시 경상북도	1972. 8.	536.5km^2	대구의 시가지 확산 방지
	광주권	광주광역시 전라남도	1973. 1.	554.7km^2	광주의 시가지 확산 방지
	대전권	대전광역시 충청남·북도	1973. 6.	441.1km^2	대전의 시가지 확산 방지
	울산권	경상남도	1973. 6.	283.6km^2	공업도시의 시가지 확산 방지
	마창진권	경상남도	1973. 6.	314.2km^2	연담도시화 방지 산업도시 주변 보전
7개 중소도시권	제주권	제주도	1973. 3.	82.6km^2	신제주시의 연담화 방지
	춘천권	강원도	1973. 6.	294.4km^2	도청소재지 시가지 확산 방지
	청주권	충청북도	1973. 6.	180.1km^2	도청소재지 시가지 확산 방지
	전주권	전라북도	1973. 6.	225.4km^2	도청소재지 시가지 확산 방지
	진주권	경상남도	1973. 6.	203.0km^2	관광도시 주변 자연환경 보전
	충무권	경상남도	1973. 6.	30.0km^2	관광도시 주변 자연환경 보전
	여천권	전라남도	1977. 4.	87.6km^2	연담도시화 방지 산업도시 주변 보전
	계			5,397.1km^2	국토 면적의 5.4% 해당

(국토개발연구원, 1997, 『국토50년』, p. 464를 바탕으로 재작성)

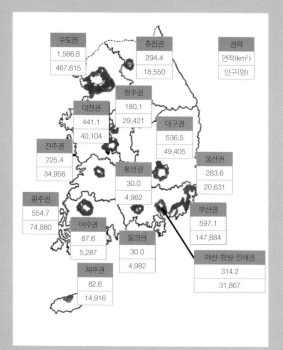

| 권역 | 면적(km²) | 인구(명) |

수도권 1,566.8 / 467,615
춘천권 294.4 / 18,550
청주권 180.1 / 29,421
대전권 441.1 / 40,104
대구권 536.5 / 49,405
진주권 225.4 / 34,956
통영권 30.0 / 4,982
울산권 283.6 / 20,631
광주권 554.7 / 74,880
여수권 87.6 / 5,287
통영권 30.0 / 4,982
부산권 597.1 / 147,884
제주권 82.6 / 14,916
마산·창원·진해권 314.2 / 31,867

5-4 개발제한구역 지정 현황도(1978)
(국토해양부 비치자료를 통해 재작성)

권역 면적(km²)
수도권 1,540.8
대전권 436.3
대구권 535.5
울산권 243.4
광주권 546.0
마창진권 311.6
부산권 509.7

5-5 개발제한구역 해제 이후 변화된 지정 현황도(2006)
(건설교통부, 2006, "개발제한구역 실태조사 및 관리개선방안,"
p. 54)

표 5-4 개발제한구역 조정현황(2010)

| 구분 | 지정 면적 | 해제 면적 | 현재 지정 | 2020년 광역도시계획 | | | 향후 존치 예상 면적 |
				해제 총량	기해제 면적	잔여 총량	
계(km²)	5,397.110	1,483.984	3,913.126	532.089	248.688	283.401	3,629.725
수도권	1,566.800	110.161	1,456.639	239.003	115.451	123.552	1,333.087
부산권	597.090	162.225	434.865	80.538	41.624	38.914	395.951
대구권	536.500	18.735	517.765	40.901	18.728	22.173	495.592
광주권	554.730	35.789	518.941	59.526	35.789	23.737	495.204
대전권	441.100	12.231	428.869	39.925	12.230	27.695	401.174
울산권	283.600	12.530	271.070	38.059	12.530	25.529	245.541
마창진권	314.200	14.603	299.597	(34.137)	12.336	21.801	277.796

(국토해양부 녹색도시과 비치자료를 바탕으로 재작성)

을 포함했다.[4](5-4)

20여 년간 유지되던 그린벨트 제도는 1997년 12월 제15대 대통령선거에서 김대중 대통령후보자의 선거공약으로 새로운 국면을 맞는다. 그린벨트에 대한 구역 조정방침을 정한 이후 2년에 걸쳐 그린벨트가 설치된 14개 도시권을 대상으로 환경평가를 실시한다. 환경평가는 개발제한구역 내 토지의 환경적 가치를 평가하기 위한 것으로, 국토연구원, 농촌경제연구원, 임업연구원, 환경정책평가연구원이 참여하여 6개 항목을 선정하였다. 표고는 개발제한구역이 지정되어 있는 모도시 중심업무지구(CBD)의 표고 또는 기존 개발지의 평균표고를 기준으로 등 간격으로 등급화했다. 경사도의 경우 국립지리원의 수치지형도를 사용하여 경사도에 따라 토지활용정도를 구분했다. 1·2등급의 경사도 지역은 26° 이상으로 활용이 불가능하거나 어려움이 있어 절대보전되는 것을 원칙으로 하는 지역이다. 농업적성도는 경지정리, 용지공급시설 등 농업기반시설의 정비 여부와 농지의 생산성을 기준으로 분류하여, 1·2등급의 경우 농업적 토지이용이 가능한 지역이 해당된다. 식물상은 식물군락의 자연성 정도에 따라, 임업적성도는 산림토양, 건습도 등을 고려한 간이산림토양도상의 임지생산능력을 기준으로 등급화했다. 마지막으로 수질은 소하천유역을 중심으로 수질오염원, 취수구와의 거리, 폐수배출허용기준, 수질목표등급 등의 요소를 기준으로 등급화했다. 이상의 표고, 경사도, 식물상, 농업적성도, 임업적성도, 수질 등 6개 항목을 분석하여 대상 토지를 1~5등급으로 분류한다. 환경보전가치가 높은 상위 1, 2등급은 보전지역으로 지정하고, 상대적으로 환경보전가치가 낮은 나머지 4, 5등급은 개발가능지역으로 지정한다. 3등급은 광역도시계획에 따라 보전 또는 개발가능지로 지정한다.

3등급의 경우 6개 항목에서 양호한 특성이 나타나면 보전하고, 그렇지 않으면 개발이 가능하도록 했다. 이러한 내용은 우리나라 개발제한구역관리의 확고한 정책지침이 되었다.

1999년 7월에 7개 대도시권은 집단취락 등 구역지정이 불합리한 지역 1,103.1km²가 우선 해제되는 부분 조정이 단행된다. 총 해제 면적의 56.3%를 보전녹지로 지정하고, 개발이 가능한 시가화 예정 용지 등은 0.7% 수준으로 설정한다. 그리고 7개 중소 도시권은 전면해제 원칙을 발표한다.(5-5) 이후 2010년을 기준으로 전 국토의 5.4%인 5,397.1km²에서 1.5%인 1,483.9km²가 해제되어 전 국토의 약 3.9%인 3,913.1km²가 남아 오늘에 이른다.[5](표 5-4)

앞에서 살펴 본 세계의 그린벨트와 비교하여 우리나라의 그린벨트의 특성을 정리하면 다음과 같다.(표 5-5)

표 5-5 세계의 그린벨트 제도 비교

구분	영국	프랑스	일본	한국
	그린벨트	그린벨트	시가화 조정구역	그린벨트(개발제한구역)
설치 목적	-성장억제 및 연담화 방지 -농촌지역 보호 -환경보전	공간적 목적 -성장 및 확산 억제 -오픈스페이스 단절 방지 -경관 보호, 접근성 향상 기능적 목적 -환경보전의 측면 강조	-급격한 경제성장과 대도시 성장에 따라 대도시의 무질서한 확산 -연담화 억제	-성장 억제 및 연담화 방지 -환경보전
설치 주체	지방정부	-파리 대도시권 주의회	-중앙정부	-건설부 장관
행위 제한	-지역별로 상이 -토지이용에 따른 제한			-강력하고 획일적 제한
최초 지정 면적	15,815km²	-1,420km²		-5.397.1km²
지역경계 변경 가능성	-도시계획 수립 절차에 따라 변경 가능	-중앙정부, 지방정부, 이해 당사자 간의 합의를 통해 조정	-1965년 수도권 정비법 개정 이후 근교지대 대폭 완화	-구역 변경에 대해 엄격한 제한

설치 효과	–시가지의 무질서한 확산방지 –그린벨트 내 취락의 집약적 　토지이용 가능	–이중 그린벨트 형성을 통해 　도시의 외연적 확산 방지	–시가화 조정구역 제도를 도 　입했으나 개발유보지로 변화	–시가지의 무질서한 확산 방지 –대도시 주변의 녹지 확보
관리상 문제점 (한계)	–환경 훼손지역 확대 –적극적인 활용 및 보존 방안 　미흡		–대상 지역이 협소, 지나친 난 　개발로 인해 녹지 면적 감소	–경계 설정에 따른 불합리한 　손실 보상문제 –점진적인 해제를 통한 효율 　적인 관리 문제

(최병선, 1993, "외국의 그린벨트 제도," 『도시문제』 28(298), p. 30을 바탕으로 재구성)

그린벨트 정책의 변화단계

앞에서 보았듯이, 우리나라 그린벨트는 1971년부터 1977년까지 8차에 거쳐 14개 도시권역에 설정되었다. 그러나 1997년 대통령선거 직후부터 그린벨트 지정 해제와 구역 조정이 논의되면서 커다란 변화가 나타났다. 또한 2003년 '2020 광역도시계획'이 확정되면서 그린벨트의 효율적이고 친환경적인 관리방안에 관한 연구 등 다양한 측면에서 그린벨트의 조정 및 관리를 위한 방안이 다루어졌다. 이러한 그린벨트 정책의 변화단계는 주요 정책 내용에 근거하여 정책형성기(1971~1979), 정책유지기(1980~1997), 정책변화기(1998~2002), 정책조정관리기(2003~현재) 등 4단계로 구분할 수 있다.[6]

정책형성기(1971~1979)

정책형성기는 1971년 1월 도시계획법이 개정되면서 그린벨트 구역이 지정되고 엄격한 집행이 이루어진 시기다. 지정 내역을 살펴보면, 1971년 서울과 부산을 중심으로 도시계획법상 주거지역, 상업지역, 공업지역, 녹지지역 등 시가화된 구역을 제외한 외곽지역에 인구 및 산업 집중을 억제하기 위해 환상형으로 지정했다. 이후 안양, 성남, 부천 등 연담화 가능성이 있는 도시들로 확산 적용되면서, 1977년 여수시를 지정하는 것을 끝으로 총 8차에 걸쳐 이루어졌다.

　그린벨트의 관리와 운영은 도시계획법 시행규칙을 따르다가, 1979년 9월 건설부령으로 관리규정이 제정된다. 이를 근거로 원래 구역관리정책 의도인 그린벨트 내 행위자들의 사용권과 수익권을 강력하게 규제하는 등 정책의 안정화를 꾀하였다. 그린벨트 정책이 지속되는 기간 중 가장 강력한 집행이 이루어진 시기다.

정책유지기(1980~1997)

정책유지기는 구역경계 불변이라는 절대적인 원칙이 지켜진 시기로, 그린벨트의 지정과 소폭의 행위규제에 대한 완화 정도만 가능했다. 그러나 이 시기에는 그린벨트의 지정 목적을 유지하면서도, 지정 목적에 부합하는 관리수단이 실질적으로 운영되지 않아 구역 지정 자체에 대한 논란이 끊임없이 일어났다.

그린벨트를 지정하는 데에는 무질서한 도시 확산을 방지하는 목적도 있었지만, 그린벨트 내에서도 소규모로 지속적인 규제 완화가 이루지면서 처음 목적이 퇴색했다. 또한 개발용지가 부족해지자 집단 민원이 급증하면서 순차적으로 규제 완화를 내세우게 되었다. 1993년 그린벨트 전역의 실태 조사가 이루어지며, 그린벨트 내 취락정비지침을 제정해 주민의 생활편익과 공공사업 추진을 위해 소폭의 규제 완화가 추진되었다. 이 시기 동안 토지소유자의 소유권 변동과정에서 토지의 거래차익을 노리는 투기행위가 발생하기도 했다.

정책변화기(1998~2002)

정책변화기는 1971년 이후 지켜온 그린벨트 제도가 전격적으로 변환된 시기다. 그린벨트 해제안이 1997년 12월 김대중 대통령의 선거공약에 포함되어 본격적인 논의가 시작되었다. 1999년 7월 건설교통부는 '그린벨트 제도 개선안'에서 7개 중소도시권역의 전면해제, 7개 대도시권의 부분해제를 발표했다. 또한 수도권을 비롯한 시가지 확산압력이 높고 환경관리의 필요성이 높은 7개 대도시권은 광역도시계획을 수립하여 도시의 공간구조와 환경평가 결과를 감안하여 부분적으로 조정하기로 했다. 그리고 이러한 개선안을 실현하기 위한 근거로 2000년 1월 28일 '그린벨트의 지정 및 관리에 관한 특별조치법'을 제정하여, 2000년 7월 1일 시행하였다. 이를 통해 그린벨트의 지정 목적과 관리 방식에 큰 변화가 일어났다.

먼저 1971년 그린벨트 지정 이전부터 살아왔던 원거주민을 보호하고 생활의 불편을 해소하기 위한 조치가 이루어졌다. 1998년 이후 그린벨트 안에 있는 대지 내 근린생활시설 설치를 허용하고, 취락정비사업을 활성화하며, 취락지구 내 용도변경을 확대하는 한편, 공원조성사업의 민간참여를 허용했다. 2000년 7월부터는 토지매수청구제도가 도입, 시행되었다. 한편에서는 시민환경단체들이 그린벨트 제도의 개선안 마련작업에 적극적으로 참여했다. 시민환경단체들은 그린벨트 해제의 최소화를 주장하는 등 적극적인 활동을 전개해 그린벨트 제도의 조정과 관리에서 의미 있는 역할을 했다.

정책조정관리기(2003~현재)

2003년 수도권 광역도시계획을 통해 국민임대주택단지와 관련한 대도시권 그린벨트 해제가 시작되었다. 2007년 7월에는 수도권의 그린벨트 조정을 위해 수도권 광역도시계획이 승인되었다. 국토해양부는 2008년 9월 30일 '그린벨트 조정 및 관리계획'을 발표하고 기존 광역도시계획의 일부 내용을 보완하였다. 그린벨트로 보전할 가치가 낮으면서 기반시설이 갖추어진 지역은 해제 총량의 기본은 유지하면서 추가 해제하여, 지역경제 활성화와 서민 주거복지 확대를 위한 산업용지, 서민주거용지 등의 도시용지로 활용하도록 했다. 반면에 그린벨트로 계속 존치되는 지역은 지가 상승이나 환경 훼손 등의 부작용을 막기 위해 훼손부담금제, 공공시설 입지억제 등 관리시스템을 더욱 강화하도록 했다.

이상의 우리나라 그린벨트 정책의 4단계 변천과정을 정리하면 다음과

같다.(표 5-6)

표 5-6 우리나라 그린벨트 정책의 4단계 변천과정

시기	주요 내용	특징
정책형성기 (1971~1979)	-1971년 1월 도시계획법이 개정되면서 그린벨트의 도입, 구역이 지정되고 엄격한 집행이 이루어지는 시기 -1971년 서울, 부산을 시작으로 안양, 성남, 부천 등 연담화 가능성이 있는 도시들로 확산 적용 -1977년 여수시 지정을 포함 총 8차에 걸쳐 이루어짐 -1979년 건설부령으로 관리규정이 제정되면서 강력한 규제를 통한 안정화를 이루기 위한 강력한 집행 시기	-가장 강력한 집행이 이루어진 시기
정책유지기 (1980~1997)	-1980년부터는 정책 변화 없이 그린벨트의 구역경계 불변이라는 절대원칙을 지키는 강력한 규제가 이루어진 시기 -그린벨트의 지정 목적은 유지되었으나 관리수단이 실질적으로 운영되지 못하여 구역 지정 자체에 대한 논란이 야기된 시기 -1993년 그린벨트 전역에 대한 실태 조사를 통해 주민의 생활편익과 공공사업 추진을 위해 소폭의 규제 완화가 추진	-구역 지정과 관련하여 논란이 야기됨에 따라 소폭 규제 완화 추진 -거래차익을 노리는 부동산 투기현상 발생
정책변화기 (1998~2002)	-1998년 김대중 대통령 당선 이후 그린벨트의 전격적인 해제가 결정된 시기 -1999년 7월 건설교통부 '그린벨트 제도 개선안'에서 7개 중소도시권의 전면해제와 7개 대도시권 부분해제 발표 -2000년 1월 개선안 실현을 위한 근거법령인 '그린벨트의 지정 및 관리에 관한 특별조치법'을 제정하여 7월 1일 시행 -그린벨트 내 원거주민 보호 및 생활의 불편을 해소하기 위해 개발제한안에 취락정비산업의 활성화, 취락지구 내 용도변경 확대, 골프장 건립허용, 공원조성사업의 민간참여 허용 등 커다란 변화 초래 -2000년 7월 토지매수청구제도 도입 및 시행 -2002년까지 지정 목적 및 관리방식에 급격한 정책 변화가 이루어졌음	-그린벨트의 해제 결정 -7개 중소도시 전면해제, 7개 대도시권 부분해제 발표
정책조정관리기 (2003~현재)	-2003년 3월 국민임대주택단지에 대해 대도시권 그린벨트가 우선 해제되기 시작한 이후 2007년 7월 수도권 지역의 개발제한구역 조정을 위한 수도권 광역도시계획이 최종 승인 -2008년 9월 국토해양부가 '그린벨트 조정 및 관리 계획' 발표 -2011년 5차 지구 보금자리주택단지 조성이 발표되는 등 그린벨트 해제와 관련된 지역의 적극적인 조정 관리가 이루어짐	-보전가치가 낮은 지역은 추가 해제를 하고, 존치되는 지역은 더욱 강력한 관리시스템을 추진하는 시기

그린벨트를 둘러싼 다양한 입장

그린벨트와 관련된 주체는 구역 내 토지 및 가옥의 소유자, 중앙정부, 지방정부, 국회의원, 지방의회 전문가, 시민단체, 언론 등이다. 이들은 각자의 입장에 따라 그린벨트에 관한 다양한 의견을 개진한다. 그 내용은 보전론, 해제론, 조정관리론 등으로 세분할 수 있다.[7]

보전론

보전론에서는 그린벨트가 대도시 인구집중이나 도시의 무질서한 확산과 연담화를 방지하고, 녹지 확보를 통해 도시 주변의 자연환경을 보전하는 장치라고 주장한다. 또한 도시민이 건전한 생활환경을 확보하도록 도시개발을 제한하는 수단으로서 그린벨트가 절대적으로 유지·보전되어야 한다고 본다. 주로 환경론자들과 시민환경단체에서 강조하는 입장이다.

보전론에서는 그린벨트의 지정 기준, 행위 기준 등 기본 틀을 유지하면서, 주민 불편을 완화하거나 손실을 보상하는 보완에 중점을 두고 있다. 그린벨트의 사회·환경적인 효용성, 녹지의 기능이나 생태계 보전의 효용성에 주목한다.

해제론

해제론에서는 지정 절차의 비민주성, 주민의 생활이나 생업에 지장을 초래하는 지나친 행위 제한 등을 지적한다. 따라서 규제완화 정도로는 그린벨트의 문제점을 근본적으로 해결하기 어렵다는 입장이다.

해제론은 지정 초기부터 그린벨트 내 토지소유자들을 주축으로 존재했다. 그러나 이것이 강력하게 대두된 시기는 1998년부터 2002년 사이다. 그린벨트 내 거주민들은 전국개발제한구역주민협회를 구성하여 전면적인 그린벨트의 해제를 주장했다. 이들은 지가를 현실화하고, 토지거래 허가구역을 폐지하며, 보전지역도 현시지가로 매입할 것을 요구해왔다.

조정관리론

조정관리론은 그린벨트의 존치 이유를 인정하면서도, 이 제도의 필요성을 유지·발전시킬 때 파생되는 문제를 해결해야 한다는 입장이다. 조정관리론의 입장은 두 가지로 나눌 수 있다. 하나는 보전론을 가장 효율적인 그린벨트 보전 방안으로 보고, 이를 유지하면서 합리적인 제도 개선을 강조하는 보전론적 입장의 조정관리론이다. 다른 하나는 해제 조정 이후 해당토지의 활용과 관리를 어떻게 할 것인가 하는 해제론적 입장의 조정관리론이다.

1997년에 "과학적인 환경 평가를 실시하여 보존가치가 없는 지역은 해제하고, 보존이 필요한 지역은 국가가 매입하겠다"라는 그린벨트의 전면적인 재조정 방침이 발표된 후 여러 가지 제도적인 개선방안이 마련되었다. 2008년에는 도시적 토지이용이 절실하면서도 보전가치가 낮은 일부 지역은 실제 수요에 입각하여 부분적으로 추가 해제를 할 수 있게 하는 동시에, 애매하게 존치하기보다는 철저한 관리를 통해 본래 그린벨트를 회복해야 한다는 내용의 그린벨트 조정 및 관리계획이 발표된다. 이러한 조정관리론에 입각하여 집단취락이나 국민임대주택단지 등이 제시되어 그린벨트 지역의 친환경적 개발 또는 효율적인 관리가 실질적인 과제로 떠올랐다.

그린벨트 정책의 과제

지난 40여 년간 우리나라 그린벨트는 도시구역의 한계를 정해 인구집중을 막고, 도시가 무질서하게 확산되는 것을 방지하여 살기 좋은 도시를 만드는 데 기여했다. 또한 도시 주변의 녹지를 확보하여 도시민의 건전한 생활환경을 마련하고, 도시 공원화와 녹지화를 위한 노력을 유도한 점도 긍정적으로 평가된다. 1998년 그린벨트 해제조치가 이루어지긴 했으나 전 국민의 친환경적 여론을 바탕으로, 전체 국토 면적의 5.4%를 점유했던 그린벨트 지역이 1.6% 정도의 부분적인 해제만 겪고 약 3.8%(2014년 기준) 정도가 유지되고 있다는 점도 의미가 있다.

국민의 삶의 질을 담보하는 생태공간을 마련하면서 지역경제의 활성화를 도모하려면, 지속 가능하고 친환경적이며 시민 중심이 되는 그린벨트 정책을 추진해야 한다.

앞으로는 단순히 그린벨트를 어떻게 조정하느냐보다 그린벨트가 지녀야 할 역할과 기능을 재정립하는 것이 중요하다. 해제되는 지역과 유지되는 지역에 대해, 토지를 어떻게 효율적으로 활용하고 관리할지 고민해야 한다. 최근 집단취락의 해제로 구역 주민의 불만 요인이 대부분 해소되었고, 대규모 조정가능지역이 해제 대상에 포함되면서 해제 지역의 친환경적인 개발 또는 효율적인 관리가 필요해졌다.

그린벨트 관리는 그린벨트의 내용이나 토지 특성과 용도에 맞게 그린벨트를 세분화하여 합리적으로 해나가야 한다. 세계 곳곳에서 찾아볼 수 있는 친환경적인 그린벨트 활용 사례들은 우리에게도 유익한 시사점을 준다.

주

* 본 내용은 박지희(2011), "우리나라 개발제한구역의 변천과정에 관한 연구," 성신여자대학교 박사학위논문의 일부를 바탕으로 재구성한 것임.

1 한국토지주택공사 토지연구원(2011), 『개발제한구역 40년: 1971-2011』, 국토해양부, p. 36.

2 권용우 외(2006), 『수도권의 변화』, 보성각, p. 246.

3 경기개발연구원(2007), "개발제한구역의 합리적인 제도개선방안연구," 경기도, p. 273.

4 권용우 외(2006), p. 250.

5 한국토지주택공사 토지연구원(2011), p. 455.

6 박지희(2011), "우리나라 개발제한구역의 변천과정에 관한 연구," 성신여자대학교 박사학위논문, p. 19.

7 박지희(2011), p. 30.

참고문헌

건설교통부(2006), "개발제한구역 정책 자료집."

건설부(1976), "개발제한구역 해설."

경기개발연구원(2007), "개발제한구역의 합리적인 제도개선을 위한 방안연구," 경기도.

구도완(1998), "환경친화적 개발제한구역정책의 방향," 『도시연구』 4.

국토연구원(2007), "그린벨트의 효율적 관리를 위한 시설물 평가지표작성 및 DB 구축연구," 건설교통부.

권용우(1999), "우리나라 그린벨트의 친환경적 패러다임에 관한 연구," 『지리학연구』 33(1).

권용우(1999), "우리나라 그린벨트의 쟁점연구," 『한국도시지리학회지』 2(1).

권용우(2004), "그린벨트 해제 이후의 국토관리정책," 『지리학연구』 38(3).

권용우·변병설·이재준·박지희(2013), 『그린벨트: 개발제한구역연구』, 박영사.

권용우·이상문·변병설·이재준(2005), "환경친화적 토지관리를 위한 유사 환경보전지역의 개선방안 연구," 『지리학연구』 39(3).

김갑열(1998), "도시성장관리에 있어서 개발제한구역의 영향," 『지역개발연구』 6.

김선희(2006), "개발제한구역의 친환경적 보전 및 관리를 위한 내셔널트러스트 도입방안연구," 국토연구원.

김의원(1981), "개발제한구역의 역사적 의의," 『도시문제』 16(175).

김태복(1993), "우리나라 개발제한구역의 설치배경과 변천과정," 『도시문제』 28(298).

박상규(2009), "개발제한구역 해제가 토지이용변화에 미치는 영향: 남양주시 사례를 중심으로," 서울시립대학교 대학원 박사학위논문.

박지희(2011), "우리나라 개발제한구역의 변천과정에 관한 연구," 성신여자대학교 대학원 박사학위논문.

유성용(2006), "개발제한구역 내 국민임대주택단지의 합리적 개발방안," 『한국주거학회논문집』 17(1).

이재준·권용우(2002), "수도권 개발제한구역 해제지역의 환경친화적인 주택단지건설의 방향," 『지리학연구』 36(2).

임강원 외(1998), "현 그린벨트제도의 개선안(시안)," 국민회의 그린벨트 특수정책기획단.

한국토지주택공사 토지연구원(2011), 『개발제한구역 40년: 1971-2011』, 국토해양부.

6 교외지역

김광익(국토연구원)

오늘날 서울의 인구는 1990년 천만 명을 돌파한 이후로 약간 감소하는 추세
를 보이고 있다. 반면에 서울 주변지역은 2010년 1,400만 명 수준으로 중심
도시보다 인구가 많아졌으며, 그에 따라 도시가 지속적으로 확대되었다. 특
히 1995년 도농복합시가 도입되면서 평택, 남양주를 시작으로 대부분 지역
이 시로 확대되었다.

서울 주변지역의 급격한 인구 증가를 계획적으로 수용하기 위해 정부에서는
대규모 신도시 건설을 추진하였다. 그 형태는 크게 3가지로 구분된다. 첫 번
째는 1970년대 서울에 집중한 행정 및 공업기능 분산을 위해 추진한 과천 및
반월신도시다. 두 번째는 1980년대 말부터 지금까지 서울에 부족한 주택 공
급을 위해 추진한 분당, 일산 등 제1기 수도권 신도시와 위례, 판교 등 제2기
수도권 신도시다. 세 번째는 2000년대 초부터 인천경제자유구역 내에 추진
된 송도, 영종 등의 복합신도시다.

대도시권

대도시권의 의미

도시가 성장하고 확대되면서 종래의 도시 경계를 뛰어넘어 도시권이 형성된다. 도시권은 중심도시(central city)와 그 주변지역(urban fringe)으로 구성된다. 일반적으로 중심도시 인구가 100만 명을 초과할 경우 대도시라 하며, 대도시와 그 주변지역을 대도시권이라 한다.[1]

도시권 중에서 중심도시가 수도인 경우에는 특별히 수도권이라 부른다. 수도는 일반적으로 한 나라의 정치·경제·사회·문화 중심지를 의미한다. 우리나라의 수도는 서울특별시이고, 수도권은 서울을 중심으로 이와 밀접한 지역인 인천광역시 및 경기도 일대를 포함한다.

대도시권의 공간구조

대도시권의 공간구조와 그 범역은 중심도시와 주변지역과의 연계성 및 주변지역의 도시적 특성 등에 기초하여 결정된다.(6-1) 연계성은 통근율을 기준으로, 도시적 특성은 2·3차 산업종사자 비율을 기준으로 정하는 경우가 일반적이다. 이때 일정 기준 이상의 연계성과 도시적 특성이 성립되면 주변지역은 교외지역으로 정의된다. 교외지역은 중심도시의 일부 기능을 담당하는 기능 지역의 개념인 데 반해, 주변지역은 위치상 중심도시와 연접한 모든 지역을 일컫는 위치적 개념이다. 대체로 대도시의 영향권은 중심도시의 통근권과 일치한다.[2]

중심도시 주변지역은 중심도시에 연접해 있으면서 거주·공업·상업지

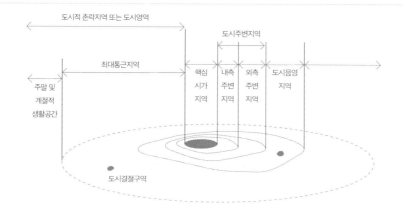

역으로의 도시화 현상이 뚜렷한 데 반해, 농업적 토지이용은 아주 미약하게 나타난다. 중심도시의 핵심시가지역에 연접한 도시 주변지역은 내측 주변지역과 외측 주변지역으로 구분된다. 내측 주변지역은 도시지향적 여러 기능과 주택, 상가, 공장 등의 도시적 용도로 토지전용이 명백하게 전개되는 지역이다. 외측 주변지역은 경관상 농촌적 토지이용 양상이 나타나지만 도시지향적 여러 요소의 침투(infiltration) 현상이 확인되는 지역이다.[3]

도시 주변지역에 외접해서 도시음영지역(urban shadow)이 전개된다. 도시음영지역은 경관상 도시기반의 하부구조시설이 미비하지만, 토지소유관계, 비농가구 및 주민의 통행패턴에서 중심도시와 밀접하게 관련되어 있다. 도시음영지역은 촌락배후지역으로 이어진다. 촌락배후지역도 중심도시의 영향권 아래에 놓이며 중심도시의 최대통근지역의 경계선을 이룬다.

중심도시의 최대통근지역 밖에는 중심도시 사람들이 주말과 계절에 따라 이용하는 별장이나 농장 등의 생활공간이 전개된다. 이들 지역에 살고 있는 농촌 주민들은 도시민과의 접촉이 많고 도시적 생활환경에 영향을 받아 다분히 도시화된 시골 사람의 생활양식을 보인다.

대도시권의 성장단계가설

클라센(L. H. Klaassen)과 팰린크(J. H. Paelinck)는 대도시권의 인구성장 과정을 단계적으로 접근한 도시성장단계가설을 내세웠다(1979). 이 가설은 대도시권을 도시 중심부와 도시 주변지역으로 크게 구분하고, 이들 지역과 대도시권 전체의 인구 변화 추세를 비교함으로써 도시성장의 단계적 발전과정을 설명한다.

이 가설에서는 도시성장단계를 크게 성장기와 쇠퇴기로 구분하고, 성장기는 도시화 단계와 교외화 단계로 구분하며, 각 단계는 절대적 집중(또는 분산)과 상대적 집중(또는 분산) 단계로 구분하여 총 6단계로 세분하고 있다.(표6-1)

1단계는 중심부 인구성장이 매우 높게 나타나고, 주변지역의 인구는 감소하나 대도시지역 전체의 인구는 절대적으로 성장하는 도시화의 절대적 집중기이다. 2단계는 주변지역의 인구가 성장하고, 중심부는 주변지역보다 인구성장이 더 높게 나타나면서 대도시지역 전체의 인구는 크게 성장하는 도시화의 상대적 집중기이다. 3단계는 교외화의 상대적 분산기로 중심부의 성장보다 주변지역의 인구성장이 높은 단계이다. 4단계는 중심부의 인구가 감소하면서 주변지역의 인구성장으로 대도시지역 전체의 인구는 성장하는 교외화의 절대적 분산기이다. 5단계는 중심부의 인구는 감소하고 주변지역의 인구는 성장하지만 도시지역 전체의 인구는 감소하는 역도시화의 절대적 분산

표 6-1 클라센과 팰린크의 대도시권 성장단계 가설

구분	성장기				쇠퇴기	
	Ⅰ. 도시화		Ⅱ. 교외화		Ⅲ. 역(탈)도시화	
	절대적 집중	상대적 집중	상대적 분산	절대적 분산	절대적 분산	상대적 분산
도시 중심부	+	++	+	−	−	−−
주변지역	−	+	++	+	+	−
대도시권 전체	+	++	+	+	−	−
도시성장단계	1	2	3	4	5	6

주: + 증가, ++ 대폭증가, − 감소, −− 대폭 감소
(Klaassen, L. H. & Paelinck, J. H., 1979, "The Future of Large Towns," *Environment & Planning A*, vol. 11, p. 1096 참조)

기이다. 6단계는 중심부와 주변지역 전부 인구가 감소하는 역도시화의 상대
적 분산기이다.

수 도 권 인 구 성 장 의 특 성

1963년 서울의 행정구역 확장 이후

여기서 수도권은 서울을 중심도시로, 인천과 경기도를 서울 주변지역으로 사
용한다. 1963년 서울의 대대적인 행정구역 확대 개편이 이루어진 이후 수도
권의 인구 변화를 보면, 1966년 약 690만 명에서 지속적으로 크게 증가하여
2010년에는 약 2,380만 명으로 나타나고 있다. 중심도시인 서울은 1966년
약 380만 명이었으나 계속 증가하여 1990년에는 천만 명을 넘어서다가 그
이후 약간 감소하는 경향을 나타내고 있다. 반면에 서울 주변지역은 1966년
약 310만 명이었으나 그 이후 지속적으로 증가하여 2010년에는 1,400만 명
수준에 달하고 있다.(표 6-2)

여기서 중심도시인 서울과 주변지역인 인천·경기의 인구비중 변화를 보

표 6-2 수도권의 인구 변화

구분	인구 수(천 명)									
	1966년	1970년	1975년	1980년	1985년	1990년	1995년	2000년	2005년	2010년
서울	3,793	5,433	6,890	8,364	9,639	10,613	10,231	9,895	9,820	9,794
서울 주변지역	3,102	3,297	4,039	4,934	6,183	7,973	9,958	11,459	12,947	14,042
전체	6,895	8,730	10,929	13,298	15,822	18,586	20,189	21,354	22,767	23,836

(통계청, 인구주택총조사, 각 연도)

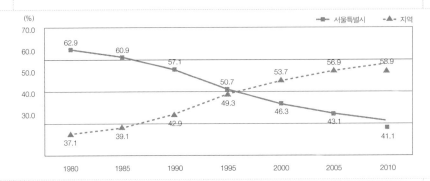

6-2 인구비중 변화
(통계청, 인구주택총조사,
각 연도)

면, 수도권 인구에 대한 서울의 인구비중은 1980년 62.9%에서 2010년 41.1%
로 감소한 반면에 주변지역인 인천·경기의 인구비중은 같은 기간 37.1%에서
58.9%로 꾸준히 증가하고 있다. 1995년을 전후하여 주변지역인 인천·경기
인구가 중심도시 서울의 인구를 추월한 이래 계속해서 주변지역 비중이 증가
하고 있다.(6-2)

그리고 1966년 이후 2010년까지 5년 단위로 서울과 서울 주변지역의 인
구성장을 클라센과 팰린크의 도시성장 6단계가설로 비교해보면, 1975년까지
는 서울의 인구증가율이 서울 주변지역보다 높게 나타나는 도시화의 상대적
집중기(2단계)에 해당한다. 그런데 1975년 이후 1990년까지는 서울 주변지
역의 인구증가율이 서울의 인구증가율보다 더 높게 나타나는 교외화의 상대
적 분산기(3단계)를 나타내고 있다. 그러나 1990년 이후에는 서울의 인구증
가율이 부(-)를 나타내고 있는 반면에 서울 주변지역의 인구증가율이 높은 교
외화의 절대적 분산기(4단계)를 나타내고 있다.(표 6-3) 따라서 수도권은 아직
역도시화현상은 나타나고 있지 않지만, 우리나라 인구감소시대와 더불어 역

표 6-3 수도권의 중심도시와 주변지역 간 인구증가율 변화

구분	인구증가율(%)								
	1966~70년	1970~75년	1975~80년	1980~85년	1985~90년	1990~95년	1995~ 2000년	2000~05년	2005~10년
서울	43.2	26.9	21.4	15.2	10.1	-3.6	-3.3	-0.8	-0.3
서울주변지역	6.3	22.5	22.2	25.3	29.0	24.9	15.1	13.0	8.5
수도권 전체	26.6	25.1	21.7	19.0	17.5	8.6	5.8	6.6	4.7
서울	++	++	++	+	+	−	−	−	−
서울주변지역	+	++	++	++	++	++	++	++	++
수도권 전체	++	++	++	++	++	+	+	+	+
구분	도시화의 상대적 집중기		교외화의 상대적 분산기			교외화의 절대적 분산기			

주: 구분은 클라센과 팰린크의 도시성장 6단계가설(1979)에 의함
(통계청, 인구주택총조사, 각 연도)

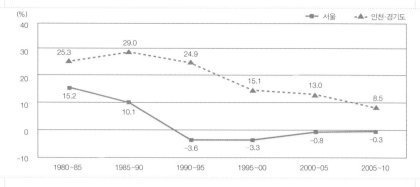

6-3 중심도시 서울과 주변지역인 인천·경기의 인구증가율 변화 (통계청, 인구주택총조사, 각 연도)

도시화현상이 나타날 것으로 예상된다.(6-3)

서울 주변지역의 인구성장에 따른 도시지역 확대

서울 주변지역은 도시지역의 확대라는 측면에서 행정구역의 변화를 살펴볼 수 있다. 여기서 도시지역이란 1995년 도농복합형태의 시가 등장함에 따라서 종래의 시를 사용할 수 없기 때문에 동(洞)을 도시지역으로 사용한다.(표6-4)

1960년대까지만 해도 서울 주변지역에서 도시는 인천시(일제강점기에 인천부라 칭함), 수원시(1949년 수원군에서 분리), 의정부시(1963년 양주군에서 분리)뿐이었고, 대부분 지역은 농촌지역인 군이었다. 그런데 1970년대에 들어서면서 급격한 도시지역의 확대현상이 나타나기 시작한다. 1973년 광주군에서 성남시가, 부천군에서 부천시가, 시흥군에서 안양시가 분리되어 도시지역으로 전환된다. 여기서 성남시는 1960년대 말 서울의 불량주거지를 철거하여 이주민들을 이주시키기 위해 조성한 광주대단지가 모태가 되어 탄생한 도시이다.

1980년대에는 70년대보다 더 많은 도시지역 확대현상이 나타난다. 1981년에는 시흥군에서 광명시가, 양주군에서 동두천시가, 평택군에서 송탄시가 분리된다. 이 중 동두천시와 송탄시는 대규모 미군기지가 입지한 지역이다. 1986년에는 남양주군에서 구리시가, 평택군에서 평택시가, 시흥군에서 안산시 및 과천시가 분리된다. 이 중 안산시와 과천시는 신도시 형태로 개발된 지역이다. 1989년에는 남양주군에서 미금시가, 광주군에서 하남시가, 화성군에서 오산시가 분리되고, 시흥군은 군포시, 의왕시, 시흥시로 분리되면서 폐지된다. 이후 1992년에는 고양군 전체가 고양시로 바뀌면서 도시지역으로

표 6-4 수도권 주변지역의 도시지역으로 행정구역 변화

연도	도시명	내용
해방 이전	인천광역시 (옹진군과 강화군 제외)	1981년 경기도 인천시가 인천직할시로 승격 1989년 김포군 계양면, 옹진군 영종면, 용유면을 편입해 동으로 개칭 1995년 인천직할시를 인천광역시로 변경하고, 김포군 검단면을 편입해 동으로 변경)
1949년	수원시	수원군 수원읍이 수원시로 승격하고, 수원군은 화성군으로 명칭 변경
1963년	의정부시	양주군 의정부읍을 승격
1973년	성남시	광주군 광주이주단지 건설을 위해 설치된 성남출장소 관할지역(대왕면, 낙생면, 돌마면 일원과 중부면 일부)을 승격
	부천시	부천군 소사읍을 승격(1975년 오정면도 통합해 시역 확장)하고 부천군은 폐지
	안양시	시흥군 안양읍을 승격
1981년	광명시	시흥근 소하읍을 승격
	동두천시	양주군 동두천읍을 승격
	(송탄시)	평택군 송탄읍을 승격
1986년	구리시	남양주군 구리읍을 승격
	(평택시)	평택군 평택읍을 승격
	안산시	반월공단 및 배후주거단지를 건설하기 위해 설치된 반월지구출장소를 승격
	과천시	정부과천청사 및 배후주거단지를 건설하기 위해 설치된 과천지구출장소를 승격
1989년	(미금시)	남양주군 미금읍을 승격
	오산시	화성군 오산읍을 승격
	군포시	시흥군 군포읍을 승격
	의왕시	시흥군 의왕읍을 승격
	시흥시	시흥군 소래읍, 군자면, 수암면을 합하여 승격하고, 시흥군을 폐지
	하남시	광주군 동부읍, 서부면, 중부면 상산곡리를 합하여 승격
1992년	고양시	고양군 전체를 시로 승격(6읍 1면을 동으로 변경)
1995년	평택시	과거 평택군이었던 송탄시, 평택시, 평택군을 통합해 도농복합시로 변경(송탄시, 평택시의 동이 그대로 유지)
	남양주시	과거 남양주군 일부인 미금시와 남양주군을 통합해 도농복합시로 변경
1996년	용인시	용인군을 도농복합시로 변경(용인읍을 중앙동 등 4개 동으로 나눔) 2001년 수지읍을 풍덕천1동 등 6개 동으로 나눔 2005년 기흥읍을 신갈동 등 5개동으로, 구성읍을 구정동 등 4개 동으로 나눔
	파주시	파주군을 도농복합시로 변경(금촌읍을 금촌1동, 2동 등으로 나눔)
	이천시	이천군을 도농복합시로 변경(이천읍을 창전동 등 3개 동으로 나눔)
1998년	김포시	김포군을 도농복합시로 변경(김포읍을 김포1동, 2동, 3동 등으로 나눔)
	안성시	안성군을 도농복합시로 변경(안성읍을 안성1동, 2동, 3동 등으로 변경)
2001년	화성시	화성군을 도농복합시로 변경(남양면을 남양동으로 변경) 2005년 태안읍을 동으로 나눔
	광주시	광주군을 도농복합시로 변경(광주읍을 경안동, 송정동, 광남동 등으로 나눔)
2003년	포천시	포천군을 도농복합시로 변경(포천읍을 포천동, 선단동으로 나눔)
	양주시	양주군을 도농복합시로 변경(양주읍이 양주1동, 2동으로, 회천읍이 회천1동, 2동, 3동, 4동으로 변경)
2013년	여주시	여주군을 도농복합시로 변경(여주읍이 이흥동, 중앙동, 오학동으로 변경)

주: ( )의 송탄시, 평택시, 미금시 등은 1995년 도농복합시로 통합됨
(행정안전부, 2009, 『2009년도 지방행정구역요람』을 참고하여 정리)

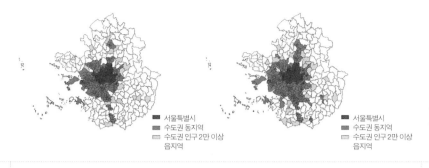

6-4 1995년과 2010년 수도권 도시지역(동지역) (통계청, 인구주택총조사를 이용해 작성)

전환된 국내 유일한 사례가 된다.

1995년부터는 지방자치제가 실시되면서 행정구역 체계에 변화가 일어났다. 요컨대 도시와 농촌이 공존하는 도농복합시의 탄생이다. 종전에 군에서 중심지가 인구 5만 명을 넘으면 분리하여 시로 독립하던 사례를 종전의 행정구역으로 통합하여 환원하는 한편, 군 중심지 인구가 5만 명을 넘어도 군 행정구역 전체를 도농복합시로 만들어 중심이 되는 지역에 동을 만드는 것이다. 이러한 도농복합시는 1995년 종전에 하나였던 송탄시, 평택시, 평택군을 하나로 묶어 평택시로 출범하고, 통합에 반대한 구리시는 제외하고 미금시와 남양주군을 묶어 남양주시로 통합하였다. 이후 1998년에는 김포시와 안성시가, 2001년에는 화성시와 광주시가, 2003년에는 포천시와 양주시가, 2013년에는 여주시가 도농복합시로 출범한다. 이로써 수도권에는 2013년 현재 순수한 농촌행정구역으로 수도권 외곽에 입지하고 있는 인천광역시 강화군과 옹진군, 경기도 연천군, 가평군, 양평군 등이 남아 있는 상태다.

오늘날 서울에 연접한 인천광역시(옹진군과 강화군 제외), 경기도 의정부시, 구리시, 하남시, 성남시, 안양시, 군포시, 의왕시, 과천시, 수원시, 안산시, 시흥시, 부천시, 광명시 등 14개 지역이 서울과 더불어 하나의 커다랗게 연속된 대도시지역을 형성한다. 이 주위에 연속해서 도농복합시가 분포하는 특징을 보인다.

서울 주변지역의 경우 동으로 연속된 도시지역이 확장되고 있다. 즉 경수축, 경인축, 경의축, 경원축, 경춘축 등 기존의 간선교통망을 따라 방사형 팽창이 이루어지고 있다. 특히 1995년에 비해 2010년에는 경원축, 경부축 및 용인축의 확장이 눈에 띈다.(6-4)

표 6-5 수도권 신도시 건설 형태

	1970년대	1980년대 말~현재	2000년대 초~현재
형태	과천신도시와 반월신도시 건설 유형	제1기 수도권 신도시 및 제2기 수도권 신도시 건설 유형	인천경제자유구역 내에 추진된 도시개발사업에 의한 신도시 건설 유형
목적	서울에 집중한 행정 및 공업기능 분산	서울에 부족한 주택 공급	외자유치 등을 촉진
법령	산업기지개발촉진법	택지개발촉진법	경제자유구역 지정 및 운영에 관한 법률

수도권 주변지역의 신도시 건설

정부에서 추진한 수도권 주변지역의 신도시 건설 형태는 크게 3가지로 구분된다.(표 6-5) 첫 번째는 1970년대 서울에 집중한 행정 및 공업기능 분산을 위해 과거 산업기지개발촉진법 등에 의해 추진한 과천신도시와 반월신도시 건설 유형이다. 두 번째는 1980년대 말부터 지금까지 서울에 부족한 주택 공급을 위해 택지개발촉진법에 의하여 추진한 제1기 수도권 신도시 및 제2기 수도권 신도시 건설 유형이다. 세 번째는 2000년대 초부터 외자유치 등을 촉진하기 위한 '경제자유구역 지정 및 운영에 관한 법률'에 의하여 인천경제자유구역 내에 추진된 도시개발사업에 의한 복합 신도시 건설 유형이다.

1970년대 국토 균형발전을 위한 신도시 건설

과천신도시 건설과 정부청사 건립

1970년대 중반 정부는 서울의 인구와 기능을 분산 배치하기 위해 크게 두 가지 정책을 검토·추진하였다. 하나는 서울의 중추 행정기능을 국토 중심부로 이전시켜 국토의 균형발전을 도모하고, 남북 대치상황에서 수도를 안전하게 지킬 수 있는 임시행정수도의 건설이었다. 이는 1967년 박정희 대통령의 지시로 이른바 '행정수도백지계획'이라는 이름으로 비공개로 추진되었지만, 1979년 대통령의 사망으로 전면 중단되었다.

다른 하나는 임시행정수도 건설 전에 서울에 남아 있을 중추 행정기능 중 일부를 서울 인근으로 분산 배치할 행정도시의 과천신도시 건설사업이었다. 이는 처음부터 서울에서 완전히 벗어나는 독립된 자족적 도시가 아니라

| 참고 | 임시행정수도 백지계획

1977년 2월 10일 박정희 대통령이 서울시 연두순시에서 서울의 인구 집중 방지 및 국방상 안보를 위해 임시행정수도 건설의 필요성을 제기했다. 이어 3월 7일 제1무임소장관실의 '수도권 인구 재배치 기본계획(안)' 업무보고에서 임시행정수도 추진방법을 다음과 같이 제시했다. 첫째, 행정수도 건설은 국방력 증강 등 중요 사업 수행에 지장이 없도록 장기계획으로 추진한다. 둘째, 행정수도 건설은 백지계획으로 수립한다. 셋째, 백지계획 작업 기간은 2년으로 하며 청와대에서 전담한다. 넷째, 이전은 예산이 허용하는 범위 내에서 하나씩 수행한다.

이에 따라 3월 16일 청와대 경제2수석비서관이 단장을 겸임하고 있던 중화학공업추진위원회 내에

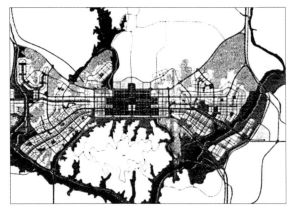

임시행정수도 백지계획 최종도시계획안
(손정목, 2000, "서울도시계획이야기: 인구집중방지책과 행정수도전말(4)," 『월간국토』 227호, 국토연구원)

행정수도 백지계획 수립을 위한 실무기획단을 구성했다. 기획단에는 이때부터 1980년 8월까지 4년간 다수의 전문가가 참여하여, 1979년 5월 대통령에게 두 권의 종합보고서를 전달했다.

핵심 내용은 1987년부터 1991년까지 국토의 중심부인 대전 부근에 입법·사법·행정 3부 기관을 모두 옮겨 인구 25만 명 규모의 행정도시를 건설한 뒤, 1996년까지 업무상업지구를 추가해 명실상부한 자족도시로 만든다는 계획이다. 최종 후보지는 장기지구, 논산지구, 천안지구 세 곳이었다. 행정수도 내부는 마치 새가 날개를 편 듯한 좌우대칭형 구조였다. 이를 실행하기 위해 정부와 국회는 1977년 7월 '임시행정수도 건설을 위한 특별조치법'을 제정해 공포했다. 그러나 이 계획은 1979년 10월 26일 대통령 사망으로 빛을 보지 못하게 되었다. 이후에도 연구는 한동안 이어졌지만 1980년 8월 20일 중화학공업추진위원회가 해체되면서 사실상 폐기되었다.

임시행정수도 백지계획은 수도권 과밀화를 해소할 수 있는 방안이었다는 긍정적 평가와 행정수도 건설을 정치적 의도로 활용하려 했다는 부정적 평가를 동시에 받고 있다.

서울의 광역적 공간구조에 포함되어 있으면서 수도 서울에 의존하는 배후 위성도시를 개발하는 것으로 방향이 설정되었다. 기능적으로는 단핵구조로 성장해온 서울의 공간구조를 광역 다핵구조로 확장하면서 강남과 강북 간의 균형발전을 도모하는 것이 과천신도시 개발계획의 중요한 전제였다.

그 결과 과천은 행정구역상으로는 경기도에 속했지만 서울도시계획구역에 포함되어 서울도시계획과 연동하여 신도시 건설이 추진되었다. 과천신도시 건설은 1978년 8월 건설부가 예정지구를 고시하는 데서 시작하여, 9월 대

표 6-6 중앙행정기관의 단계별 세종시 이전 현황

구분	기관 수	이전 중앙행정기관	이전 소속기관
1단계 2012년 이전	13개	국무총리실 기획재정부 공정거래위원회 국토교통부 해양수산부 환경부 농림축산식품부	조세심판원 복권위원회 – 중앙토지수용위원회, 항공 · 철도사고조사위원회 중앙해양안전심판원 중앙환경분쟁조정위원회 –
2013년	18개	교육부 문화체육관광부 산업통상자원부 (미래창조과학부) 보건복지부 고용노동부 국가보훈처	교원소청심사위원회 해외문화홍보원 경제자유구역기획단, 지역특화발전특구기획단, 무역위원회, 전기위원회, 광업등록사무소 연구개발특구기획단 – 중앙노동위원회, 최저임금위원회, 산업재해보상보험재심사위원회 보훈심사위원회
2014년	6개	법제처 국민권익위원회 국세청 소방방재청	– – – – 한국정책방송원(문화체육관광부) 우정사업본부(미래창조과학부)
계	37개	–	–

주: ( )기관은 미정이고, 기관 수 증가는 해양수산부가 분리됨
(행정안전부, 2010. 8. 20., 관보 제17325호; 행정중심복합도시 홈페이지 http://www.macc.go.kr)

한주택공사가 사업주체로 결정되었다. 과천 신도시 건설은 1979년부터 1983년까지 4년간 진행되었다.

1977년에는 대통령 지시로 과천에 정부청사를 짓기로 하고, 1978년 1월 청사 건립 후보지를 지정 공고했다. 정부제2종합청사는 경기도 시흥군 과천면 문원리(현 과천시 중앙동)에 위치하며, 규모는 대지 5만 평에 추후 2만 평을 추가할 수 있도록 계획되었으며, 건물은 2만 3,200평으로 계획되었다. 사업 기간은 1978년부터 1982년까지 5년간으로 설정되었다.

1982년 6월에 정부제2종합청사 건물 가운데 1단계로 제2동 건물이 완공되자 7월부터 보건사회부, 법무부, 과학기술부 등 10개 부처의 이전이 본격적으로 진행되었다. 1985년 12월에 정부제2종합청사 3, 4동 건물이 완공됨에 따라 1986년 1월부터 상공부, 노동부, 재무부, 동력자원부가 이전하고, 마지막으로 경제부처의 핵심인 경제기획원이 2월에 이전하였다.

그러나 세종시에 건설되는 행정중심복합도시로 법무부를 제외한 대부분의 정부부처가 2012년 말부터 이전되기 시작했다. 중앙행정기관은 2012년부터 2014년까지 3단계에 걸쳐 이전될 계획이다. 우선 2012년 9월부터 국무총리실을 비롯한 국토교통부, 농림축산식품부 등 13개 기관이 이전을 완료하였으며, 2013년에는 교육부, 고용노동부 등 18개 기관, 2014년에는 국세청 등 6개 기관이 단계적으로 이전함으로써 중앙행정기관 이전을 완료할 예정이다.(표6-6)

반월신도시 건설

반월은 지금의 안산에 해당한다. 1976년 7월 대통령의 지시로 수도권에 신공업도시를 건설함으로써 서울의 인구 및 공업을 분산시키는 것이 개발의 목적이었다. 같은 해 8월에 산업기지개발촉진법에 따른 반월특수지역으로 입지가 결정되고, 9월에 산업기지개발공사를 사업자로 하는 사업결정이 이루어졌다.

계획대상지는 약 41km², 초기의 목표인구는 20만 명, 건설기간은 1977년부터 1986년까지 10년간으로 책정되었으나, 1970년대 말부터 1980년대 초에 걸친 부동산 경기 침체에 따라 상당 부분 수정되었다. 1976년 12월 4일에 도시계획이 결정되어 1977년 3월에 착공되었다. 1984년에 도시계획을 변경하여 계획인구가 30만 명으로 늘어났으며, 변경된 계획에 의한 기반시설 조성은 1993년 말에 완료되었다. 1995년부터는 도심부 인접지역에 유보해 두었던 잔여농지 약 8km²에 대한 2단계 개발이 착수되었다. 2단계 개발을 거친 1995년 말에는 인구가 40만 명을 넘었고 2010년 말에는 인구 70만 명을 상회했다.(6-5)

6-5 반월(안산)의 초기
도시계획도와 현재 모습

안산신도시 개발 이후에는 반월특수지역을 확장하여 시화공단을 포함하는 시화신도시 건설이 이루어져 반월공단과 시화공단이 연접하게 되었다.(표6-7)

1994년 시화방조제 축조 후 남측에 육지로 드러난 지역에 송산그린시티 건설을 추진하고 있다. 즉 2006년 4월 수립된 시화지구 장기종합계획의 기조 아래 시화호 주변 지역의 생태환경을 보전하면서, 시화방조제 건설로 생성된 대규모 간석지를 활용하여 관광과 레저, 주거가 복합된 도시공간을 조성한다는 목적으로 진행 중이다.(6-6)

표 6-7 반월특수지역 신도시 추진 현황

명칭	위치	면적(km²)	수용인구(명)	계획기간	비고
안산신도시(1단계)	안산시	50.2	300,000	1973~1973년	반월공단 및 배후신도시 조성
안산신도시(2단계)	안산시	8.9	140,000	1992~2000년	고잔지구 택지조성
시화신도시	시흥시	57.1	140,000	1985~2000년	시화공단 및 배후신도시 조성
송산그린시티	화성시	55.8	150,000	2007~2022년	복합레저 및 신도시 조성

(한국수자원공사, 1988, 시화지구 2단계개발 기본구상: 국토해양부, 2008. 3. 13., 송산그린시티 보도자료)

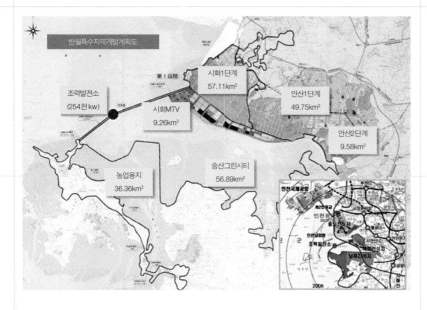

6-6 반월특수지역 신도시 추진
현황(한국수자원공사, 2008)

1980년대 말 이후 주택공급을 위한 신도시 건설

제1기 수도권 신도시 건설

우리나라에서 본격적인 신도시 건설이 이루어진 것은 수도권 5개 신도시의
개발 이후다. 이러한 대규모의 신도시가 개발된 배경은 주택공급정책과 연관
성을 들 수 있다. 서울의 주택공급 부족으로 부동산투기가 심화되고 대도시
내부에 더 이상 개발할 대규모의 토지가 없어 개발제한구역을 넘어서 주변도
시 개발가능지역으로 눈을 돌리게 되었다. 당시 사회 현실을 해결하는 방안
으로 주택 2백만 호 건설목표를 정하고, 수도권을 중심으로 신도시 건설이 집
중적으로 이루어졌다.

성남 분당, 고양 일산, 안양 평촌, 부천 중동, 군포 산본 등 수도권 5개 신
도시는 택지개발촉진법을 근거로 개발하였다. 이 법은 공공이 직접 개발을
주도하게 하여 단기간에 계획적으로 개발사업을 이끌 수 있다는 장점이 있는
반면, 토지소유자들을 개발과정에서 완전 배제하게 되어 사회적인 문제를 야
기할 수 있다는 단점을 지니고 있었다.

수도권 5개 신도시는 계획 및 개발 시기가 거의 같고, 개발주체와 계획
기관이 한정되어 있었기 때문에 목표로 하는 환경의 수준, 각종 지표, 도시공
간 구성에 큰 차이를 보이지는 않는다.(표 6-8)

표 6-8 수도권 제1기 신도시 개요

구분	분당	일산	평촌	산본	중동
위치	서울 동남쪽 25km 경기도 성남시	서울 북서쪽 20km 경기도 고양시	서울 남쪽 20km 경기도 안양시	서울 남쪽 25km 경기도 군포시	서울 서쪽 20km 경기도 부천시
면적	19.6km²	15.7km²	5.1km²	4.20km²	5.5km²
수용인구 (수용세대)	39만 320명 (9만 7,580세대)	27만 6,000명 (6만 9,000세대)	16만 8,188명 (4만 2,047세대)	16만 5,588명 (4만 1,397세대)	17만 명 (4만 2,500세대)
사업시행자	한국토지공사	한국토지공사	한국토지공사	대한주택공사	한국토지공사 대한주택공사 부천시
사업기간	1989년 8월 ~1996년 12월	1990년 3월 ~1995년 12월	1989년 8월 ~1995년 12월	1989년 8월 ~1994년 12월	1990년 2월 ~1994년 12월

(국토연구원, 2008, 『桑田碧海 국토60년: 국토60년사 사업편』 참고)

제2기 수도권 신도시 건설

제1기 신도시 개발에 대한 비판으로 소규모 분산적 택지개발과 준농림지 개발 허용으로 정책방향을 선회하였으나, 서울 인근 도시들에서 교통·환경·교육 등 기반시설 부족과 비용분담문제 등 심각한 사회문제가 야기되었다. 이에 따라 신도시 개발에 대한 사회적 공감대가 형성되어 화성, 판교를 시작으로 수도권 제2기 신도시 개발에 본격적으로 착수하였다.(6-7)

제2기 신도시는 2000년 이후에 개발되었다. 성남 판교, 화성 동탄 등 총 9개로, 수도권 5개 신도시와 비교해서 환경적으로 다양한 수준 향상이 이루어지게 된다. 성남 판교의 경우, 제1기 신도시에서 지적되었던 자족성 확보 측면을 보완하기 위해 벤처단지 개발을 포함했다.(6-8) 그 밖에도 환경친화적인 개발, 대중교통 편의 증진 등 다양한 계획이념이 신도시 개발에 반영되었다. (표 6-9)

그러나 최근 미국발 금융위기에 따른 부동산시장 위축으로, 일부 신도시의 규모 축소 등이 검토되고 있다. 입지가 양호하지 못한 곳은 향후 신도시 건설 전망이 어두운 상

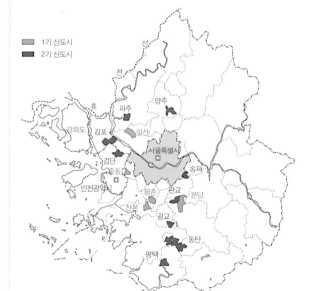

6-7 수도권 제1기, 제2기 신도시(국토연구원, 2008)

6-8 지구 지정 당시 현황
(한국토지주택공사)

표 6-9 수도권 제2기 신도시 개요

구분	성남판교	화성동탄1	화성동탄2	김포한강	파주운정	광교	양주(옥정·회천)	위례	고덕국제화	인천검단
위치	경기도 성남시 판교동 일원	경기도 화성시 동탄면 일원	경기도 화성시 석우동, 반송동, 동탄면 일원	경기도 김포시 김포2동 일원	경기도 파주시 교하읍 일원	경기도 수원시 이의동 용인시 상현동 일원	경기도 양주시 옥정동 외 10개 동	송파구 거여동 장지동 성남시 창곡동 하남시 학암동	경기도 평택시 서정동 고덕면 일원	인천시 서구 불로동 원당동 마전동 당하동 일원
면적 (km²)	8.9	9.0	24.0	11.7	16.5	11.3	11.4	6.8	13.4	18.1
주택 (천 호)	29.3	40.9	115.3	60.3	87.3	31.1	60.2	42.4	54.5	92.0
인구 (천 명)	88	124	286	167	215	78	168	106	135	230
개발기간	2003 ~14년	2001 ~13년	2008 ~15년	2002 ~13년	2003 ~17년	2005 ~13년	2007 ~13년	2008 ~17년	2008 ~20년	2009 ~16년
최초입주	2008년 12월	2007년 1월	2015년 1월	2011년 6월 (2008년 3월)	2009년 6월	2011년 7월	2014년 11월	2013년 12월	2018년 하	2016년 상

(국토교통부, 정책마당, 제2기 수도권 신도시건설개요)

황이다.

2000년대 초 인천경제자유구역 육성을 위한 신도시 건설

인천경제자유구역(IFEZ)은 정부가 추진하고 있는 동북아 경제중심 실현 전략의 핵심지역으로서,(6-9) 2003년 8월 국내 최초로 인천국제공항과 항만을 포함하여 송도, 영종, 청라국제도시에 총 169.5km² 면적에 계획인구 약 64만

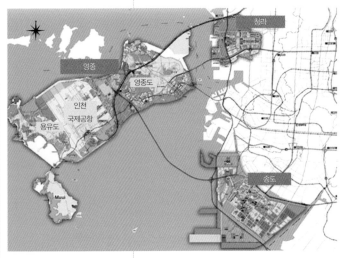

명을 목표로 복합기능도시로 2020년까지 건설될 예정이다.

송도지구는 비즈니스, IT·BT 산업을 육성하고, 영종지구는 물류, 관광산업을 육성하며, 청라국제도시는 업무·금융, 관광·레저, 첨단산업 육성을 목표로 추진 중이다.(표 6-10)

6-9 인천경제자유구역 지구 위치(인천경제자유구역청)

표 6-10 인천경제자유구역 지구별 사업 개요

지역	사업규모(km²)	계획인구(천 명)	개발계획	투자유치 업종
송도	53.3	255.8	국제업무단지(5.7km²), 지식정보산업단지(2.4km²)바이오단지(1.3km²), 첨단산업클러스터(14.7km²), 송도국제화복합단지(1.4km²), 송도랜드마크시티(5.8km²), 인천신항(30선석)	국제비즈니스 IT, BT, R&D 외국학교 및병원
영종	98.4	298.8	공항,자유무역지역(26.4km²), 영종하늘도시개발(19.3km²), 영종물류복합단지(3.7km²), 용유무의관광단지(21.65km²), 미단시티(2.7km²), 메디씨티(0.8km²) 등	산업 · 물류단지 관세자유지역 관광 · 레저 · 테마파크
청라	17.8	90	국제업무타운(1.27km²), 테마파크형 골프장(1.49km²), 국제금융단지(0.28km²), 첨단산업단지(IHP)(1.13km²), GM대우 연구소(0.50km²), 로봇랜드(0.77km²)외국인학교(초중고)(0.05km²)	관광 · 레저 · 테마파크

(인천경제자유구역청 http://www.ifez.go.kr)

주

1   권용우 외(2006), 『수도권의 변화』, 보성각, p. 104.

2   권용우(2002), 『수도권 공간 연구』, 성신여자대학교 사회과학연구총서 제1권, 한울아카데미, pp. 56~57.

3   권용우(1986), 「서울주변지역의 교외화에 관한 연구」, 서울대학교 대학원 박사학위논문, pp. 6~8.

참고문헌

국토연구원(2008), 『桑田碧海 국토60년: 국토60년사 사업편』.

국토해양부(2011), 『2011년 국토계획 및 이용에 관한 연차보고서』.

권용우(1986), "서울주변지역의 교외화에 관한 연구," 서울대학교 대학원 박사학위논문.

권용우(2001), 『교외지역』, 아카넷.

권용우(2002), 『수도권 공간 연구』, 성신여자대학교 사회과학연구총서 제1권, 한울아카데미.

권용우 외(2006), 『수도권의 변화』, 보성각.

손정목(2000), "서울도시계획이야기: 인구집중방지책과 행정수도전말(4)," 『월간국토』 227, 국토연구원.

한국수자원공사(2008), 『송산그린시티 개발계획』.

행정안전부(2009), 『2009년도 지방행정구역요람』.

행정안전부(2010. 8. 20), 관보, 제17325호.

Bryant, C. R. et al.(1982), *The City's Countryside:Land and its Management in Rural-Urban Fringe*, Longman, London.

Klaassen, L. H. & Paelinck, J. H.(1979), "The Future of Large Towns," *Environment & Planning A*, vol. 11.

국토교통부, 정책마당, 제2기 수도권 신도시건설개요

인천경제자유구역 http://www.ifez.go.kr

통계청, 인구주택총조사, 각 연도

행정중심복합도시 홈페이지 http://www.macc.go.kr

7 마을 만들기

이재준(수원시청)

시민들의 손으로 도시를 만드는 주민자치 방법은 다양하다. 시민이 직접 정책을 제안하거나 평가할 수 있고. 도시계획이나 재정 운영에 직접 참여할 수도 있다. 그러나 자기가 살고 있는 도시를 시민들이 직접 계획하고 만들 수있는 마을 만들기도 좋은 방안이다. 도시에 대한 권한과 책임이 지방정부로이전되고 도시 경쟁력이 본격화되는 최근 현실에서 마을 만들기는 주민, 행정. 전문가 등이 함께 협의하는 민관협력 거버넌스 운영체계로 자율적이고통합적으로 추진되어야 한다.

마을 만들기의 시작

주민자치 시대

도시의 주인은 시민이다. 지방자치의 가장 큰 힘은 시민으로부터 나오며, 지방자치는 지역에 살고 있는 시민들을 위한 행정으로 시민들과 밀접한 정책계획을 세울 수 있는 장점이 있다. 우리나라는 1991년 지방의회 선거 부활을 통해 지방자치제도가 본격적으로 시행되어 왔다. 그러나 아직 지방자치의 주체라고 할 수 있는 시민들이 소외되어 있는 것이 현실이다. 제도적으로는 성립되었지만 민주주의 사회에서 가장 핵심적인 자치와 분권이 여전히 자리 잡지 못한 것이다. 자치와 분권을 통한 삶의 질을 높이기 위해서는 시민참여에 의한 자치분권의 힘이 매우 중요하다. 시민들이 자발적으로 다양한 정책이나 정치에 참여하여 지속가능한 도시를 만들어가는 주민자치의 도시를 만들어야 한다.[1]

주민자치의 도시를 위해서는 시대적 변화 추세에 맞추어 소수의 뛰어난 전문가 엘리트가 아닌 다수의 시민 대중이 보다 현명한 의사결정을 내릴 수 있다는 집단지성의 철학에 기초함이 바람직하다. 집단지성이란 여러 개체들이 서로 협력하고 경쟁해 달성하는 집단적 능력을 의미한다. 다양한 사람들로 구성된 집단에서 집단지성은 전문가의 견해보다 더 정확한 예측이나 답을 찾을 수 있다. 마을 만들기는 이러한 주민자치의 한 방식이다.

도시계획의 패러다임 변화

마을 만들기를 이해하기 위해서는 우선 도시계획 또는 도시정책에 대한 최근

패러다임의 변화를 살펴보는 것이 유용하다.[2]

하워드(Ebenezer Howard), 르코르뷔지에(Le Corbusier) 등으로 대표되는 근대적 도시계획은 산업혁명과 두 차례 세계대전 이후 도시인구 집중, 주택 공급 확대 등을 배경으로 한다. 하워드는 교외에 자족적 전원도시를 건설하되, 주 도시와 전원도시 사이의 철도·도로 연결, 도시 사이의 녹지 보전을 제안했다. 또한 근대 도시계획의 표준이라고 할 수 있는 르코르뷔지에의 도시계획 이론 및 기법은 건물의 고층화, 녹지 조성, 자동차/보행자 공간 분리, 용도지역 분리와 용도지역 간 도로망 연결 등으로 특징지을 수 있다.

그러나 이 이론과 기법에 대한 불신이 날로 확대되었고, 심지어 20세기의 실패라 불리는 참담한 결과를 초래했다. 이러한 부정적인 결과에는 거대 커뮤니티 운영·관리 시스템이 완전하지 못했던 점 등 여러 가지 이유가 있을 텐데, 그중 하나는 도시계획에 관여한 사람들이 실제로 그 도시에 거주하지 않거나, 거주한다고 해도 주위의 다양한 환경을 충분히 고려하지 못했거나, 또 멀리서 원칙만 가지고 사물을 판단했던 것이라 할 수 있다. 즉 실제로 도시에서 생활하는 지역주민의 입장이 반영되지 않았다는 말이다. 이는 현대 도시계획에 대한 하나의 시사점을 제공한다.

확대발전 지향이라고 할 수 있는 근대 도시이론에 대한 반성으로, 현대 도시는 축소 고밀화 지향의 성격을 나타내는 도시계획 패러다임으로 바뀐다. 지속가능한 개발, 압축도시(Compact City) 등 현대 도시의 새로운 원칙을 적용한 개념들이 1970년대부터 등장했다. 미국의 뉴어바니즘(New Urbanism), 영국의 어반빌리지(Urban Village), 일본의 마을 만들기와 같이 지방의 정체성과 가치를 재발견하자는 요구, 주민 관점에서 물리·사회적 정비 운동을 시작

표 7-1 도시계획의 새로운 패러다임[3]

구분	국가	주요 원칙
뉴어바니즘 (New Urbanism)	미국(1970)	무분별한 교외화에 따른 환경 및 공동체 파괴 극복 지속 가능한 개발 및 생태도시 구현 토지이용·교통·환경 통합적 계획 수립, 주민참여 계획 수립
압축도시 (Compact City)	미국(1980)	고밀개발을 통한 공공공간과 오픈스페이스의 확대 대중교통과 연계한 토지이용의 효율성 및 대중교통 압축개발을 통한 도시 에너지 소비량 저감
어반빌리지 (Urban Village)	영국(1980)	공공공간을 중시한 소생활권 형성 보행친화적, 고밀복합개발 지향 계획 입안 단계에서 주민참여
마을 만들기	일본(1980)	지방 정체성 및 가치 재발견에 대한 요구 주민 관점에서 물리·사회적 정비 운동 시작 애향심 고취, 생활의 활력 제공

해 생활의 활력을 재고하자는 움직임이 전 세계적으로 전개되었다.

따라서 기존 도시계획의 문제점을 극복하고자 도시계획의 패러다임이 변화하면서, 주민의 요구를 보호하는 옹호계획, 도시계획의 협상과정을 중요시하는 교환거래계획, 시민들의 참여를 강조하는 참여계획, 특정 지역을 상세하게 계획하는 지구단위계획이 새롭게 진행되고 있다. 이러한 새로운 도시계획의 추세를 정리해보면 다음과 같다.(표 7-1)

일본의 마치즈쿠리 운동

주민들의 참여를 통해 도시를 자발적으로 조성하고 도시의 정체성을 회복해 나가는 운동은 미국에서는 커뮤니티 운동, 일본에서는 마치즈쿠리 운동, 영국에서는 근린지역재생 운동 등으로 실현되고 있다. 특히 일본의 마치즈쿠리 운동은 우리의 마을 만들기 운동에 크게 영향을 미쳤다.[4]

흔히 우리가 알고 있는 '마을 만들기'라는 용어는 일본의 '마치즈쿠리(まちづくり)'를 우리말로 그대로 번역해 사용한 것이다.[5] 일본에서도 어느 시점부터 이 용어가 사용되었는지 명확하지 않지만 전후 미국의 'community organizing'의 번역어로 마치즈쿠리가 사용된 것으로 추정하고 있다.

일본은 1950년대 중반 이후 고도성장기를 거치면서 대도시문제, 환경문제, 농촌지역 과소문제 등이 심각하게 대두되기 시작했다. 특히 급격한 산업화로 발생한 이타이이타이병 등 공해문제는 시민운동을 촉발하는 계기가 되었다. 이 시민운동은 일상생활 영역에서 시작해 도시 정비, 재개발사업, 도시 환경 정비 등과 같은 제도화된 영역으로 다양하게 확대되었다.[6]

마치즈쿠리라는 용어는 1962년 나고야의 도시개발 운동에서 처음으로 사용되었으며, 그 후 일본에서는 1960년대 후반부터 전국에서 전개된 구획 정리사업에서 주민을 주체로 주민의 가치관에 기초한 마을 만들기가 주장되어왔다. 1960년대 이후 일본에서는 지방의 정체성 및 가치 재발견에 대한 사회적 요구에서 마치즈쿠리가 확대되었다. 이는 주민 관점에서 기획되는 물리·사회적 지역환경 정비 운동으로서 주민과 전문가들의 자발적 참여를 기반으로 하였다. 기성 시가지를 대상으로 하는 지역 정비사업에도 지역주민, 전문가, 행정과 함께 참여하는 형태로 발전했다.

1990년대 이후 마치즈쿠리는 시민과 시민단체, 지방정부 등이 참여하는 전국적인 운동으로 발전했다. 녹지 보전, 지역 환경 정비, 중심 시가지 재생과 같이 지역주민의 관심이 높은 도시환경 전반에 걸친 활동을 포함하면서, 전문가와 행정이 참여·협조하고 시민 참여를 통해 의사결정을 하는 것이 큰 특징이라 할 수 있다.

마치즈쿠리가 적용되는 공간은 행정구역 단위가 될 수도 있지만, 복지, 전통문화, 자연 및 환경, 가로, 주거지, 문화시설, 문화재, 공장 이전지, 중심 시가지, 전통 가옥군, 재래시장 등 그 범위가 제각기 다른 모든 분야가 해당된다. 마치즈쿠리는 주민, 전문가, 행정이라는 세 가지 주체로 구성·추진되는 것이 기본 구도이다.

일본의 마치즈쿠리의 특징은 다섯 가지로 요약할 수 있다. 첫째, 경제성,

효율성, 편리성에 기초한 개발보다는 인간 환경에 적합한 지역개발을 강조한다. 둘째, 중앙 또는 지방정부에서 일방적으로 시행하는 지역계획, 지역개발, 도시건설이 아닌 실질적으로 주민의 의견을 집약하며 지역행정에 반영시키는 주민자치 참여가 중요하다. 셋째, 지방자치단체, 공공단체, 주민이 서로 협동하여 도시개발과 관련된 사업이 서로 중복되거나 연계성 없이 진행되지 않도록 통일된 과제와 목표를 추구하는 종합적 주체성이 존재한다. 넷째, 지역 고유의 정체성과 특성을 재발견하여 단기적이지 않은 사업의 연속성을 고려한 계속적인 창조성을 가진다. 다섯째, 단발적이고 단기적이지 않은 사업의 연속성을 고려한 계속적인 창조성을 가진다.[7]

일본의 마을 만들기는 전후 급격한 산업화로 공해문제 등 각종 지역문제에 대응한 주민 자치운동을 지칭하다가, 점차 도시기본계획에서 주민참여, 주민에 의한 주거환경개선운동 등 제도화된 영역에서 주민참여 형태를 일컫게 되었다. 정책영역 또한 주거환경개선에서 문화, 환경, 복지, 방재 등 정책의 전 영역으로 확대되고 있다.[8]

우리나라 마을 만들기의 전개

한국의 마을 만들기 운동은 한국 사회가 변화하는 가운데 형성되었다.[9] 한국전쟁 이후 국가가 초토화되고 행정력이 마비된 상태에서 주민 스스로 자신의 삶터를 재건하는 사례들이 나타나기 시작했는데, 동두천시 봉암리는 마을 재건을 넘어서서 '산협조직', '안방문고', '모험놀이터', '장학회 설립' 등 50년

간 다양한 활동을 지속시킨 곳이다. 이후 경제개발이라는 기치 속에 나타난 급속한 공업화와 도시화는 농촌 인구의 도시 유입을 증가시켰고, 이에 따라 도시로 유입된 빈민들의 집단 주거지가 형성된다.

1960년대 후반부터 빈민들의 집단 주거지인 판자촌이 철거되고, 1970년대에 본격적인 도심 재개발로 주민들이 강제 이주를 당하는 등 철거문제가 심각한 사회문제로 대두되었다. 이에 도시빈민들의 재정착을 돕기 위해 종교계를 중심으로 도시빈민 운동이 시작되었다. 주민들 스스로 자신의 삶터를 만들어간 사례로는 복음자리, 한독마을, 목화마을 등을 들 수 있다.[10]

국내에서 마을 만들기 사업이 국가 차원에서 본격적으로 추진되기 이전에는 주로 주민들 스스로 일상생활 환경의 문제를 풀거나 개선하려는 활동이 전개되었다. 1990년대를 전후해 참여연대가 주도해온 '아파트 공동체 운동'과 '아파트 시민학교'를 비롯해, 각 지역 YMCA가 주민들과 함께 전개하고 있는 '아름다운 마을 만들기 운동', '마을학교 개최', 녹색연합의 '생태마을학교', 양천구의 '자원봉사 마을운동(V-Town)' 등 다양한 활동이 곳곳에서 벌어졌다.[11] 이러한 운동은 목적의식에서가 아니라, 행정의 무관심과 현행 법체계에서 담아내지 못하는 현실적 문제를 해결해나가기 위해 '주민참여' 외에는 다른 방안을 찾을 수 없었기 때문에 일어났다.

주민참여에 대한 다양한 경험을 하게 된 도시연대는 1993년부터 일본의 마을 만들기를 접하며 이것이 주민참여를 담아낼 운동이라고 판단하고, 마을 만들기 운동을 본격화한다. 1999년 도시연대가 개최한 '걷고 싶은 도시와 주민참여에 대하여'라는 제목의 워크숍은 도시연대가 마을 만들기 운동을 본격화하는 자리였으며, 이후 마을 만들기 순회교육, 사례집 제작 등의 활동이 이루어졌다.

그동안 마을 만들기 운동에 관심을 보이지 않던 시민단체들이 본격적으로 관심을 갖고 활동하기 시작한 것은 2000년대 들어서이다. 지방자치 활성화를 통한 풀뿌리 민주주의에 관심이 높아지고, 이슈 파이팅 중심의 운동에 한계를 느끼면서 마을 만들기 운동이 하나의 돌파구로 여겨졌기 때문이다. 이에 따라 마을 만들기 운동의 양적 성장도 급격하게 이루어진다. 아파트 단지를 중심으로 하는 마을 만들기 운동에서부터, 환경 운동과 결합된 생태마을 만들기, 도시연대와 대구 삼덕동에서 이루어진 커뮤니티 디자인의 확산, 놀이터 가꾸기, 생협을 중심으로 하는 마을 공동체 운동, 마을 만들기 대학 등 전국 각지에서 다양한 유형의 마을 만들기 운동이 전개되고 있다.[12]

또한 2000년대에 접어들면서 마을 만들기 사업이 국가로부터 예산 지원을 받아 도시정책의 일환으로 추진되기 시작했다. 최근까지 중앙행정기관이 주관했던 마을 만들기 사업을 살펴보면, 행정안전부의 '참 살기 좋은 마을 가꾸기 사업', '정보화 시범사업' 등을 비롯해 국토 해양부의 '살고 싶은 도시 만들기', '어촌 체험마을', 환경부의 '자연생태 우수마을', '복원 우수마을', 농림부의 '전원마을, 농촌마을 종합개발사업' 등이 전개되었다. 하지만 이들 대부분은 사업에 대한 이해 부족, 유지·관리할 수 있는 주민 조직의 부재, 공공지원 부족 등의 이유로 단발적으로 끝나고 말았다.

2005년 이후, 중앙정부에서는 도시경쟁력 강화와 수준 높은 도시환경 조성, 그리고 삶의 질 제고를 위해 '살고 싶은 도시 만들기' 정책을 지속적으로 추진했다. 특히 '살고 싶은 도시 만들기' 시범사업은 도시의 지속 가능성과 경쟁력 향상을 중점에 두고, 중앙정부, 지방정부, 주민 모두에게 미래지향

표 7-2 마을 만들기 관련 조례 제정 지방자치단체 현황

구분	제정 지자체	비고
광역	서울특별시, 부산광역시, 인천광역시, 광주광역시, 세종특별자치시, 경기도, 충청남도, 전라북도, 제주특별자치도	9
기초	서울 도봉구, 은평구, 마포구, 종로구, 중구, 용산구, 성동구, 광진구, 중랑구, 강북구, 노원구, 서대문구, 양천구, 강서구, 구로구, 금천구, 영등포구, 강남구, 송파구, 강동구 부산 동구, 북구, 사하구 인천 남구, 연수구, 부평구 광주 동구, 서구, 북구 울산 동구 경기 수원시, 부천시, 안산시, 하남시, 양주시, 남양주시, 오산시, 가평군 강원 강릉시, 인제군 충남 아산시 전북 군산시, 익산시, 진안군 전남 광양시, 강진군, 영양군 경남 거제시, 창원시	50
합계	※규정제정: 정읍시	59

표 7-3 마을 만들기 지원센터 설립 지방자치단체

구분	설립 지자체	비고
광역	서울시 마을공동체 종합지원센터 부산 산복도로 마을만들기지원센터 전라북도 마을만들기협력센터	3
기초	강원 강릉시 마을만들기지원센터 광주 남구 마을공동체협력센터 광주 북구 아름다운마을만들기지원센터 서울시 성북구 마을만들기지원센터 서울시 금천구 마을공동체지원센터 경기 수원시 마을르네상스센터 경기 안산시 좋은마을만들기지원센터 전북 완주군 커뮤니티 비즈니스지원센터 전북 읍시 마을공동체지원센터 전북 북 안군 마을만들기지원센터 강원 정선군 커뮤니티 비즈니스지원센터	11
합계		14

적인 도시 발전의 틀과 질적 측면의 도시정책 방향을 제시하는 대안으로 전개되었다. 이는 2007, 2008, 2009년 세 번에 걸쳐 추진되었고, 시범사업은 '시범도시사업'과 '시범마을사업'으로 구분되어 진행되었다.

특히 최근 2010년 민선 5기 자방자치 시대 이후 광주 북구, 진안군, 수원시 등 마을 만들기 선도 지자체의 노력들이 타 지자체로 확산되면서, 마을 만

들기가 지방자치단체의 정책사업으로 점차 확산되고 있다. 2013년 마을 만들기 관련 조례는 59개 지방자치단체(광역지자체 9개, 기초지자체 50개)에서 제정되었고,(표 7-2) 민관협력체계인 마을 만들기 지원센터는 14개의 지방자치단체에서 설립되었다.(표 7-3)

마을 만들기 사례

서울특별시 마포구 성미산마을

성미산마을은 서울특별시 마포구 서부지역인 성산, 서교, 망원, 연남, 합정, 상암, 중동 일대 9개 동으로 이루어져 있으며, 이중 성산1동을 중심으로 커뮤니티 비즈니스 조직들이 위치해 있다.(7-1) 성미산마을은 특정 행정구역이 아니며, 도시의 생활문화 관계망으로 형성된 마을이다. 1994년 국내 최초의 공동육아협동조합을 설립하면서 생각을 같이하는 사람들이 모여 살게 되고, 2003년 성미산 지키기 운동을 성공시키고 난 뒤 자연스레 붙여진 이름이다.[13]

사업 추진 내용

성미산마을의 역사는 공동육아협동조합 중심의 공동체 형성기, 성미산 지키기 운동을 통한 사회자본 확충기, 성미산 공동체 활성화기, 성미산 공동체 조직 간 연계협력 시기로 구분할 수 있다.

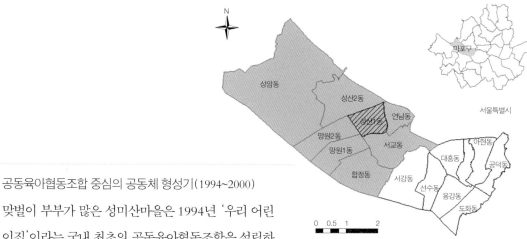

공동육아협동조합 중심의 공동체 형성기(1994~2000)

맞벌이 부부가 많은 성미산마을은 1994년 '우리 어린이집'이라는 국내 최초의 공동육아협동조합을 설립하면서 형성되기 시작하였다. 공동육아의 교육이념과 교육내용을 만들어가면서 부모들은 어린이집과 협동조합을 운영하거나 부모모임 등을 가졌고, 함께 아이를 키우는 공동체적인 생활에 대한 관심을 키워갔다. 이후 조합원 간의 교육관 갈등이나 재정적 어려움을 겪으면서도, 공동육아는 부모와 교사의 노력으로 꾸준히 확산되었으며, 2002년 공동육아협동조합 '참나무 어린이집'이 추가로 설립되었다. 1998년부터 어린이집을 졸업한 아이들이 생기고 초등학교에 입학하게 되면서 2개의 어린이집이 각각 방과후 어린이집을 만들었다. 그 결과, 어린이집을 졸업하고 난 후 자녀교육 때문에 다른 지역으로 이사하지 않고 지역에 지속적으로 함께 살게 됨으로써 이들은 '부모'에서 '지역 주민'으로 전환할 수 있었다. 공동육아협동조합을 경험한 조합원들은 이후 성미산마을의 사업과 활동을 추진하는 핵심 주체가 되었다.

성미산 지키기 운동을 통한 사회자본 확충기(2000~2003)

2001년 성미산 배수지 건설계획 소식을 접한 지역 주민들은 2년여 동안 줄기차게 반대운동을 펼쳐 결국 배수지 공사를 중단시켰다. 성미산 지키기 운동은 마포 지역의 새로운 운동으로 나아갔다. 지역 주민들의 이해와 요구를 실현할 마땅한 시민단체가 없던 상황에서 이제는 성미산 지키기 운동의 성과를 바탕으로 마포 지역 주민의 이해와 요구를 대변할 시민단체의 필요성을 시민 스스로 느낀 것이다.

성미산 공동체 활성화기(2003~2006)

성미산 지키기 운동 과정에서 확인된 마을 구성원의 가치에 대한 믿음과 확신, 협동의 성공적 경험에 대한 자신감, 공동육아에서 지역사회로 확장된 관계망의 우호적 지지 등이 총체적으로 긍정적 작용을 일으켜, 다양한 생활상의 필요와 욕구가 분출하기에 이른다. 다양한 관심사를 중심으로 지역 주민들이 자발적으로 참여하고, 지역 주민들은 출자금을 후원하는 형태로 사업이 진행되었다.

성미산마을에서는 크게 경제, 교육, 문화, 환경, 복지, 자치 6개 분야의 활동이 추진되고 있다. 각 커뮤니티 비즈니스들은 성격에 따라 협동조합, 생활협동조합, 법인의 형태로 독자적으로 운영되고 있으며 마을의 의사결정은 마을회의와 단체 대표자 회의를 통해 합의제로 운영하고 있다. 마을회의는 마을 사업 현안에 관심 있는 주민들을 모아 의견을 조율하며 모든 사항은 만장일치를 원칙으로 추진하고 있다.

성미산 공동체 조직들 간 연계협력 시기(2007~현재)

2007년 이후는 성미산 공동체 조직들 간 연계협력이 강조된 시기이다. 이 시기에 형성된 '사람과 마을'은 건교부의 살고 싶은 마을 만들기 프로젝트의 실행기관으로, 프로젝트 수행뿐만 아니라 그동안 지역 내 커뮤니티 비즈니스의 현황과 문제를 파악하고 이들 간의 상호 네트워크를 지원하며, 공동으로 문제를 해결해갈 수 있도록 지원하는 역할을 담당했다. 특히 기존 사업을 지원하는 데 그치지 않고, 신규 커뮤니티 비즈니스를 추진하려는 단체나 기관이 어려움을 겪을 경우에 한해 그 활동이 자생력을 가지고 독립적으로 운영될 수 있을 때까지 지원하는 인큐베이팅 역할도 담당하고 있다.[14]

충남 홍성군 홍동 풀무마을

풀무마을은 충청남도 홍성군 홍동면 팔괘리 및 문당리 일원 지역이다. 풀무란 행정구역의 의미보다는 공동체로 짜여가는 조직체라는 의미를 부여하고자, 이 지역의 옛 지명을 따서 사용한 것이다. 이 마을의 핵심이라 할 수 있는 풀무농업고등기술학교(풀무학교)는 '더불어 사는 평민'을 교훈으로 하면서 유기농업의 기술 교육과 홍보를 담당해왔다. 학교는 1958년 4월에 주옥로, 이갑찬 선생에 의해 개교하여 기독교 신앙과 생태적 가치를 지향하며 공동체 의식을 기르는데 주력해왔다.

1960년대 말부터 농업의 기계화와 산업화, 그리고 90년대 초의 WTO 농작물 개방 압력에 위기를 느낀 장로 주형로 씨는 풀무학교 출신으로 풀무학교 교장 홍순명이 제안한 친환경 농법인 오리농법으로 위기를 기회로 만들고자 했다. 오리농법은 마을 주민들의 협력이 있어야 성공하기 때문에 먼저 자각한 구성원이 마을 주민들을 설득하는 과정이 쉬운 일은 아니었지만 오리농법의 시작과 함께 마을 주민들 상호 간에 경제적인 공동의 이해관계가 형성되기 시작하였다.

이후 주민 자체적으로 마을운동이 지속적으로 진행되기 위해서는 체계적인 계획이 필요함을 절감하고, 2000년 12월 '21세기 문당리 발전 백년 계획서'를 만들어 단계적으로 실천 중에 있다.

사업 추진 내용

마을 자립순환경제

풀무마을은 마을 공동체의 경제 기반을 마련하고 지속 가능한 순환경제를 이루려 한다.(7-2) 이를 위해 공동 생산기반시설, 인력 양성 등에 지속적으로 재투자하여 발전을 거듭할 수 있도록 계획하고 있다.[15]

　　마을의 중요한 생산자 조직으로서 홍성풀무생협은 1980년에 조합이 창립되었고, 2005년 4월 기준 조합원이 841명이다. 풀무생협은 소비자 중심의 다른 생협과는 달리 생산자 중심의 생협이다. 소속된 생산자들은 생산물의 출하뿐만 아니라 소비자와 지속적인 관계 및 신뢰 유지, 지역사회를 위한 다양한 사업 등을 같이 한다. 생산자 회원 비율은 정부의 친환경농업정책에 따라 해마다 증가하고 있다.

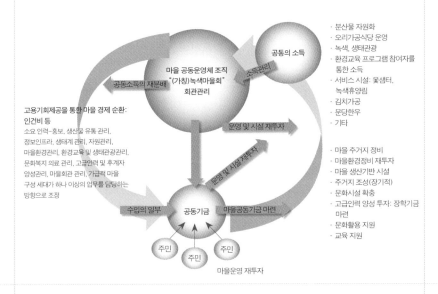

7-2 자립순환경제도

문당발전계획에 따르면 마을 전체를 관리하는 인력, 방문객 서비스 제공 인력, 생태계 모니터링 및 보전 인력, 녹색관광자원 인력, 농민후계자 양성 인력, 환경교육 인력, 마을 홍보 인력, 생산체계관리 인력, 마을기반시설관리 인력 등이 필요하다. 실질적으로 마을계획을 순차적으로 진행하고 있는 상황 이다.

사회적 관계망

문당리 환경마을의 사회적 관계망은 풀무농업고등학교를 졸업한 마을 리더 들에 의해 발전되어왔다. 풀무학교의 이념에 따라 유기농업을 실천하고 있는 문당리 오리농 생산자들 가운데 몇몇은 풀무학교 졸업생들이며, 또한 졸업생 들이 지역의 자치조직들에서 공동체 의식에 바탕을 둔 활동을 하고 있다.

문당리 환경마을은 보통의 농촌마을과 마찬가지로 외부 행정기관과 연 관성이 깊은 마을회의, 마을개발위원회, 새마을회, 새마을 부녀회 등이 있고, 전통적인 공동체 조직인 상여계, 대동계도 있다. 그 가운데 마을에 가장 강력 한 영향력을 미치는 조직은 환경농업시범마을 영농조합법인이다. 녹색문당 마을회는 영농조합법인으로 선도적인 주민의 자발적인 환경농업 추진의지와 정부의 환경농업 정책의 증진을 위해, 조합원 교육, 도농교류, 체험 프로그램 을 실시하고 있다.

서울 성북구 장수마을

장수마을은 행정구역상 서울특별시 성북구 삼선동 1가 300번지 일대를 지칭 한다. 삼선4구역으로 불렸던 이 지역은 2004년 재개발 예정지역으로 확정되

7-3 삼선4구역 전경(『한겨레』, 2009. 3. 25.)

면서 삼선4구역으로 지정되었다. 주택 대부분이 40~50년이나 된 노후주택이며, 가파르고 좁은 계단 골목, 기반시설 미비 등으로 주민 생활이 불편하고 안전사고 우려가 심각해 도로 정비 및 기반시설 확충을 포함한 주거지 정비 사업이 절실한 곳이다. 일찍이 재개발 예정지였지만 인근 서울 성곽, 삼군부 총무당 등의 문화재와 북동향의 급경사 구릉지라는 지형적 여건 때문에 사업이 추진되지 못했다.(7-3)

또한 재개발이 추진된다 하더라도 토지의 64%가 국·공유지이며, 국·공유지에 세워진 건물은 대부분 노후도가 심한 무허가주택이었다. 국·공유지 거주자 중 세입자나 무허가주택 소유주는 인근의 임대주택이나 전·월세를 찾기도 쉽지 않고, 토지 소유주라 하더라도 재정착이 쉽지 않은 실정이었다.[16]

이러한 상황에서 2007년 개발이 시작되기 전 주민들이 정착할 수 있으면서 생태적인 대안 모델을 만들고자 성북 지역 시민활동가들이 모이기 시작했다. 이렇게 출발한 활동은 2008년부터 주민 설문조사, 워크숍, 설명회 등을 거치면서 NGO 활동가뿐만 아니라 장수마을 주민들이 직접 만들어가는 마을 만들기로 전환되었다. '장수마을'이라는 이름 또한 주민들이 직접 붙인 이름이다.

사업 추진 내용
사업 목적과 방향
장수마을 사업의 목적은 '인간, 문화, 역사, 환경이 있는 마을의 재구성을 위

한 대안적 재개발계획을 마련'하는 것이다. 세부적인 방향은 크게 세 가지로 설정된다. 첫째, 저소득층, 노인, 장애인 등 주거 취약계층의 주거 안정과 생활 유지를 보장하는 재개발 계획을 마련하는 것이다. 주민의 절반 이상을 구성하는 노인, 장애인의 보행 및 생활 편의 확보, 영세 거주민 및 세입자의 재정착과 주거 안정을 보장할 수 있는 대안을 연구한다. 둘째, 역사, 문화의 보존과 생태환경을 복원하는 재개발 계획을 마련한다. 낙산의 지형과 자연환경, 서울 성곽의 역사적 특성, 낙산공원과 삼선공원, 한성대학교 등 주변 환경과 관계, 서울시의 경관 및 녹지축 관리계획 등을 고려한 경관계획 및 공간배치를 기획한다. 셋째, 주거형태와 공간배치에 대해서 주민의 욕구를 적극 반영하는 재개발 계획을 마련한다. 계획을 수립하는 과정에서 주민들이 적극적으로 의견을 피력할 수 있도록 보장하고, 장기적으로는 주민들 스스로 조직을 형성하고 실질적인 사업을 추진할 역량을 갖추도록 지원한다. 이를 도식화하면 다음과 같다.[17](7-4)

사업 추진 과정

주민들은 적은 비용으로 주거환경을 개선하면서 서울 성곽과 골목길의 장점을 충분히 활용하여 마을 경관을 아름답게 꾸며나가길 희망했다. 이에 민간단체들은 주거지 정비가 필요한 노후불량지역에 적용할 수 있는 새로운 주민 참여형 정비사업의 대안을 모색하고 있다. 초기 장기 계획은 1단계 마스터플랜 작성(2008), 2단계 주민 조직 구성 및 실행계획 구체화(2009), 3단계 사업 실행을 위한 지원체계 구축(재원조달 방안 등, 2010)으로 구성되었다.[18](7-5)

1단계에서는 설문조사 및 구역 현황 조사를 통해 기본적인 현황과 문제

7-5 삼선4구역 대안 개발계획
흐름

점을 확인하였다. 또한 주민설명회와 워크숍을 통해 마을의 현황과 문제점을 설명하고 마을 주민의 의견 수렴, 추진방향 설명 등의 과정을 진행하였다. 이를 통해 1차 마스터플랜을 작성하고 주민 조직을 준비, 월별 사업계획을 통해 세부적인 진행과정을 마련했다.

2차로 2009년의 목표는 주민 조직 구성과 실행계획 구체화였다. 주민 조직을 공식화하고 운영체계를 구축하여, 1차 마스터플랜을 바탕으로 최종 마스터플랜과 세부 정비계획 수립, 대안 개발계획을 실행하기 위한 지원체계 마련, 빈곤가구 등 사회적 약자에 대한 복지서비스 연결과 같은 사회·경제적 지원 병행 등을 설정하였다.

3차로 2010년에는 대안개발연구모임이 실질적인 코디네이터 역할을 맡아 주민과 공공이 소통할 수 있도록 연결하고 전문가 그룹과 연계해 지원체계를 갖추는 것을 목표로 했다. 또한 빈집과 위험주택 관리 등 시급한 사안이나, 일상생활과 직결된 주민 공동 요구사항에 우선순위를 두고 추진하였다. 주민 설득 작업, 사회적 관심 유도, 빈집 골목길 개보수 등 우선 해결과제를 추진하고, 도시가스·마을버스 유치, 주민 커뮤니티·공동체 활성화, 지원체계 구축과 같은 세부적인 내용들을 추진함으로써 실질적으로 지역의 활성화를 위해 노력하였다.

현재 사업은 진행 중이며 주민들과 대안개발연구모임, 성북구 등이 연계해 계획을 발전시켜나가는 중이다. 주택 개보수 사업, 도시가스 설치 및 공급, 골목 정비 및 보행환경 개선사업 등을 계획, 진행하고 있다. 2013년 5월 주거환경관리사업(안)이 심의·가결되어 성북구에서 기본 및 실시설계를 거쳐 8월에 공사에 들어갔다. 그 밖에 주민협의체, 마을운영위원회 등을 구성하

고 주민 협정안을 마련해, 주민이 스스로 마을을 지속적으로 유지·관리해 나갈 수 있도록 하고 있다.[19]

경기도 수원시 행궁동

행궁동은 수원 화성 성곽 안쪽으로 자리 잡은 마을로, 2007년 팔달동, 남향동, 신안동 등이 통합된 행정구역이다. 1950~90년대 경기 남부의 중심 상권이었으며, 면적 157km², 인구 14,656명이 거주하는 지역이다. 화성을 중심으로 한 관광객이 한 해 150만 명 정도이지만 최근 상권이 이동하고 문화재 보호구역으로 행위가 제한되면서 쇠퇴하였다.

수원 행궁동 마을 만들기 사업은 2007년 화성 행궁 광장을 설치하는 과정에서 마을 진입로가 폐쇄되는 것에 반대하기 위해 조직된 '행궁길발전위원회'를 중심으로 시작되었다. 이들은 옛 팔달동을 중심으로 간판 정비, 거리 안내 조형물 설치, 행궁 길 미술관 전시 등으로 확대되었다.

사업 추진 내용

행궁동은 '행궁동 새로운 100년의 꿈' 프로젝트를 통해 200년 전통과 현재 삶의 공존, 주민이 창작자인 마을, 365일 행사가 있는 마을이라는 목표 아래 세부적인 추진계획이 마련되었다. 이를 통해 마을 만들기 사업이 진행되고 있으며, 한데우물 창작촌, 빈집 미술관, 나혜석 생가터 문화예술제 등이 주요 사업으로 이루어지고 있다.(표 7-4)

한데우물 창작촌은 노후한 화성행궁 성내 가로환경 정비, 지역의 전통적인 한데우물길 정비를 연계한 지역 활성화를 위해 시작되었다. 간판 디자인

표 7-4 행궁동 지역발전계획 세부 추진계획[20]

구분	주요 내용
200년 전통과 현재 삶의 공존	전통 한옥의 보전, 개축사업 야외 미술품 전시장 조성 특화 거리 조성, 특정 업소 유치 문화상품 및 판매 활성화 지원
작가가 살고 있는, 주민이 창작자인 마을	작가 작업실, 공연장 유치 주민 문화교육 및 문화행사 추진 지역축제에 주민참여 확대 NGO와의 협력 강화
365일 행사가 있는 마을	상설 공연(전시)공간 확보 관광객의 성내 체류시간 증대 다양한 숙박시설 마련 차량 및 보행로 정비

및 정비, 거리 안내 조형물 설치 등으로 시작한 사업은 이후 한데우물길을 정비하고 미술가와의 지속적인 교류를 위해 미술가들의 상설 작업장인 한데우물 창작촌을 개장해 지역 문화예술의 거점으로 활용하였다.

빈집 미술관은 옛 팔달동 내 빈집에 설치미술 작품을 전시하여 지역의 문화적 역량을 강화하는 데에 초점이 맞추어져 있다. 빈집 미술관에 활용된 10개의 빈 점포는 이후 공방, 찻집 등이 입점해 현재 빈 점포를 찾아볼 수는 없다. 또한 빈집이 아닌 철거 건물을 대상으로 예술가와 지역주민이 건축물의 철거를 주제로 설치미술을 전시·운영하였다. 그 결과 철거 대상 건물이 보존되었고 이는 예술가들의 레지던시로 활용되고 있다.

나혜석 생가거리 미술제는 행궁동에서 태어나고 자란 나혜석을 기리기 위한 문화예술 프로젝트이다.(7-6) 이 미술제는 나혜석을 기리는 목적 외에도 마을 만들기 사업성과를 인근으로 확산시키는 목적을 내포하고 있다.

7-6 제4회 나혜석 생가터 문화예술제 개막식 포스터

수원시 마을계획단

우리는 국가경쟁력 시대를 지나 도시경쟁력 시대에 살고 있다. 대한민국이라는 국호가 아닌 도시의 이름으로 브라질의 상파울루, 일본 요코하마와 경쟁해야 하는 때이다. 그러나 우

리나라는 아직 국제적인 도시경쟁력이 많이 뒤쳐지고 있는 실정이다. 2012 년『이코노미스트』에서 발표한 세계 도시경쟁력 순위(서울 20위, 인천 56위 등) 가 이를 단적으로 보여준다. 도시경쟁력은 도시민의 자치와 분권능력으로 해석할 수 있다. 따라서 도시경쟁력은 주민 스스로 수립하고 집행하는 자치능력인 마을 경쟁력에서 시작한다.

경쟁력 있는 많은 세계의 국가나 도시들은 자치적으로 마을 단위의 의제를 도출하고 이를 실현하기 위한 계획을 도시경쟁력 차원에서 추진해오고 있다. 예를 들면 독일은 우리나라의 재개발 사업구역 정도의 공간에서 용도지역, 교통계획, 녹지계획, 재정계획, 상업 활성화계획 등 구체적 사항을 담는 라멘플란(Rahmen Plan)이라는 제도를 수립하고 있다. 또한 미국 시애틀의 마을계획은 주민이 주도하고 공공이 지원하는 방식으로 주택, 일자리, 교육, 교통 등을 망라하는 마을 단위의 도시계획을 수립하고 있다. 아울러 프랑스는 자연발생적 공동체인 '코뮌(인구 1,500명 내외 수준의 우리나라 행정동 단위)' 단위의 계획을 수립하고, 이 같은 코뮌 계획을 하나로 묶어 우리나라 도시기본계획에 해당하는 계획을 수립하고 있다.

이와 같이 경쟁력을 갖춘 세계의 국가나 도시들은 마을 단위로 주택, 일자리, 교육, 교통, 토지이용, 건축 등 생활에 필요한 모든 계획을 주민들이 직접 수립하여 각종 행정 집행수단이나 도시계획의 방향으로 제도화하고 있다. 이러한 측면에서 수원시도 자치와 분권을 위한 도시경쟁력을 강화하기 위해 2013년에 주민참여 마을계획을 전격적으로 정책화했다.(7-7) 이러한 정책화는 2012년 시민참여 도시계획 정책인 '2030 수원시 도시기본계획 시민계획단'을 성공적으로 운영한 자신감에서 출발하였다. 수원시의 성공적인 시민계

7-7 수원시 마을계획단 활동

획단 운영 결과는 많은 지자체의 선도정책으로 자리 잡았고, 급기야는 초등학교 교과서에 우수사례로 소개될 정도로 높은 사회적 평가를 받았다. 주민참여 마을계획은 법적 규정은 없으나 수원시는 주민자치능력을 높여 마을경쟁력과 도시경쟁력을 강화하려는 측면에서 이를 정책적으로 추진한 것이다.

수원시는 성공적인 마을계획단을 추진하기 위해 우선 40개 동의 행정동을 하나의 마을 단위로 규정하고, 마을협의회를 행정동 단위로 구성하였다. 마을협의회는 그동안 수원시 마을 만들기 공모사업에 참여한 마을 만들기 사업 추체들과 주민자치위원회, 통반장협의회, 기타 동 기관장 등을 중심으로 구성하였다. 이 같은 마을협의회 준비과정을 거쳐 2013년 올해 총 40개 동 중 준비된 35개 행정동 450명의 주민들과 150명의 전문가들을 중심으로 마을계획단을 구성하였다. 마을계획단은 여러 차례 준비과정을 거쳐 5월 30일에 발대식을 가졌고 7월 13일까지 5차례 이상의 공식논의 과정을 통해 체계적인 마을계획을 수립하였다.

마을계획단은 먼저 각각 살고 있는 행정동 마을 현장을 조사·분석하여 마을의 장단점을 잘 파악하고, 마을이 가질 미래 비전과 목표, 추진전략을 도출하였다. 또한 마을 단위의 주택, 일자리, 교육, 교통, 토지이용, 건축 등 다양한 분야를 종합한 마을기본구상과 장단기 마을 만들기 사업을 발굴하는 것을 주요 과제로 삼았다. 이와 같이 마을 주민들이 스스로 만든 미래 비전과 목표, 전략 등 마을기본구상은 향후 주민참여예산과 도시기본계획과 연동된다. 아울러 주민들이 발굴한 장단기 마을 만들기 사업들은 향후 마을 만들기 공모사업으로 발전시키는 방향으로 추진된다.

지방정부 전체 차원에서 우리나라에서 처음으로 추진된 수원시 마을계획단 운영은 새로운 역사적 실험이자 도전이었다. 시민 손으로 마을을 만들고 도시를 만들어 근린자치와 지방자치를 실현하고자 하는 수원시 마을계획단의 도전은 주민자치와 분권의 기반으로 자리 잡고 있다.

마을 만들기의 성과와 의미

우리나라에서는 다양한 형태의 마을 만들기가 이루어지고 있다. 특히 농촌 활성화, 도시 재생, 주민 공동체 형성, 지역경제 활성화 등에 초점을 맞춘 마을 만들기가 주로 발달했으며, 이 밖에도 다양하고 독특한 마을 만들기 사업이 각 지역에 분포해 있다.

우리나라 마을 만들기 사업은 본격적으로 시작된 지 그리 오래 되지 않아 아직 초기 단계에 머물러 있는 실정이지만, 지역마다 나름의 독창성을 잘 살린 사례들도 상당히 많이 나타난다. 그러나 마을 만들기가 본래 갖는 의의는 주민들이 자발적으로 참여해 지역을 활성화하고 정체성을 회복하는 데에 있다고 할 수 있다. 우리나라는 정부 주도 아래 무분별하게 마을 만들기 사업이 진행되는 경향이 있어 마을 만들기의 취지와 맞지 않는 사례들도 많이 보이고 있다.

효율적인 마을 만들기를 위해서는 주민의 전문성과 자발성 향상을 목표로 전문가와 행정이 지속적으로 협력하고 지원체계를 구축해 기준을 확립할 필요가 있다.[21] 또한 사업 추진과정에서 단계별 교육과 함께 전문가의 지속적인 내용 지원이 중요하며, 주민들의 적극적인 참여 유도를 위해 전문가와 행정부처의 지속적인 지원이 필요하다. 앞으로 개선해야 할 부분이 많지만 이를 통해 살기 좋은, 매력 있는 주거환경이 조성될 수 있으리라 기대한다.

좋은 도시의 꿈은 결코 혼자서는 이룰 수 없다. 우리 사회를 구성하는 행정가, 전문가, 그리고 시민들이 주민자치의 도시를 향한 꿈을 함께 꾼다면 우리 마을을 바꾸고, 우리 도시를 바꿀 수 있다.[22] 우리 도시의 주인은 바로 시민이다.

주

1   이재준(2013), "수원시 마을만들기 커뮤니티 디자인 사례,"『환경과 조경』305, p. 64.

2   문종화(2012), "마을 만들기 사례 분석을 통한 지방자치단체의 역할에 관한 연구 – 한국
과 일본사례를 중심으로,"『한국지역사회발전학회 논문집』37(1), p. 24.

3   문종화(2012), p. 25.

4   김영 외(2008), "마을 만들기 거버넌스 특성과 평가에 관한 연구 – 순천시 사례를 중심으
로,"『도시행정학보』21(3), 한국도시행정학회, p. 91.

5   송혜승 외(2008), "주민 참여 마을 만들기의 선호사업에 관한 연구 – 광주광역시 북구 문
화 등을 중심으로,"『국토계획』43(3), p. 39.

6   이소영(2006), "마을 만들기에서 시민단체의 역할 – 서울시 북촌 지역을 사례로,"『공간
과 사회』25, pp. 101~102.

7   조영태 외(2010), "녹색성장시대의 마을 만들기 발전방향,"『공간과 사회』34, pp.
124~126.

8   이소영(2006), pp. 101~102.

9   김은희 외(2013),『도시의 마을 만들기 동향과 쟁점』, 국토연구원, p. 7.

10 김은희 외(2013), pp. 7~8.

11 이상훈(2013), "마을 만들기 추진과정의 성과 및 효과에 관한 연구," 고려대학교 석사학
위논문, pp. 25~28.

12 김은희 외(2013), pp. 8~9.

13 이흥택(2012), "커뮤니티 비즈니스의 성장과정에 대한 분석 – 서울특별시 마포구 성미
산 마을을 사례로," 강원대학교 석사학위논문, p. 25.

14 이흥택(2012), pp. 31~36을 재구성.

15 최승호(2009), "지역 마을 공동체 만들기 운동의 발전 방안 모색 – 충남 홍성군 홍동 풀
무마을을 중심으로,"『한국사회과학논총』19(1), p. 249.

16 "장수마을(삼선4구역), 대안개발계획 2차년도 보고서," pp. 11~12.

17 "장수마을(삼선4구역), 대안개발계획 2차년도 보고서," p. 14.

18   "삼선4구역 주민참여형 대안개발계획 1차 보고서," p.16.

19   『장수마을 이야기』, 2013. 1 · 2월호, p.2.

20   이재준 외(2013), "역사문화자원을 활용한 마을 만들기 사례분석 연구 – 일본 나오시마와 수원시 행궁동 사례를 중심으로," 『국토지리학회지』47(1), p.30.

21   이석현(2012), "마을만들기의 효율적 지원방안에 관한 연구 – 시흥시 희망마을만들기를 대상으로," 『디자인학연구』25(3), p.171.

22   이재준(2013), p.69.

참고문헌

김영 외(2008), "마을 만들기 거버넌스 특성과 평가에 관한 연구 – 순천시 사례를 중심으로," 『도시행정학보』21(3), 한국도시행정학회.

김은희 외(2013), 『도시의 마을 만들기 동향과 쟁점』, 국토연구원.

문종화(2012), "마을 만들기 사례 분석을 통한 지방자치단체의 역할에 관한 연구 – 한국과 일본사례를 중심으로," 『한국지역사회발전학회 논문집』37(1).

송혜승 외(2008), "주민 참여 마을 만들기의 선호사업에 관한 연구 – 광주광역시 북구 문화 등을 중심으로," 『국토계획』43(3).

이상훈(2013), "마을 만들기 추진과정의 성과 및 효과에 관한 연구," 고려대학교 석사학위 논문.

이석현(2012), "마을만들기의 효율적 지원방안에 관한 연구 – 시흥시 희망마을만들기를 대상으로," 『디자인학연구』25(3).

이소영(2006), "마을 만들기에서 시민단체의 역할 – 서울시 북촌 지역을 사례로," 『공간과 사회』25.

이재준(2011), 『녹색도시의 꿈』, 상상출판사.

이재준(2013), "수원시 마을만들기 커뮤니티 디자인 사례," 『환경과 조경』305.

이재준 외(2013), "역사문화자원을 활용한 마을 만들기 사례분석 연구 – 일본 나오시마와 수원시 행궁동 사례를 중심으로," 『국토지리학회지』47(1).

이홍택(2012), "커뮤니티 비즈니스의 성장과정에 대한 분석 – 서울특별시 마포구 성미산 마을을 사례로," 강원대학교 석사학위논문.

조영태 외(2010), "녹색성장시대의 마을 만들기 발전방향," 『공간과 사회』34.

"삼선4구역 주민참여형 대안개발계획 1차 보고서."

"장수마을(삼선4구역) 대안개발계획 2차년도 보고서."

『장수마을 이야기』, 2013. 1 · 2월호.

『한겨레』, 2009. 3. 25일자 기사.

정든 이웃과 함께 사는 삼선동 장수마을 홈페이지 http://www.jangsumaeul.com

행궁동 사람들 홈페이지 http://cafe.daum.net/hwasungnetwor

8 공공 공간과 경관

김세용(고려대학교)

공공성 있는 공간이란 공공을 위해 열려 있는 공간을 말한다고 할 수 있다. 이는 소유나 관리의 측면뿐만 아니라, 이용 측면에서 공공성을 판단할 수 있다는 점과 더불어, 공공 공간이란 공익의 물리적 구현임을 의미한다. 그러나 공익 구현의 이면에는 소유관계의 충돌이 있음도 간과할 수 없다. 도시 공간의 기반 요소인 가로, 대지, 건물은 각각의 이익 주체끼리의 이해관계에 따라 공익 구현의 정도를 달리하며, 공공 공간은 이익 주체의 의지에 따라 공익 구현의 정도를 달리 보여줄 수도 있다.

공공 공간의 개념과 범위

공공 공간의 개념

사전적 의미로서 '공공성'과 '공공'의 개념은 모호하다. 국어대사전에서는 공공성을 가리켜 "일반 사회와 단체에 이해관계를 미치는 성질"이라는 모호한 표현을 쓰고 있다. 공공에 대해서는 "일반 사회의 여러 사람과 정신적, 물질적으로 힘을 함께 함"으로 설명하고 있다.[1] 공공에 대한 의사결정을 주로 다루는 정치학 분야의 사전에는 공공성 항목이 아예 없고, '공익'을 설명하는 가운데 공공성이라는 표현이 보인다. 그 내용은 "특수이익 또는 사익과 대립되는 개념으로 공공성, 일반성을 지니는 불특정 다수인의 이익 또는 사회 구성원의 평균적 이익"으로 되어 있다.[2]

두 경우 모두 공공성을 이해관계, 이익 개념과 연관시키고 있는데, 그에 따르면 공공성은 일반성, 보편성과 상관이 있고, 특수성, 사적 특성과는 반대되는 것이다. 공공성은 인간이 사회적 생활에서, 공개적으로 자신의 이익을 실현할 수 있는 하나의 가능성을 의미하며, 이러한 가능성이 모여 공익이라는 개념을 형성한다고 생각된다.

도시의 공공 공간(公共空間)은 일반적으로 외부 공간을 지칭한다. 그러나 크리어(R. Krier)는 건물 내부의 중정부터 건물과 건물 사이, 넓게는 자연으로 둘러싸인 오픈스페이스까지도 공공 공간으로 정의했다.[3] 브로드밴트(G. Broadbent)는 도시 공공 공간의 유형을 역사적 관점에서 연구하고 건물 내부의 아트리움을 공공 공간의 한 유형으로 분류한 바 있다.[4] 따라서 공공 공간이란 길이나 광장과 같은 외부 공간뿐만 아니라, 필지 내의 오픈스페이스와 건물

8-1 쾌적하게 구성되어 있는
공개공지

내부의 공간까지도 포함한다. 소유의 측면에서 사유 공간이라 할지라도 이용 측면에서 공공이 사용한다면 공공 공간이라 할 수 있다고 본 것이다.(8-1)

공익과 관련하여 도시 공간을 살펴보면, 우선 도시 공간은 소유관계에 따라 공공 공간과 사적 공간으로 구성된다. 이때 공공 공간이란 공유지에 구성되는 공간이고, 사적 공간이란 사유지에 구성되는 개인 공간 또는 사적 공간을 말한다. 그러나 공공성 있는 공간이란 차원에서 보면, 공공 공간이면서도 일반인의 자유로운 접근과 이용에 제약이 있는 곳도 있고, 사적 공간이지만 시민 누구나 자유롭게 드나들고 이용할 수 있는 곳이 있다. 이용 측면에서 볼 때에는, 소유관계에 따라 구분한 공공 공간이 반드시 공공성 있는 공간은 아닌 것이다.

앞에서 말한 대로 공공성은 모두를 위해서 좋은 것이라는 특성을 가지며, 공익은 올바른 이익의 합이라는 설이 우세하다. 따라서 무엇이 모두를 위해 좋은 것이냐는 가치 판단의 어려움에도 불구하고, 공공성 있는 공간이란 공공을 위해 열려 있는 공간을 말한다고 할 수 있다. 이는 소유나 관리의 측면뿐만 아니라, 이용 측면에서 공공성을 판단할 수 있다는 점과 더불어, 공공 공간이란 공익의 물리적 구현임을 의미한다. 그러나 공익 구현의 이면에는 소유관계의 충돌이 있음도 간과할 수 없다. 도시 공간의 기반 요소인 가로, 대지, 건물은 각각의 이익 주체끼리의 이해관계에 따라 공익 구현의 정도를 달리하며, 공공 공간은 이익 주체의 의지에 따라 공익 구현의 정도를 달리 보여줄 수도 있다.

공공 공간의 범위

도시 공간을 소유에 따라 분류하면 크게 사유지(私有地)와 공유지(公有地)로 나눌 수 있다. 전자는 소유권이 개인에게 귀속된 반면, 후자는 도로나 공원 등 소유권이 공공기관에 있다. 그러나 모든 공유지가 개방적 성격을 띠는 것은 아니며, 사유지라고 해서 반드시 폐쇄적인 것은 아니다. 공유지이면서 폐쇄적일 수도, 사유지이면서 개방적일 수도 있기 때문이다. 따라서 공익을 구현하는 도시 공간을 일반적으로 공공 공간이라 할 수 있다.

그러나 공익은 사회 통념상 바람직하다고 판단되는 가치들이기 때문에, 사회 구성원의 가치관에 따라 달라질 수 있는 상대적 개념이다.[5] 예를 들어, 고대 그리스 도시국가에서는 개인 욕구를 공동체 발전의 저해 요소로 생각하였으며, '푸블리쿠스(publicus)'라고 불렀던 공공 공간은 실제로는 지배자에게 귀속되어 사익에 우선하는 공간이었다.[6] 잭슨(J. B. Jackson)은 공공 공간을 모든 시민들이 접근할 수 있는 곳으로, 공공의 권위에 의해 창조되고 유지되는 장소나 공간으로 보았다.[7]

공공 공간의 개념을 요약하면 개방적인 공적 공간과 개방적인 사적 공간으로 구분할 수 있다.(8-2) 전자가 일반인에게 개방되는 공원이나 놀이터, 또는 도로나 보행로 등의 공간이라면, 후자는 사유지이지만 일반인에게 개방된 공간으로 건물 외부의 공개공지나 건물 내부에 조성된 공개공간, 또는 로비나 홀 등을 말한다. 따라서 공공 공간을 어떤 건물의 업무 관련 종사자나 방문자뿐만 아니라 불특정 다수 이용자가 평상시 자유롭게 접근하고 이용할 수 있도록 개방된 옥내·옥외공간으로 정의할 수 있다.

공개공지 공개공지는 '일반인에게 상시 개방되는 공지'로 일반 보행자가 이용할 수 있는 휴게시설물(벤치나 조경, 파고라 등)을 갖춘 개방된 공간을 지칭한다. 1990년에 이전에 '공공 공지'라는 용어를 쓰다가 90년대 중반에 이르러 '공개공지'라는 용어로 명기되기 시작했다. (서울특별시 건축조례, 1995~2000)

공개공간 지역별 건축조례마다 다소 차이를 보여 명확한 구분은 어려우나, 부산특별시 건축조례에 따르면 공개공간의 정의를 '건축물의 3층 이하의 부분으로서 일반대중에게 상시 개방되는 건축물 안의 공지'라고 명시하고 있다. 공개공지 개념과 유사하나 큰 차이점은 건물 내부에 조성된다는 점이다.

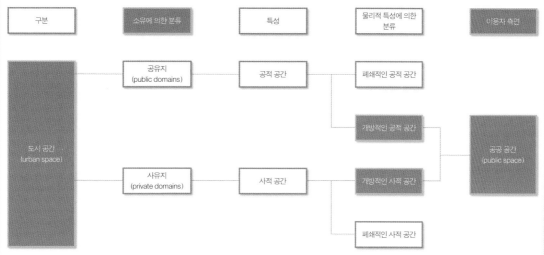

8-2 도시 공간의 체계도

공공 공간의 유형과 이용자

공공 공간의 유형

공공 공간은 항상 이용자에게 개방되어 있어, 이용자가 그룹 혹은 개별적으로 자유롭게 접근 가능한 공간이다. 대개 포장된 보도, 벤치, 수목 등이 시설되어 공공의 편의를 돕는다는 점에서 도시의 미개발지와는 구별된다. 도시개발이 활발한 현대에 올수록 공공 공간은 실내화되는 경향이 있다. 따라서 극장, 슈퍼마켓, 관공서 등 시민이 자주 모이는 장소도 넓은 의미에서는 공공 공간이라 할 수 있다. 여기서는 공공 공간의 개념을 공공에게 24시간 개방되고, 자유롭게 출입이 허용되며, 공공에 의해서 공급되지 않았더라도 공공을 위해서 시설된 개방공간에 한정하기로 한다.

　이러한 전제 아래, 도시의 공공 공간은 형성 과정의 차이에 따라 세 개의 유형으로 나눌 수 있다.(표 8-1)

　첫째, 의도적인 계획이 없는 공간으로, 이용자들이 독특한 방법으로 계속 이용하거나 특정 이용자 집단이 반복 이용하여, 시간이 경과함에 따라 공공 공간으로 자리 잡은 경우이다. 거리의 모퉁이, 큰 건물의 진입계단, 미개발지 등이 만남, 휴식, 주말시장, 집회 등의 목적으로 사용이 반복되면서 그

표 8-1 공공 공간의 유형

구분	내용	위치
의도적인 계획이 없는 공간	이용자들이 독특한 방법으로 계속 이용하거나, 특정 이용자 집단의 반복적 이용으로 시간이 경과함에 따라 공공 공간으로 자리 잡은 경우	대개 거리의 모통이, 큰 건물의 진입 계단, 미개발지 등이 만남, 휴식, 주말시장, 집회 등의 목적으로 사용이 반복되면서 형성
세심하게 계획된 공간	대개 건축가, 도시계획가, 조경가들이 공공과 개인을 의뢰인으로 하여 건설하는 경우	비계획 공간에 비하면 기념광장, 공원, 물 등 대규모의 공간이 많음
진화되거나 변용된 공간	시간의 경과와 이용 인구의 성격 변화에 따라 초기의 계획의도가 변질된 공간이나, 이용 인구의 요구에 따라 미개발지에 편의 시설을 하거나 개발지라도 시설 변경을 한 경우	초기의 계획의도가 변질된 공간, 시설변경을 한 공간

럴 듯한 공공 공간으로 형성되는 경우를 많이 볼 수 있다.

둘째, 처음부터 세심하게 계획된 공간이다. 이 유형의 공간은 기능 면에서는 전술한 비계획 공간과 비슷하지만, 대개 건축가, 도시계획가, 조경가들이 공공과 개인을 의뢰인으로 하여 건설한다. 비계획 공간과 비교하면, 기념광장, 공원, 몰 등 대규모 공간이 많으며, 계획의도와는 다르게 사용되는 경우도 적지 않다.

셋째, 진화(evolution)되거나, 변용(modification)된 공간이다. 시간의 경과와 이용자 집단의 성격변화에 따라 초기의 계획의도가 변질된 경우, 또는 이용자의 요구에 따라 미개발지에 편의 시설을 하거나 개발지라도 시설 변경을 한 경우가 여기에 속한다. 계획, 비계획 공공 공간의 상당수가 이러한 진화나 변용은 피할 수 없지만, 그 정도에는 큰 차이가 있을 수 있다.

공공 공간은 공간의 개발, 소유 및 관리의 주체가 공공이냐, 개인이냐는 중요하지 않고 다만 공공에게 어느 정도 개방이 되어 있는가에 따라 공공 공간(public space), 반공공 공간(semi-public space)으로 구별한다.

공공 공간의 역사적 변화

우리나라는 도시민이 모여 함께 토론, 오락 등을 즐기는 공공 생활문화가 서구에 비해 활발하지 못했다. 이것이 공공 공간 형성이 부진한 하나의 원인으로 생각된다.

전통적으로 평민계층이 이용할 수 있었던 공공 공간은 상업, 제례, 위락 등의 목적에 따라 형성되었다. 시장은 대표적인 상업시설이었으며, 고려 이

8-3 성황당의 모습

래로 중앙의 경시와 지방의 향시로 구분되었다. 경시는 상설시장이었고, 향시는 대개 1주에 2번 정도 개설되는 일시적인 시장이었다. 이들 시장은 물품의 거래 외에도 각종 정보 교환, 여론 형성, 오락 활동의 중심지였다.

제례시설로 대표적인 것은 사직단과 성황당이다. 사직단은 주로 고을의 서쪽에 위치하였으며, 토신과 곡신에게 제사를 지내는 것을 주목적으로 하는 공용의 공간이었고, 성황당은 고을의 수호신에게 제사를 지내기 위한 공간이었다. 제례는 주민들에게 사교와 교육의 기회도 함께 제공했다.(8-3)

읍수(邑藪)는 일종의 도시공원이라 할 수 있는 공간으로, 전국적으로 2백여 개의 고을에 설치되었다. 읍수는 도시의 내부나 인근에 설치되어, 지배계층과 서민층의 휴식과 사교 공간으로 기능하였다.

이상으로 우리의 공공 공간의 역사적 변화를 살펴보았다. 그렇다면 기록의 추적이 용이하고, 공공 공간의 이용이 동양에 비해 상대적으로 활발했던 서양의 사례는 어떨까? 시대별 대표적인 공공 공간을 들면 다음과 같다.(8-4)

첫째, 고대 그리스의 아고라(agora)는 기본적으로 정치집회와 토론의 장이었다. 또 축제와 각종 행사가 열리는 문화의 장이자 시장이었다. 고대 그리스 도시에서는 공적 생활이 매우 빈번했기에, 아고라는 일상적인 만남의 장소요, 여론 형성의 장이었다. 태양이 강한 기후 때문에, 아고라는 열주를 따라 위치하는 경우가 잦았으며, 도시의 중심이나 해변가 등 사람이 모이기 쉬운 곳에 위치하곤 했다. 그중 일부는 나무로 조경된 공간을 갖추고 있었으며 크기는 도시마다 달랐다.

둘째, 로마제국의 포럼(forum)이다. 포럼은 대개 가로:세로의 비율이 2:3

인 장방형 공공 공간이었다. 초기에는 시장의 기능이 강조되었으나, 차츰 정치, 종교를 위한 공간으로 변질되어, 고대 그리스의 아고라와 아크로폴리스를 혼합한 복합적 공간으로 자리 잡았다. 대개 데쿠마누스(decumanus)와 카르도(cardo)라고 불리던 도시의 중심도로가 만나는 곳에 위치했으나, 항구도시의 경우는 사람이 많이 모이는 항만 근처에 입지하기도 했다.

셋째, 중세의 광장이다. 중세 도시는 기본적으로 요새였다. 로마시대의 성곽도시(castra) 형태가 지속되었으나, 성곽 안의 거주 인구는 전 시대에 비해 훨씬 늘어났고, 가로망은 불규칙하게 변형되었다. 성안 거리 대부분에서 상업이 활발했고, 교역의 활성화에 따라 1층 상점, 2층 주거 형태의 건물이 일반화되었으며, 거리는 상설시장으로 변모해갔다. 중세의 공공 공간은 상설시장이나 주말시장이 열리던 시장 광장, 상행위가 금지되고 정숙이 요구되었던 교회 전면의 종교 광장 등으로 구분할 수 있다.

넷째, 르네상스 시대의 광장이다. 이 시기에는 대포가 발명되면서 성곽이 효용성을 잃자, 성곽을 헐고 그 자리에 시민을 위한 공공 공간인 산책로를 조성했고, 도시의 중심에는 초점(focal point)을 갖는 대로(blouvard)가 들어섰다. 광장은 중세와 달리 세심하고, 대규모로 계획되었으며, 다양한 형태가 나타났다. 중세와 구별되는 광장 유형으로는 주거지 광장(residential square)이 있는데, 귀족들의 주택군의 중앙에 위치한 이 유형의 광장은 민간 개발업자들에 의해 개발되었으며, 테니스 코트, 정원 등이 광장 주변에 조성되기도 했다. 주로 팔각형, 육각형 등 기하학적 형태를 차용한 이곳은 인근 입주자들만 자유롭게 출입할 수 있는 반공공 공간이었다.

다섯째, 산업혁명기의 공원으로, 이 시기에는 신흥자본가와 노동자계층

8-4 고대 그리스의 아고라, 로마제국의 포럼, 포폴로 광장, 이니고 존스의 코벤트가든, 현대 공공 공간의 쇼핑몰(왼쪽부터)

의 인구가 급속히 늘어났으며, 시민계급이 중산층으로 자리 잡았다. 공공 공간도 주로 중산층을 위한 놀이정원이 18세기 이후 계속 생겨났고, 이곳에는 각종 진기한 묘기와 오락 공연이 있었다. 열악한 환경에서 근무해야 했던 노동자들을 위해서는 공원(public park)이 개장되어 그들의 건강과 소박한 여가 생활에 도움을 주었다.

여섯째, 현대의 쇼핑몰이다. 2차 세계대전 후 경제 부흥과 냉장고 및 자가용 보유 가구의 증가는 도시의 팽창과 함께, 도시 교외에 거대한 주차장을 가진 쇼핑센터와 쇼핑몰을 수없이 양산했다. 쇼핑몰은 상대적으로 쇠퇴하기 시작한 구도심의 재건을 위해 조성되는 경우도 많았다. 쇼핑몰의 건설이 반드시 인근 상점의 매출 증가를 가져온 것은 아니었으나, 그러한 공간의 건설은 상당 기간 유행처럼 지속되었다. 부동산 개발업자들에 의해 개발된 상당수의 쇼핑몰은 이용자들을 쇼핑센터나 백화점으로 끌어들이는 매개공간으로 변질되기 쉬웠다. 많은 경우에 쇼핑몰은 이용자의 출입이나 구매를 통제하기 쉬운 아트리움 형태로 변모되어, 공공 공간의 실내화가 현대의 한 특징으로 자리 잡았다.

이처럼 물리적으로, 사회·경제적으로 변모해온 공공 공간이 공통적으로 각 시대, 각 도시에서 수행한 역할을 정리하면 네 가지로 요약된다.

첫 번째는 커뮤니케이션의 장으로서의 역할이다. 이곳에서 시민들 사이에 정보의 교환과 사교, 교육, 일상적 만남이 이루어졌으며, 지역사회의 갈등 해소와 화합 형성의 기회도 제공되었다. 또 이곳은 집회, 토론과 여론 형성의 시발점 역할을 한 정치의 장이기도 했다. 주로 고대 그리스의 아고라와 로마제국의 포럼이 이러한 역할을 수행했다고 할 수 있을 것이다.

두 번째는 경제와 교역의 장으로서의 역할이다. 이 역할은 도시의 주요 역할 중 하나로, 시장이 이러한 역할을 수행한 대표적인 시설이라고 할 수 있다. 하지만 이미 살펴본 것처럼 고대의 공공 공간은 시장과 동일시되거나 그것을 포함하는 경우가 많았다는 점에서 공공 공간이 도시에서 매우 중요한 역할을 수행했음을 알 수 있었다. 특히 이 기능은 그리스의 아고라에서 잘 나타나는데, 아고라는 정치의 중심이면서 상업의 중심이었으며, 후기로 접어들면서 상업 기능이 더 우선시되었다. 우리의 경시와 향시의 기본 기능도 교역이었으며, 현대의 쇼핑몰까지 그 기능이 이어지고 있다.

세 번째는 종교와 교육의 중심지 역할이다. 그리스 이전의 고대 도시에서부터 시작된 이 기능은 실제로 가장 원초적인 공공 공간의 기능이라고 해도 과언이 아니다. 실제로 종교 기능은 고대에는 정치와 불가분의 관계에 있었기 때문이다. 이 기능이 서구에서 다시금 중요하게 대두된 시기는 중세에 들어서이다. 이러한 공공 공간의 종교적 기능 수행은 우리의 과거에서도 찾아볼 수 있다. 우리의 경우도 전래부터 사직단, 성황당 등에서 종교와 교육의 기능이 수행되기도 하였고, 마을의 공터에서 야외 법회를 열기도 하였다는 점, 읍수 역시 민간신앙에 뿌리를 두고 있다는 점 등에서 이러한 기능의 흔적을 찾아볼 수 있다.

네 번째는 휴식과 각종 공공행사, 오락의 장으로서의 역할이다. 이 기능 역시 고대의 공공 공간에서도 찾아볼 수 있었지만, 특히 중요하게 대두된 시점은 근대에 들어서라고 할 수 있다. 산업혁명을 전후로 도시 공간의 위생과 환기 문제가 적극적으로 대두되기 시작했으며, 대중을 위한 쉼터로서 광장과 공원 등의 필요성이 제기된 시기가 이 무렵부터이기 때문이다. 실제로 중세

8-5 뉴욕 시 최초의
테마파크인 코니아일랜드

가 막을 내리며, 중세의 소수 귀족층에 의해 점
유되었던 개인 정원, 개인 사냥터 등이 주인을
잃고 개방되는 경우가 많이 발생했는데, 이러한 공간은 자연스럽게 대중에게
공원의 형태로 다가오게 되었다. 근대에 이르러 나타난 또 다른 공공 공간의
기능은 유희의 기능이다. 놀이정원은 볼거리와 놀거리를 제공하기 시작했으
며, 이후 잘 알려진 월트 디즈니 등 그의 현대적 테마파크(theme park)에 이르
기까지 그 기능은 이어지고 있다.(8-5) 우리나라는 읍수가 대표적인 예라고 할
수 있다.

공공 공간의 이용자

도시의 공공 공간은 공익의 물리적 구현이라는 이유 아래, 주로 양적인 면에
중점을 두어 공급되어온 것이 사실이다. 그러나 이용자에게 공간의 공공성은
양적인 면보다는 쾌적성의 체험이라는 질적인 차원에서 인식된다. 따라서 공
공 공간이 효과적인 공공성을 획득하기 위해서는 쾌적성의 구현이 우선되어
야 할 것이다.

쾌적성 구현의 주체인 공공 공간 이용자는 공공 공간과의 근접성, 이용방
식, 공공 공간에 대한 관심 및 태도 등에 따라 다음과 같이 네 가지로 구분할
수 있다. 이들은 공공 공간에 대해 저마다 상이한 감정과 요구를 갖고 있다.[8]

첫 번째 유형은 공공 공간 주변에 살고 있는 거주자 그룹이다. 이 그룹은
공공 공간을 삶의 터전으로 보기 때문에 다른 그룹에 비해 해당 공공 공간에
대한 친밀감, 애착심, 개선 욕구가 강하다.

두 번째 유형은 공공 공간 주변에 직장이 있는 근무자 그룹이다. 이 그룹은 하루 8~10시간 이상을 공공 공간 주변에서 생활하기 때문에 해당 공간에 대해 어느 정도 친밀감과 애착심이 있으나, 그 공간을 단지 기능적으로 보는 경향이 강하다.

세 번째 유형은 공공 공간에 잠시 들른 방문객 그룹이다. 이들은 업무나 쇼핑을 위해 공공 공간 주변을 방문한 사람들로, 공간에 대한 애착심이나 친밀감은 갖고 있지 않으며, 즉흥적인 태도로 공공 공간을 대하는 경향이 강하다.

네 번째 유형은 위에서 언급한 세 유형이 아닌 불특정 다수의 잠재적 이용자 그룹이다. 이들은 아직 특정 공공 공간을 접해보지 않은 그룹으로, 이전의 경험에 의한 공공 공간에 대한 선입견을 갖고 있다.

공공 공간의 이용 태도

쾌적한 공공 공간을 발견하고 이를 향유하는 이용자의 이용 태도는 다음 네 가지로 살펴볼 수 있다. 이용자들은 개인에게 주어진 상황에 따라 상대적으로 다르게 공공 공간에 반응한다.

첫 번째는 적극적 이용이다. 이 범주의 이용자들은 스스로 시간과 비용을 들여 공공 공간을 방문한다. 가능하면 공공 공간 주변에 거주하고자 노력하는 이용자 그룹이 주로 이러한 태도를 지닌다. 이 그룹은 공공 공간의 확보나 보호를 위한 각종 노력에도 매우 헌신적이다.

두 번째는 선택적 이용이다. 이 범주의 이용자들은 공공 공간을 방문하거나 그곳에 거주하려고 하기보다는, 직접 향유할 수 있는 기회나 권리에 관심을 갖는다. 직접적으로 공공 공간을 이용하는 경향은 많지 않지만, 언제든지 본인이 원하면 공공 공간을 방문할 수 있다는 점을 확인하고 싶어 하며,

공공 공간의 확보나 보호에 대해 비헌신적이라는 점에서 첫 번째 이용 태도를 갖는 이용자들과 다르다.

　세 번째는 존재적 이용이다. 이 범주의 이용자들은 공공 공간의 방문에는 소극적이며, 인근에 공공 공간이 있다는 사실 정도로 만족한다. 그러나 이 그룹도 공공 공간의 계속적인 존재를 위한 정치적, 경제적 노력에는 직접 본인이 나서지 않더라도 긍정적이라는 점에서 다른 이용자들과는 다른 특징을 지닌다.

　네 번째는 회상적 이용이다. 이 범주의 이용자들은 공공 공간의 이용이나 확보에 가장 소극적이다. 이들은 선대 혹은 당대의 인근에 공공 공간이 존재했었다는 사실에만 만족할 뿐, 새로운 공공 공간 확보에는 관심을 기울이지 않는다.

현대 공공 공간의 문제점과 개선 방안

도시 공공 공간의 개발 동기

도시계획의 일차적인 목표는 공공의 안녕과 질서의 추구다. 이는 그동안 도시생활과 환경의 질 향상에 대한 궁극적이고도 실질적인 목표로서 구체화되어왔다. 그 목표를 구현하는 수단으로 도시 공간에 지속적으로 공급된 대표적인 시설이 공공 공간이라 할 수 있다.[9] 이러한 공공 공간의 공급 및 개발의 이유에 대해서 좀 더 세분화하여 살펴보면 다음과 같다.

　첫째, 공공의 복리 추구이다. 이는 가장 전통적이고 기본적인 공공 공간

개발의 이유다. 고대 그리스부터 길을 포장하고 아고라를 넓히는 것은 공공의 복리를 위해서라는 명목으로 시행되어왔다. 근대에 들어 시민의 권리가 커지면서 이러한 명분은 더 강하게 나타났다. 도시의 위생 향상을 위해 신선한 공기를 제공한다는 이유로 개발된 공원이나, 시민의 물리적·심리적 조건 향상을 이유로 개발된 오락공원이 아직도 같은 이유로 개발되고 있다.

둘째, 시각적 질의 향상이다. 이러한 경우는 주로 도시에 초점(focal point)을 형성하거나, 시각적 효과를 갖는 공공 공간을 조성한 사례 등을 들 수 있다.[10] 이러한 시각적 질의 향상을 위해 공공 공간을 바라보고 개발한 경우는 르네상스 시기를 거치면서 더욱 분명해졌다. 최근 도시 마케팅, 도시 디자인, 도시경관 등의 중요성이 높아짐에 따라 이러한 목적으로 공공 공간을 공급하거나 공공 공간을 재정비하는 경우가 늘고 있다.

셋째, 도시환경의 정비 차원이다. 앞서 언급한 시각적 질의 향상과 비슷하게 보일 수 있으나 차이가 있다. 초점은 특정 지역에 활력을 부여하고 그 지역을 관리하는 보조 수단을 마련하는 것이다. 쇠퇴한 기존 시가지를 재개발해 쇼핑몰, 기념광장을 조성하거나, 역사적 유적지를 보존하기 위해 주변을 배입한 뒤 공공 공간을 마련하는 경우도 이에 해당한다.

넷째는, 경제적 논리이다. 쇠퇴해가는 기존 상가의 활성화를 위해 보행몰을 시설한 뒤, 구매자를 끌어들이는 전략을 시도하는 경우가 이에 해당한다. 단순히 시각적 쾌적성을 넘어서 대중이 모일 수 있는 공간을 제공하고, 상업 또는 주거 기능만으로 소화하기 어렵지만 반드시 필요한 기능들, 예를 들면 오락, 이벤트, 공공바자회 등 부수적인 기능을 소화할 수 있도록 하는 것이다. 실제로 보행 및 이벤트 공간 등의 확충은 주변 상가 매출 향상에 직

접적으로 기여하지는 않더라도 간접효과가 충분히 있다는 점을 몇몇 연구에서 밝혀내고 있다.

다섯째, 이미지 향상이다. 기업의 이미지 향상을 위해 기업 사옥의 전면 공지에 소공원을 조성하거나, 일정 부지를 매입한 뒤 기업 이름을 붙인 광장을 공공에 증여하는 경우가 이러한 예다.[11]

여섯째, 과시를 위한 것이다. 역사적으로 볼 때, 종교나 정치 등 강력한 권력체제의 상징으로 대규모 기념광장이 조성된 사례가 많았다. 실제로 서울 여의도 광장이 군사적 목적 외에 군사 퍼레이드 등의 목적으로 활용되기도 했다.

일곱째, 의무이다. 공공 공간에 관한 관련법이나 정책 등에 의해 해당 토지소유자가 의무적으로 공공에 기증하는 보행공간, 광장 등이 이에 속한다. 그 밖에 일정 규모 이상의 건축물은 반드시 제공해야 하는 공개공지 역시 이러한 목적에 따른 사례라고 할 수 있다.(8-6)

도시의 공공 공간은 이처럼 여러 동기를 가지고 공공을 위해 시설되어왔으나, 실제로 이용되는 이유는 그 동기와는 무관한 경우가 많다. 도시사회학자 간즈(H. Gans)가 지적한 대로 이용 동기는 이용자에게 달려 있기 때문이다.[12]

현대 공공 공간의 쇠퇴 원인

공공 공간은 양적인 증가에도 불구하고, 최근 들어 쇠퇴의 경향을 보이고 있다. 그 원인은 다음과 같이 유추할 수 있다.

8-6 광화문 공개공지에 설치된 〈망치질하는 사람(Hammering Man)〉

생활방식의 변화

첫째, 통신 발달에 따른 대면접촉 필요성의 감소다. 전화, 팩스, 전자우편 등 직접 얼굴을 마주하지 않고도 신속한 의사소통을 가능하게 하는 수단이 계속 개발되어, 상거래나 정치적 여론 형성이 대면접촉 없이도 가능하다.

둘째, 새로운 오락 기능의 발달과 오락공간의 실내화, 오락의 개인화다. 영화, TV, 전자오락게임 등 새로운 오락 유형은, 사람들이 외부 공간에서 공동으로 즐기기보다 실내에서 개인적으로 즐기도록 유도하는 면이 있다.

셋째, 주거 형태의 변화이다. 소득 증가로 교외에 넓은 마당을 소유한 단독주거가 늘어나고 있으며, 초고층 아파트도 늘고 있다. 따라서 마을 공동의 마당 역할을 하던 공공 공간의 기능도 줄어들었다. 단독주거 거주자는 공공 공간의 필요성을 덜 느끼고, 고층 아파트 거주자는 단지 조망하는 공간으로서 단지 내 공공 공간을 즐기는 것이 일반적이다. 이러한 경향은 고층 업무용 건물의 공공 공간도 마찬가지다. 많은 공간이 조망용으로 계획되며, 업무용 건물의 임대료 상승에 한몫을 하게끔 고급화되고 있다.

넷째, 새로운 근린관계가 형성되고 있다. 물리적 거리를 중심으로 형성되었던 근린 개념이 교통과 통신의 발달로 거리와는 별 관계없는 개념으로 바뀌고, 이웃끼리 사용하는 공동 생활공간의 의미도 점차 없어지고 있다.

건축주의 이기적 가치관

첫째, 건축주의 의도적인 이용 방해를 들 수 있다. 이는 소유 및 관리의 주체가 사기업인 경우에 흔히 나타난다. 예컨대 벤치나 그늘(shelter), 퍼걸러(pergola) 같은 이용자의 휴식을 위한 시설을 만들지 않거나, 만들더라도 관리를 하지 않고 음식판매시설이나 식수대, 화장실 같은 편의시설을 조성하지 않아 장시간의 이용을 막는 경우를 들 수 있다. 그렇게 해서 건축주는 공공 공간을 개인정원처럼 쓸 수 있다.

둘째, 통제하기 쉬운 공간으로 만드는 경우다. 공공 공간이란 원래 별다른 목적 없이도 자유롭게 이용할 수 있는 공간을 말한다. 그런데 현대에 들어와 민간업자에 의한 공공 공간의 개발이 활발해지면서, 관리의 편의를 위해 경비원, 비디오 모니터, 출입증 등에 의한 직간접적인 통제가 늘어나고 있다. 현대 공공 공간의 실내화 경향도 이와 무관하지 않다고 할 것이다.(8-7)

셋째, 공공 공간에 대한 과도한 또는 과시적 장식의 경향이다. 현대에 들어와 고층건물이 일반화되면서, 오픈스페이스는 조망을 위한 것으로 일부 변모되었고, 이 과정에서 공공을 위한 공간이나 소공원도 하나의 미술품처럼 조성되었다. 이는 공공을 위한 시설의 고급화라기보다는 인근 건물의 임대료 상승을 의도하는 경우가 많고, 이 경우 앞에서 설명한 통제는 거의 필연적이다.

넷째, 건축주들의 공공 공간에 대한 인식의 문제다. 건축주 개인이 공공 공간 제공을 경제적 불이익이라고 인식하는 경우가 많다. 대형건물일수록 의도적인 출입 방해를 시도하는 경우가 많은데, 인접 보도와 단 차이를 높이거나, 건물 내 공공 공간의 출입구 식별을 어렵게 하여 출입을 차단하는 경우가 대표적이다. 이런 건물들의 경우, 대부분의 측면공지는 식재 공간 및 화물, 쓰레기 적치장으로 이용되고 있다. 조경 공간도 아름다움을 제공하기보다 울타리 역

8-7 건물 후면부 위치 및 펜스 설치로 건물 내부 공간이 된 공개공지

8-8 행정의 관리 소홀로 무단 주차장 및 작업공간으로 전용된 공개공지

할을 하는 곳이 많다.

제도와 행정의 편의

첫째, 대개 지방자치단체가 공공 공간에 대해 형식적으로 인가와 관리를 하고 있다. 도시의 공공 공간은 개인 소유라 하더라도 이용 주체는 일반 시민임이 명백하다. 따라서 지방자치단체는 공공 공간의 관리와 인허가에 책임을 져야 한다. 그런데 공공 공간에 대한 불법주차는 차치하고 대형건축물 측면 공지의 불법적인 전용도 심심찮게 발견된다. 이는 지방자치단체의 소홀한 관리 탓으로 지적할 수 있다.(8-8)

둘째, 공공 공간 관련 제도의 문제는 공공 공간의 제공을 양적으로만 파악한 데서 비롯한다. 그에 따라 공개공지로 자유로운 출입을 방해하는 공개공지와 보행자도로의 높이 차이, 경사진 공개공지, 공공 공간 진입 차량과 보행자 동선의 일치, 조경 공간의 분산 등이 아무런 문제의식 없이 나타나고 있다.

셋째, 제도의 효용성에 관한 문제다. 공지 제공에 따른 용적률, 건폐율, 사선제한 완화 등 각종 인센티브는 건축주들의 반응을 기대하기 힘들고, 옥상정원 등의 인센티브는 오히려 악영향을 주는 것으로 보인다.

넷째, 용적률 인센티브 하나만 보더라도 상업지역 내 필지의 대부분이 법정 용적률을 훨씬 밑도는 상태인데, 이런 상황에서 공공 공간 제공 시 용적률 인센티브를 주겠다는 제도는 실효성을 기대하기 어렵다.

다섯째, 무책임한 공공 공간의 계속적 공급이다. 지방자치단체에서는 도심 재개발, 도시설계 등의 법적, 제도적 장치를 통하여 지속적으로 도시 공공 공간의 양적 확대를 시도했으나, 그러한 공간의 상당수가 이용자로부터 외면

용적률(容積率) 대지 면적에 대한 건물 연면적 비율. 건축물에 의한 토지의 이용도를 보여주는 기준.

건폐율(建蔽率) 대지 면적에 대한 건물의 바닥 면적 비율로, 건축 밀도를 나타내는 지표. 시가지의 토지 이용 효과를 판정하고 토지의 시설량, 인구량의 적절성을 판정하거나, 도시계획의 관점에서 건축을 규제하는 데 이용한다.

사선제한(斜線制限) 통풍이나 채광을 위해 도로에 면한 건물 높이를 제한하는 일. 건물 앞의 길 건너편 경계까지 수평거리의 한 배 반으로 높이를 제한한다.

당해왔다. 많은 도시 광장, 대지 내 공지, 보행자 전용도로, 도심 소공원 등의 공공 공간이 보행자 레벨과의 높이 차이, 수목이나 음수대로 위장한 울타리 설치, 출입구의 불명확함, 의도적인 주차장화 등으로 공공 공간이면서도 공공의 출입이 제한된 곳이 많다. 더욱 심각한 것은 도시 공공 공간의 상당수가 이용자의 요구나 예상되는 반응, 행태를 전혀 무시한 채 계획되고, 그 결과 완공된 지 얼마 안 되어 버려진 공간이 되기 쉽다는 것이다. 전자가 물리적으로 이용자를 차단하고 있는 공간이라면, 후자는 심리적으로 차단하고 있다고 보아야 할 것이다.

이용자의 무지와 무관심

첫째, 공공 공간에 대한 이용자의 무지다. 상당수 이용자들은 건물 내 공개공지가 자신들을 위해 조성된 사실을 모른다. 공공 공간 파손행위와 불법주차 등은 이용자 스스로 다른 이용자의 이용을 방해하는 경우다.

둘째, 문화적 특성이나 이용자의 요구를 무시한 획일적인 디자인의 문제다. 이는 부분적으로 이용자의 무관심에 원인이 있다. 삶의 질을 중시하는 선진국에서는 공공 공간을 찾는 대부분의 이용자가 바쁜 도시생활에서 휴식을 취하고자, 그들만의 한가한 시간에 공공 공간을 찾는다. 따라서 편안하고 느긋한 기분을 즐기면서 한편으로 호기심을 충족시킬 수 있는 디자인 요소를 원하며, 이를 위해 공공기관과 건축주들의 노력이 뒤따른다. 그러나 우리나라의 경우, 어려서부터 '잔디밭에 들어가지 마시오' 푯말에 익숙해서인지 공공 공간을 적극적으로 이용하지 못하는 편이다. 이용 가능한 공간임에도 관상용 공간으로 격하시키는 경우가 많은 것이다.

현대 공공 공간과 도시경관

도시경관의 의미와 중요성

도시경관은 일차적으로 도시의 시각적 아름다움을 추구하는 것으로, 건물군과 가로체계, 공공 공간과 그 내부의 다양한 시각적 구조물 등이 어우러져 하나의 시각효과를 만드는 것을 의미한다. 하지만 도시경관은 이처럼 단순하지만은 않은데, 실제로 일차적으로 시각화되어 드러나는 도시의 이면에는 수많은 요소들이 내재되어 있기 때문이다. 이러한 요소들에는 도시를 흐르는 하천과 도시를 병풍처럼 두르고 있는 산 등 자연물이 있을 수 있고, 건물과 가로를 채운 도시민들의 보행 및 다양한 행위와 자동차, 버스 등 교통수단의 흐름까지도 도시경관에 포함시킬 수 있다. 심지어 도시경관에 영향을 주는 요소를 따진다면, 수많은 도시 공간을 다루는 법제도나 지가 등 경제적 요소까지 이면에서 도시경관을 좌우하는 요소로 꼽을 수 있을 것이다. 요컨대 도시경관이란 인간이 만들어낸 구조물 외에 도시를 구성하는 생태적, 사회적, 문화적, 역사적 요소들을 지칭하는 포괄적인 개념인 것이다.

도시경관의 역사는 인류의 역사, 도시의 역사와 궤를 같이한다. 그러나 근대적 의미의 도시경관은 미국의 도시미화운동(City Beautiful Movement)에서 그 연원을 찾을 수 있다. 미국의 도시미화운동이 세계만국박람회를 치르기 위해 일어난 것과 유사하게 도시경관 사업은 국제 행사를 준비하는 과정에서 이루어진 경우가 많다. 우리나라도 마찬가지인데, 실제로 1986년 아시안게임과 1988년 올림픽을 앞두고 도시미화와 도시설계, 도시경관의 중요성이 국내적으로 이슈가 되었다. 이러한 도시경관의 역사와 발전과정은 도시를 구성하는 다른 요소들과 달리 조금 더 인간의 삶의 질적인 측면, 스스로를 꾸밈으로써 타인으로부터 인정을 받고자 하는 고차원적인 본능과 맞닿아 있다.

'국민소득 2만불 시대'를 돌파한 만큼 높아진 우리의 삶의 질 외에 도시경관의 중요성에 대해 재차 강조할 수밖에 없는 배경이 있다. 바로 도시 마케팅을 중심으로 한 도시 간 이미지 및 브랜드 경쟁이다. 실제로 과거에 국가 브랜드와 이미지가 강조되던 것을 넘어서 최근에는 특정 도시의 이미지와 브랜드가 더욱 중시되고 있다. 이러한 도시의 이미지가 중요해지는 이유는 이러한 요소들이 해당 도시의 관광수입원을 증진시킬 뿐 아니라, 해당 도시에 입지한 기업들의 가치와 경쟁력을 제고시키는 것은 물론, 해당 도시에 거주하는 시민들의 자긍심과도 밀접하게 관련이 있기 때문이다. 이러한 측면에서 도시 이미지를 결정하는 중요한 요소인 도시경관은 그 중요성이 날로 커지고 있는 것이다.

도시경관에서 공공 공간의 중요성

앞서 도시경관을 구성하는 주요소로 공공 공간에 대해 언급했다. 또한 공공 공간 개발의 다양한 목적 가운데 하나가 시각적인 아름다움 및 도시의 쾌적성 증진에 있다는 점 역시 언급한 바 있다. 이처럼 도시경관에서 공공 공간이 차지하는 역할은 매우 중요하며, 공공 공간을 제외하고 건축물이나 기타 구조물만으로 도시경관을 논하기는 어렵다. 특히 도시 이미지와 도시경관을 느끼고 향유하는 주체들은 자신들이 휴식하고, 오락을 즐기고, 쇼핑을 즐기는 곳에 항상 함께 있는 공공 공간에서 그 도시의 대체적인 인상을 받고 경험과 기억을 만들어가기 때문에 공공 공간이 도시경관이나 이미지에서 차지하는 비중이 크다.

이러한 도시경관에서 공공 공간이 차지하는 중요성을 더 빨리 인지한 많은 선진국들은 공공 공간에 대한 관리와 투자를 아끼지 않는다. 잘 관리된 공공 공간은 그 도시에 거주하는 도시민들에게 쾌적성과 삶의 질을 향상시키는 수단이자, 도시를 방문하는 이방인들에게 도시의 인상과 기억을 결정짓게 하는 요소이기 때문이다. 특히 선진국들은 공공 공간을 관리하는 방식에서 우리와 다른 특징이 있는데, 대표적인 국가인 일본과 미국을 중심으로 살펴보면 다음과 같다.

먼저 일본에서는 양적인 설치·관리보다는 질적인 측면을 중시한다. 공공 공간 자체의 경사도, 단차 등 단순히 면적이나 개소수만을 기준으로 제시하는 우리의 제도와는 달리, 실제적으로 사용 가능하고, 이용자로 하여금 쾌적성과 편리성을 제고하는 방향으로 제도를 운영하는 것이다.

미국에서도 질적인 부분과 관리 차원에 큰 비중을 두는데, 우리나라와 달리 제도상 공공 공간 및 공개공지 설치에 대한 의무 및 강제 조항이 없다. 대신에 이것을 설치할 경우 용적률 등에서 보너스(인센티브)를 주어 민간으로 하여금 공공 공간을 설치하고 관리하게끔 유도한다. 이렇게 설치된 공공 공간에 대해서는 철저하게 관리하는데, 사후 관리가 미흡한 경우 건축물 허가까지 취소할 수 있는 조항을 마련해놓았다.

관리를 위한 세부적인 내용을 살펴보면, 안내 표시 설치에 대한 규정을 두어 공공 공간 조성 이후 사유화를 방지하고 있으며, 의자와 식재 등에 대해서도 구체적인 조항을 통해 관리하고 있다. 또한 장애인 규정과 공개공지 높이에 대한 규정, 금지 요소에 대한 규정을 둠으로써 접근성 및 쾌적성 향상을 위해 노력하고 있다. 마지막으로 공공 공간에 설치 가능한 시설의 항목이 우리나라보다 더 다양해 해당 공간에서 이루어지는 행위를 풍부하게 하는 한편, 이용시간 등에 제한을 두어서 공공 공간을 공공에 양도한 건축주의 안전과 공공의 안전을 관리하고 있다. 그 밖에 공공 공간의 종류를 다양하

8-9 뉴욕 시 통합가로 정책에 의해 공공 공간으로 탈바꿈한 타임스퀘어(뉴욕 시 도시계획국 홈페이지)

게 규정하여 각각의 설치 및 관리 기준을 두고 있으며, 최근에는 뉴욕을 중심으로 전에 도로였던 공간을 보행자를 위한 공간으로 변화시킴으로써 공공 공간의 양과 질이라는 두 마리 토끼를 동시에 잡고자 노력하고 있다.(8-9)

주

1   이희승(1997), 『국어대사전』, 민중서림, p. 215.

2   박영사 편집부(1989), 『정치학사전』, 박영사, p. 105.

3   Rob Krier(1980), *Urban Space*, Academy Editions, London, p. 56.

4   Geoffrey Broadbent(1990), *Emerging Concepts in Urban Space Design*, London: Van Nostrand Reinhold, pp. 75~76.

5   김영종(1995), 『행정철학』, 법문사, pp 198~200.

6   김세용(1999), "공개공지는 누구를 위한 곳인가?" 경실련 주최 세미나 발표문 발췌.

7   Nathan Glazer · Mark Lilla(1987), "The American Public Space," *The Public Face of Architecture*, The Free Press, pp. 276~277.

8   L. Anastasia(1993), "Privatisation of public open space," *Town Planning Review* 64(2), pp. 45~47.

9   현행 건축법(제67조)에도 도심지 등의 쾌적한 환경 조성을 위하여 공개공지 또는 공개공간을 설치한다고 되어 있다.

10   H. Rubenstein(1992), *Pedestrian malls, streetscapes and urban spaces*, V. N. R., pp. 223~227.

11   S. Carr(1992), *Public space*, Cambridge Press, pp. 10~15.

12   간즈는 가능성 있는 환경(Potential environment)과 실효성 있는 환경(Effective environment)을 구분한 뒤, 환경이 이용자에게 잘 이용될 때, 비로소 실효성이 나타난다고 하여 이용 주체로서 이용자의 역할을 강조한 바 있다.

참고문헌

경실련 도시계획센터(2001), 『도시계획의 새로운 패러다임』, 보성각.

김세용(1998), "도시공공공간의 쾌적성 향상방안에 관한 연구," 『대한건축학회지』 14(12).

김세용(1999), "공개공지는 누구를 위한 곳인가?" 경실련 주최 세미나 발표문.

김세용(2005), "해외대도시의 공개공지제도 운영사례조사 및 시사점," 서울시정개발연구원.

김세용·양동양(1997), "도시공공공간의 쾌적성 형성인자의 상대적 중요도에 관한 연구," 『대한건축학회지』 13(6).

김세용·양동양(1998), "도시의 공공 공간에 대한 이용자의 반응에 관한 연구," 『대한국토계획학회지』 87.

김승환(1995), "A Case study of Pusan amenity plan," 한·중·일 도시계획학회 국제심포지움.

김영종(1995), 『행정철학』, 법문사.

도시발전연구소(1994), 부산어메니티플랜 요약보고서.

박영사 편집부(1989), 『정치학사전』, 박영사.

윤한섭·김성홍(2003), "테헤란로 고층사무소 건물 저층부의 공공공간에 관한 연구," 『대한건축학회지』 19(3).

이경생·이영수(2006), "도시의 내부화 요소와 커뮤니티 연계 가능성에 관한 연구," 대한건축학회 학술발표대회 논문집.

이희승(1997), 『국어대사전』, 민중서림.

황기원(1994), "도시어메니티," 서울 21세기 구상 워크숍.

Anastasia, L.(1993), "Privatisation of public open area," *Town Planning Riview* 64(2).

Broadbent, Geoffrey(1990), *Emerging Concepts in Urban Space Design*, London: Van Nostrand Reinhold.

Carr, S.(1995), *Public space*, Cambridge Press.

Glazer, Nathan·Lilla, Mark(1987), "The American Public Space," *The Public Face of Archi-*

tecture, The Free Press.

Krier, Rob (1980), *Urban Space*, Academy Editions, London.

Rubenstein, H. (1994), *Pedestrian malls, streetscapes and urban spaces*, V. N. R.

9 뉴어바니즘

이자원 (성신여자대학교)

도시는 사람들이 모여 사회를 형성하고 교통하며, 경제활동을 하고 정치를 하는 일상적 활동의 장이다. 그러므로 도시는 끊임없이 사회적·경제적인 가치를 생산하고 주변으로 그 영향을 흘려낸다. 도시화에 영향을 끼친 구조·경제·정치·사회·문화적 변화와 가치는 '어바니즘(urbanism)'의 중요한 틀이 되고 있다. 다시 말해서 어바니즘은 지리·문화·경제·환경 등에 의해 매우 다양한 이미지로 표현되는데, 인류는 도시를 접한 이후 꾸준히 이상적인 도시에 대한 멋진 이미지를 어바니즘이라는 개념을 통해 구상해왔다.

수원시 행궁동 생태교통 축제의 모습(emwf2013.suwon.go.kr), 수원시 행궁동의 거리(개인소장)

9-1 역사 문화적 경관과 현대식 건물이 파노라마를 이루는 서울

도시

도시란 무엇인가

도시는 일반적으로 많은 인구가 모여 있고, 정치·경제·문화의 중심이 되는 곳으로 설명된다. 세계 여러 나라에서 도시에 대한 용어 정의는 지역의 전통과 공간적 범역에 따라 다르지만, 흔히 지역사회의 차원에서 사회조직을 포함하여 여러 활동이 활발하고 항상 인구가 집중되는 곳을 말한다. 또한 정주의 패턴에서도 도시가 아닌 지역들과 차별화되는 문화적 중요도를 가지고 있는 곳을 일컫는다. 도시는 구성적 측면에서 볼 때, 한정된 장소에 인구가 조밀하게 모여 살면서 위치가 지어진 지리적 실체이자, 인간이 정주를 시작한 이래 인간의 상호작용에서 빚어지는 특성과 생활양식을 담아낸 장소적 공간이기도 하다.[1]

요컨대 도시는 사람들의 사회적 관계 및 공간적 활동관계가 이루어지는 장소다. 도시는 단순한 조직적 유형을 넘어 역사적 유산과 가치, 이념 등의 지역요소를 담고 있는 다원적 속성들의 유기적 결합체인 것이다. 역사학자이면서 도시계획자인 멈포드(Lewis Mumford)는 도시를 '문명의 창고'라고 비유하며, 도시는 인류 문명의 발생 이후 다양한 역사·문화유산이 축적된 공간체라고 했다.[2](9-1)

도시 발달과 도시 연구

인류 문명의 발생지에서 출발한 도시와 고대, 중세의 도시들은 그 지역의 기후·지형적 특성과 기술·정치·종교 등에 크게 영향을 받아 도시를 구성하고

9-2 사적 302호 낙안읍성
9-3 조선시대 서울

중심지와 주거지역을 제한하였다. 근세 산업화 이후 도시의 기능이 더욱 세분화되면서 통치권력이 집중되고, 생산물의 수집·저장·분배를 위한 사회조직이 세분화되는 등 구체적인 도시 모습이 형성되는데, 우리나라에서도 이 시기 읍성취락이 형성되어 행정·방어·교통·상업 등의 중심지 역할을 하였다.(9-2)

도시의 형성요인에 따라 다양한 유형의 도시들이 출현하는데, 산업화 이전까지는 자연적 요인, 경작 및 생산물 획득이 충분히 이루어지는가 하는 경제적 요인, 그리고 과거에 취락이 형성된 장소가 지속적으로 발전하는가 하는 사회·문화적 요인이 도시 형성에 지배적인 역할을 하였다.(9-3)

그런데 17세기 이후 산업혁명은 인류 문명 전반에 획기적인 영향을 끼치면서 도시에도 혁신적인 변화를 일으켰다. 집단 인구가 도시로 집중되고, 공업에 의한 산업자본도시가 형성되었다. 또 원료 입지에 따른 경제활동의 이점, 원료와 시장을 이어주는 교통 중심지로서의 역할, 소비시장에 의한 경제활동의 장이 될 수 있는가 하는 지역적 의미 등이 도시 성장에 더 큰 역할을 하게 되었다.(9-4) 이러한 입지 유형에 따라 도시를 일반화하고 도시 변화의 본질적인 특성과 공간적 발달을 살펴보는 여러 가지 도시 모델이 등장했다. 그리하여 각 도시가 직면한 독특한 외부 환경의 변화와 그에 따라 창출되는 특성을 이해하는 것을 목표로 정치·사회·경제·역사·문화·지리·계획적 차원에서 다각적인 도시 연구가 진행되었다.

도시를 대상으로 하는 연구 분야에는 지리학과 도시계획학을 비롯하여 경제학, 정치학, 행정학, 사회학, 역사학, 관광학, 건축학, 조경학 등 대부분의 사회과학 분야 및 공학 계열이 포함되어 있다. 연구의 내용과 관점은 학문의 성격에 따라 차이를 보인다. 이를테면 도시의 위치적 특성과 지리적 관계

9-4 부산 항만의 전경

를 집중 연구하기도 하고, 도시를 하나의 조직체로 보고 공간적 활동관계를 분석하기도 하며, 도시가 형성되기까지의 역사와 가치, 이념 등의 지역 요소를 종합적으로 연구하는 데 초점을 두기도 한다. 그러나 도시를 다루는 모든 학문의 궁극적 목표는, 인간에게 가장 쾌적한 도시환경을 제공하고 도시를 더욱 살기 좋은 공간으로 개선하는 데에 있다.

도시 성장의 부작용

도시는 사람들에게 경제적 안정, 문화, 활력과 혁신을 상징하는 기회의 장소였다. 이러한 매력적인 상징성 덕분에 역사도시들은 기능적 중심지로서 물리적 실체가 되었다. 도시가 출현한 이래 성장과 쇠락을 반복하는 동안에도 사람들에게 도시는 늘 이상적인 장소였고 덕분에 꾸준히 인구를 흡인하였다. 특히 19세기를 전후하여 전 세계 도시들이 산업혁명을 통한 공업화로 인구를 과잉 축적하게 되었다. 그 과정에서 도시 내 인간의 활동은 소음·공해·무질서와 과밀주거 및 주택부족, 생활환경 악화 등 여러 가지 도시문제를 만들어 냈다. 또한 산업화 이후 효율성, 기계화, 대량생산 등이 도시의 주제어가 되면서 도시는 익명적이고 혼잡하며 범죄와 가난이 연상되는 안전하지 못한 부정적 이미지를 떠었다.

　도시의 성장은 수요를 따라가지 못하는 공급 정도에 그치지 않고, 인간성을 피폐시킬 만한 위협적 환경문제로 이어졌다. 맑은 물과 상쾌한 공기, 안전한 흙, 건강한 생산 같은 자연환경과의 연결고리가 약해지고, 과밀과 경쟁, 범죄와 질병, 상대적 낙후감에서 비롯한 인간 잠재력의 파괴 등이 도시를 대표하는 말이 되었다.

산업화와 함께 꾸준히 진행된 도시화는 1950년 이후 세계 도시인구를 4배 이상 증가시켰고, 도시문제 역시 배가 되었다. 도시문제 해결이 도시 연구의 핵심이 되면서 도시를 보는 관점, 도시를 해석하는 방법, 새로운 유형의 도시 창조 등에 관한 연구가 각 분야에서 이루어져왔다. 이는 곧 '어바니즘'에 대한 이해를 전제로 한다.

어바니즘

어바니즘 연구와 지리학

도시는 사람들이 모여 사회를 형성하고 교통하며, 경제활동을 하고 정치를 하는 일상적 활동의 장이다. 그러므로 도시는 끊임없이 사회적·경제적인 가치를 생산하고 주변으로 그 영향을 흘려낸다. 도시화에 영향을 끼친 구조·경제·정치·사회·문화적 변화와 가치는 '어바니즘(urbanism)'의 중요한 틀이 되고 있다. 다시 말해서 어바니즘은 지리·문화·경제·환경 등에 의해 매우 다양한 이미지로 표현되는데, 인류는 도시를 접한 이후 꾸준히 이상적인 도시에 대한 멋진 이미지를 어바니즘이라는 개념을 통해 구상해왔다.

유럽에서 출발한 어바니즘에 대한 유토피아적 사고는 도시와 마을의 생동감, 여러 기능이 유용하게 구성되어 있는 복합성, 함께 사는 이웃과의 친밀성으로 정리된다.[3] 도시에 사는 사람들의 생활양식, 도로와 건축물, 구성물들의 연결, 그리고 그 안에서 빚어지는 문제들이 총체적으로 어바니즘을 형성하고 그 도시에 대한 견해와 해석을 이루어낸다. 어바니즘은 구현된 도시의 틀과 특성뿐만 아니라 사람들의 움직임, 도시의 성장, 도시의 집중도와 같은 동적 변화까지 담고 있다.

어바니즘에 관한 연구는 논리적 기초의 구성과 실제의 실천적 창조, 두 부문으로 나뉘어 각 학문의 특성에 따라 도시의 공간 양상과 발전 방향을 논의한다. 지리학을 다리 삼아 사회·문화·역사·정치·경제학 등에서는 이론적 탐구를 통해 논리적 가치를 생산하고, 이러한 논리적 토대 위에서 계획·건축·조경·토목학 등은 실제적이고 물리적인 실체를 창조한다.

어바니즘에 대한 이해와 거시적 논의를 이끈 데에는 지리학의 역할이 지대했다고 평가된다. 끊임없는 도시의 변화 중심에는 정치·경제적 힘의 변화가 있었고, 도시의 기능과 산업의 발달 및 분화에 따라 도시 경관이 바뀌어왔다. 이를 단순히 건축적 측면에서 살펴보다가 자본과 정치, 토지 위에 펼쳐진 인간 삶의 양식과 자연환경의 관계로 시각을 확장한 것은, 학문의 대상 자체가 땅이고 사람인 지리학의 기여가 컸다고 볼 수 있다.[4] 지리학자들은 19세기 이후 산업화와 함께 진행된 도시화의 과정을 살펴보면서 표면적인 변화 이면에 있는 근본적 전환의 원인이 무엇인지 탐색했다. 특히 1970년대 다양한 도시화의 과정과 개성 있는 도시구조 혹은 형태에 주목하면서 제3세계 도시, 사회주의국가 도시, 세계도시, 구산업도시, 신산업지구의 경관적 특성과 도시화 과정에 근본적 변화를 가져온 재개발과 도심활성화, 모더니즘 시대의 공업지역에 대한 재개발, 새로운 상업 및 주거지역 개발과 산업 및 건축 유산의 활용, 이너시티 근린주구의 질적 향상, 기존 도시 외곽의 도시적 취락지역 및 오래된 이너시티의 공공주택단지 형성 등을 증거로 도시 변화의 의미를 담론화하면서 20세기 이후 어바니즘 영역의 토대를 구축하였다.[5]

고전적 도시계획과 근대적 도시계획

어바니즘에 관한 초기 연구는 공간의 유리한 특징들(예를 들어, 비옥한 토양, 항구, 철도의 교차점, 강변 등)에 반응하면서 도시가 성장하는 생태학적 측면에서 시작되었다. 그러다 점차 도심 성장과 도시 내부의 발달, 도시 외곽으로 도시적 성격이 확대되는 과정 등으로 연구 범위를 확대하였다. 산업시대 도시화의 규모는 매우 획기적이었고, 도시 구조를 단순히 동심원 또는 선형으로 간주하기에는 그 형태가 부분적이거나 혼합적이었기 때문에 각 도시의 지리적 다양성과 변화의 전개로 시선을 옮기게 되었다.

　흔히 모더니즘이라고 일컫는 1920년대의 기능주의적이고 합리적인 추구는 전통적 어바니즘 사고의 구성에 중요한 역할을 했다. 전통적인 어바니즘은 다양한 인구구성과 활동을 기본으로 하고, 활발한 공공 공간을 창출하고 공공시설을 배치하며, 휴먼스케일의 건축물과 가로 및 커뮤니티를 형성하는 것을 골자로 도시계획과 개발에 토대를 제시하였다.

　원래 모더니즘이 태동할 당시에는 유럽의 봉건사회에서 왕권 확립을 위해 실시한 고전적 도시계획, 그리고 산업혁명을 통해 나타난 근대적 도시계획 두 가지가 병존하고 있었다.[6] 고전적 도시계획은 도시 전체를 규칙적이고 기하학적으로 설계하는 방식으로 후에 미국의 워싱턴 D.C.와 필라델피아, 샌

근린주구(近隣主區, neighborhood) 도시계획 접근 방법의 하나. 어린이 놀이터, 상점, 교회당, 학교와 같이 주민생활에 필요한 공공시설의 기준을 마련하고자 초등학교 도보권을 기준으로 하여 설정된 도시계획 접근 개념이다. 이 개념은 주구 내 도보 통학이 가능한 초등학교를 중심으로 공공시설을 적절히 배치함으로써, 주민생활의 안전성과 편리성, 쾌적성을 확보하고 주민들 간의 사회적 교류를 촉진할 목적으로 1920년대 미국의 페리(C. A. Perry)가 제시하였다.

휴먼스케일(human scale) 인간의 체격을 기준으로 한 척도.

프란스코, 뉴욕 도시계획의 틀이 되었고, 시카고 박람회를 계기로 일어난 도시미화운동에 어바니즘의 아이디어를 제공하였다. 이에 반해 근대도시계획 사상은 산업혁명으로 악화된 도시환경을 개선하기 위해 노동자 공동주택을 건설하고 도시화에 의한 생활환경의 질적 쇠퇴를 방지하기 위해 공중위생법을 만들었으며, 이는 프랑스 파리 도시계획의 근간이 되었다.

이러한 18~19세기의 고전적 도시계획과 근대적 도시계획이 모더니즘 도시계획의 초석이 되었고, 모더니즘의 사상은 도시계획에서 도시를 보다 포괄적이고 상대적으로 개발하는 데 영향을 주며 20세기 어바니즘 형성에 대한 사고의 바탕이 되었다. 또한 도시의 외형뿐만 아니라 역사적 전통과 문화의 잠재적 요인에 관심을 갖도록 하여 인간 삶의 공간을 다원화하는 데 집중하였다. 모더니즘 도시계획 사상은 단순하고 기능적인 편리함을 추구하며 사람들에게 평등하게 일터를 제공한다는 원칙을 세우고, 이상도시를 주장하는 사회개혁가들의 평등·박애·형평성과 보편적 사상을 실현하고자 하였다. 1898년 하워드(Ebenezer Howard)는 기존의 도시계획 방식을 벗어나 도시와 농촌, 그리고 이들의 장점을 결합시킨 전원도시 중 사람들이 선호하는 곳이 어디이겠는가 하는 질의를 세 개의 말발굽형 자석 모양으로 설명하였다. 하워드의 전원도시 원칙은 자연과의 조화, 합리적 도시설계를 원칙으로 하며 모더니즘의 계획사상인 이상주의, 평등·합리성·기능주의적 어바니즘을 추구하였다.

| 참고 | 하워드의 전원도시

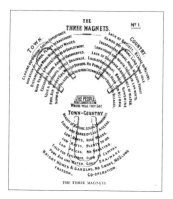

세 개의 말발굽 자석
(Howard, 1965, *Garden Cities of To-Morrow*, The M.I.T. Press.)

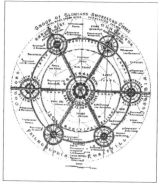

하워드의 전원도시 전체 개념도
(권용우 외, 2012, 『도시의 이해』(제4판), 박영사, p. 271.)

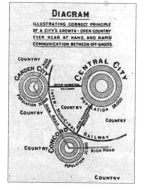

전원도시 다이어그램
(http://ko.wikipedia.org)

유토피아 소설 『뒤를 돌아보면서(*Looking Backward*)』에서 영감을 얻은 하워드(Ebenezer Howard, 1850~1928)는 1898년 『내일: 진정한 개혁에 이르는 평화로운 길(*To-morrow: a Peaceful Path to Real Reform*)』(1902년 *Garden Cities of To-morrow*라는 제목으로 재출간)을 출간했다.

그가 제안한 이상적인 전원도시는 자족 기능을 갖춘 계획도시였다. 전원도시는 도시(town), 농촌(country), 도시-농촌 혼재지역(town-country)을 세 개의 말발굽 자석(The Three Magnets)에 비유하여 그 이해득실을 비교한 후 도시와 농촌의 장점을 취하려 한 것이다. 주변은 그린벨트로 둘러싸여 있고, 주거, 산업, 농업 기능이 균형을 갖추고 있어 자급자족이 가능하다. 6천 에이커(24,000,000m²) 면적에 3만 2천 명의 주민이 살며, 오픈스페이스와 공원, 여섯 개의 방사형 대로가 배치된 동심원 모양이다. 만일 계획 인구를 초과하면 인근에 다른 전원도시를 배치한다.

하워드는 5만 명이 거주하는 중심 도시와 이를 둘러싸며 도로와 철도로 연결된 위성 도시들로 이루어진 도시군을 예견하고, 1899년에 전원도시협회(Garden City Association)를 결성했다. 하워드의 이상에 따라 영국 하트퍼드셔에 두 도시 레치워스(Letchworth)와 웰윈(Welwyn)이 각각 1903년, 1919년에 건설되었다.

모더니즘 기능도시

모더니즘의 개화기인 1920년 전후에는 '기능성'을 주제로 사람들에게 공평하게 일터와 쉼터를 제공할 것을 도시설계의 기준으로 삼았다. '바우하우스'와 르코르뷔지에의 '빛나는 도시' 등이 이 시기의 대표적인 어바니즘 표현물이었다. 르코르뷔지에는 인구 3백만의 마천루 도시를 계획하고, 현대도시는 표준화·기계화 등 기능주의에 의해 설계되어야 한다는 사상을 지니고 있었다.

이러한 모더니즘 이상도시 계획에 영향을 받은 가장 특징적인 도시 형태

| 참고 | 데사우의 바우하우스

바우하우스(Bauhaus)는 1919년부터 1933년까지 독일에서 설립·운영된 학교로, 미술과 공예, 사진, 건축 등과 관련된 종합적인 내용을 교육하였다. 발터 그로피우스(Walter Adolph Gropius, 1883~1969)가 1919년 바이마르에서 설립했다가 1925년 데사우로 옮겼다. 바우하우스는 독일어로 '건축의 집'을 의미한다. 합리주의, 기능주의가 바우하우스의 중심적 교육내용이고, 바우하우스 역시 모더니즘을 대표하는 건축물로 각국에 소개되었다.

| 참고 | 르코르뷔지에의 빛나는 도시

(Le Corbusier, 1964, *La ville radieuse*, Paris, Editions Vincent, Freal & Cie, 2nd ed., p. 135. © FLC/Adagp(2007), Paris)

근대 건축의 4대 거장 중 한명인 르코르뷔지에(Le Corbusier, 1887~1965)가 본격적인 활동을 시작한 것은 1920년대 이후로, 잡지 『에스프리 누보(*L'Esprit Nouveau*, 새로운 정신)』를 창간하며, 순수주의(Purism) 운동을 전개해나갔다. 이때부터 샤를-에두아르 잔느레(Charles-Edouard Jeanneret)라는 본명 대신, 르코르뷔지에라는 필명으로 활동하는데, 누구나 자기 자신을 재발명할 수 있다는 그의 믿음을 반영한 것이라고 한다. '집은 살기 위한 기계' 혹은 '거주기계(machine habiter)'라고 하며 기술적 기계미학을 지향했고, 근대 사회에서 건축은 무엇보다도 효율적이며 기능적이어야 한다고 주장했다.

가 넓은 도로를 매개로 도시의 상업·주거·공업·녹지 등을 연결해주는, 공간적으로 용도가 분리된 용도지역제(zoning)의 실현이다. 용도지역제는 도시계획이나 건축 설계에서 공간을 사용 용도와 법적 규제에 따라 기능별로 나누어 배치하는 토지이용 방법으로 1916년 미국 뉴욕 주에서 가장 먼저 실시되었다. 우리가 흔히 알고 있는 '주거지역', '상업지역', '산업지역', '농업지역' 등이 바로 이러한 조닝에 의한 토지이용 구분이다. 우리나라에서는 '국토의 계획 및 이용에 관한 법률'을 토대로, 토지의 경제적이고 효율적인 이용과 공공의 복지 증진을 위하여 토지이용을 규제·유도하는 수단으로 용도지역지구제를 개발하여 활용하고 있다. 용도지역지구제는 크게 용도지역제와 용도지구제로 구분된다. 용도지역제는 위에서 말했듯이 토지 이용과 건축물 규모를 제한함으로써 토지를 경제적이고 효율적으로 이용하고 공공복리를 증진하기 위한 제도이며, 용도지구제는 용도지역제의 제한을 강화하거나 완화함으로써 용도지역제를 보완하는 성격이다.

이처럼 모더니즘 도시는 용도지역제를 포함하여 종합적이고 장기적인 마스터플랜에 의해 형성되었다. 그에 따라 도로건설 위주의 도시가 계획되고, 표준화된 대규모 주택단지가 조성되고, 도시 건축이 대량생산되면서 기능주의적 도시설계가 이루어졌다. 도시 경제 역시 공업을 대표로 하는 산업 위주의 경제기반이 구축되고, 대형단지와 시설물 위주의 도시경관이 형성되면서 사회적 분위기에서도 집단 내의 동질적인 문화가 형성되었다.

도시구조는 도심과 도심의 도시기능을 지원하는 부도심으로 이루어지고, 도심 외곽으로 나갈수록 지가가 하락하는 도심 지배적인 양상을 나타낸다. 그러나 도심의 지속적인 과밀로 부담이 늘어나는 한편 교통로가 개발되면서 일부 중산층이 교외지역으로 이주해 나갈 수 있는 기회가 생겼다. 교외지역은 여러모로 도시적 특성을 지닌다. 스프롤이 항상 교외화를 의미하는 것은 아니지만, 우리나라의 교외화 현상은 스프롤에 의한 것으로 간선도로나 고속도로를 따라 주택지가 확장되어나가는 행태를 띤다.(9-5) 스프롤은 단일 용도로 이루어진 지역의 특수한 토지이용패턴으로서 통상적으로 개별 필지, 업무시설단지, 또는 도로를 끼고 있는 쇼핑센터들로 나타난다. 즉 자동차 중심의 경관인 것이다.[7]

스프롤로 형성된 교외지역은 과도하게 넓은 주차장과 도로, 정형화된 주

스프롤(sprawl) 스프롤은 도시의 외곽에 인접한 지역에서 나타나는 비계획적인 도시 확산이다. 즉 도시의 주변지역으로 인구와 산업 등 도시의 기능이 퍼져나가는 현상을 의미한다.

9-5 1980년대
서울 잠실의 스프롤
현상(서울시정개발연구원,
2000)

9-6 미국 온타리오 주 밀턴

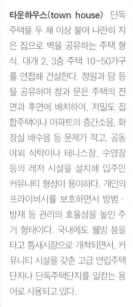

타운하우스(town house) 단독
주택을 두 채 이상 붙여 나란히 지
은 집으로 벽을 공유하는 주택 형
식. 대개 2, 3층 주택 10~50가구
를 연접해 건설한다. 정원과 담 등
을 공유하며 창과 문은 주택의 전
면과 후면에 배치하여, 저밀도 집
합주택이나 아파트의 층간소음, 화
장실 배수음 등 문제가 적고, 공동
야외 식탁이나 테니스장, 수영장
등의 레저 시설을 설치해 입주민
커뮤니티 형성이 용이하다. 개인의
프라이버시를 보호하면서 방범 ·
방재 등 관리의 효율성을 높인 주
거 형태이다. 국내에도 웰빙 붐을
타고 틈새시장으로 개척되면서, 커
뮤니티 시설을 갖춘 고급 연립주택
단지나 단독주택단지를 일컫는 용
어로 사용되고 있다.

노면 전차(路面電車, street car)
시가 전차(tram)라고도 하며, 도로
에 설치된 레일을 따라 움직이는
전동차를 가리킨다. 독일, 러시아,
우크라이나를 비롯한 세계 약 50개
국의 400개 도시에 존재한다. 주로
도시와 근교에서 여객 수단으로 이
용된다. 노선은 일반적으로 노면을
주행하지만, 교외에서는 따로 전용
궤도를 마련하는 경우가 많다. 최
근에는 천문학적인 예산이 투입되
는 지하철의 대체 교통수단으로 검
토되고 있다. 지하철보다 건설비가
적게 들고 공사 기간이 짧지만, 수
송량은 지하철보다 적고, 버스보다
는 많다.

택가, 마치 중심도시의 도시적 기능과 경관을 '복사'하여 '붙여넣기'한 듯 난
개발이 눈에 띤다.(9-6) 무엇보다 차량에 대한 완전한 의존성이 20세기 초 계
획되었던 건강한 교외 성장과 큰 차이가 있다. 원래 교외지역 개발은 그린벨
트로 분리된 마을이나 도시처럼 불연속적일 수도 있고, 대형 필지의 맨션과
단독주택, 타운하우스 등 다양한 밀도의 구성으로 계획되었으며, 노면 전차
를 비롯한 대중교통의 이용과 보행이 가능한 형태였다. 그러나 스프롤로 말
미암아 장소의 질이 하락하면서 어바니즘의 다양성이 사라지고, 휴먼스케일
의 공공 공간은 늘어나는 자동차를 수용하기 위해 희생되어야 했다.

모더니즘에서 포스트모더니즘으로

모더니즘을 기조로 한 산업화 시대의 기술적 합리성은 중심도시와 교외지역
에 이르기까지 일원성, 종합성, 일방성, 몰가치성의 환경을 만들었다. 처음에
추구했던 공공 공간, 휴먼스케일, 다양성으로 상징되는 어바니즘의 사고와는
차이가 있었다. 1961년 제인 제이콥스(Jane Jacobs)(9-7)는 『미국 대도시의 죽
음과 삶(Death and life of great American cities)』이라는 책에서 "도시의 진정한 가
치는 다양성 있는 건물군, 걷고 싶은 거리, 안전하고 재미있는 거리, 살고 싶
은 장소"에 있다고 강조했다.[8] 이는 전통적 어바니즘의 기초 원리와 일치하
며, 모더니즘 시대에 만들어진 도시환경과 경관에서 벗어나 시민이 도시를
인식하는 시민 주도의 도시개발과 환경운동이 이루어져야 함을 뜻한다. 즉
도시와 커뮤니티에서 포스트모더니즘의 사고를 제시한 것이다.

1970년대와 1980년대에는 정치적 개혁과 도시의 구조조정의 징후가 첨
단산업으로 생산방식 전환, 자본의 유동화, 유연한 노동형태, 노조의 약화 등

9-7 제인 제이콥스
(1916~2006)

에서 나타났다. 또한 정부가 자본의 수요와 흐름에 집중하면서 자본 유치에
전력을 기울임에 따라, 도시 역시 토지이용을 유도하기 위한 계획과 규제보
다는 도시 경제 성장에 주력하여 개발을 통한 부의 창출에 집중하게 되었다.
포스트모던식 유연한 자본투자와 자본의 세계화에 발맞춰 도시공간구조가
개편되기 시작한 것이다.[9]

　　포스트모더니즘 도시계획은 기존의 합리적 계획이 빚어낸 일방적이고
하향적인 과정의 한계에서 벗어나, 의사소통의 합리성을 추구하여 계획가와
정부, 시민이 상호 거래의 당위성을 공유하는 협력적 계획, 공정 계획 등을
원칙으로 한다. 포스트모더니즘 시대 자본이 전 지역, 전 세계로 이동하면서
도시 간 경쟁이 시작되었고, 생산과 소비에 관한 도시민의 관심은 장소보다
는 도시 역사와 문화, 도시경관, 교육환경, 삶의 질적 공간 형성 등에 집중되
었다. 또한 박애와 평등사상에 입각해 모든 계층에 고른 기회를 제공하는 것
을 원칙으로 했던 모더니즘 계획에서 전환하여, 생산방식의 차이(산업과 후기
산업)와 소득·성별·직업에 따라 나타나는 불평등한 도시환경을 고려하는 방
안이 필요했다. 도시에 축적된 문제를 해결하는 데에서 포스트모더니즘 사고
는 '뉴어바니즘'이라는 대안으로 이어졌으며, 기존의 물리적 도시계획에서
설계와 경관 관리로 패러다임을 전환하게 되었다.[10]

뉴어바니즘

뉴어바니즘은 도시의 교외화, 난개발, 자동차 중심의 도시생활, 저밀 개발 행

태에서 벗어나, 전통 도시처럼 조밀한 도시 내에서 이웃과 이웃이 잘 연결되고, 서로 다르게 이용되는 토지들이 잘 연결되어 있는 모습으로 돌아가려는 움직임에서 출발하였다.

본래 교외지역은 2차 대전 직후 미국과 캐나다, 영국 등지에서 선호된 주거지였다. 중심도시의 기능과 농촌의 풍요로운 자연을 모두 지닌 중간 점이 지대로 여겨지며 도시와 농촌의 장점을 모두 누릴 수 있을 것이라는 기대를 모았기 때문이다. 하지만 기술과 교통수단이 발달하면서 도시가 교외로 확산되자, 교외는 도시의 문제를 떠안게 되었다. 환경오염과 토지의 훼손이 심각해져 전통적 커뮤니티마저 붕괴되면서 교외지역의 생활이 기대만큼 풍요롭지 않았다. 도심에서 교외 주거단지나 상업지역을 곧바로 잇는 도로가 발달하면서 사회가 분절되었고, 지역사회의 예산과 기금도 효과적으로 운용되지 않았으며, 도로 건설과 상하수도 건설, 전기와 전화 공급, 주택 공급, 오염 대책, 안전과 복지 비용 등이 지나치게 여러 분야에서 나누어 사용됨에 따라 예산과 기금투자의 효과가 낮아졌다.[11]

2차 대전 이후 세계적으로 나타난 교외화는 더 이상 다음 세대들에게 매력을 끌지 못하는 도시 성장 방식이 되었다. 그리하여 도시와 교외화에 따른 근린지역의 훼손, 환경오염 등의 문제를 해결하기 위한 수단으로 1993년 시카고에서 신고전주의 도시학자 및 건축가들에 의해 뉴어바니즘 헌장이 발표되었다.[12] 뉴어바니즘은 사회와 그 구성원들이 지켜야 하는 기본적 준칙으로서 역할을 하기 시작했다.

열 가지 원칙

뉴어바니즘은 생태계의 지속 가능성을 생각하면서 삶의 질을 향상시키는 도시 성장 방식으로 열 가지 원칙을 제시했다.

그 첫 번째가 친환경 보행로를 조성하여 걷고 싶은 거리로 연결된 생활 공간을 창출하는 것이다.(9-8) 대부분의 업무가 집과 직장으로부터 보행거리 10분 내에서 이루어지게 한다. 일부 지역은 자동차의 진입을 제한하여 보행자를 보호하며, 가로수로 보행로를 꾸미거나 군데군데 작은 쉼터를 만들고 건물의 창과 간판을 정비하여 보행자들이 즐겁게 걸으면서 주변을 즐길 수 있는 환경을 조성한다.

두 번째는 연결성에 대한 원칙으로 교통로와 보도를 포함한 가로의 구성이 어디든 걸어서 편안히 이어지도록 하는 것이다. 가로를 구성할 때는 대로와 보행도로, 좁은 골목 등의 위계를 두고, 질적으로 잘 완성된 보도의 네트워크를 형성한다. 사람들의 활동이 골고루 섞여 있는 도시화된 근린주구, 특정한 활동이 독창적으로 일어나는 각 구역(district), 그리고 활동을 연결하거나 각 구역을 분리하는 통로(corridor)는 뉴어바니즘 설계의 기본 요소이다.[13] 친환경적 보행로가 중심이 되고 이들의 연결이 촘촘히 이루어져 어디든 걸어서 쉽게 닿을 수 있도록 형성된 근린주구는 주민들뿐만 아니라 비즈니스에도 많은 혜택을 제공한다. 차도로부터 보호되어 잘 꾸며진 보행로를 따라 집과 직장, 상점을 다니며 주민들은 이웃과의 교류를 통해 친밀한 공동체 공간에서 편안함을 느낄 것

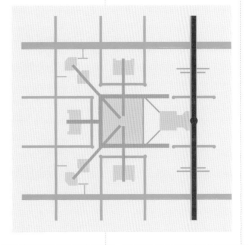

9-8 칼소프(Calthorpe)의 보행자 공간 구상도: 노란색은 쌈지공원 혹은 정원, 녹색은 보행로, 파란색은 차 진입로

이고, 차에 대한 의존이 줄어들면서 에너지 사용과 교통 혼잡의 절감 효과를 얻을 수 있다. 사람들이 걸어 다니며 마주치는 상점과 각종 비즈니스는 특별한 광고나 쓸데없이 큰 간판 없이도 충분히 홍보효과를 낼 수 있을 것이다.

세 번째는 혼합용도 개발을 통해 상점과 오피스, 집이 근린주구 내 혹은 빌딩 내에 입지하는 복합적이고 다양한 토지이용이다. 다양한 사회계층과 소득계층, 연령층, 또는 다른 문화를 지닌 이민자들이 주민으로 함께 모여 살 수 있는 지역 공동체를 지향한다. 작은 용지의 복합적 토지이용을 통해 개발업자들은 적은 비용으로 질 높은 개발을 하여 자산 가치나 판매가격을 높일 수 있을 것이다. 또한 소규모 복합용도로의 개발은 지역 비즈니스가 창출되는 데에도 큰 몫을 할 것이다.

네 번째는 가격과 형태와 규모에서 다양한 주택을 공급하여 다양한 지역사회를 만드는 것이다. 질 좋은 아파트, 여러 형태와 규모의 도시형 연립주택, 주상 복합형 구도의 주택을 공급함으로써 소득·연령·직업 성향이 다양한 주민들로 근린주구를 형성하여, 각 커뮤니티가 평균화될 수 있는 복합 주거단지를 설계하는 것이다.

다섯 번째는 역사적인 건축물과 건축 형태를 중시하는 것이다. 문화유산을 존중하고 전통적인 경관을 보존하며, 역사의 흔적이 공간상에 파노라마를 이루는 도시 디자인을 지향하여 장소성을 부각시킨다. 또한 시민 공공 공간을 커뮤니티 안에 만들어 상호 공존하면서 민주적인 참여가 이루어지는 도시 공간을 창출한다.

여섯 번째는 전통적인 근린지역의 구조를 되살리는 것이다. 단순히 과거를 복원하는 것이 아니라, 1900년대 초 전통적 도시계획 개념을 현대 사회의

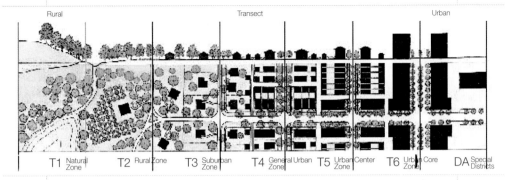

Rural　　　　　　　　　　Transect　　　　　　　　　Urban

T1 Natural Zone　T2 Rural Zone　T3 Suburban Zone　T4 General Urban Zone　T5 Urban Center Zone　T6 Urban Core Zone　DA Special Districts

9-9 듀에니(Duany)의
뉴어바니즘 도시 횡단면 모형

다양한 여건 및 시설에 접목시킨다. 공공 공간을 자투리땅에 계획하기보다는 중앙에 안전하고 편안한 공영 공간과 오픈스페이스를 설치한다. 이때 대중성을 고려하여 시민의 물적 요구와 미적 취향을 충족시킬 수 있는 공공장소가 되게끔 한다. 문화센터, 상업지역, 주택가에서 공공시설과 개인시설이 위계를 갖고 배치되어야 한다. 중심부에서 외곽으로 가면서 빌딩과 도시건축물, 사람들의 밀도가 낮아지는 대신, 녹지대의 밀도를 높여 마치 도시에서 농촌으로 이어지는 흐름을 한눈에 보는 듯한 도시 횡단면을 구성한다.[14](9-9)

일곱 번째는 빌딩과 거주지역, 상업지역과 서비스 공간을 최대한 가까이 위치시켜 어디든 도보로 쉽게 접근할 수 있는 공간을 만드는 것이다. 밀도를 높여 도시 에너지 소비를 절감하게 하며, 도시가 활력 넘치는 삶의 공간이 되도록 한다. 이러한 공간을 확보하기 위하여 압축형 개발이 제시되었다. 압축형 어바니즘은 토지 소비를 줄이고 농경지, 공원, 주거지와 보존 공간을 확보하는 것을 원칙으로 하여, 시가화 면적을 최소화함으로써 개발 비용을 절약하고 최소의 도로 대신 공급처리시설과 서비스를 최대화하는 등 주택비용과 토지이용, 인프라 비용의 절약 효과를 기대한 것이다. 이러한 밀도 개발은 작은 마을부터 대도시 모두에 적용하는 것을 원칙으로 한다.

여덟 번째는 공간적 이동의 대안으로 대중교통수단의 중심체계를 확립하는 것이다. 대중교통수단이 실수요에 맞게 공급되고 질적으로 개선되어 이동의 최적 방식이 대중교통이 되도록 한다. 대중교통 지향형 개발은 보행, 롤러블레이드, 자전거, 자가용 승용차 등 여러 가지 이동 수단과의 연결을 염두에 두어야 한다.(9-10)

아홉째로는 지속가능성이다. 가급적 환경에 영향을 덜 미치는 개발과 친

압축형 개발 압축도시개발은 오늘날 유럽의 도시들이 직면한 환경 문제를 해결하기 위해 고안되었다. 도시계획과 사회경제적인 지속가능성 간의 연계성을 강화하고, 용도를 복합화시켜 집중 개념에 따라 다핵화 전략을 통해 고밀도의 도시개발을 유도하는 계획방식이다. (원제무, 2008)

9-10 자전거와 대중교통의 연결

9-11 남산-용산 생태축 조성

환경 기술의 보급을 통해 자연환경의 가치를 보전하거나 복원한다. 정부와 시민이 함께 자연 보전에 노력을 기울여, 조금 덜 넉넉하고 조금 더 불편한 것을 감수할 수 있도록 체질 개선을 해야 한다.(9-11)

마지막은 도시환경의 질적인 가치, 즉 삶의 공간으로서 편안하고 안전한 주거공간을 마련하고 이웃이 어울려 공동체 문화를 형성하며, 도시를 관리하는 데 책임을 공유하는 건전한 커뮤니티를 형성하는 것이다.

도시의 새로운 가치

뉴어바니즘은 전통적 어바니즘의 사고에 현재의 환경적 필요에 근거하여 보전(conservation)과 지역주의(regionalism)의 두 가지 가치를 더한다.[15] 뉴어바니즘의 핵심은 시간적으로 역사와 전통을 지향하고, 공간적으로 자연환경과의 맥락적인 연결을 추구하며, 혼합용도의 도시설계와 소규모 커뮤니티 계획을 중심으로 주민참여와 의사교류를 통해 도시를 계획한다는 점이다. 또한 절충적이고 대중적인 도시공간을 창출하기 위해 커뮤니티의 공공성을 중시하되 도시 미적 측면을 강조하여 장소성과 지역적 특성을 강조한다. 전통 도시는 에너지와 자원을 효율적으로 이용하는 데 초점을 둔 나머지, 자연과 서식처가 파괴되는 것을 등한시했다. 그러는 동안 습지가 없어지고, 강의 흐름이 바뀌고, 생태계의 교란이 일어난 것이다. 뉴어바니즘의 사고는 이를 반성하며 총체적 자원 수요를 줄이고 환경 자산을 보전하는 데 주력한다. 한편 도시 설계에서 가장 중심이 되는 것은 보행자 공간이며, 대중교통 지향형 개발 모형을 지향한다. 칼소프가 뉴어바니즘에 입각하여 제시한 TOD 모형은 지속 가능한 도시공간을 만들기 위한 수단이 되었다. 도시규모 및 입지에 따라

TOD(Transit-Oriented Development) 피터 칼소프가 제시한 개념으로, 개인 승용차 의존적인 도시에서 탈피하여 대중교통 이용에 역점을 둔 도시개발 방식이다. 도심지역을 대중교통체계가 잘 정비된 대중교통지향형 복합용도의 고밀지역으로 정비하고, 외곽지역은 저밀도의 개발과 자연생태지역의 보전을 추구한다. 대중교통지향형 개발의 성공을 위해서는 교통체계의 개선만으로는 한계가 있으며, 근본적으로 대중교통 이용 자체의 편리성과 더불어 대중교통 이용으로 인한 도시 생활의 편리성과 효율성이 보장되어야 한다.

도시형 TOD와 근린주구형 TOD로 구분하여 지역적 개발의 규모가 대중교통 기반 형태가 되도록 하며, 상업·주거·직장·공원·공공용지 등이 정차장 인근 보행거리의 반경 내에 입지하도록 계획한다.

도시화의 관점에서 뉴어바니즘은 기존 도시와 교외지역, 신개발지 모두에 적용되어야 한다. 공간적이고 실용적인 관점에서 도시화의 원칙들을 교외지역에 알맞게 적용하여 적절한 밀도 기준과 환경을 만들어야 한다. 건축물과 공공 공간의 관계에서는 건축물이 공공 공간에 속해 있든, 공공 공간이 건축물에 속해 있든 간에 공간적 위계와 연결 구성이 잘 되도록 지역 계획에 응용해야 한다. 대도시권의 계획 역시 근린주구와 마찬가지로 공공 공간을 중심으로 해야 한다.

교통망체계는 대중교통과 보행자 우선으로 설계되어야 하고, 대도시권의 다양성을 담는 계획이 되어야 한다. 도시 성장의 바깥 한계가 뚜렷이 제시된 질서 있는 계획이 되어야 하며, 도시와 교외지역의 자연환경을 사회·경제·생태 면에서 하나로 다루어야 한다.[16] 광역적 기능을 갖는 건축물을 지역 특성을 고려하여 개발함으로써 근린주구와 각 구역들, 도심에서 건강한 도시화가 전개될 수 있도록 한다.

용도와 이용자가 다양해도 자동차 때문에 장소의 생동감이 흐려질 수 있다. 따라서 도시의 미개발지와 교외지역, 신도시개발지역 등에서 일관된 뉴어바니즘을 실현한다면 주거지의 무질서한 확산을 막고, 기존 도시에 활력을 불어넣음과 동시에 농촌지역에 지속 가능한 개발방식으로 새로운 성장을 유도할 수 있을 것이다. 자원 고갈과 기후변화, 그에 따른 사회·경제·환경의 도전에 직면하여 뉴어바니즘은 하나의 대안이 되고 있다.

주

1 김인·박수진 편(2006), 『도시해석』, 푸른길, p. 12.

2 Mumford, L.(1993), *The City in History*, Harcourt Inc., pp. 3~4.

3 Calthorpe, P.(2011), *Urbanism in the Age of Climate Change*, Island Press, pp. 17~22. 피터 칼소프(2011), 『기후변화 시대의 어바니즘』, 이왕건 외 옮김, 국토연구원, pp. 20~23.

4 http://www.bk.tudelft.nl/en/about-faculty/departments/urbanism/research; 임동원(2010), 『유로피안 어바니즘의 경험』, spacetime, pp. 18~19.

5 유환종 외(2010), 『도시연구』, 푸른길, pp. 19~21.

6 원제무(2008), 『마음으로 읽는 도시, 삶의 공간을 가꾸는 도시계획』, p. 263.

7 Calthorpe, P.(2011), p. 22.

8 Jacobs J.(1993), *The Death and Life of Great American Cities* (3rd ed.), Modern Library, p. 37, 187, 315, 417.

9 Harvey D.(1993), *The Condition of Post-Modernity*, Oxford: Blackwell, 원제무(2008), p. 271에서 재인용.

10 김흥순(2006), "뉴어바니즘, 근대적 접근인가, 탈 근대적 접근인가," 『한국도시행정학회지』 19(2), pp. 49~75.

11 여홍구 외(2005), 『도시와 인간』, 나남출판, p. 276.

12 Andres Duany, Elizabeth Plater-Zyberk, Peter Calthorp, Stefanos Polysoides, Daniel Solomon 등이 뉴어바니즘 헌장을 설립하였다. 듀웨니는 "인간 행복의 총체는 뉴어바니즘으로 인해 증대될 것이다"라고 말하며 뉴어바니즘을 통해 자연과 공생하는 안전한 삶의 질 향상과 건강한 도시 커뮤니티 만들기를 지향하였다.

13 여홍구 외(2005), p. 281.

14 횡단면(Transect) 계획은 도시를 구성하는 요소들이 서로의 기능을 보강할 수 있도록 조화롭게 배치되어 마치 자연 서식처와 같은 환경의 도시공간을 디자인하는 것이다.

15 Calthorpe, P.(2011), p. 23.

16 여홍구 외(2005), p. 278.

참고문헌

국토연구원(2008),『桑田碧海 국토60년: 국토60년사 사업편』.

김인·박수진(2010),『도시해석』, 푸른길.

김흥순(2006), "뉴어바니즘, 근대적 접근인가, 탈 근대적 접근인가,"『한국도시행정학회지』 19(2), pp. 49~75.

노화동(2008), "정부주도형 '간판정비사업'에 관한 연구," 경원대학교 디자인문화정보대학원.

동방디자인(2012),『인테리어 용어사전』.

방경식(2011),『부동산용어사전』, 부연사.

서울시정개발연구원(2000),『서울, 20세기 100년의 사진기록』.여홍구 외(2005),『도시와 인간』, 나남출판.

원제무(2008),『마음으로 읽는 도시』, 삶의 공간을 가꾸는 도시계획 조경.

임동원(2010),『유로피안 어버니즘의 경험: 평등을 찾아가는 도시계획 이야기』, spacetime.

팀 홀(2010),『도시연구: 현대도시의 변화와 정책』, 유환종 외 옮김, 푸른길.

Barnett, J.(2011), A short guide to 60 of the newest urbanisms, *Planning* 77, pp. 19~21.

Calthorpe, P.(2011), *Urbanism in the age of Climate Change*, Island Press.

Harvey, D.(1993), *The Condition of Post-Modernity*, Oxford: Blackwell.

Jacobs, J.(1993), *The Death and Life of Great American Cities*, 3rd ed., Modern Library.

Kelbaugh, D.(2009), *Three Urbanisms and the Public Realm*, Routledge.

Knox, P.(2010), *Cities and Design*, Routledge, p. 10.

Krieger, A.(2009), *Urban Design*, University of Minnesota Press, p. 113.

Louis, W.(1938), "Urbanism as a way of life," *The American Journal of Sociology* 44(1), pp. 1~24.

서울특별시 도시계획국 '알기 쉬운 도시계획 용어' http://urban.seoul.go.kr

서울특별시 문화·관광·체육·디자인 http://sculture.seoul.go.kr

인사동 홈페이지 http://insadong.jongno.go.kr/inTownMain.do

http://www.bk.tudelft.nl

http://cardi.cornell.edu/cals/devsoc/outreach/cardi/programs/land-use/sprawl/defini-
        tion_sprawl.cfmhttp://www.econovill.com

http://www.newurbanism.org

10 도시와 경제

이원호(성신여자대학교)

이 장은 21세기 창조경제의 등장과 그에 따른 도시의 중요성을 이해하는 데 초점을 두고 있다. 가치 창출의 패러다임이 지식에서 인간의 창조성으로 넘어가면서, '다양성, 차별성, 창조성 및 혁신의 저장소'로서 도시의 역할이 증대해왔다. 창조경제와 창조사업의 개념은 여전히 논란 속에 있지만, 새로운 성장동력으로서 창조경제의 역할과 그 성과는 분명해 보인다. 또한 창조경제의 활동이 과거 제조업과 마찬가지로 특정 입지에 집중하는 경향이 뚜렷해지면서, 창조성, 혁신, 새로운 산업의 인큐베이터로서 장소의 중요성도 부각되고 있다. 이에 따라 오늘날 우리나라를 포함한 세계 각국은 창조경제의 성장과 그에 연계된 도시 발전전략을 적극 추진하고 있다.

창조경제의 등장과 도시의 중요성

창조경제의 등장

2013년 출범한 박근혜 정부가 지향하는 국정과제의 핵심적 요소로 창조경제가 부각되고 있다. 물적 생산요소에 기반한 전통적인 산업화 패러다임 이후에 등장하는 새로운 생산 패러다임을 묘사하는 다양한 용어들이 그동안 오르내렸다. 특히 주목받은 것이 창조경제인데, 이 용어는 2001년 존 호킨스(John Hawkins)가 쓴 동명의 책이 나오면서 본격적으로 인식되기 시작한 것으로 보인다.[1]

전통적인 산업경제가 종말을 고한 1970년대 이래 지식의 생산·활용·공유·분석 등과 관련된 역량은 국가경제 내 전 부문에서 경제성장과 부의 창출을 주도해왔다. 우리는 이것을 '지식(집약)경제의 도래'로 이해했으며, 이는

| 참고 | **존 호킨스의 창조경제**

존 호킨스는 『창조적 경제(*Creative Economy*)』에서 15개의 창조적 산업 분야를 망라해 창조적 경제를 규정했다. 구성은 다음과 같다.

· 연구개발 · 출판 · 소프트웨어 · TV · 라디오 · 디자인
· 음악 · 영화 · 장난감 · 게임 · 광고 · 건축
· 공연예술 · 공예 · 비디오게임 · 패션 · 미술

그에 따르면 1999년에 전 세계 15개 창조적 산업 분야의 연간 수입은 2조 2,400억 달러로 추산되며, 미국은 9,600억 달러의 소득을 차지하여 선도적인 창조적 경제국가로 평가되었다.

정병순(2012), "서울경제 일자리 창출의 동력, 창조산업의 전략적 육성," 『SDI 정책리포트』 제110호.

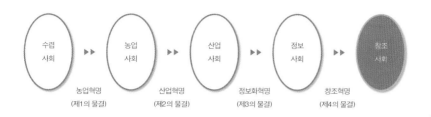

10-1 창조사회로의 패러다임 전환(차두원·유지연, 2013, p. 5)

고부가가치의 재화·서비스 수요가 늘어나면서 발전해왔다. 이 과정에서 세계화는 수요를 더욱 다양하게 촉발시켰으며, 기업을 그러한 수요에 적극적으로 대응해야 하는 무한경쟁으로 몰아가면서 지식경제의 성장에 깊이 관여해왔다. 결과적으로 기업이 점차 범용기술과 지적 자산 및 지식과의 결합을 통한 새로운 가치 창출역량을 기업경쟁력의 핵심 요소로 간주하게 되는 패러다임의 변화가 나타났다.

그러나 21세기로 접어들면서 우리는 또 하나의 변화에 주목하게 되었다. 그것은 앨빈 토플러(Alvin Toffler)가 제시한 산업사회에서 정보사회로의 이행과 같은 맥락으로 이해될 수 있는데, 바로 세계경제가 지식경제에서 점차 창조경제로 이행하고 있다는 인식이다. 실제로 일본 노무라종합연구소는 이미 1990년 발표된 보고서를 통해 창조활동의 가치와 역할이 중요하고, 창조산업이 성장산업으로 등장하며 문화력이 국력을 좌우하는 창조사회의 등장을 예견하기도 했다.[2] 이후 창조경제 논의를 본격적으로 불러일으킨 호킨스의 책 출간 이후에도 많은 매체들이 창조경제의 등장과 그 중요성을 우리에게 확인시켜왔다. 2005년에는 『비즈니스위크(Businessweek)』에서 경제 패러다임이 지식에서 창조성이 핵심인 창조경제로 옮겨갔음을 지적했고, 노벨 경제학상을 수상한 조지프 스티글리츠(Joseph Stiglitz)도 최근 글로벌 경제위기와 침체가 생산·지식경제에서 창조경제로 이행하는 과도기 현상이라고 주장하기도 했다.(10-1)

그러나 창조경제의 모습을 구체적으로 파악하려고 할 때, 뚜렷한 창조경제의 존재를 규정하는 것은 여전히 많은 논란의 여지를 갖고 있다. 특히 지식·정보화에 기반한 지식기반경제 내 산업과 창조경제 내 산업을 구분 짓는

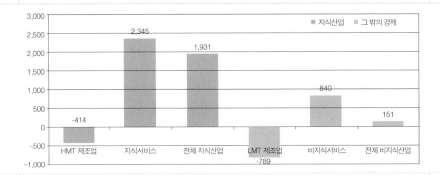

10-2 지식기반 창조경제의
고용창출 효과
(Jones, A. et al, 2008,
p. 17)

것은 아마도 상당히 힘든 작업일 것이다. 이러한 문제를 극복하기 위해 여기
서는 2007년 영국 워크파운데이션(Work Foundation)의 논의를 기초로,[3] 창
조경제를 지식기반경제의 일부로 이해하면서 문화·예술 등 인간의 창조성에
본질적으로 의존하는 산업을 협의의 창조경제로 이해하는 한편, 기존 산업의
창조경제화를 포함하는 광의의 산업은 지식기반경제와 유사한 것으로 본다.

창조경제는 그 실체가 여전히 불분명한 것이 사실이지만, 이러한 개념이
등장한 배경은 상대적으로 분명해 보인다. 첫째, 지속적으로 변동하는 세계
경제와 그 결과로 나타나는 경기침체를 극복하기 위한 새로운 성장동력이 필
요해졌고, 특히 경제성장과 일자리 창출을 함께 달성할 수 있는 새로운 경제
체계에 대한 모색이 제기되었다는 점이다. 최근 10여 년간 지속적으로 반복
되는 경제위기는 세계경제의 성장동력이 제대로 기능을 하지 못한다는 점을
방증하며, 이를 구조적으로 극복하기 위한 대안 모색이 강조되었다. 특히 비
대해진 금융 부문이 실물경제를 억압하고, 경제성장이 고용창출로 이어지지
못할 뿐만 아니라 기술발전과 생산성 향상이 일자리 축소를 초래하는 악순환
적 구조에 대한 체질 개선이 시급함을 지적하고 있다. 실제로 창조경제와 유
사한 지식경제의 성장이 국가경제 내 일자리 창출에 기여해왔다는 점은 이미
많은 연구에서 증명되었다.(10-2) 이러한 배경은 현재 우리나라가 봉착한 경
제구조의 한계와 매우 유사하며, 결국 박근혜 정부가 창조경제를 국정과제로
내세운 중요한 배경으로도 작용하고 있다.

둘째, 경제발전의 새로운 동인으로서 창의적 아이디어와 상상력 등 무형
자산의 중요성이 주목받고 있다. 유럽과 영국에서 이른바 창조산업을 대표하
는 문화·예술 중심의 산업이 경제성장과 일자리 창출을 주도하면서 경제의

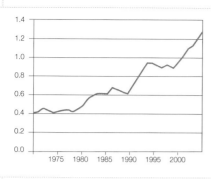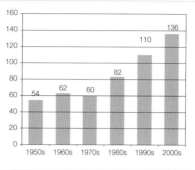

10-3 지식기반 창조경제에 대한 영국(왼쪽)과 미국(오른쪽)의 투자 우선순위 심화(Jones, A. et al, 2008, p. 17)

성장 엔진으로 역할을 수행하고 있다. 이를 대표하는 것이 바로 애플(Apple) 과 페이스북(Facebook)의 성공 사례다. 애플은 창조적인 애플 생태계를 구축 하면서 애플 50,250명, 외부 연구개발 생산 등 257,000명, 앱 경제 291,250 개 등 총 60만 개 일자리를 창출했다. 페이스북도 미국 내 최소 정규직 개발 자 182,744명과 121억 9천 달러 수준 경제효과를 창출한 것으로 평가받고 있 다.[4] 이렇듯 혁신적 창조성과 아이디어 하나로 엄청난 경제적 가치를 창출하 면서 국가경제를 선도하는 사례가 많아지고 있으며, 이는 새로운 창조경제의 등장과 그 성과를 우리에게 명확히 보여준다. 그에 따라 선진국에서도 지식 에 기초한 창조경제에 대한 투자를 지속적으로 확대하고 있는데, 주로 R&D, 소프트웨어, 디자인과 신제품 개발, 브랜드 자산 등에 집중되고 있다.(10-3)

창조경제와 도시의 중요성

창조경제와 관련해 국토 및 도시 연구 분야에서 주목을 받아온 것은, 바로 창 조계급과 창조도시에 관한 광범위한 연구일 것이다. 세계화에 따라 경제활동 은 더욱 더 평평해진(flat) 지구에서 확대·통합되고 있지만, 실제 경제적 핵심 활동의 입지는 매우 불평등하다는(spiky) 기본적인 인식이 있다.

창조경제의 등장에서 왜 도시가 중요한가? 한마디로 표현한다면 제인 제이콥스(Jane Jacobs)의 주장대로 '도시는 다양성, 차별성, 창조성 및 혁신의 저장소'이기 때문이다. 따라서 창조성을 지향하는 창조산업은 당연히 도시 입지로부터 혜택을 받을 수밖에 없다. 도시의 중요성은 그것이 제공하는 세 가지 기능, 즉 공유, 매칭, 학습의 측면에서 고찰할 수 있다.

먼저 공유 측면에서 보면, 도시 내 다양한 하드 및 소프트 인프라를 혁신

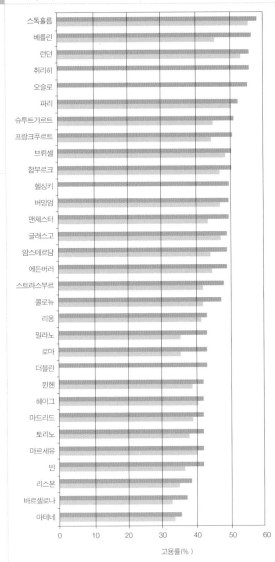

고용률(%)

10-4 유럽 도시 내 지식기반
창조산업의 빠른 성장(Jones,
A. et al, 2008, p. 20)

적이고 창조적인 주체들이 공유할 수 있으며, 그러한 집적에서 창출되는 혜택조차 공유함으로써 다양한 경제·사회적 이점을 누릴 수가 있다. 둘째로 매칭 측면을 보면, 도시의 규모는 다양한 창조적 주체를 만날 수 있는 충분한 기회를 제공할 뿐만 아니라 창조적 경제활동의 수요도 손쉽게 찾을 수 있는 시장의 기능도 수행한다. 끝으로 학습 측면을 보면, 창조적인 혁신 주체에 대한 근접성은 학습을 통해 창조적 아이디어로의 접근을 가능하게 하며 이는 결국 주체와 지역 내 생산성 향상에 기여할 수 있다.

유럽의 도시에서 우리는 도시 내 창조산업을 포함한 지식기반경제의 빠른 성장을 확인할 수 있다.(10-4) 해당 기간 동안에 유럽의 모든 도시에서 창조산업 내 고용이 비창조산업 내 고용에 비해 빠른 성장을 보이고 있어 도시의 여건이 창조산업의 성장에 기여함을 간접적으로 잘 보여주고 있다. 아울러 창조산업이 발전한 도시가 속한 국가의 분포를 보면, 유럽 내 경제발전 수준이 높은 국가의 도시일수록 창조산업의 성장률이 높다는 점을 알 수 있다. 이는 도시 내 창조산업의 성장 수준과 국가경제의 발전 수준 간 높은 상관관계가 있음을 의미하며, 더 나아가 창조산업이 뿌리를 내린 창조도시의 발전이 국가경제의 성장에 기여할 수 있다는 점을 시사한다.

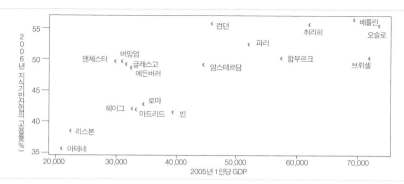

10-5 지식기반 창조산업과 도시성장(Jones, A. et al, 2008, p. 23)

창조산업의 성장이 도시 입지로부터 혜택을 받는 것과 마찬가지로, 도시 또는 지역도 창조산업의 성장과 생산성 증대에 따라 혜택을 입는다. 유럽의 도시 1인당 GDP와 지식기반 창조산업의 발전 정도를 나란히 놓으면, 창조산업의 성장과 도시 발전 수준 사이에 밀접한 관계가 있음을 확인할 수 있다.(10-5) 결국 다양성, 차별성, 창조성 및 혁신의 장소로서 도시는 창조산업이 발전할 수 있는 중요한 토대를 제공하는 한편, 도시 내 창조산업의 발전이 도시경제의 성장을 촉진하는 자기강화적 과정이 존재함을 알 수 있다. 따라서 지식기반경제를 거쳐 창조경제의 시대에도 도시의 역할은 매우 중요하다.

창조경제의 개념과 우리나라의 발전전략

창조경제와 창조산업

창조경제의 개념에 대한 논의는 여전히 진행 중이므로, 이를 한마디로 정의하는 것은 시기상조다. 그러나 창조경제가 강조하는 것이 창조성(creativity)이라는 점은 분명하기 때문에, 창조경제에 대한 우리의 이해도 창조성에 대한 논의에서 출발해야 할 것이다.

인간 활동의 내재적 속성으로서 창조성은 논쟁적인 개념이다. 창조성을 다루는 주요 학문인 심리학에서조차 이것이 인간의 속성인지에 대해, 또 독창적인 아이디어가 만들어지는 과정에 대해 공통의 인식이 존재하지 않는다. 그럼에도 우리는 인간 활동에서 창조성의 다양한 측면을 고찰할 수 있다.[5] 먼저 인간이 가진 문화적 창조성은 상상력과 독창적 아이디어, 그리고 세상을

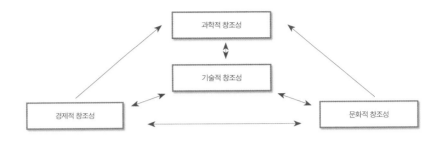

10-6 창조성의 이해
(UNCTAD, 2010, p. 3)

글·소리·이미지로 표현하는 역량을 포함한다. 다음으로 과학적 창조성은 호기심과 함께하며 실험과 문제해결의 새로운 연계를 모색한다. 또한 경제적 창조성은 기술, 기업활동, 마케팅 등에서 혁신에 이르는 역동적인 과정을 말하며, 경제적 경쟁력 확보와 밀접하게 관련되어 있다. 이 모든 창조성은 기술적 창조성과 관련되며 서로 연계되어 있다.(10-6)

창조경제를 이해하는 핵심은, 인간의 창조성에 기초해 새로운 부가가치를 창출하는 창조산업의 등장이라는 협의적 인식, 그리고 경제발전론의 맥락에서 창조성에 기초한 새로운 경제성장 패러다임의 구축이라는 광의적 인식에 있다.

호킨스는 창조경제를 '창조 생산품의 거래'로 설명하면서 창조 생산품이야말로 소비자의 삶의 가치를 높이는 창조적 재화와 서비스이며, 특허, 실용신안, 상표, 디자인 등 지식자산에 의해 창출되는 것이라고 주장했다.[6] 그의 주장에 따르면 창조 생산품을 만드는 창조산업은 기존 제조업과 서비스업에 비해 2~4배의 빠른 성장속도를 보이고 있다.

UNCTAD는 두 차례의 창조경제 보고서를 출간하면서 오늘날 창조경제 논의의 발전에 기여했다. 여기서 창조경제는 '경제성장과 발전 잠재성이 있는 창조적 자산에 기반한 진화론적 개념으로 창조적 자산을 생산하는 모든 경제 활동'으로 정의된다.

한편 일본 노무라종합연구소는 1991년 관련 보고서를 통해 21세기 정보화 사회와 함께 창조혁명이라는 새로운 물결이 도래할 것이라는 점과 창조적 활동의 새로운 가치와 역할이 중시되는 창조산업을 대비해야 한다고 주장했다.[7] 여기서 창조경제는 가격이 아니라 새로운 부가가치를 창출하는 창조성에

| 참고 | UNCTAD의 창조경제

창조경제는 잠재적으로 경제발전과 성장을 유발하는 창조적 자산에 기초한 역동적인 개념이다.

· 소득과 일자리 창출, 수출 증대를 촉진하면서도 다른 한편으로 사회적 통합, 문화적 다양성 및 인간 개발을 촉진한다.

· 기술, 인적자산, 관광 목적 등과 상호작용하는 경제, 문화, 사회의 여러 측면을 포함한다.

· 발전 측면과 함께 전체 경제와 거시적 및 미시적 연계를 가진 일련의 지식기반 경제활동이다.

· 혁신적이고 다분야 정책 대응 및 부처 간 협력을 동반하는 실현 가능한 정책 대안이다.

· 창조경제의 핵심에는 창조산업이 있다.

의해 시장으로부터 선택된 제품과 서비스로 이루어진 경제로 정의되었으며, 이 모든 것을 지배하는 창조사회의 도래와 그 특징도 함께 기술되었다.(표 10-1)

UNCTAD의 보고서가 지적한 바와 같이 창조경제의 핵심에는 실질적으로 새롭게 부가가치를 창출하는 창조산업이 존재한다. 따라서 창조경제에 대한 이해와 정책적 방안 모색에서 창조산업을 규정하는 것이 매우 중요하다. 현재 창조산업을 규정하는 연구는 크게 네 가지 모델로 대별된다.[8](표 10-2)

먼저 UK DCMS 모델은 1990년대 말 글로벌 경제의 경쟁체제 속에서 영국 경제의 경쟁력 강화를 위해 창조성과 혁신 추동형 경제로 변모시키고자 노력한 결과로 등장했다. 이 모델은 창조산업을 부와 일자리 창출 잠재력을 가지면서 창조성, 기술, 인재를 필요로 하고 지적자산의 활용을 중시하는 산업으로 정의한다. 특히 창조산업에 속한 13개 부문이 모두 문화산업으로 간주될 수 있다는 점이 특징적이다.

표 10-1 창조사회와 기존 사회의 특성 비교[9]

구분	농경사회	산업사회	정보사회	창조사회
발전 동인	농업혁명 (제1의 물결)	산업혁명 (제2의 물결)	정보혁명 (제3의 물결)	창조혁명 (제4의 물결)
인간 기능 도구	다리	손, 팔	눈, 귀, 입	두뇌(창조력)
인간 활용 도구	철, 연장	기계	컴퓨터	콘셉터 발상지원시스템
사회 척도	곡물 수확량	칼로리	비트	창발량
국력 척도	군사력	정치력	경제력	문화력
주도국	중국, 이집트	영국	미국	–

표 10-2 창조산업의 분류 모델[10]

UK DCMS 모델	상징적 텍스트 모델	동심원 서클 모델	WIPO 저작권 모델
· 광고 · 건축 · 미술품 및 고미술 · 공예 · 디자인 · 패션 · 영화 · 음악 · 공연예술 · 출판 · 소프트웨어 · 텔레비전 · 라디오 · 비디오 · 컴퓨터 게임	핵심적 문화산업 · 광고 · 영화 · 음악 · 출판 · TV, 라디오 · 비디오, 컴퓨터게임 주변적 문화산업 · 창조적 예술 경계적 문화산업 · 소비자 전기전자제품 · 패션 · 소프트웨어 · 스포츠	핵심 창조예술 · 문학 · 음악 · 공연예술 · 시각예술 기타 핵심 문화산업 · 영화 · 박물관, 도서관 광의의 문화산업 · 문화유산 · 출판 · 음원산업 · 텔레비전, 라디오 · 비디오, 컴퓨터게임 관련 산업 · 광고 · 건축 · 디자인 · 패션	핵심 저작권산업 · 광고 · 저작권 관리 단체 · 영화, 비디오 · 음악 · 공연예술 · 출판 · 소프트웨어 · 텔레비전, 라디오 · 비주얼, 그래픽 예술 상호의존적 저작권산업 · 레코딩 재료 · 가전제품 · 악기 · 논문 · 복사기, 사진장비 부분적 저작권산업 · 건축 · 의류 및 신발 · 디자인 · 패션 · 가사용품 · 장난감

둘째, 상징적 텍스트 모델은 비판적 문화연구 전통 속에서 창조산업에 접근하는 것이 특징적인데, 고급문화에 비해 대중문화를 강조한다. 한 사회에서 문화가 형성되고 이전되는 과정을 상징적 텍스트와 메시지의 산업적 생산·분배·소비과정으로 이해하며, 이러한 과정에 개입하는 활동을 창조산업으로 분류한다.

셋째, 동심원 서클 모델은 문화상품 내 존재하는 문화적 가치가 창조산업에서 가장 중요한 특성이라는 주장에서 출발한다. 따라서 특정 재화와 서비스가 갖는 문화적 내용이 두드러질수록 해당 산업은 창조산업으로서 그 지위가 더 강해진다. 특히 핵심적인 창조적 아이디어가 핵심 창조예술 분야에서 출발해서 점차 주변부로 확산되면서 새로운 창조산업을 형성한다고 보았으며, 이러한 모델은 현재 유럽 내 창조산업의 분류를 위한 토대가 되고 있다.

끝으로, WIPO 저작권 모델은 직접 또는 간접적으로 저작권물의 창출·

제조·생산·방송·보급과 관련된 산업을 토대로 한다. 따라서 이 모델은 창조성이 체화된 지적재산권에 초점을 두며 저작권물을 직접 생산하는 산업과 그것을 배분하는 산업으로 구분하여 창조산업을 규정하는 것이 특징이다.

결국 다양한 창조산업의 개념과 분류는 각각의 장단점을 근거로 활용되는 것이 중요하다. 다만 지역별·국가별 비교연구와 시기별 변화를 제대로 고찰하기 위해 창조산업에 대한 표준 분류가 절실하다. 그동안 다양한 창조산업에 대한 연구가 진행되어왔지만, 체계적이고 내적 통일성을 갖춘 창조산업에 대한 이해와 정책 방안 모색은 미진한 상황이다.

우리나라의 창조경제 발전론

박근혜 정부의 핵심과제로 창조경제론이 등장하면서, 우리나라의 학계와 정책 집단 내에서 창조경제 논의가 매우 활발하게 전개되었다. 창조경제 논의는 무엇보다도 우리나라 경제가 과거와 같은 성장동력이 부재한 가운데 사회적 양극화 등 총체적인 위기를 맞고 있다는 인식에서 출발한다. 실제로 다양한 자료를 근거로 이제 우리나라 경제는 저성장 기조를 유지하고 있고, 경제성장이 과거와 달리 고용 창출을 동반하지 못하면서 기존의 성장동력도 급속히 사라지고 있다. 이러한 위기 상황과 그에 대한 인식이 창조경제를 새로운 대안으로 떠오르게 한 배경일 것이다.

실제로 우리나라 경제가 저성장 기조를 유지하고 있다는 점은 분명하다.(10-7) 2008년 말 글로벌 금융위기에서 벗어나, 2010년 전년 대비 경제성장률이 8.7%까지 회복되었지만 이후 지속적으로 감소하여, 2012년 말에는 1.2%를 기록하며 경제의 저성장 기조가 점차 고착화되고 있다.

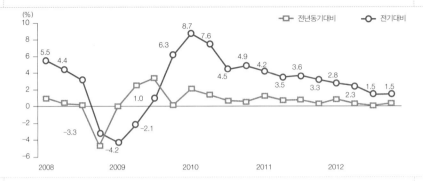

10-7 우리나라 경제성장률
추이(유병규, 2013, p. 6)

더 심각한 것은 경제가 성장하더라도 과거와 같은 고용 창출 효과가 없는 성장 현상이 심화되고 있다는 점이다.(10-8) 1990년 전 산업의 고용유발계수 26.8은 2008년 1/3 수준인 8.3으로 하락했으며, 특히 제조업의 경우 1990년 27.1에서 2005년 7.2로 하락하여 서비스업에 비해 크게 줄었음을 알 수 있다. 이처럼 고용 없는 성장 현상은 우리나라 산업구조의 고도화 과정 속에서 국내 투자 여건의 악화, IT 등 고용 절약적 산업의 성장, 부품 소재 등 뿌리산업의 취약성 등 다양한 요인에 의해 발생했다.

이에 따라 박근혜 정부의 창조경제 전략은 '일자리 중심의 창조경제'로 집약된다. 자본투입 중심의 추격형 전략에서 벗어나, 과학기술과 사람 중심의 선도형 창조경제로 전환하여, 성장 잠재력 제고와 좋은 일자리 창출이 선순환되는 지속 가능한 경제시스템을 구축하는 것이다. 특히 초점을 두는 것은 창조경제 생태계의 구축이다. 창조경제의 목적을 경제성장과 일자리 창출에 두는 것은 우리가 보아온 해외 창조경제의 개념과 공통점이 많으나, 이에 더하여 기존의 창조산업, 창조계층 등의 개념을 포괄하는 창조산업 생태계를 강조하는 것이다. 여기서 창조경제 생태계는 과학기술과 산업 중심적 생태계 모델로서 연구개발 주체, 기반 등 7개의 하위 생태계로 구성되며, 생태계와 가치사슬 창출을 통한 R&D 지원이 강조되는 국가 산업발전 모델을 지향한다.[11] 따라서 창조경제 생태계의 육성은 창의적 지식이 산업과 접목되고 널리 활용되어, 경제의 부가가치를 높이고 새로운 산업과 일자리를 창출하도록 과학기술과 정보통신기술 등이 산업 전반에 융합·확산될 수 있는 체제를 마련하는 정책이라고 볼 수 있다.

결국 정부가 지향하는 창조경제 육성은 상상력과 창의성, 과학기술에 기

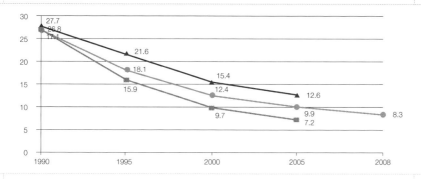

반한 경제 운영을 통해 새로운 성장동력을 창출하고, 새로운 시장, 새로운 일 자리를 만들어가는 정책이라고 볼 수 있다. 또한 정책의 대상이 되는 창조산 업은 신성장동력(문화콘텐츠, 소프트웨어, 인문, 예술 등), 사회 이슈 해결(고령 화, 에너지 등), 실용기술 활용(사업자, 창업 아이디어 실현 등), 과학기술 서비스 (빅 데이터, 초고성능 컴퓨팅 활용), 거대 전략 기술 기반산업(우주발사체, 인공위 성, 대형 가속기, 원자력 등) 등 국정과제에서 제시된 산업들을 포괄하는 것으로 여겨진다.

창조경제 활성화를 위한 창조도시 발전전략

창조계급과 창조성의 지리

세계화의 흐름이 가속화되면서 한때 많은 사람들이 도시의 미래에 대해 '지 리의 종말'을 예견했다. 즉 인터넷과 정보통신 및 교통체계의 발전으로, 함께 일하는 사람들이 더 이상 같은 공간에 존재할 필요가 없어져 도시를 결국 사 라지게 만들 것이라는 주장이다. 그러나 실제로 사람들은 여전히 공간적으로 집중해서 분포할 뿐만 아니라, 경제성장을 주도하는 첨단산업, 지식기반산업 및 창조산업은 과거 제조업의 집적지와 마찬가지로 특정 입지를 중심으로 집 중되어 있다. 오스틴과 실리콘밸리에서 뉴욕과 할리우드에 이르는 지역이 대 표적인 사례다. 결국 창조성, 혁신, 새로운 산업의 인큐베이터로서 장소의 역 할이 여전히 중요한 셈이다.

그런데 더욱 눈여겨볼 부분은 기업의 집적 여부가 아니라, 그렇게 집적하는 이유다.[12] 이에 대한 적절한 대답은, 혁신과 경제성장을 북돋는 인재들이 집중하는 데서 긍정적인 효과를 끌어내기 위함이라는 것이다. 이 주장을 뒷받침하는 두 가지 접근이 있는데, 그것은 각각 인적자본론과 창조자본론이다. 먼저 인적자본론은 사람이 지역 성장을 뒷받침하는 성장동력이라고 주장한다. 지역 성장의 열쇠가 고학력의 생산적인 인구에 있다고 보고, 특히 인적자본의 집적에서 나오는 생산성 효과인 '제인 제이콥스 외부성 효과'를 지역 경제성장의 핵심 요인으로 간주한다.

한편 플로리다(Richard Florida)의 창조자본론은 인적자본 중 창조적인 사람들이 지역경제성장의 추동력이라는 사실에서 출발한다. 더 나아가 고급 인력을 지역에 주어진 자원으로 간주하기보다는, 오히려 왜 창조적인 사람들이 특정 장소에 집적하는지에 초점을 둔다. 그는 창조적인 인재들이 주거지를 결정할 때, 맹목적으로 일자리를 쫓아가는 것이 아니라 포용적이고 다양한 장소로 이끌린다는 점에 주목했다. 그의 창조자본론은 인적 자본의 한 유형, 즉 창조적인 사람들을 경제 성장의 핵심으로서 파악한다는 점과, 지역을 창조적인 사람들의 입지 결정을 규정하는 근원적 요인으로 바라본다는 점에서 이전의 인적자본론과 차별된다.

플로리다의 창조자본론은 창조경제의 인재를 지칭하는 창조계급을 이해하는 데에서 시작한다. 창조계급의 뚜렷한 특성은, 이들이 유의미한 새로운 형태를 창출하는 일에 종사하고 있다는 점이다. 창조계급의 핵심 집단은 과학자와 엔지니어, 대학교수, 시인과 소설가, 예술가, 연예인, 연기자, 디자이너, 건축가뿐만 아니라 현대 사회의 사상적 지도자, 즉 비소설 작가, 편집인, 문화계 인물, 종합연구소 연구원, 분석가 및 여타 여론 주도자 등을 포함한다. 오늘날 이러한 창조계급의 공간적 분포는 새로운 창조성의 지리를 창출하고 있다. 플로리다는 다음과 같이 설명한다.

첫째, 창조 계급은 전통적인 기업 공동체, 노동 계급의 거점, 그리고 많은 선벨트 지역들에서 벗어나 창조적 거점이라고 하는 장소들로 이동하고 있다. 둘째, 창조적 거점들은 창조계급이 집중할 뿐만 아니라 높은 창조경제 성과를 달성한다. 셋째, 창조적 거점들은 대개 창조적인 사람들이 살고 싶어 하기 때문에 성공적이다. 끝으로, 창조적인 사람들을 유인하는 요인은 풍부하고 높은 수준의 체험 레크리에이션, 다양성에 대한 개방, 창조적 사람으로서 자신의 정체성을 인정받는 기회 등이다. 경험적으로 창조계급이 집중한 장소들은 혁신과 하이테크 산업의 중심으로도 높은 순위를 차지한다.

해외 창조도시의 성공 사례

창조경제의 발전을 위한 새로운 도시 역할이 강조되어왔다. 무엇보다 도시는 고기술 인재 활용, 소비자 접근, 혁신 기회, 아이디어 교환 등을 위한 장소를 제공한다. 따라서 최근 광역적 도시권(City-Region)의 성장을 선도하는 지속가능한 지식집약적 도시를 건설하는 데에도 창조적 도시의 구축이 매우 중요하다. 왜냐하면 창조적 산업과 직업을 갖춘 도시일수록 경제발전과 주민 삶의 질 제고를 쉽게 달성하기 때문이다.

지금까지 지식기반 창조산업을 중심으로 성공적인 경제발전을 이룬 도시의 공통된 특성은 다음과 같다. 첫째, 창조도시의 물리적인 기반 건설이다. 창조적인 기업과 인재들이 원하는 건조환경이 조성되어야 한다. 둘째, 기존 자원에 기초한 발전 전략이다. 해당 도시가 간직한 장단점에 대한 이해와 그에 대응한 전략 수립이 필수적이다. 셋째, 다변화된 전문화의 추진이다. 도시를 대표하는 다양하고 다변화된 전문 산업부문 육성이 필요하다. 넷째, 고도의 기술에 기반한 사회경제조직의 육성이다. 고급 일자리와 인재를 통한 생산성 향상을 확보하는 조직을 육성해야 한다. 다섯째, 도시 공간과 경제에 뿌리내린 교육 부문의 활성화다. 사람들의 기술 계발을 지원하는 교육기관과 도시 및 기업과 연계된 대학의 두드러진 역할에 초점을 두는 것이다. 여섯째, 창조도시로서 뚜렷한 유인력 확보다. 다양한 문화·레저시설을 통해 창조적 기업과 인재를 유인해야 한다. 일곱째, 광역적 도시권 내외의 연결성 강화다. 항공, 도로, 철도를 통한 도시 내외로 연계 인프라가 구축되어야 한다. 여덟째, 비전을 가진 강력한 리더십과 네트워크, 파트너십을 통한 지원이다. 산업 간 강력한 네트워크에 기초하여 창조도시에 대한 민관 리더십의 비전 강화와 공유가 중요하다. 끝으로, 도시 내 시민공동체에 대한 투자다. 창조산업의 성장 혜택이 도시 전체에 공유된다는 전략적 접근이 필요하다.

이러한 창조산업에 기초한 창조도시의 성공 사례는 전 세계에서 발견할 수 있다. 먼저 영국의 케임브리지는 높은 비중의 지식기반산업과 높은 교육 수준의 인재가 집적되어 있는 도시다. 세계적인 대학에서 제공되는 연구 결과를 활용해 일련의 네트워크와 자문 기제의 체계적 발전이 결정적인 역할을 수행하고 있다. 케임브리지의 성공 요인은 기업 유치를 위한 훌륭한 사이언스파크, 전통적인 학문적 기반 활용, 다양한 틈새 첨단산업의 전문화, 케임브리지 대학의 선도적 역할, 런던 및 세계로의 뛰어난 접근성, 전문화된 공공서비스 등을 포함한다. 앞으로 새로운 성장 영역에 대한 소프트 인프라의 구축과 대중교통 등 도시문제에 대응하는 도시 간 협력적 접근이 요망된다. 케임브리지의 사례는 정부 개입 없이 전문가, 기업가, 과학자 간 네트워크에 기초하여, 고유한 도시 내 연구 역량을 십분 활용한 것을 중요한 시사점으로 제시한다.

둘째, 영국의 맨체스터는 전통적인 산업도시에서 지식기반 창조도시로 극적인 전환을 이룬 도시다. 맨체스터의 성공은 도시 재개발을 통한 주거·사무공간의 제공, 보건, 미디어 등 기존 역량 부문에 대한 민관의 투자와 전문화 노력, 수준 높은 교육기관과 공공부문 투자, 지역 정체성에 기초한 레저, 문화, 창조 부문의 유인력, 뛰어난 접근성, 광범위한 파트너십에 의한 리더십 및 도시 발전에 대한 시민 공감대 형성 등을 포함한다. 앞으로 맨체스터는 재정 지원과 권한 강화를 통한 도시권 내 위상 제고, 경제적 성장과 사회적 포용 간 연계 제고 등을 위한 노력이 필요하다. 맨체스터의 사례에서는 리더십의 중요성, 도시 이미지와 경제적 기회로 연결된 이벤트 및 교육 부문의 활성화가 주요 시사점이다.

셋째, 독일의 뮌헨은 바이에른 주도로서 베를린과 경쟁하는 최첨단 도시다. 다양한 특화산업, 높은 삶의 질과 사회적 포용, 깨끗한 자연환경, 그리고 지멘스, BMW 등 최고 수준의 R&D 역량을 구비하고 있다. 뮌헨의 성공은 바이오기술 등 산업 유치를 위한 대규모 개발 프로젝트, 바이에른 왕국의 수도라는 역사적 위상, 특화된 다양한 수출지향적 제조업, 뛰어난 교통 인프라, 혁신 활동에 대한 수준 높은 공공투자, 사회적 포용의 실현 등에 기인한다. 뮌헨의 사례는 2차 세계대전 이후 전략적인 국가 기능의 유치와 경제적 재구조화의 성공, 대학에 대한 투자를 통한 세계적인 R&D 기능의 활성화 등을 주요 시사점으로 제시한다.

넷째, 미국의 보스턴은 고도의 지식집약적 활동과 수준 높은 삶의 질을 기반으로 성공적인 창조도시로 발전하고 있다. 최고의 인적자본에 기초하여 교육, 금융 서비스, 기술 등 3대 지식기반 창조산업이 서로 발전을 도모하며 성장해왔다. 보스턴의 성공에는 대학 캠퍼스에서 시작된 혁신적 기업, 고유한 대학 자원과 지식경제와의 접목, 다양한 산업생태계와 풍부한 벤처 자본, 대학의 결정적 역할 및 그와 관련된 국제적 명성 등이 중요한 역할을 했다. 다만 현재 주택 위기와 높은 생활비 등으로 인구감소에 직면하는 등 새로운 정책과제가 등장하고 있다. 보스턴의 사례는 인프라, 합리적인 조세, 교육 등 기초적인 지역 서비스의 충실, 기술 투자에 의한 높은 수준의 인적자본 창출, 산업구조 다변화를 통한 닷컴 위기 극복, 세계적 대학에 대한 투자와 파급효과 실현 등을 시사점으로 제시한다.

도시 발전을 위한 창조산업 활성화 방안

창조경제 활성화와 창조도시 구축을 위한 가장 핵심적인 정책과제는, 창조산업의 집적지 육성을 통한 새로운 지역 성장동력 구축과 창조도시 발전모형 구축이다. 특히 우리나라에는 창조산업이 서울에 대부분 집중되어 있으나, 상대적으로 발달이 미약한 창조산업 집적지의 전략적 육성을 통해 도시 발전을 도모하는 것이 필요하다. 이는 오늘날 고용 없는 성장 추세 속에서 도시 고용 확대를 위한 효율적인 정책이 될 수 있기 때문이다. 최근 연구에서 밝혀진 대로 창조산업의 고용 효과가 첨단산업에 비해 월등히 높다는 사실에 비추어 창조산업의 활성화 방안이 더욱 중요하다고 생각된다.[13] 창조산업 활성화 방안을 간략히 제안하면 다음과 같다.

첫째, 창조산업에 대한 전략적 접근을 마련하는 것이 중요하다. 창조경제는 과학기술 부문 투자뿐만 아니라 전 경제 내 창조성·지식·혁신을 창출하고 실현하는 것이다. 따라서 교육·보건·문화 및 창조 부문을 포함하는 창조산업에 대한 전략적 선정과 수요자 중심의 지원 전략을 마련하는 것이 필요하다. 특히 도시별 특화된 창조산업 잠재력에 대한 평가와 이에 기반한 도시 발전전략을 마련해야 한다.

둘째, 창조산업의 우선순위 설정과 전략적 투자가 필요하다. 창조산업 대상 기존 투자에 대하여 수요자 중심 평가를 실시하고, 그 결과를 토대로 더 효과적인 투자 방안을 마련해야 한다. 창조적인 경제 기반 조성을 위해 도시·지역 간 연계 협력을 높이는 인센티브도 제시해야 하며, 창조산업 지원 정책에 대한 효과적인 평가와 이를 통한 맞춤형 지원 방안도 함께 추진한다.

셋째, 도시권을 중심으로 기존 행정구역 간 경계를 넘어 실질적인 경제지역으로 기능하기 위한 조정이 필요하다. 광역적 도시권으로서 교통·인적 자본·주거 등에 대한 실질적이고 전략적인 투자를 위한 실행제도가 마련되어야 하며, 인프라 투자가 도시 내 수요에 부응할 수 있는 이해 당사자 네트워크의 구축과 활용도 선행되어야 한다.

넷째, 대학 등 연구기관의 역할을 적극 활용한다. 창조도시 육성에서 대학은 결정적인 역할을 하므로 상호협력관계를 형성해야 하며, 대학의 지식 창출과 전파에 대한 보상 시스템 평가와 전략적 개선 방안이 마련되어야 한다. 특히 중앙 기금을 확보하고, 대학과 적극 연계된 발전전략을 도모해 대학과 도시가 서로 협력적이고 호혜적인 파트너십을 구축해야 한다.

다섯째, 창조도시로 발전하는 데에 리더십이 결정적인 역할을 한다는 점을 명심해야 한다. 인프라 및 공공서비스의 전략적 공급, 기술발전에 대한 수요 대응, 산업 간 네트워크와 산학연계의 활성화 등에서 리더십이 매우 중요하다. 또한 경제발전, 분배적 정의, 삶의 질을 연계한 전략을 마련하고 추진하는 리더십도 함께 요구된다.

여섯째, 창조산업 발전을 위한 최소규모(critical mass) 확보 및 다변화된 특화경제 구축이 필요하다. 사실 창조산업을 통한 부가가치 성장 효과를 얻기 위해서는 최소한의 창조산업 집적 규모가 절대적이다. 한 연구에 따르면, 도시 내 지식기반 분야 종사자는 25%가 전환점이며, 40% 이상부터 부가가치 효과가 급증하는 것으로 나타났다.[14] 따라서 일정 수준의 창조산업 집적을 위한 전향적인 정책적 노력이 필요하다. 또한 세계경제의 급격한 변동과 지식기반산업의 역동성을 고려할 때, 창조도시 내 발전전략은 반드시 더욱 다변화된 전문 분야 육성을 요구하고 있다는 점도 명심해야 한다.

끝으로, 뚜렷한 도시 브랜드의 창출이 중요하다. 지역 고유 자원을 활용한 도시 브랜드의 효과를 극대화할 필요가 있다. 대학, 문화기관, 상징 등을 활용해 뚜렷한 호소력을 가진 도시 이미지를 구축하고, 지역의 고유 가치에 대한 이해와 활용을 높여야 한다.

주

1   Howkins, J.(2001), *Creative Economy*, New York: Penguin Press.

2   차두원 · 유지연(2013), "창조경제 개념과 주요국 정책 분석," 『Issue Paper』 2013-01, 한국과학기술기획평가원.

3   The Work Foundation(2007), "Staying Ahead: The Economic Performance of the UK's Creative Industries."

4   차두원 · 유지연(2013).

5   UNCTAD(2010), "Creative Economy Report 2010," UN.

6   유병규(2013), "창조경제의 의미와 새정부의 실현전략," 『경제주평』 530, 현대경제연구원.

7   차두원 · 유지연(2013).

8   UNCTAD(2010).

9   차두원 · 유지연(2013), p. 12.

10 UNCTAD(2010), p. 7.

11 차두원 · 유지연(2013).

12 리처드 플로리다(2008), 『도시와 창조계급』, 이원호 외 옮김, 푸른길.

13 김의준 외(2009), "창조산업의 도시 고용 효과 분석," 『한국지역개발학회지』 21(2), pp. 13~34.

14 Jones, A. et al(2008), "How Can Cities Thrive in the Changing Economy?" Ideopolis II Final Report, The Work Foundation.

참고문헌

김의준 외(2009), "창조산업의 도시 고용 효과 분석,"『한국지역개발학회지』21(2), pp. 13~34.

리처드 플로리다(2008),『도시와 창조계급』, 이원호 외 옮김, 푸른길.

에드워드 글레이저(2011),『도시의 승리』, 이진원 옮김, 해냄출판사.

유병규(2013), "창조경제의 의미와 새정부의 실현전략,"『경제주평』530, 현대경제연구원.

정병순(2012), "서울경제 일자리 창출의 동력, 창조산업의 전략적 육성,"『SDI 정책리포트』제110호.

제18대 대통령직인수위원회(2013), "박근혜정부 희망의 새 시대를 위한 실천과제," 제18대 대통령직인수위원회 백서.

차두원·유지연(2013), "창조경제 개념과 주요국 정책 분석,"『Issue Paper』2013-01, 한국과학기술기획평가원.

Higgs, P. et al(2008), "Beyond the creative industries: Mapping the creative economy in the United Kingdom," Technical report Jan. 2008, London: NESTA.

Howkins, J.(2001), *Creative Economy*, New York: Penguin Press.

Jones, A. et al(2008), "How Can Cities Thrive in the Changing Economy?" Ideopolis II Final Report, The Work Foundation.

The Work Foundation(2007), "Staying Ahead: The Economic Performance of the UK's Creative Industries."

UNCTAD(2010), "Creative Economy Report 2010," UN.

11 세계도시와 국토 개편

유환종(명지전문대학)

세계화와 세계경제의 통합과정이 공간에 미치는 가장 중요한 영향은 광역화이다. 세계도시지역은 세계적 중추기능을 수행하는 세계도시와 기능적으로 연계된 배후지역이 일체화된 광역적 거대도시지역으로 세계도시 네트워크와 연계된 지역이다. 과거 폐쇄적인 국가도시체계의 중심은 대도시였지만, 이러한 대도시들은 개방적인 세계도시 네트워크에서 다중심적, 광역적, 초국적 거대도시지역으로 재편되고 있다. 주요 선진국가들은 국토의 글로벌 경쟁력을 강화하기 위하여 중추도시와 대도시지역을 초국적으로 확대하여 세계경제로 통합·연계하고 이를 효율적으로 지원할 수 있는 거버넌스 체제를 구축하고 있다. 우리나라도 세계화시대의 새로운 국토발전모델을 정립할 필요가 있다. 이를 위하여 "3계층의 중층적 국토발전권역"으로 재구성하는 방안을 제안한다. 첫째, 세계지향적인 거대도시지역과 최상위 세계도시(글로벌 중추도시), 둘째, 국가중심적인 대도시지역과 중추대도시, 셋째, 지역거점적인 특화된 도시권과 지역중심도시로 유연하게 역할을 분담하는 공간계층체제를 기반으로 세계지향적인 국토공간구조로의 개편과 국토의 글로벌화를 추진하여야 할 것이다.

세계화의 공간적 의미

21세기 이후 우리 주변의 사회·경제·정치적 환경은 급변하고 있다. 이러한 변화를 주도하는 흐름은 세계화와 지식기반경제다. 과거에는 국가와 같은 특정 공간이 주체가 되어 전 지구상의 다른 공간 주체들과 관계를 맺으며 활동 범위를 확대했다. 그러나 오늘날에는 국가의 주체성이 약화되면서 지리적으로 분산된 다양한 활동이 국경을 넘어 전 지구적 차원에서 기능적·경제적으로 통합되고 있다. 국가의 조절능력 역시 초국적기업이나 국제기구, 지방정부 등으로 이전되는 경향을 보이며, 도시나 지역의 성쇠도 세계화에 통합되는 정도와 역할에 따라 차별화되고 있다.

오늘날 세계경제는 정보화와 교통·통신의 발달, 국가 경제 개방에 따른 자본의 자유로운 이동에 힘입어 급속한 통합이 이루어지고 있다. 특히 초국적기업의 영향력이 커지고 생산이 세계화되며 정보통신기술이 발달하면서, 한 국가의 도시체계와 도시구조에도 구체적이고 강력하게 영향을 미치고 있다. 기존 국가 단위의 폐쇄적인 도시체계를 벗어나 전 세계를 기능적으로 연결한 도시 네트워크가 형성되고, 그러한 세계적인 도시 네트워크의 정점에서 통제와 조정의 역할을 수행하는 세계도시(global city)가 등장한 것이다. 이처럼 전 세계적인 통제와 관리를 수행하는 초국적기업의 본사와 국제금융, 고차의 지식기반 서비스가 집중되어 있는 곳이 바로 세계도시이며, 이들의 기능적 연계망이 세계도시 네트워크이다.

또 하나의 새로운 변화는 경제활동 공간이 초국적으로 전개되면서 국가 간 경쟁보다는 도시와 지역이 통합된 광역적 대도시지역 간 경쟁체제로 전환되고 있다는 점이다. 신지역주의의 확산으로 글로벌 경쟁력을 지닌 대도시지역과 이를 효율적으로 지원할 수 있는 거버넌스 체제가 새로운 공간적 실체로 재조명되고, 초국적인 세계경제의 중심으로 떠오르고 있다.

도시와 지역에 관한 연구에서도 과거 국가의 중심지였던 도시지역(city-region) 혹은 대도시지역(metropolitan area)의 개념을 세계경제로 통합·연계하고 초국적으로 확대하였다. 그리하여 세계도시지역(global city-region), 슈퍼지역(super region), 메가폴리탄지역(megapolitan area), 메가시티(mega-city) 혹은 메가시티지역(mega city region)과 같은 광역적 거대 도시지역의 중요성을 새롭게 인식하고 있다. 또한 도시와 도시지역 간 네트워크 경제의 이점을 극대화한 네트워크 도시(지역) 혹은 다중심 도시지역(polycentric urban region) 개념이 글로벌시대 국가와 지역의 경쟁력 강화를 위한 주요 관심의 대상이 되고 있다.

대도시지역은 중심도시와 주변지역이 단순한 의존관계를 벗어나, 전문화와 수평적 네트워크를 통해 일체화된 지역이다. 대도시지역은 세계적인 경쟁력을 지니면서 지식기반경제가 집중된 공간으로 재창출되고 있으며, 세계경제 공간 변화를 주도하는 핵심지로 부상하고 있다. 개별 도시와 도시지역들은 국가의 영향을 벗어나 초국적 네트워크에 편입되어, 세계도시 네트워크에서 위상과 기능에 따라 역할을 수행한다. 세계적인 대도시지역이 글로벌경제의 거점으로 기능하면서, 주요 선진국을 중심으로 글로벌시대 국가경쟁력 향상을 위해 대도시지역의 성장을 정책적으로 추진하고 있다.

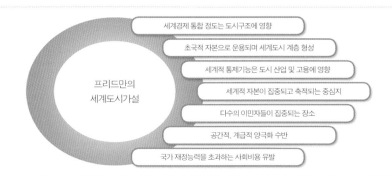

프리드만의
세계도시가설

- 세계경제 통합 정도는 도시구조에 영향
- 초국적 자본으로 운용되며 세계도시 계층 형성
- 세계적 통제기능은 도시 산업 및 고용에 영향
- 세계적 자본이 집중되고 축적되는 중심지
- 다수의 이민자들이 집중되는 장소
- 공간적, 계급적 양극화 수반
- 국가 재정능력을 초과하는 사회비용 유발

세계도시

세계도시의 개념

'세계도시'라는 개념을 학술적으로 사용한 지는 오래되었다. 1915년 게데즈(Patrick Geddes)가 세계에서 가장 중요한 업무를 수행하는 일부 대도시를 가리키는 말로 처음 사용했으며, 1966년 홀(Peter Hall)은 『세계도시(*The World Cities*)』에서 대도시지역의 미래지향적인 계획을 설정하며 전 세계 정치·경제 중심지로서 8개 대도시를 세계도시로 언급했다.

1980년대와 1990년대에 들어서면서 세계도시는 새로운 도시화과정과 대도시 공간구조의 변화를 설명하는 개념이 되었다. 이는 세계도시 개념을 세계경제의 구조재편과 연결하여 대도시의 성쇠를 조명한 프리드만(J. Friedmann)과 킹(A. King) 등 여러 학자들의 경험적인 연구를 기반으로 한다.(11-1) 세계도시는 세계경제의 의사결정지이며 세계 자본이 집중되고 축적되는 중심지로서, 기업·금융·무역·정치력이 서로 조화롭게 결합하는 장소이다. 여러 학자들은 세계도시의 이러한 역할에 주목하여 '세계경제를 얽는 고정판', '세계경제의 통제와 조절 중심지', '국경을 초월한 세계도시 네트워크의 최상위 중심지' 등으로 표현했다.

한편 세계도시 네트워크의 최정점에는 세계경제를 통제하는 최고차 세계도시가 있다. 일반적으로 런던, 뉴욕, 도쿄를 일컫는다. 이들은 세계적인 정보와 자본, 투자의 순환과정에서 주요 결절지 역할을 한다. 세계경제는 생산·소비·거래의 세계화를 의미하며, 세계시장, 세계적인 생산네트워크, 전 세계를 대상으로 한 시장 전략 등이 포함된다. 사센(Saskia Sassen)은 이러한

| 참고 | **사센이 본 세계도시**

사스키아 사센(1949~)은 세계화, 세계경제, 세계도시에 관한 논의의 한가운데에 서 있는 학자이다. 1949년 네덜란드 헤이그에서 출생하여 미국의 노트담(Notre Dame) 대학에서 사회학과 경제학 전공으로 1974년 박사학위를 취득했다. 사센은 미국 컬럼비아 대학의 사회학 교수이자 영국 런던 정경대학(LSE)의 사회학과 영구방문교수로 활동 중이다. 사센의 연구 초점은 세계·지역·도시의 경제발전, 노동력과 자본의 국제적 이동, 그리고 세계경제와 국가에 관한 것이다. 사센의 초기 연구주제는 선진국 대도시로 유입되는 제3세계의 이민자들에 관한 것이었으며, 이는 1988년 출간된 『노동력과 자본의 이동(The Mobility of Labor and Capital: A Study in International Investment and Labor Flow)』에 종합되어 있다. 이어서 1991년 『세계도시(The Global City: New York, London, Tokyo)』라는 명저를 통하여 세계도시에 관한 경험적 연구와 관점을 제시하게 된다(2001년 2판 출간). 기존의 가설 수준에서 논의되었던 세계도시 논제를 보다 구체화하여 도시연구의 지평을 확대하는 동시에 1980년대 이후 급변하는 도시체계와 도시공간구조에 관한 새로운 관점을 제시하였다.

1990년대 이후 사센은 세계도시로의 노동력과 자본의 이동, 그에 따른 사회적 양극화로부터 점차 이러한 구조적 변화의 기저에서 작용하는 과정을 규명하게 되었고, 여기에 경제의 세계화와 정보화라는 주제가 결합되면서 사센의 세계도시 논제는 가설을 검증하는 단계를 넘어선 학문적 이론으로서 정착되고 있다. 사센은 초국적 세계도시 네트워크와 세계 주요 도시들의 구조적 변화를 연결하는 연구를 수행하였고, 그 연구결과는 1994년 출간된 『도시와 세계경제(Cities in a World Economy)』에 집약되었다(2006년 2판 출간). 이들 연구에서 사센은 세계도시의 경제구조에서 금융서비스의 중요성을 주목하였다. 금융서비스에 집중되는 고임금 고용과 비금융서비스 부문에서 증가하는 저임 고용이 있으며, 비공식부문의 성장과 빈부 간 이중구조화가 심화되고 있음을 규명하였다.

최근 연구주제는 세계경제에서의 도시와 도시네트워크, 세계도시 내부의 사회·경제·인종적인 양극화, 세계화와 이민, 탈민족화(denationalization)와 초국적주의(transnationalism)로 확대되고 있다.

도시를 글로벌시티(global city)로 명명하고 후기산업사회의 생산입지(postindustrial production site)로서 전략적인 장소로 평가했다.[1]

오늘날 세계도시라는 용어는 경제적 차원뿐만 아니라 사회 전반으로 확대되어 사용되고 있다. 세계도시는 정보와 혁신력의 중심지로서 지식기반경제의 성장을 주도하며, 경제·정치·사회·문화적 차원에서 전 세계의 이목을 집중시키고 있다.

세계도시의 공간적 특성

세계도시는 세계경제의 중심지이자 세계 각지의 경제를 통합하는 결절지이다. 세계도시에는 초국적기업이나 대기업의 본사, 관련된 고차의 업무기구, 세계적 금융기관이 기능적인 복합체를 형성하고 있다. 따라서 전 세계적인 관리와 통제를 수행하는 고차의 지식기반 서비스 부문이 성장하며, 금융, 법률, 컨설팅, 광고, 정보제공 및 처리서비스업 등이 대표적이다. 또한 고차의 지식기반 서비스에 종사하는 고소득층을 대상으로 고급외식업, 레저 및 문화산업, 인테리어산업 등 고급소비자서비스업이 발달하기도 하며, 일부 도시형 첨단산업도 성장하고 있다. 반면에 전통적으로 대도시 경제의 핵을 이루던 대규모 제조업은 쇠퇴하거나 외부로 분산·이전되면서, 대도시 경제에서 제조업이 차지하는 비중은 급격히 저하되고 있다. 즉 제조업을 중심으로 한 대규모 탈공업화가 진행되는 가운데 새로운 산업이 성장하는 것이다.

이처럼 도시경제가 재편됨에 따라 기존 중산층의 성장이 둔화되거나 해체되고, 새로운 산업에 종사하면서 높은 보수를 받고 높은 생활수준을 누리는 고소득 전문관리계층이 성장하게 된다. 그러나 한쪽에서는 이들에게 서비스를 제공하거나 도심의 영세 소기업에 종사하는 저소득계층과 세계도시로 유입되는 제3세계 이민자들을 중심으로 한 극빈층의 비율이 상대적으로 높아지면서 사회계층의 양극화 현상이 나타난다.

이러한 양상은 문화적 측면으로도 이어진다. 과거와 같은 중산층 중심의 대중문화와 소비행태는 점차 사라지고, 새롭게 재개발된 도심부의 콘도미니엄, 고급 레스토랑이나 전문미식요리점, 기성복을 대체한 고급 부티크 등이 성황을 이루며, 이는 포스트모던한 도시경관을 통해 구체적으로 표출된다. 이러한 과정은 공간적인 측면에서 기존의 도심 부근 낙후지역이 새로운 성장산업을 위한 업무공간, 고소득 전문관리계층을 위한 생활공간으로 탈바꿈

하는 젠트리피케이션(gentrification)으로 나타난다. 최근 이러한 현상은 더욱 심해지고 있다. 뉴욕과 런던 등 최고차 세계도시 일부에서는 글로벌 금융이나 기업에 종사하는 고학력의 최상류계층(global class of super-rich individuals)이 배타적으로 최고급 주거공간을 조성하고 있다. 이를 슈퍼젠트리피케이션(super-gentrification)이라는 용어로 차별화하기도 한다.[2]

그런 와중에 도시정부는 기업가주의적 도시정책을 추진하는 경향을 보인다. 도시정부는 이동성이 강한 초국적 자본을 유치하기에 좋은 사업과 투자환경을 조성하는 데 정책의 우선순위를 둔다. 도쿄의 도쿄만 매립계획이나 런던의 도크랜드 개발, 뉴욕의 배터리파크시티 계획에서 보듯이, 세계도시로 집중되는 고차기능을 수용할 업무공간을 확보하고 고급서비스업 및 레저시설, 고소득층 주택지를 개발하는 데 중점을 둠으로써 세계도시의 양극화를 더욱 부채질한다. 결국 양극화된 사회계층들은 같은 대도시에 기능적으로 결합되어 있으면서도, 서로 상이한 소비양식과 문화양식을 지니게 된다. 이는 기업가주의적으로 변모한 도시정부의 정책 우선순위에 의해 심화된다. 요컨대 세계도시 내부의 경제·사회적 양극화는 공간·문화·정치적 양극화로 이어져 도시 전체가 이중도시(dual city)로 나아간다.

세계도시 네트워크

세계도시 네트워크의 형성

도시는 규모와 기능, 영향력에 따라 계층적인 구조를 띤다. 이를테면 세계적,

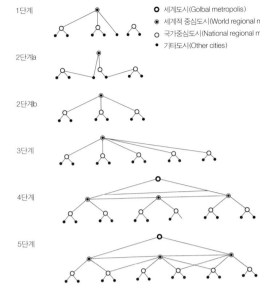

○ 세계도시(Golbal metropolis)
◉ 세계적 중심도시(World regional metropolis)
○ 국가중심도시(National regional metropolis)
● 기타도시(Other cities)

1단계

2단계a

2단계b

3단계

4단계

5단계

11-2 마이어의 세계도시
네트워크 형성과정

국가적, 지역적 차원의 도시가 저마다 존재한다. 세계화가 심화되고 경제활동이 초국적으로 전개되면서 주요 대도시들은 국가나 지역 차원에 머물기보다 통합된 세계경제의 중심 도시들과 기능적으로 더욱 강하게 연계된다. 즉 세계도시 네트워크를 이루는 것이다.

세계도시 네트워크를 구성하는 도시들은 세계도시 네트워크 내에서의 위상에 따라 각각의 역할에 맞게 자본과 정보가 순환하는 결절지이다. 여기에 초국적기업, 국제금융업무, 고차의 지식기반 서비스 기능이 집중되며, 관련하여 국제회의, 전시회, 인적·물적 교류가 활발히 이루어진다. 또한 이러한 도시 활동을 수용할 수 있는 고도의 정보통신 네트워크와 새로운 교통체계를 운용할 수 있는 대규모 최첨단 국제공항을 보유하게 된다.

마이어(D. R. Meyer)는 초국적기업의 본사 기능, 세계적인 사업서비스의 역할, 정보통신기술의 발달에 중점을 두고, 거래비용이나 시장 차별화 등을 통해 경쟁한 결과, 국가 대도시 중심의 도시체계가 세계적인 네트워크 체계로 발전하는 과정을 5단계로 모식화했다.(11-2)

3단계까지는 주로 국가적 차원에서 상위의 대도시들이 하위의 도시들을 포섭하는 과정이며, 특히 국가 대도시 집중 현상이 강하게 나타난다. 4단계는 국가 중심대도시로 대량생산과 대량소비 등 제조업 기능이 집중되면서 불균등 성장이 더욱 두드러지며, 점차 세계적 차원에서 대도시들이 통합되기에 이른다. 마지막 5단계는 제조업 생산의 세계화, 대도시의 탈공업화가 진행되는 시기다. 생산과 자본의 세계화와 함께 새로운 국제적인 기능분화와 분업체제가 이루어지고, 고차의 지식기반 서비스경제 부문이 급성장하면서 새로운 세계경제질서로 재편되고 있다. 특히 세계 자본이 집중되고 정보통신기술 하부구조에 바탕을 둔 조정과 통제의 중심지, 즉 세계도시가 등장하면서 세계도시를 중심으로 도시들 간의 네트워크가 구축되고 여기서 새로운 계층구조가 형성된다.[3]

세계도시 네트워크의 계층구조

세계도시 네트워크는 이를 구성하는 도시들의 위상과 역할에 따라 계층구조를 형성한다. 이러한 세계도시 네트워크의 계층구조를 분석하는 방법은 주로 도시의 관련 지표들을 시계열적으로 비교하여 상대적 계층성을 파악하는 것이다. 일반적으로 경제적 변수, 인적 자원 및 물리적 하부구조, 사회적 변수들이 분석지표로 사용되고 있다. 프리드만은 월러스틴(Immanuel Wallerstein)의 세계체제(world-system) 개념을 선별적으로 도입하여, 세계 주요 대도시들을 대상으로 세계적 금융 중심지, 초국적기업의 본사 입지, 사업서비스 부문 성장도, 제조업 중심지, 교통·통신의 결절지, 인구 규모 등 7개 지표를 중심으로 세계도시 네트워크의 계층구조를 연구했다.[4] 그는 세계 전체의 중심부와 반주변부 지역에 있는 1차 및 2차 세계도시들의 계층을 구분했다.(표11-1)

녹스(P. L. Knox)와 애그뉴(J. Agnew)는 세계도시 네트워크를 1차 세계도시(최상위 세계도시), 2차 세계도시(주요 세계도시), 3차 세계도시(하위 세계도시)의 3계층 체계로 구분하여 설명하고 지도화했다.(11-3) 특히 주목되는 부분은 1960년대만 해도 미국 뉴욕의 일극 체제였지만, 이후 유럽, 북미, 동아시아의 삼극 체제로 바뀌면서 1980년대 이후 유럽의 런던, 아시아의 도쿄가 뉴욕

표 11-1 프리드만의 세계도시 계층 구분

중심부 국가		반주변부 국가	
1차 세계도시	2차 세계도시	1차 세계도시	2차 세계도시
런던 파리 로테르담 프랑크푸르트 취리히	브뤼셀 밀라노 빈 마드리드		
뉴욕 시카고 로스앤젤레스	토론토 마이애미 휴스턴 샌프란시스코	상파울루	요하네스버그 부에노스아이레스 리우데자네이루 카라카스 멕시코시티
도쿄	시드니	싱가포르	홍콩 타이베이 마닐라 방콕 서울

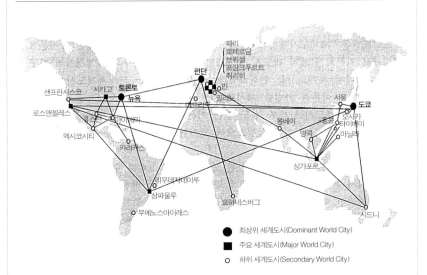

● 최상위 세계도시(Dominant World City)
■ 주요 세계도시(Major World City)
○ 하위 세계도시(Secondary World City)

11-3 녹스와 애그뉴의
세계도시 네트워크 계층체계

과 함께 최상위 세계도시로 떠올랐다는 점이다. 동아시아에서는 도쿄가 최상위 세계도시, 싱가포르가 주요 세계도시로, 서울은 하위 세계도시로 구분되었다.[5]

이와 같은 지표 분석은 다분히 기술적이고 정적이어서 계층구조의 변화과정을 이해하는 데 한계가 있다. 그럼에도 도시정책가, 계획가들이 세계도시 유형을 나누고 순위를 매기는 것은 주로 국가나 도시정부가 해당 도시의 경쟁우위를 높이려는 마케팅의 일환으로 볼 수 있다. 특정 도시에 대한 자본투자나 핵심적 기능, 공공기능을 유인하기 위한 정책수단으로 계층구조를 활용하는 것이다.

세계도시 네트워크의 유형과 기능적 특징

위에서 본 지표분석의 한계를 보완하기 위해 세계도시를 기능적 특성에 따라 분류하기도 한다. 녹스와 테일러(P. J. Taylor)는 초국적기업(세계 500대 대기업), 국제업무(국제기구), 문화적 중심성(국가 내 수위도) 등 3개의 주요 기능을 중심으로 세계도시들을 재분류하여 고차의 세계도시들 간에 중요한 기능적 차이가 있음을 밝혔다.(11-4) 뉴욕은 문화적 중심성이 상대적으로 낮은 반면, 런던과 도쿄는 상당히 높다. 또한 런던은 국제업무 기능이 높으며, 도쿄는 세계경제와 관련된 기능이 특화된 것으로 나타났다.[6]

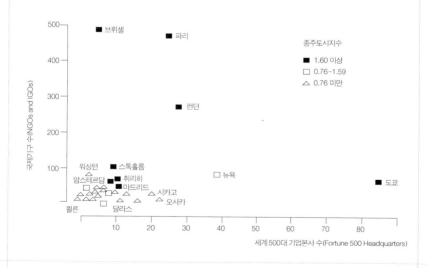

11-4 녹스와 테일러의 세계도시 기능별 특성 비교

표 11-2 테일러의 세계도시 유형 구분

상위 세계도시 (global cities)	종합 기능적 세계도시	(1) 최고: 런던, 뉴욕 (2) 중간: 로스앤젤레스, 파리, 샌프란시스코 (3) 저위: 암스테르담, 보스턴, 시카고, 마드리드, 밀라노, 모스크바, 토론토
	전문 기능적 세계도시	(1) 경제: 홍콩, 싱가포르, 도쿄 (2) 정치 및 사회: 브뤼셀, 제네바, 워싱턴
하위 세계도시 (world cities)	준기능 집적 세계도시	(1) 문화: 베를린, 코펜하겐, 멜버른, 오슬로, 로마, 스톡홀름 (2) 정치: 방콕, 베이징, 빈 (3) 사회: 마닐라, 나이로비, 오타와
	세계적 세계도시	(1) 경제: 프랑크푸르트, 마이애미, 뮌헨, 오사카, 싱가포르, 시드니, 취리히 (2) 비경제: 아비장, 아디스아바바, 애틀랜타, 바젤, 바르셀로나, 카이로, 덴버, 하라레, 리옹, 마닐라, 멕시코시티, 뭄바이, 뉴델리, 상하이

테일러는 이러한 연구 결과를 더욱 발전시켜, 세계도시 네트워크를 상위의 세계도시(global city)와 하위의 세계도시(world city)로 구성되는 다층적 네트워크로 구분하고, 기능적인 측면에서 경제, 정치, 사회, 문화 등 전문적 기능으로 특화된 세계도시와 이들 기능을 종합적으로 유지하고 있는 세계도시 유형으로 나누어 설명했다.[7] (표 11-2)

세계도시와 세계도시 네트워크의 기능에 따른 유형구분은 지난 10여 년 간 영국의 러프버러(Loughborough) 대학에 센터를 둔 GaWC 연구네트워크 (Globalization and World Cities Research Network, www.lboro.ac.uk/gawc)에 의해서 정교하게 진행되었다. GaWC 연구네트워크는 도시의 세계화지수(Cities Globalization Index)를 사용하여 전 세계 500개 이상의 도시를 대상으로 세계도시 네트워크의 순위별 목록을 작성하고, 세계도시 네트워크로 통합된 수준에 따라 세계도시의 계층을 분류했다. 여기서는 알파(++, +, 0, -), 베타 (+, 0, -), 감마(+, 0, -) 수준의 세계도시군과 아직 세계도시는 아니지만 충분한 자족능력을 지닌 세계적 도시군으로 나뉜다.

이 분류에서 우리나라 대도시는 서울을 제외하면 아직까지 세계도시군에 포함되지 않는다. 서울은 세계도시 네트워크의 순위가 2000년 32위에서 2008년 12위로 상승했다.(표 11-3) 서울은 세계도시 계층에서 1998년과 2000년에는 베타급 세계도시였으며, 2004년에 알파마이너스급, 2008년에 알파급으로 계속 상승하고 있다. 알파급 세계도시는 주요 경제지역이나 국가를 세

도시의 세계화지수(Cities Globalization Index) 세계도시 네트워크 형성의 서비스 중심지 기능(225개 회계·광고·법률·컨설팅, 미디어 기업)과 세계도시 시장(market) 형성의 의사결정 중심지 기능(세계 2천 개 대기업 본사, 25개 호텔 체인, 국제전시회, 과학연구단지 등)을 조합하여 산출된다.

표 11-3 세계도시 네트워크의 순위 변화

2000년			2008년			
순위	도시	세계화지수	순위	도시	세계화지수	등급
1	런던	100.00	1	뉴욕	100.00	알파++
2	뉴욕	97.26	2	런던	98.96	
3	홍콩	72.47	3	홍콩	81.44	알파+
4	도쿄	70.87	4	파리	76.83	
5	파리	70.16	5	싱가포르	73.36	
6	싱가포르	66.26	6	도쿄	72.18	
7	시카고	61.49	7	시드니	71.90	
8	밀라노	60.47	8	상하이	69.74	
9	로스앤젤레스	59.87	9	베이징	69.16	
10	마드리드	59.74	10	밀라노	67.56	알파
11	토론토	58.25	11	마드리드	66.01	
12	시드니	58.03	12	서울	63.50	
13	암스테르담	57.66	13	모스크바	63.44	
14	프랑크푸르트	57.50	14	브뤼셀	63.30	
15	브뤼셀	56.19	15	토론토	62.69	
16	상파울루	54.74	16	부에노스아이레스	61.19	
17	샌프란시스코	51.38	17	뭄바이	60.86	
18	타이베이	48.77	18	쿠알라룸푸르	59.72	
19	취리히	48.49	19	바르샤바	56.40	알파-
20	자카르타	48.47	20	상파울루	56.19	

(Derudder, B. et al., 2009, "Pathways of Growth and Decline: Connectivity Changes in the World City Network, 2000-2008," *GaWC Research Bulletin* 310 참조)

계경제로 연결하는 '매우 중요한 세계도시'를 의미한다.

아시아에서는 도쿄, 홍콩, 싱가포르가 알파플러스급 이상의 최상위 세계 도시로 평가되었으며, 2008년에는 중국의 상하이와 베이징도 알파플러스급 세계도시로 급부상했다. 21세기 이후 동아시아 주요 대도시(권)들의 위상이 세계도시 네트워크에서 급속히 상승하고 있고, 서울을 중심으로 연계된 수도 권을 비롯하여 도쿄-오사카권, 베이징-톈진권, 상하이권, 홍콩-광저우권 등 이 세계도시 네트워크와 세계경제 지형 변화에서 핵심지역이 되고 있다. 그 러나 여전히 세계도시들의 분포가 서유럽과 북미, 최근 떠오르는 동아시아

표 11-4 세계도시 국제경쟁력지수 부문별 순위(2012)

순위	종합	경제	연구개발	문화교류	거주	환경	교통접근
1	런던	도쿄	뉴욕	런던	파리	도쿄	파리
2	뉴욕	뉴욕	도쿄	파리	오사카	스톡홀름	런던
3	파리	베이징	파리	뉴욕	후쿠오카	제네바	암스테르담
4	도쿄	런던	런던	베를린	밴쿠버	취리히	서울
5	싱가포르	홍콩	보스턴	싱가포르	빈	상파울루	홍콩
6	서울	싱가포르	로스앤젤레스	바르셀로나	암스테르담	마드리드	프랑크푸르트
7	암스테르담	상하이	서울	도쿄	스톡홀름	빈	뉴욕
8	베를린	취리히	싱가포르	로스앤젤레스	바르셀로나	베를린	도쿄
9	홍콩	파리	시카고	베이징	베를린	코펜하겐	싱가포르
10	빈	워싱턴 D.C.	홍콩	빈	타이베이	프랑크푸르트	이스탄불
11	베이징	제네바	샌프란시스코	이스탄불	도쿄	바르셀로나	상하이
12	프랑크푸르트	시드니	오사카	브뤼셀	코펜하겐	런던	브뤼셀
13	바르셀로나	서울	상하이	시드니	밀라노	서울	밀라노
14	상하이	코펜하겐	워싱턴 D.C.	밀라노	제네바	시드니	모스크바
15	시드니	토론토	베이징	서울	브뤼셀	싱가포르	바르셀로나
16	스톡홀름	암스테르담	베를린	마드리드	취리히	암스테르담	마드리드
17	오사카	스톡홀름	암스테르담	홍콩	토론토	오사카	토론토
18	취리히	프랑크푸르트	취리히	암스테르담	쿠알라룸푸르	파리	방콕
19	브뤼셀	베를린	시드니	모스크바	프랑크푸르트	워싱턴 D.C	코펜하겐
20	코펜하겐	밴쿠버	토론토	시카고	런던	로스앤젤레스	오사카

(Institute for Urban Strategies, 2012, *Global Power City Index 2012*, The Mori Memorial Foundation, p. 9 참조)

권역에 집중해 있는 것을 알 수 있으며, 이는 곧 세계화의 영향이 불균등하게 작용함(uneven globalization)을 의미한다.

GaWC 연구와 함께 세계도시 네트워크에서 개별 세계도시의 기능별 전문성 및 경쟁력을 비교하는 대표적인 연구는 일본 모리기념재단의 도시전략연구소에서 2008년부터 매년 분석하는 '세계도시 국제경쟁력지수(Global Power City Index)'이다. 세계도시 국제경쟁력지수는 전 세계 40개 주요 도시를 대상으로 경제, 연구개발, 문화교류, 거주, 환경, 교통접근성 기능을 종합하여 평가하고 이를 기준으로 순위를 부여한다. 2012년 세계도시 국제경쟁력지수 분석결과, 종합 1위는 런던이었으며 이어서 뉴욕, 파리, 도쿄의 순이

표 11-5 세계도시 국제경쟁력지수 순위 변동(2008~2012)

순위 \ 연도	2008	2009	2010	2011	2012
1	뉴욕	뉴욕	뉴욕	뉴욕	런던
2	런던	런던	런던	런던	뉴욕
3	파리	파리	파리	파리	파리
4	도쿄	도쿄	도쿄	도쿄	도쿄
5	빈	싱가포르	싱가포르	싱가포르	싱가포르
6	베를린	베를린	베를린	베를린	서울
7	암스테르담	빈	암스테르담	서울	암스테르담
8	보스턴	암스테르담	서울	홍콩	베를린
9	로스앤젤레스	취리히	홍콩	암스테르담	홍콩
10	토론토	홍콩	시드니	프랑크푸르트	빈
11	싱가포르	마드리드	빈	시드니	베이징
12	시드니	서울	취리히	빈	프랑크푸르트
13	서울	로스앤젤레스	프랑크푸르트	로스앤젤레스	바르셀로나
14	시카고	시드니	로스앤젤레스	취리히	상하이
15	취리히	토론토	마드리드	오사카	시드니
16	프랑크푸르트	프랑크푸르트	밴쿠버	보스턴	스톡홀름
17	홍콩	코펜하겐	코펜하겐	제네바	오사카
18	코펜하겐	브뤼셀	오사카	베이징	취리히
19	마드리드	제네바	제네바	코펜하겐	브뤼셀
20	샌프란시스코	보스턴	보스턴	마드리드	코펜하겐

(Institute for Urban Strategies, 2008–2012, *Global Power City Index 2008–2012*, The Mori Memorial Foundation 참조)

었다. 이러한 상위 4개 세계도시들은 2008년 이후 2012년까지 변함없었지만 2012년에는 런던이 1위로 부상하였다. 특히 2012년 순위에서는 베이징, 상하이 등 중국을 비롯한 아시아 도시들의 성장과 북미 도시들의 하향세가 두드러지게 나타나고 있다.(표 11-4)

　세계도시 국제경쟁력지수 순위에서 서울은 2008년 13위에서 계속 상승하여 2012년에는 6위에 올랐다.(표 11-5) 이는 세계도시로서 서울의 국제경쟁력 역량이 지속적으로 강화되고 있음을 반영한다. 특히 연구개발과 교통접근성이 높은 평가를 받았으며, 경제와 환경적 기능도 2008년 이후 계속 상승하고 있다. 서울의 거주기능(취업환경, 주거비용, 주거안전, 도시생활기능) 순위는

2012년 24위이지만, 2009년 34위에서 지속적으로 상승하여 개선되고 있다. 그러나 서울이 최고차 세계도시로 올라서려면 각 기능의 균형 있는 발전을 위한 정책적 노력이 필요하다.

이와 유사하게 글로벌 경영컨설팅사인 AT커니(ATKearney)도 전 세계 40개 세계도시의 경쟁력을 기업활동, 인적자원, 정보교류, 문화경험, 정치참여도 등의 지표에 따라 비교·분석하는 세계도시지수(Global Cities Index)를 개발하여 세계도시 순위를 발표하고 있다. 이 분석에서 서울은 2008년 9위에서 2012년 8위로 상승하여 세계 10위권의 세계도시가 되었다. 특히 기업활동과 정보교류, 문화경험 부문이 상위 10위에 포함되었으며, 상대적으로 인적 부문은 낮은 평가를 받았다.

거대도시지역의 출현

오늘날에는 국가단위보다 경제활동이 실제로 집적되어 있는 도시와 대도시지역의 경쟁력이 더 중요하다. 세계경제의 중추 역할을 하는 세계도시들도 세계도시를 핵으로 주변의 중심도시와 주변지역을 일체화하고, 광역적인 시너지 네트워크를 구축하여 경쟁력을 강화하고 있다. 이처럼 초국가적인 세계화의 흐름 속에서 새로운 공간단위인 세계지향적 거대도시지역이 나타나 주목을 받고 있다. 이러한 현상을 해석하기 위한 주요 개념들로 세계도시지역(global city-region), 네트워크도시(network city)와 다중심 도시지역(polycentric urban region), 메가지역(mega region) 및 메가시티지역(mega city region)

등이 있다.

세계도시지역

세계도시지역은 세계도시와 주변의 기능적인 배후지역으로 구성되며, 세계적 규모의 네트워크와 광범위한 공간을 포함하는 초국적·협력적 형태의 도시지역이다. 세계도시지역은 통합된 세계경제체제 속에서 중요한 지리적 중심축 역할을 한다. 인구와 산업이 밀집한 주요 대도시지역은 국경 없는 자유시장 경쟁에 대응하기 위해, 종래의 국가 통제에서 벗어나 지역 차원에서 스스로 자원을 동원하고 재조직하여 국가의 일부임에도 독자적으로 세계경제를 주도한다.

요컨대 세계도시지역은 세계도시의 기능을 지역적 관점에서 접근하는 새로운 공간적 실체라고 할 수 있다. 외적으로는 전 세계 네트워크를 형성하고, 내적으로는 초국적인 분업체계와 연결된다. 세계도시의 고차 정보 및 통제기능이 점차 넓게 분산되어 주변에 새로운 중심지들이 형성되고, 이들이 긴밀하게 연계하여 전체적으로 세계도시와 주변지역이 하나가 된 다중심 구조(polycentric structure)를 이룬다.[8]

세계도시지역의 특성은 다음과 같다.

첫째, 경제적으로 세계경제를 선도하는 고차의 글로벌 통제와 의사결정 기능, 첨단정보기술산업, 전문지식기반 서비스업, 문화산업 등과 관련된 기업이 집중해 있다. 거래비용을 줄이고 지식·정보를 공유하기 위해 유기적인 네트워크를 바탕으로 클러스터를 형성한다.

둘째, 사회적으로 세계화의 진전에 따라 초국적인 인구이동이 활발해지면서 거대도시지역은 문화적·인종적으로 이질화가 심화된다.

셋째, 공간구조적으로 단일 중심에서 벗어나 다중심적이고 다집적지적인 형태를 띤다.

넷째, 정치적으로 국가 내에 포함된 지역임에도 중앙정부의 간섭과 통제에 대해 상당 수준의 자율권과 자치권을 확보하고, 다수의 자치단체 혹은 초국적 연계를 효율화할 수 있는 거버넌스 체제를 갖추게 된다.

세계도시지역은 다음 세 가지 유형으로 구분된다.

첫째, 거대도시지역의 기본 형태로 하나의 거대도시가 주변의 도시들과 배후지역을 경제적·정치적으로 통합하여 세계도시지역으로 발전한 형태이다. 주요 사례로는 미국의 뉴욕, 영국의 런던, 일본의 도쿄 등 세계도시 네트워크에서 최고차의 세계도시들을 비롯하여 주요 하위의 세계도시들이 주변지역과 연계하여 대도시지역을 형성하고 점차 세계도시지역으로 성장하여 세계경제에서 역할을 수행하는 경우가 대부분이다.

둘째, 연담도시형태를 이루는 거대도시지역으로, 인접한 대도시들의 배후지역이 공간적으로 중첩되거나 수렴되는 형태이다. 대표적인 사례로 네덜란드의 암스테르담, 로테르담, 헤이그 등이 기능적으로 연계되고 연담화되어

표 11-6 란트스타트 주요 도시권과 특화 분야

도시권	주요 특화 분야
로테르담(Rotterdam)	항만, 국제무역, 지역공항, 기업본사, 대학도시
암스테르담(Amsterdam)	관광, 국제무역, 예술, 대학도시, 레저, 은행, 기업본사, 항만
헤이그(Den Haag)	행정 및 정치 중심지, 기업본사, 컨설팅, 관광
위트레흐트(Utrecht)	도로·철도 허브, 대학도시, 무역, 컨설팅, 종교중심지

세계적인 산업지역을 형성한 란트스타트(Randstad) 지역을 들 수 있다.(표 11-6)

셋째, 지리적으로 분리되어 있는 인접한 중심 도시들이 상호협력의 이익을 도모하기 위하여 연합 혹은 제휴하는 형태로, 최근 유럽 등에서 새롭게 나타나는 초국적이고 협력적인 통합형태이다. 대표적인 사례로 외레순(Oresund) 클러스터를 중심으로 한 덴마크 코펜하겐과 스웨덴 남부 말뫼의 초국적 광역권이 있다.

네트워크도시와 다중심 도시지역

한편 서로 근접한 도시들이 기능적으로 서로 보완하며 지역화된 도시 네트워크를 형성하는 경향도 나타난다. 이러한 네트워크도시는 다중심적 도시집적체로서 교통과 인프라를 기반으로 다수의 독립적인 중심도시들이 서로 협력하고 범위의 경제를 달성하는 데 기본 의의가 있다. 네트워크도시의 다중심적 구조와 기능의 유연성은 단핵도시가 갖는 규모의 불경제를 넘어서는 비교우위를 가져올 수 있다.

네트워크를 맺고 있는 도시들은 결절지로 기능하며, 이들 사이에 전문화·보완관계·공간분업이 이루어지고 외부경제 시너지 효과가 일어난다. 각 중심도시들 간에 존재하는 자본, 정보, 지식, 기술, 인력, 제품 등의 흐름이 상호관계를 형성하며, 탈수직적 네트워크를 통해 보완적 네트워크 및 시너지 네트워크로 전환된다.(11-5) 이러한 네트워크도시에 기반한 다중심 도시지역의 개념은 서유럽처럼 세계경제의 중심 역할을 수행하는 최상위 세계도시로서의 지위가 다소 부족한 주요 중심

11-5 네트워크도시의 형성과정

단핵도시
(monocetric city)

회랑도시
(corridor city)

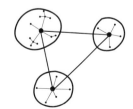
네트워크도시
(network city)

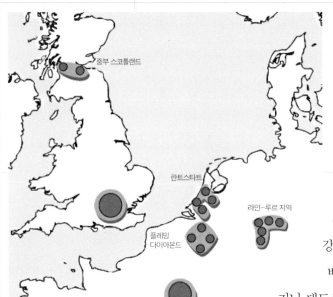

11-6 북서유럽의 다중심
네트워크 도시지역
(Meijers, E., 2007, p. 95)

도시들이 많이 분포하고 있는 지역에서 세계화시대의 국가 및 지역경쟁력을 강화하는 데 주로 적용되고 있다.

배튼(D. F. Batten)은 세계적인 경쟁력을 지닌 대도시지역의 형성과 구조를 전통적인 중심지체계를 대체하는 네트워크체계로 설명하였다.[9] 다중심적인 네트워크도시는 중심도시들의 수평적 네트워크체계에 기반한 결절(중심지)들의 상호 흐름과 유연성, 보완성, 특화성으로 이루어진다. 배튼은 대표적인 사례로 네덜란드의 란트스타트 지역을 들었다.

란트스타트 지역은 네덜란드의 수도권으로 4개의 중심도시인 암스테르담, 로테르담, 헤이그, 위트레흐트 간의 기능적 특화에 기반한 강력한 연계체제를 구축하고 주변 도시들과 회랑을 형성하는 대표적인 다중심적 네트워크도시다. 란트스타트 지역은 네덜란드 전체 면적의 20% 정도를 차지하며, 전체 인구의 42%인 약 750만 명이 거주하고 있다. 네덜란드 전체 경제활동의 51.3%를 담당하고 있고, 대표적인 산업은 물류, 금융, 원예농업 등이며, 각 도시별로 특화되어 있다. 또한 로테르담의 국제항구와 암스테르담의 스키폴(Schiphol) 국제허브공항을 보유하고 있어서 글로벌 인프라가 안정적으로 지원된다. 이 밖에도 서유럽에서는 독일의 라인-루르(Rhein-Ruhr) 지역, 벨기에의 플레밍 다이아몬드(Flemish Diamond) 지역 등이 기능적 네트워크를 이룬 다중심 도시지역으로서 세계적인 경쟁력을 지니고 있다.(11-6)

메가지역과 메가시티지역

메가지역은 기존 도시지역(city-region)의 개념을 바탕으로 세계적인 초광역적 대도시지역으로 구체화한 세계도시지역이다. 플로리다(R. Florida) 등은 전 세계 40개 메가지역을 선정하고 세계경제에서 메가지역의 역할과 의미를 강조했다. 40개 메가지역은 모두 천억 달러 이상의 경제 규모를 가지고 있으며, 세계 인구의 17.7%가 거주하지만 전 세계 생산액의 66%, 전 세계 특허권의 85.6%를 점유하고 있음을 밝혔다.[10]

북미에서는 총 13개 메가지역이 확인되었다. 가장 대표적인 보스턴-워싱턴(Bos-Wash) 메가지역은 세계에서 두 번째로 큰 메가지역으로, 최상위 세계도시인 뉴욕을 중심으로 보스턴에서 워싱턴 D.C.에 이르는 초광역적 중심축이자 거대 경제권으로 1960년대 고트만이 연구했던 메갈로폴리스 지역이다. 미국 전체 인구의 18%가 거주하며, 경제 규모는 2조 2천억 USD(지역생산액 기준)로 프랑스나 영국보다 많으며 인도나 캐나다의 두 배 수준이다.(11-7)

아시아의 메가지역은 우리나라의 서울-부산 메가지역을 비롯하여 일본의 도쿄 대도시지역, 오사카-나고야, 후쿠오카-규슈, 삿포로 메가지역 등 4개와, 중국의 홍콩-센젠(주강)권, 상하이권, 베이징권 메가지역 등 3개이다. 그 밖에 방콕과 타이베이, 인도의 델리-라호르 메가지역이 있다. 도쿄(Greater Tokyo) 메가지역은 인구 5,500만 명으로 인구 규모 4위, 경제 규모 2조 5천억 달러로 지역생산액 기준 1위를 차지하여 전 세계 메가지역 순위 1위에 올랐

11-7 북미의 메가지역
(Florida, R., et al., 2008, p. 21)

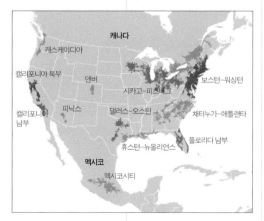

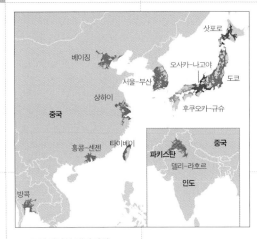

11-8 아시아의 메가지역
(Florida, R. et al., 2008,
p. 23)

다. 이 지역은 최상위 세계도시인 도쿄를 중심으로 한 대도시지역으로 금융, 디자인, 첨단기술산업 분야에서 세계 정상급이다. 우리나라의 서울-부산 메가지역은 세계 40개 메가지역 중 인구 규모로 8위, 지역생산액 기준으로 13위를 차지하여 전체 순위 13위에 올랐다. 중국의 3개 메가지역과 인도의 메가지역은 급성장을 거듭하고 있어서 앞으로 메가지역의 순위 변동에 큰 영향을 미칠 것으로 예상된다.(11-8)

한편 동아일보 미래전략연구소와 모니터그룹은 메가지역과 유사한 개념으로 메가시티지역(Mega City Region) 개념을 제시했다. 메가시티지역은 글로벌 경쟁에 필요한 규모 이상의 경제적 투입요소와 시장을 동시에 가지고 있으며, 독자적으로 경쟁이 가능한 대도시지역으로 정의된다. 전 세계적으로 인구 천만 명 이상의 20개 메가시티지역을 선정하여 경제적 번영, 장소 매력도, 연계성 등 3개 영역에서 총 50개의 평가지표를 가지고 경쟁력을 비교·분석했다. 그 결과, 10개의 1순위 그룹(2개의 최상위권인 뉴욕권과 런던권, 그리고 도쿄권을 비롯한 8개의 선두그룹)과 10개의 2순위 그룹(3개의 잠재적 선두그룹과 7개의 후발그룹)으로의 경쟁 구도가 나타났다.(11-9)

이 중 우리나라는 경인권(서울, 인천, 경기)과 부울권(부산, 울산, 경남)이 포함되어 상대적인 경쟁력이 비교되었다. 종합평가 결과, 경인권은 11위를 차지하여 잠재적 선두그룹으로서 선두그룹 진입을 위한 기반이 조성되었지만, 12위와 13위를 차지한 상하이권과 베이징권과의 경쟁이 예상된다.(11-10) 부울권은 선두그룹과는 현격한 차이를 보이며 후발그룹으로 평가되었으며, 중심도시인 부산의 글로벌 기능을 강화하고 지역 간 연계성을 강화하여 메가

원 안의 수치는 종합평가점수, 7점 만점 ● 선두그룹 ● 잠재적 선두그룹 ● 후발그룹

11-9 메가시티지역 경쟁력 종합평가 결과
(지역발전위원회, 2009b, p. 143)

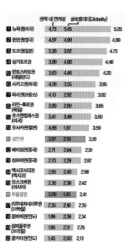

11-10 메가시티지역 순위
(지역발전위원회, 2009a, p. 72)

표 11-7 메가시티지역의 영역별 경쟁력 평가 결과

	경제적 번영			장소매력도			연계성	
1	뉴욕권	5.72	1	라인-루르권	5.60	1	뉴욕권	5.05
2	LA권	5.33	2	런던권	5.45	2	런던권	4.99
3	런던권	4.94	3	란트스타트권	5.38	3	도쿄권	4.73
4	도쿄권	4.27	4	파리권	5.37	4	싱가포르	4.46
5	싱가포르	4.25	5	뉴욕권	5.06	5	란트스타트권	4.20
6	시카고권	4.21	6	LA권	4.87	6	시카고권	3.95
7	파리권	3.99	7	도쿄권	4.74	7	파리권	3.82
8	오사카권	3.73	8	시카고권	4.66	8	라인-루르권	3.65
9	란트스타트권	3.56	9	오사카권	4.61	9	LA권	3.60
10	경인권	3.55	10	경인권	4.32	10	오사카권	3.59
11	상하이권	3.35	11	싱가포르	4.04	11	경인권	3.18
12	베이징권	3.29	12	상하이권	3.87	12	베이징권	2.91
13	멕시코시티권	2.98	13	부울경권	3.80	13	상하이권	2.87
14	라인-루르권	2.87	14	베이징권	3.61	14	멕시코시티권	2.58
15	부울경권	2.69	15	상파울루권	3.45	15	모스크바권	2.42
16	모스크바권	2.60	16	리우권	3.44	16	부울경권	2.41
17	리우권	2.24	17	모스크바권	3.37	17	리우권	2.35
18	콜카타권	2.24	18	멕시코시티권	2.80	18	뭄바이권	2.34
19	뭄바이권	2.24	19	뭄바이권	2.62	19	상파울루권	2.25
20	상파울루권	1.97	20	콜카타권	2.60	20	콜카타권	2.13

(박영훈, 2009, "글로벌 MCR(Mega City region) Index와 그 시사점," p. 12 참조)

시티지역으로서 경쟁기반을 조성할 필요가 있는 것으로 분석되었다. 그러나 부울권은 영역별 평가에서 삶의 질, 사회구조 안정성, 생태적 지속성을 반영하는 장소매력도(Quality of Place) 순위가 13위로 다른 영역별 지수평가보다 상대적으로 높게 나타났다.(표 11-7)

세계도시와 국토 공간구조 개편방안

세계화가 공간에 미치는 가장 큰 영향은 광역화다. 과거 폐쇄적인 국가도시체계의 중심은 대도시와 대도시지역이었으며, 중심도시의 분산과 주변지역(교외지역)의 자립 성장을 통해 다핵적인 대도시지역으로 발전했다. 이러한 대도시지역은 후기산업사회의 대도시권을 거쳐, 세계화시대의 개방적 세계도시 네트워크에서 다중심적, 광역적, 초국적 거대도시권으로 재편되고 있다.

주요 선진 국가들은 세계도시지역, 메가지역 등으로 개념화된 거대도시지역의 중요성을 새롭게 인식하고 있다. 과거 국가의 중심지 역할을 했던 중추도시 혹은 대도시지역을 초국적으로 확대해 세계경제로 통합·연계하고, 이를 효율적으로 지원하는 거버넌스를 구축함으로써 국가의 글로벌 경쟁력을 강화하고 있다. 여기에는 몇 가지 중요한 특징이 있다. 첫째로, 일정 수준의 권역 규모를 확보해 권역 내 구성요소들 간의 기능적 네트워크를 활성화시키고 있다는 점, 둘째로, 세계도시 수준의 중심대도시를 가지고 있으며, 특화되고 자립적인 일반 도시들과 주변지역이 일체화된 다중심 구조를 가지고 있다는 점, 셋째로, 광역적 대도시권을 초월하는 글로벌 차원의 거대도시권

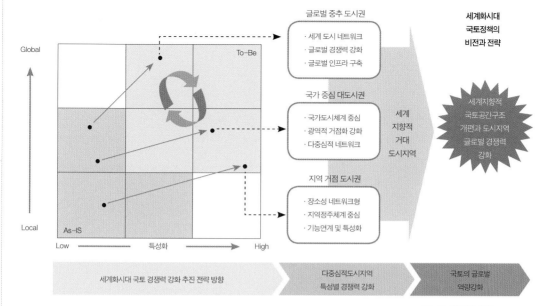

11-11 세계화시대
국토공간구조 개편 방안

혹은 거대도시권 연계체제를 지향한다는 점, 넷째, 광역적 거버넌스체제와 글로벌 지향의 인프라가 구축되어 있다는 점이다.

우리나라도 과거 국가도시체계의 중심으로서 대도시권을 강조하여 기존 도시권을 광역도시권으로 확대하였으나, 이제 새로운 국토발전 모델을 정립하고 그에 따라 국토공간구조를 개편할 필요가 있다. 한 가지 대안은 '3계층의 중층적 국토발전권역'으로 재구성하는 것이다. 즉 3계층의 면(area)적인 공간 실체들이 서로 포섭·중첩 관계를 형성하면서 ① 세계지향적인 거대도시지역과 최상위 세계도시(글로벌 중추도시), ② 국가중심적인 대도시지역과 중추대도시, ③ 지역거점적인 특화된 도시권과 지역중심도시로 유연하게 역할을 분담하는 것이다.

예를 들면, 세계지향적인 거대도시지역(초광역수도권: 수도권+충청권+강원권) → 국가중심적인 대도시지역(수도권) → 지역거점적인 도시권(수원도시권)으로 포섭되는 과정이다. 또 다른 세계지향적 거대도시지역으로 초광역남부권(부산·울산권+대구권+호남권)을 구성하고 중심대도시들의 세계화 전략을 추진함으로써 세계도시 네트워크로의 연계와 경쟁력을 강화하는 동시에, 초광역수도권과의 기능적 연계 및 역할 분담을 통해 세계지향적인 국토공간

구조의 개편을 도모한다.(11-11)

특히 세계지향적 거대도시지역은 중심대도시인 세계도시(글로벌 중추도시)가 세계도시 네트워크상에서 차지하는 위상과 역할에 따라 발전방향이 결정된다. 따라서 최상위 세계도시지역을 추구하는 초광역수도권의 경우, 도쿄권이나 베이징·상하이권과의 경쟁을 대비해 광역적 거버넌스체제와 초국적 인프라, 즉 글로벌 허브 3P(공항, 항만, 텔레포트)의 구축 및 확대도 중요하다. 또한 대도시지역 내부로는 다중심 도시지역을 형성하여 세계지향적 도시지역들을 컴포넌트로 하는 국토의 글로벌화를 추진해야 할 것이다.

주

1   Sassen, S.(2001), *The Global City:New York, London, Tokyo* (2nd. ed.), Princeton University Press; Sassen, S.(2006), *Cities in A World Economy* (3rd ed.), Pine Forge Press.

2   Beaverstock, J. V. et al.(2011), "Globalization and the City," *GaWC Research Bulletin* 322.

3   Meyer, D. R.(1992), "Change in the World System of Metropolises: The Role of Business Intermediaries," *Urban Geography* 12(5), p. 408.

4   Friedmann, J.(1986), "World City Hypothesis," *Development and Change* 17(1), pp. 69~83.

5   Knox, P. L. and Agnew, J.(1989), *The Geography of the World Economy*, Edward Arnold, p. 61.

6   Knox, P. L. and Taylor, P. J. eds.(1995), *World Cities in a World-System*, p. 10.

7   Taylor, P. J.(2005), "Leading world cities: empirical evaluations of urban nodes in multiple networks," *Urban Studies* 42(9), p. 1606.

8   Hall, P. (2001), "Global city-regions in the twenty-first century," in Scott, A.J. ed., *Global City-Regions: Trends, Theory, Policy*, Oxford University Press, pp. 73~74.

9   Batten, D. F.(1995), "Network cities: creative urban agglomerations for the 21st century," *Urban Studies* 32(2), pp. 313~327.

10   Florida, R. et al.(2008), "The Rise of the Mega-Region," *CESIS Electronic Working Paper Series* 129, p. 16.

참고문헌

권용우 외(2012),『도시의 이해』(제4판), 박영사.

김동주 외(2010),『글로벌 도시권 육성방안 연구』1, 국토연구원.

김인(2005),『세계도시론』, 법문사.

김인 · 박수진 편(2006),『도시해석』, 푸른길.

남영우(2006),『글로벌시대의 세계도시론』, 법문사.

박영훈(2009), “글로벌 MCR(Mega City Region) Index와 그 시사점,”『국가발전을 위한 대도시권 성장전략』, 경기개발연구원, pp. 3~20.

손정렬(2011), “새로운 도시성장 모형으로서의 네트워크 도시: 형성과정, 공간구조, 관리 및 성장전망에 대한 연구동향,”『대한지리학회지』46(2), pp. 181~196.

유환종(2009), “초광역권개발의 추진과 세계도시 발전전략의 모색,”『초광역개발권 추진과 국토경쟁력 강화』, 대한지리학회, pp. 42~64.

이동우 외(2010),『수도권의 세계도시화 전략 연구』, 국토연구원.

이재하(2003), “세계도시지역론과 그 지역정책적 함의,”『대한지리학회지』38(4), pp. 562~574.

지역발전위원회(2009a),『지도로 보는 이명박정부 지역발전정책』.

지역발전위원회(2009b),『지역발전과 광역경제권 전략』.

팀 홀(2011),『도시연구: 현대도시의 변화와 정책』, 유환종 외 옮김, 푸른길.

ATKearney(2012), *2012 Global Cities Index and Emerging Cities Outlook*.

Batten, D. F.(1995), “Network cities: creative urban agglomerations for the 21st century,” *Urban Studies* 32(2), pp. 313~327.

Beaverstock, J.V. et al.(2011), “Globalization and the City,” *GaWC Research Bulletin* 322.

Brenner, N. and Keil, R. eds.(2006), *The Global Cities Reader*, Routledge.

Derudder, B. et al.(2009), “Pathways of Growth and Decline: Connectivity Changes in the World City Network, 2000-2008,” *GaWC Research Bulletin* 310.

Florida, R. et al.(2008), "The Rise of the Mega-Region," *CESIS Electronic Working Paper Series* 129, pp. 1~29.

Friedmann, J.(1986), "World City Hypothesis," *Development and Change* 17(1), pp. 69~83.

Hall, T.(2006), *Urban Geography* (3rd. ed.), Routledge.

Institute for Urban Strategies(2012), *Global Power City Index 2012*, The Mori Memorial Foundation.

King, A. D.(1990), *Global Cities:Post-Imperialism and the Internationalization of London*, Routledge.

Knox, P. L. and Agnew, J.(1989), *The Geography of the World Economy*, Edward Arnold.

Knox, P. L. and Taylor, P. J. eds.(1995), *World Cities in a World-System*, Cambridge University Press.

Meijers, E.(2007), *Synergy in Polycentric urban Regions*, Delft University of Technology.

Meyer, D. R.(1992), "Change in the World System of Metropolises: The Role of Business Intermediaries," *Urban Geography* 12(5), pp. 393~416.

Sassen, S.(2001), *The Global City:New York, London, Tokyo* (2nd. ed.), Princeton University Press.

Sassen, S.(2006), *Cities in A World Economy* (3rd ed.), Pine Forge Press.

Scott, A. J. ed.(2001), *Global City-Regions:Trends, Theory, Policy*, Oxford University Press.

Taylor, P. J.(2005), "Leading world cities: empirical evaluations of urban nodes in multiple networks," *Urban Studies* 42(9), pp. 1593~1608.

Taylor, P. J. et al.(2009), "Measuring the World City Network: New Developments and Results," *GaWC Research Bulletin* 300.

Wall, R. and Knaap, B.(2006), "Sustainability within a World City Network," *GaWC Research Bulletin* 205.

제3부

국토와 미래

12 국토개발과 재정의 역할

김형태(KDI)

사회간접자본은 경제성장과 국민후생 증대에 중요한 요소다. 과거 우리나라에서는 사회간접자본이 경제성장의 견인차 역할을 했으며, 경제위기 상황에서도 경기 대응을 위한 정책적 수단으로 활용되어왔다. 그러나 최근 사회간접자본 투자에 신중해야 한다는 목소리가 높아지고 있다. 저출산·고령화와 늘어나는 복지 수요로 사회복지 재정 부담이 커졌기 때문이다. 따라서 사회간접자본 투자규모에 대한 논의가 필요한 시점이다. 이 장에서는 사회간접자본의 투자 추이와 스톡 현황을 살펴보고, 사회간접자본 투자의 적정 수준을 추정할 것이다. 그리하여 예산제약 아래 행해질 수 있는 사회간접자본의 투자 방향과 재정의 역할을 모색할 것이다.

국토개발과 사회간접자본

국토개발을 위해 필수적인 사회간접자본(SOC, Social Overhead Capital)은 생산활동에 직접적으로 사용되지는 않지만 경제활동을 원활히 하는 데 꼭 필요한 사회기반시설이다. 이를테면 도로, 철도, 항만, 공항 등을 들 수 있다. SOC는 대표적인 공공재(public goods)인데, 종종 시장실패로 최근까지 대부분 재정을 통해 투자가 이루어졌다. 그리고 대규모 건설사업의 특성상 계획에서 공급까지 시간이 오래 걸려 적절한 사전계획과 투자가 매우 중요하다. SOC는 생산성·고용·실질임금의 증가와 생산비 감소 등 국가경쟁력 강화에 중요한 생산요소이다. 즉 경제성장의 견인차 역할을 담당하며,[1] 교통 접근성 증가를 통한 국민 후생 증대 면에서 주요한 복지정책으로 간주될 수 있는 공공서비스다. 이러한 차원에서 세계 각국은 SOC 확충을 위해 지속적으로 노력해왔다.

우리나라는 1인당 국민소득이 1960년대에 100달러에도 못 미쳤으나, 2007년 2만 달러에 이를 정도로 경제규모가 빠르게 성장했다. 이 과정에서 SOC의 지속적인 확충 등 국토개발사업의 지속적인 추진이 경제발전의 중요한 성공 요인으로 간주된다. 특히 우리나라의 국토개발사업은 1962년 이후 정부가 추진해온 경제개발계획에서 SOC 확충을 통한 경제성장 기반 조성에 중요한 역할을 수행했다. 1960년대에는 도로와 철도를 중심으로 SOC에 대한 투자를 지속적으로 확대했으며, 1970년대에는 도로와 철도에 대한 지속적인 투자 외에도 중화학공업 육성을 위한 산업단지와 항만 등에 대한 재정투자를 확대했다. 이 시기에 확충된 교통인프라시설은 1970~80년대의 고도성장에 큰 역할을 한 것으로 평가받는다. 1980년대 들어 민간 중심의 시장경제를 표방하며 정부지출을 억제한 결과, 고속도로를 포함한 신규 교통인프라에 대한 투자가 부진하여 1990년대 이후 물류비가 급증한 바 있다. 이러한 물류비 증가에 따른 생산성 저하를 완화하기 위해 정부는 1994년 '교통시설특별회계법'과 1999년 '교통체계효율화법'을 제정하는 등 법적·제도적 기반을 바탕으로 SOC에 대한 투자를 확대했다. 그 결과, 중앙정부의 SOC 지출이 1990년 2.4조 원에서 2008년에는 19.6조 원으로 지속적으로 증가했다. 중앙정부의 일반회계에서 차지하는 총 지출대비 비중도 1990년 8.8%에서 2003년 15.5%에 달했다. 그러나 이후 점차 축소되어 2008년에는 7.6%에 이르렀다.

이처럼 SOC에 대한 투자는 과거 경제성장의 견인차였을 뿐만 아니라 경제위기에서 고용 창출과 유효수요 확대 등 경기대응을 위한 정책적 수단으로 활용되어왔다. 최근에도 글로벌 금융위기 극복을 위한 공공투자 확대 기조에 따라 SOC에 대한 상당한 투자가 이루어진 바 있다. 이를 두고 현재 SOC에 대한 투자 확대론과 투자 신중론이 대립하고 있다.

먼저 투자 확대론은, 선진국에 비해 여전히 SOC 스톡이 크게 부족하고 물류비용 부담이 크기 때문에 SOC에 대한 투자가 확대되어야 한다는 입장이다. 여기서는 건설에 장기간이 소요되는 SOC의 특성상 앞으로 경제성장을 위해 지속적인 재정투자가 필요하다고 주장한다. 아직까지 경기불안 요소가 남아 있고, 최근 건설 경기가 둔화된 상황에서 고용 및 생산 유발 효과가 있는 SOC에 대한 재정투자가 확대되어야 한다는 것이다. 한편 투자 신중론은, 국토계수 등을 고려한 국제 비교를 통해 보았을 때 SOC 스톡은 어느 정도 규모를 달성했다고 본다. 또한 통계청의 국부통계조사를 바탕으로 추계한 정부자본스톡의 경우 1987년 이후 급속히 증가하여 정부자본스톡/GDP 비율이 최근 선진국 수준을 넘어선 것으로 추계되고 있다는 점,[2] 건설 부문의 GDP 대비 비중의 지속적 감소와 SOC 투자로 인한 취업 유발 효과의 지속적 감소 추세, 그리고 우리 경제가 요소주도형 경제발전단계를 벗어나고 있다는 점에 근거해 재정투자 확대에 부정적이다.

　　최근 금융위기가 일정 부분 극복되고 4대강 사업이 마무리되면서 SOC에 대한 투자 방향이 재설정될 필요성이 제기되고 있다. 특히 저성장 기조의 지속 및 재정 건전성 이슈로 SOC에 대한 재정투자에 신중한 접근이 요청된다. 또한 저출산·고령화와 복지 수요 증대로 사회복지 재정 부담이 늘어날 전망이어서, 예산제약 아래 SOC의 투자 규모와 방향이 논의되어야 한다.

SOC 투자 추이 및 스톡의 변화

우리나라의 SOC 투자는 1970년대와 1980년대 초반까지 전체 재정 대비 약 5~8%대를 유지하며 복지 부문과 유사한 투자 비율을 유지하다가, 1980년대 중반 이후 3%대까지 감소했다. 그러나 1994년 교통특별회계가 본격적으로 시행되고 외환위기 극복을 위한 SOC 부문 투자확대로 1990년대 후반 투자 비율이 급속히 증가했다.(12-1) GDP 대비 투자 비율은 1980년대 중반에서 1990년대 중반까지 최저 0.6%(1988년) 수준에 머물렀으나, 1990년대 중반 이후 SOC 투자확대에 힘입어 1998년에는 GDP 대비 투자 비율이 2.6% 수준에 이르렀다.(12-2)

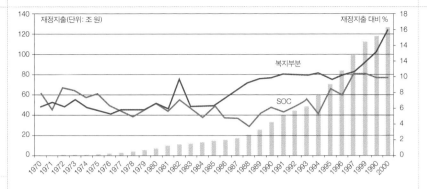

12-1 1970~2000년 재정재출 대비 SOC 및 복지 부문 재정투자 비율

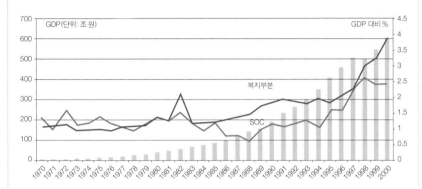

12-2 1970~2000년 GDP 대비 SOC 및 복지 부문 재정투자 비율

최근 중앙정부뿐만 아니라 지방정부 예산, 공기업, 민간투자를 포함한 전체 SOC 투자 추이를 살펴보면,(표 12-1) GDP 대비 3%대 중반을 유지하다 전 세계적인 금융위기 극복의 일환으로 한시적으로 공공부문 투자예산이 크게 확대된 2009년과 2010년 GDP 대비 4%대 초반을 기록한 것으로 나타난다. 2010년의 경우 재정투자는 다소 감소하였으나 공기업의 자체 투자 증가로 인해 전체 투자규모는 소폭 증가하였으며, 2011년에는 재정투자 및 민간투자의 감소로 인해 투자액 자체가 감소했다. 2012년의 경우, SOC 예산에 대한 축소압력이 지속되어 재정투자가 23.1조 원으로 감축되었으며, 2013년에는 경기 대응 차원에서 재정투자가 추경 포함 25조 원으로 소폭 증가하였다. 한편 2013~2017년도 국가재정운용계획에 따르면 경상가격 기준으로 2013년에 23.9조 원으로 감소한 후 2017년까지 19.2조 원 수준으로 지속적으로 감소할 것으로 계획되어 있다.

좀 더 세부적으로 1995년 이후 교통 SOC 부문별 재정투자 추이를 살

표 12-1 2004년 이후 전체 SOC 투자 추이 (경상가격)　　　　　　　　　　　　　(단위: 조 원)

연도	중앙정부 예산	지방정부 예산	공기업	민간투자	합계
2004	17.4	6.6	2.5	1.7	28.2(3.41%)
2005	18.3	7.0	3.4	2.9	31.6(3.64%)
2006	18.4	7.0	3.9	2.9	32.2(3.55%)
2007	18.4	7.0	3.9	3.1	32.4(3.32%)
2008	20.5	7.8	4.1	3.8	36.2(3.53%)
2009	25.5	9.7	5.6	3.9	44.7(4.20%)
2010	25.1	9.5	9.6	2.7	46.9(4.00%)
2011	24.4	9.3	9.6	2.2	45.5(3.67%)
2012	23.1	8.8	6.1	2.7	40.7(3.19%)

주: 1) 중앙정부 SOC 예산은 추경을 포함한 본예산을 기준으로 하며, 도로, 철도, 지하철, 공항, 항만, 물류 등에 대한 예산금액을 포함.
2) 지방정부 SOC 예산은 2000~2004년까지 중앙정부 예산 대비 38%의 비율이 이후에도 유지되는 것으로 가정하여 2005년 이후 지방정부에 대한 시계열을 구축하였으며, 도로, 지하철, 철도(광역철도) 건설 등에 투입된 예산금액임.
3) 공기업은 한국도로공사, 한국철도시설공단, 한국공항공사, 인천국제공항공사, 여수광양항만공사, 부산항만공사, 인천항만공사, 한국수자원공사 등 8개 공기업의 자체 투자액임.
4) 민간투자는 도로와 철도 부문을 포함한 BTO 및 BTL(철도) 규모를 반영하였음.
5) 합계의 괄호 안은 GDP 대비 전체 SOC 투자 비율임.

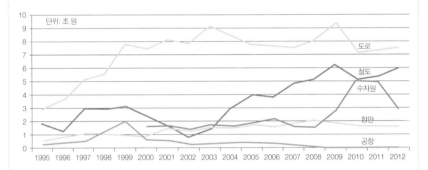

12-3 1995~2012년 교통 SOC 부문별 재정투자 (기획재정부 통합재정수지, 국토해양부 내부자료(수자원), 국가재정운용계획 각 연도 보고서)

펴보자.(12-3) 도로부문에서는, 1997년 무렵 이후 외환위기 극복 차원에서 중앙정부 예산이 크게 늘어났으나, 2000년대 중반 이후 투자가 잠시 주춤했고, 2008년 전 세계적인 금융위기 극복 차원에서 다시 증액되었으나, 위기가 어느 정도 극복되고 녹색교통에 대한 중요성이 강조되면서 최근 다시 감소 또는 정체되는 추세다. 철도 부문에서는, 재정투자가 전반적으로 증가하는 추세이며, 환경문제에 대한 관심이 높아지면서 철도 투자의 중요성은 지속적으로 강조될 것으로 보인다. 한편 철도 대비 도로 투자 비중이 2004년 1.9배에서 2011년 1.4배, 2012년 1.25배로 축소되는 것을 볼 때, 철도 투자의 비중은 도로에 비해 상대적으로 커지고 있다. 수자원 부문에서는, 4대강 사업에 따라 2008년 1.6조 원에서 2009년 2.3조 원, 2010년 5.1조 원, 2011년 5조 원으로 재정투자가 급격히 증가했으나, 4대강 사업이 마무리되면서 2012년 2.9조 원으로 감소했으며, 이후에도 유지·관리에 대한 투자 이외에는 투자 소요가 축소될 것으로 보인다. 항공 부문에서는 2006년 인천국제공항 2단계 확장 공사 이후 예산이 감소하는 추세이며, 항만 부문에서는 SOC 예산 대비 비중이 2000년대 이후 꾸준히 증가하여 2007년 11.2%에 이르렀으나, 이후 축소되어 2010년 7.4% 수준을 유지했다.

이상과 같이, 우리나라의 SOC 투자는 2000년대 중반 이후 2010년까지 글로벌 경제위기 극복을 위한 투자와 4대강 사업 등으로 증가했으나, 2011년 경제위기가 다소 물러가고 4대강 사업이 마무리되면서 감소하기 시작했다. 특히 최근 들어 복지예산이 늘어나면서 SOC 예산의 축소 압력이 지속될 것

표 12-2 부문별 SOC 스톡 추이[3]

부 문	2000(A)	2002	2004	2006	2008	2010(B)	B/A
도로 연장(천km)	88.8	96.0	100.3	102.1	104.2	105.6	1.19
고속국도 연장(km)	2,131.2	2,778.1	2,923.0	3,102.6	3,447.1	3,859.0	1.81
철도 연장(km)	3,123.0	3,129.0	3,374.1	3,392.0	3,381.1	3,557.3	1.14
복선 연장(km)	938.6	1,003.8	1,318.2	1,375.7	1,432.6	1,762.0	1.88
항공기 운항횟수(천 회)	273.8	303.1	313.8	340.6	427.5	467.6	1.71
항만 하역능력(백만 톤)	430.4	486.5	523.5	682.3	758.6	800.5	1.86
컨테이너 처리 실적 (천TEU)	7,959	11,890	14,523	15,965	17,927	19,369	2.43

으로 보인다.

그럼에도 지속적인 투자로 우리나라의 SOC 스톡은 크게 증가했다.(표 12-2) 도로 부문의 경우 총 도로 연장이 2000년 88,800km에서 2010년 105,600km 로 증가했다. 이 가운데 고속국도의 연장은 2010년 3,859km로 2000년 대비 1.81배 증가하여, 도로 전체에 비해 매우 빠른 속도로 확충되어왔음을 알 수 있다. 철도 연장은 2010년 3,557.3km로 2000년 대비 1.14배 증가하는 데 머물러 도로보다 상대적으로 확충 속도가 느린 것으로 나타났다. 다만 복선연장 이 2010년 1,762km로 2000년 대비 1.88배 증가한 것을 볼 때, 철도 투자 대부분은 복선화, 전철화 등 효율성 증대에 초점이 맞추어짐을 알 수 있다. 공항의 경우 항공기 운항횟수가 2010년 기준 467,600회로 2000년에 비해 1.71배 증가했으며, 항만 하역능력은 2000년 4억 3,040만 톤에서 지속적으로 증가하여 2010년에는 8억 50만 톤의 하역능력을 보유하고 있다. 이러한 하역능력을 바탕으로 한 컨테이너 처리 실적은 2010년 기준 1,936만 9천TEU로 2000년 대비 2.43배 증가했다.

이와 같은 수송능력의 확충은 교통혼잡비용 및 물류비용 등 사회경제적 비용의 증가를 억제하고 국가수송 분담구조를 개선하는 효과를 거둔 것으로 평가받는다. 교통혼잡비용 증가율은 1991~1999년 18%에서 2000~2007년 4%로 하락했고, 물류비용 증가율은 1991~1999년 11.9%에서 2000~2007년 7.1%로 둔화되었다. 또한 국내여객 기준으로 도로와 철도의 수송분담률 비중(%)은 2004년 81.6:15.4에서 2008년 81.4:15.9로 변화했고, 화물의 경우 2004년 73.4:7.7에서 2008년 71.1:8.1로 개선되었다.

적정 SOC 투자규모 분석[4]

분석 기준

SOC 투자규모의 적정성을 평가하려면 먼저 평가기준을 설정해야 한다. 이때 도로 연장, 철도 연장, 항만 처리능력 등 물리적 단위보다는 화폐액 등 경제적인 가치기준에 의거하는 것이 적절하다. 평가기준을 물리적 단위로 할 경우 서로 이질적인 교통시설과 그 밖의 시설들을 공통의 단위로 묶어 비교하는 것이 불가능하며, 화폐액으로 할 경우 그 밖의 생산요소와 비교가 가능하며 효율성이나 형평성 면도 평가할 수 있기 때문이다.

또한 적정성 평가를 위한 이론적 모형이 필요한데, 대부분의 연구는 배로와 살라이마틴(Barro and Sala-i-Martin), 아샤우어(Aschauer), 캄프스(Kamps)의 내생적 경제성장모형을 이용하여 SOC 스톡의 산출탄력성을 추정하고, 이를 기반으로 경제성장률을 최대화하는 SOC 스톡과 민간자본스톡의 최적비율을 추정하는 과정을 거친다.[5] 이를 바탕으로 SOC 스톡의 감가상각률과 장기 경제성장률 등에 대한 가정을 통해 GDP 대비 SOC에 대한 적정 투자 비율을 추정한다.

여기서 SOC 스톡의 산출탄력성 추정치는 생산함수 접근법 등을 이용해 추정할 수 있는데, 대략 0.2~0.3의 값을 가지는 것으로 공감대가 형성되어 있다. 이 장에서는 0.255를 선택하여 사용한다.[6] SOC 스톡 및 민간자본스톡에 대한 추정치는 국부통계(1967, 1977, 1987, 1997) 및 연구자들이 기준 연도 접속법을 이용해 추정한 결과들을 이용하고, SOC 스톡에 대한 감가상각률은 대략 1~2%대로 가정한다. 장기 경제성장률은 보통 잠재성장률을 사용하며,

잠재성장률(potential growth rate) 한 나라의 경제가 보유하고 있는 노동력, 자본 등 모든 생산요소를 효율적으로 사용하여 물가상승 없이 달성할 수 있는 경제성장률.

향후 전망치는 3%와 4%를 사용한다.

이를 바탕으로 중앙정부, 지방정부, 공기업 및 민간투자 등의 자료에 기반해 우리나라 전체 SOC 투자규모에 대한 시계열을 구축하고, 평가기간은 국가재정운용계획이 도입된 2004년부터 2013년에 계획된 '2013~2017년 국가재정운용계획'의 마지막 연도인 2017년까지로 설정했다.

적정 SOC 투자규모 추정과정

먼저 선행 작업의 일환으로 이론적 모형을 통해 GDP 대비 적정 SOC 투자규모를 산출한다. 산출탄력성 0.255를 기반으로 장기 경제성장률 3~5%, 감가상각률 1~2%를 가정하여 추정한 값은, 시나리오에 따라 2.24~3.92%의 값을 가지는 것으로 나타났다.(표 12-3) 2004~2012년 실제 SOC 투자 비율을 보면, GDP 대비 SOC 투자규모 비율이 최소 3.19%(2012년)에서 최대 4.2%(2009년) 값을 갖는 것으로 나타난다.(표 12-4) 이는 대체적으로 산출탄력성, 성장률, 감가상각률이 각각 0.255, 3~5%, 1~2%인 조합을 고려할 경우 적정 투자 비율인 2.24~3.92% 범위 내에 있는 것으로 보인다. 다만 금융위

표 12-3 적정 SOC 투자규모 추정 (GDP 대비 SOC 투자 비율) (산출탄력성 = 0.255)

		감가상각률(%)	
		1.0	2.0
성장률(%)	3	2.24	2.80
	4	2.80	3.36
	5	3.36	3.92

(국가재정운용계획SOC작업반, 2010, "2010~2014년 국가재정운용계획"에서 인용)

표 12-4 실제 SOC 투자 비율   (단위: 조 원, %)

연도	SOC(A)	GDP(B)	비율(A/B)
2004	28.4	832.3	3.41
2005	31.5	865.2	3.64
2006	32.3	910.0	3.55
2007	31.7	956.5	3.32
2008	34.5	978.5	3.53
2009	41.2	981.6	4.20
2010	41.7	1,043.7	4.00
2011	39.7	1,081.6	3.67
2012	35.3	1,104.2	3.19

주: 1) SOC 투자 및 GDP는 2005년 기준 불변가격임.
    2) SOC=중앙정부 예산+지방정부 예산+공기업 자체 투자+민간투자(BTO/BTL)

기 극복의 일환으로 공공부문 투자예산이 한시적으로 크게 확대된 2009년과 2010년에는 적정 투자 비율에 비해 높게 투자된 것으로 나타나고 있다.

다음 선행 작업으로 2013~2017년 SOC 투자규모를 추정하였다.(표 12-5) 중앙정부의 SOC 예산은 '2013~2017년 국가재정운용계획'에 제시된 중앙정부 SOC 예산을 사용했으며, 지방정부의 SOC 예산은 중앙정부 재정투자 대비 38% 수준을 유지한다고 가정했다. 공기업의 2013년 자체 투자예산은 기획재정부 내부 자료를 사용했으며, 2014년 이후는 2013년 계획금액과 실질투자금액이 동일한 것으로 가정했다. 민간투자의 2013년 이후는 2012년과 실질투자금액이 동일한 것으로 가정했다.

장기 경제성장률의 경우, 한국경제의 성장경로를 감안하여 2013년 이후 연평균 경제성장율을 3%로 설정한 값을 시나리오 1로, 4%로 가정한 경우

표 12-5 SOC 투자규모 계획 (단위: 조 원)

연도	중앙정부 예산		지방정부 예산		공기업		민간투자	
	경상	실질	경상	실질	경상	실질	경상	실질
2013	25.0	21.4	9.5	8.1	6.5	5.6	2.7	2.3
2014	23.3	19.7	8.9	7.5	6.6	5.6	2.8	2.3
2015	22.0	18.2	8.4	6.9	6.8	5.6	2.8	2.3
2016	20.5	16.6	7.8	6.3	6.9	5.6	2.9	2.3
2017	19.2	15.3	7.3	5.8	7.0	5.6	2.9	2.3

주: 1) 실질예산은 모두 2005년 기준 불변가격임.
2) 중앙정부의 2013년도 예산은 추경을 반영한 수치임.
3) 지방정부의 예산은 '2013~2017년 국가재정운용계획'상의 중앙정부 예산 대비 38% 수준을 유지한다고 가정함.
4) 공기업의 2014년 이후 실질 자체 투자예산은 2013년과 동일하다고 가정함.
5) 민간투자의 2013년 이후 실질금액은 2012년과 동일하다고 가정함.

를 시나리오 2로 설정했다. 즉 향후 한국 경제가 3%대의 저성장을 지속할 가능성이 있다는 점과 잠재성장률이 4%를 다소 하회할 수 있다는 점을 고려해, SOC 투자 비율에 대한 적정 비율을 산정할 때 벤치마크 성장률을 3%와 4%로 설정하여 분석했다. 이러한 성장 시나리오에 따라 '2013~2017년 국가재정운용계획'의 SOC 투자규모에 대한 GDP 대비 비율을 추정한 결과는 다음과 같다.(표 12-6)

먼저 시나리오 1에서 SOC 투자 비율은 2013년 3.3%에서 2017년 2.27%가 될 것이며, 기간 평균 2.76%를 보일 것으로 추정되었다. 기간 평균은 앞에서 본 산출탄력성, 성장률, 감가상각률이 각각 0.255, 3%, 1~2% 조합일 때 적정 투자 비율인 2.24~2.8% 범위에 들어 있는 것으로 추정되었다.

다음으로 시나리오 2에서 SOC 투자 비율은 2013년 3.27%에서 2017년 2.16%가 될 것이며, 기간 평균 2.68%를 보일 것으로 추정되었다. 기간 평균

표 12-6 SOC 투자 비율 추정

연도	SOC	시나리오 1 (3%)		시나리오 2 (4%)	
		GDP	비율	GDP	비율
2013	37.5	1,137.3	3.30	1,148.4	3.27
2014	35.1	1,171.5	3.00	1,194.3	2.94
2015	33.1	1,206.6	2.74	1,242.1	2.66
2016	30.9	1,242.8	2.49	1,291.8	2.39
2017	29.0	1,280.1	2.27	1,343.4	2.16
평균			2.76		2.68

주: 1) SOC 투자 및 GDP는 2005년 기준 불변가격임.
    2) SOC=중앙정부 예산+지방정부 예산+공기업+민간투자(BTO/BTL)
    3) 비율은 SOC/GDP를 나타냄.

이 2.68%라는 점을 고려할 때, 전체적인 투자규모가 대체적으로 앞에서 본 산출탄력성, 성장률, 감가상각률이 각각 0.255, 4%, 1~2% 조합을 고려할 때 적정 투자 비율인 2.8~3.36% 범위에 비해 다소 낮은 것으로 추정되었다. 특히 후반기에 적정 투자규모에 다소 미치지 못할 것으로 추정되나, 중장기적인 틀에서 SOC 투자규모가 크게 부족하다고 볼 수는 없다. 이는 최근 금융위기 극복 차원에서 2009년 및 2010년 SOC 투자가 크게 확대되어 이론적 적정 투자규모를 상회한 점과 SOC 스톡의 장기적 지속성을 고려할 때, 중장기적인 측면에서 SOC 투자규모가 크게 낮다고 볼 수는 없기 때문이다. 최근 발달된 기술수준을 감안하면 SOC 투자에 대한 감가상각률이 더욱 낮아질 가능성이 있고, 최근 잠재성장률 전망치가 하향 조정되고 있어 이론적으로 도출되는 적정 투자 비율이 더욱 낮아질 수 있다는 점을 고려할 필요가 있다. 다만 앞으로 SOC 투자규모가 국가중기재정운용계획에 비해 더욱 감소한다면 적정 투자규모에 다소 미치지 않을 수는 있다.

이상에서 살펴본 바와 같이 국가재정운용계획상의 SOC 투자규모에 대한 적정성을 내생적 경제성장모형을 통해 평가한 결과, 2004~2012년의 경우 최근 금융위기 극복 차원에서 확대된 2009년과 2010년 SOC 투자는 이론적 적정 비율을 다소 상회한 것으로 추정되나, 이를 제외하면 대체적으로 적정 수준으로 투자된 것으로 보이며, '2013~2017년 국가재정운용계획'의 SOC 투자규모를 기반으로 할 때, 향후 SOC 투자는 경제성장률 3%를 가정할 경우 적정한 것으로 보이며, 경제성장률 4%를 가정할 경우 중장기적인 측면에서 크게 낮다고 볼 수는 없으나 후반기에 이론적 적정 수준을 다소 하회할 것으로 추정된다. 그러나 향후 경제 전망이 그리 밝지 못한 상황에서 세수가 크게 증가하지 않을 것으로 예상됨에도, 고령화의 급격한 진행과 복지수요의 확대에 따라 의무지출 소요가 증가할 것으로 전망되고 있다. 정부는 재정 건전성을 고려하여 증가하는 복지예산을 확보하기 위해 범정부적으로 강력한 세출 구조조정을 추진하고 있다. 따라서 SOC 예산은 추가적으로 감축될 것으로 예상된다.

그렇다면 이러한 예산제약 아래 SOC 서비스 수준을 유지할 방도가 있을까? 크게 두 가지를 검토할 수 있을 것이다. 첫째는, 선택과 집중을 통한 재정투자, 공급보다는 활용에 초점을 맞춘 재정투자, 운영 및 관리 측면의 혁신 등과 같은 투자효율화 방안을 적극 검토하는 것이다. 둘째는, 공기업 투자 역시 크게 확대되기 어려울 것이라는 점을 감안하여, 국가경쟁력과 국민 편익의 조기 실현을 위해 필수적이나 재정투입이 어려운 부문에 민간의 여유자본이 원활하게 투입될 수 있도록 민간투자 제도를 활성화하는 방안을 검토할 수 있을 것이다. 지금부터 이 두 가지 방안을 구체적으로 검토하고자 한다.

SOC 투자 효율화와 민간투자 활성화[7]

SOC가 국가경제에 미치는 중요성에도 불구하고 향후 투자규모는 정체되거나 감소할 전망이다. 이에 대한 대책으로 먼저 부문별 SOC 투자효율화 방안을 살펴보고자 한다.

도로의 경우 중복 및 과잉투자, 계획수립체계 및 관리체계의 연계성 부족, 도시부 도로문제 심화 등이 제기되고 있다. 구체적으로 국도 고규격화 문제, 국도와 고속도로 간 투자 시기 조율의 부족 등 투자 효율성 문제가 1990년대 후반 이후 지속적으로 제기되어왔다. 또 국토종합계획, 국가기간교통망계획 등 국토계획 및 교통부문 상위계획과 도로시설 확충계획 간의 상호연계성 및 체계성 부족, 국도와 지방도 간 구간별 중요도에 대한 구분 불명확 및 연계성 부족, 지방청, 도로공사, 지자체 등 도로관리 주체 간의 업무연계 미흡의 문제가 제기되고 있다. 간선도로망 확충 위주의 투자로 도시부 교통혼잡비용 역시 크게 증가해왔다. 예를 들어, 2004~2008년 전국의 교통혼잡비용 증가율이 연간 3.5%인데 비해 도시부는 연간 5%를 기록하고 있다.

이러한 도로 투자의 문제점을 완화하기 위해서는 효율성에 근거한 도로투자 패러다임으로 전환할 필요가 있다. '공급하는 도로'에서 '활용하는 도로'로 패러다임을 전환하고, 국도 고규격화 등 과투자 및 중복투자를 개선해야 할 것이다. 도로의 공급보다는 활용에 중점을 두어 신규 도로를 건설하기보다 기존 도로를 개량해 혼잡을 완화하는 것이 중요하다. 이를 위해 선형 개량과 교차로 개선과 같은 기존 도로의 용량 보강, 상시 지·정체구간 개선, 병목 개선에 집중하는 것이 바람직하다. 아울러 선택과 집중을 통해 국가경쟁력을 강화할 필요성이 있다. 즉 고속국도 보강으로 국토균형발전 및 물류네트워크를 강화하고, 일반국도는 투자 효율성 제고를 위해 완공 위주로 사업을 추진하며, 이미 추진된 사업과의 연속성을 확보하고 단절 구간을 최소화하기 위해 노력해야 할 것이다. 또한 도로 부문 수요 증가를 억제하기 위한 교통수요관리방안을 병행해야 할 것이다. 운전자의 통행 행태 변화를 통해 교통수요를 적절한 수준으로 조절하지 않은 채, 도로시설의 확충을 통해 도로이용자에 대한 서비스 수준을 높이는 정책만으로는 도로의 투자 효율성을 높이거나 저탄소 녹색성장을 이룰 수 없다. 구체적으로 혼잡통행료 부과, 자동차 공동이용제도 도입 기반 구축, 승용차 운행 축소를 위한 도심 진입 교통수요 관리 강화, 고속도로 램프미터링 시행 등을 고려할 수 있다. 이 밖에 도로 투자의 효율성을 높이기 위해서는 운영적인 측면의 효율성을 함께 제고해야 한다. 특히 신교통기술을 활용하여 운영 효율성을 높이는 방안을 적극적으로 고려해야 한다.

철도의 경우, 동시다발적 투자, 과잉 설계, 지자체의 무리한 사업 요구를 유인하는 획일적인 정부 지원 비율 등이 문제점으로 지적되고 있다. 즉 공사 중인 사업이 70여 개에 달하고 잔여 사업비가 50조 원을 상회하는 데도 불구하고, 신규 사업이 계속적으로 증가하고 있는데, 이는 공사 기간의 지연 및 공사비 증가로 이어질 수밖에 없다. 또한 우리나라 철도는 외국에 비해 교량 및 터널이 많이 필요하여 공사비가 많이 소요되는 측면이 있으나, 최소곡선반경, 궤도중심 간격, 터널 내부 시설 기준 등 높은 수준의 설계 기준도 과다한 공사비의 원인이 되고 있다. 한편 지자체가 추진하는 도시철도사업과 광역철도사업에 대한 정부지원 기준의 미비가 비효율적인 투자를 낳고 있다.

도시철도사업의 경우 시설 수준에 대한 고려 없이 국고가 획일적으로 지원되어, 지자체가 적정 시설 수준을 고려하지 않고 무리한 투자를 요구하도록 유인하고 있으며, 광역철도사업의 경우 국가가 시행할 때 지자체 분담 비율이 낮은 데다 운영비가 국고로 지원되어 지자체의 비효율적인 사업 요구를 유인하고 있다.

투자상의 이러한 비효율을 완화하기 위해서는 먼저 선택과 집중을 통하여 효율성을 강화해야 한다. 한정된 재원의 동시다발적 투자는 사업 기간 연장과 사업비 증가를 초래하므로, 이미 추진된 사업의 적기 완공에 초점을 맞추어야 한다. 다음으로 설계 기준 합리화로 재정 부담을 완화해야 한다. 일본에 비해서도 지나치게 높은 선형 및 터널 설계 기준의 합리화를 통해 공사비 절감을 유도하고, 설계속도 등 시설수준을 탄력적으로 적용하여 공사비를 절감할 수 있도록 유도해야 할 것이다. 마지막으로 지자체 추진 사업의 지원 기준을 재설정하여 재정 부담을 완화하고 투자 효율성을 제고해야 한다. 지자체 추진 사업에 대해 정부가 지원하는 사업비의 총액을 제한하는 '재정지원 상한제' 도입을 검토할 필요가 있다. 지자체 추진 광역철도사업의 경우, 지자체 분담 기준을 명확히 적용하고, 운영 책임을 명확히 할 필요가 있다. 도시철도사업의 경우에는 중전철·경전철·노면전차 등 시설수준별로 국고지원 비율을 차등 지원하는 방안을 검토할 필요가 있다.

공항의 경우, 국제선 거점공항인 인천·김해·제주공항 등은 수요에 대응한 적정한 투자가 이루어졌지만, 일부 지방 공항은 수요 부족으로 투자 효율성에 대한 비판이 지속되고 있다. 또한 제3차 공항개발 중장기 종합계획에서 국내 거점공항을 다수 지정했지만, 일부 거점공항의 경우 수요 부족으로 거점공항으로서 기능하지 못하는 실정이다. 앞으로 항공 부문 수요는 KTX 와 고속도로 같은 육상교통망의 지속적인 확충에 따라 내륙수요는 정체 또는 감소하지만, 제주노선과 국제선 수요는 지속적으로 증가할 것으로 예상된다. 따라서 중추공항인 인천공항과 수요가 증가하는 거점공항을 중심으로 선택 과 집중을 통한 공항 부문의 투자 효율화 방안을 마련할 필요가 있다.

항만의 경우, 항만별 특성과 기능을 고려한 선택과 집중 개발 부족으로 중복투자와 같은 투자 효율성에 대한 비판이 대두되고 있다. 대부분의 항만 이 컨테이너 화물 처리 기능에 집중되어 있어 상호 경쟁이 심화되고 있다. 이 에 항만 배후지역의 경제적 특성을 고려한 기능 선택과 집중 개발을 통하여, 항만 간 경쟁은 지양하고 경쟁력은 더욱 강화하여 투자의 효율성을 제고할 필요가 있겠다. 또한 항만 물동량 예측의 신뢰성을 제고하는 한편, 물동량 연 동 항만개발시스템인 트리거룰을 항만 개발계획 수립 단계부터 타당성 조사, 설계, 공사 착수 등 모든 시점에 엄격하게 적용하여, 시설 공급 과잉으로 인 한 국고 손실을 최대한 방지할 필요가 있다.

이러한 SOC 각 부문별 투자 효율화 방안과 함께 고려할 사항은 민간투 자사업의 내실화 및 활성화이다. 민간투자는 부족한 재정을 보완하여 SOC 시설을 조기에 확충하여 국민 편익을 증진시키고 국가경쟁력을 제고하는 효 과를 가져올 수 있다. 즉 국채발행을 민간자금 투자로 대체하여 재정 건전성 을 높이면서, 재정 여건으로 지연되는 SOC 시설을 조기에 확충하여 국민후 생을 높일 수 있다. 2008년 기준으로 민간투자 도로로 추진된 14개 노선의 개통이 앞당겨져 조기 실현된 국민후생의 증가분은 약 1.45조 원으로 추정된 다. 이와 함께 민간투자로 절감된 SOC 예산을 정부가 다른 부문에 투입함으

트리거룰 어떤 상황의 발생을 포착 하고, 일정 요건의 충족 여부를 테 스트한 후 이를 충족하면 실행에 옮 기는 개념. 정부는 이 개념을 항만 개발에 적용하여, 해당 항만의 물동 량이 일정 수준에 도달할 경우 개발 일정을 시작하고, 물동량에 따라 개 발 시기를 지속적으로 조율한다.

민간투자사업 전통적으로 정부재 정으로 건설·운영되던 도로·항 만·철도·학교·환경시설 등 사 회기반시설을 민간의 재원으로 건 설하고 그 시설을 민간이 운영하 는 사업을 가리킨다. 부족한 재정 을 보완하여 사회기반시설을 적기 에 제공하고, 민간의 창의와 효율 을 활용하고자 하는 사업이다.

로써 경제성장에 미친 효과는 2008년 기준 약 2조 원(0.2% 내외) 내외로 추정된다. 민간투자사업은 주로 공공부문이 추진하던 SOC 사업에 민간의 창의 및 효율을 활용할 수 있고, 이를 통해 공사비와 운영비를 절감하고, 민간의 창의 활용으로 대국민 서비스 수준을 향상시킬 수 있다. 민간투자로 건설되고 운영되는 시설에 대한 이용자 만족도 조사에서 대부분의 경우 민간이 운영하는 시설에 대한 만족도가 공공운영시설에 비해 높게 나타나고 있다는 점이 이를 뒷받침한다.

이처럼 SOC 등 사회기반시설에 민간투자의 재정 보완이 지속될 필요가 있으나, 앞에서 보았듯이 민간투자는 2009년 정점을 찍은 후 지속적으로 감소하고 있다. 이는 최소운영수입보장제도(MRG)가 2009년 완전히 폐지되어 민간이 사업과 관련한 위험을 전담해야 하는 구조로 변경되었다는 점과 연관이 있다. 그러나 정부의 재정부담 위험이 큰 최소운영수익보장제도를 부활시킬 수 없는 데다 민간투자사업의 높은 사용료로 인한 국민부담 증가, 그리고 민간투자가 미래세대에 대한 재정부담의 증가로 이어질 수 있다는 점을 고려할 때, 무작정 민간투자를 활성화할 수 없다는 측면도 존재한다. 따라서 민간투자를 활성화하는 동시에 내실화하는 방안을 적극 검토할 필요가 있다.

첫째, 민간 제안 민간투자사업을 허용한 이후 축소되고 있는 정부고시 민간투자사업을 활성화할 필요가 있다. 이를 위해 주무관청으로부터 재정사업으로 추진할 사업은 국가재정법에 의한 예비타당성조사를, 민간투자사업으로 추진할 사업은 민간투자법에 의한 타당성분석을 거치도록 명문화할 필요가 있다. 이는 주무관청이 정부고시 민간투자사업으로 추진하려 해도 예비타당성조사를 거쳐야 하는 번거로움이 있고, 예비타당성조사 대상사업으로

최소운영수입보장제도(MRG, Minimum Revenue Guarantee) 민간투자로 건설한 시설이 운영단계에 들어갔을 때, 예측치에 비해 수요가 부족하여 운영 손실이 발생할 경우 민간 사업자에게 당초 약정한 최소 수입을 보장해주는 제도. 1999년 민간투자를 활성화하기 위해 도입되었으나, 2006년과 2009년에 단계적으로 폐지되었다.

신청하더라도 기획재정부의 심사과정에서 탈락할 확률이 높아 정부고시 민간투자사업의 활성화에 어려움이 있기 때문이다.

둘째, 민간투자사업의 부대·부속사업을 활성화 할 필요가 있다. 이를 위해 부대사업 수익을 사후정산 가능토록 할 필요가 있으며, 부대사업이 활성화되면 사용료를 인하할 수 있어 국민편익도 증대될 것으로 기대할 수 있을 것이다.

셋째, 신규사업방식을 도입하고 민간투자 사업대상을 확대하는 방안을 마련할 필요가 있다. 현재 전통적으로 사용되고 있는 수익형인 BTO 방식과 임대형인 BTL 방식을 혼합하는 방식을 도입하여 민간의 사업추진 위험부담을 경감하고 정부의 재정부담을 완화할 필요가 있으며, BTL사업의 사업대상을 확대하여 사회적으로 꼭 필요한 시설을 조기에 완공하여 국민편익을 증대할 필요가 있다. 이와 함께, 민간의 창의와 효율성을 활용하기 위해 BTL 사업의 민간 제안을 허용하는 방법을 적극 고려할 필요가 있다.

넷째, 최소운영수입보장제도로 인한 재정부담을 완화할 방안을 마련해야 할 것이다. 최소운영수입보장제도는 민간제안사업의 경우 2006년, 정부고시사업의 경우 2009년에 폐지되었지만 협약 당시 지급하기로 보장한 최소운영수익은 여전히 국가재정에 큰 부담이 되고 있으므로, 운영 중인 최소운영수입보장사업에 부대사업을 추진할 수 있도록 허용하여 정부의 재정절감을 유도해야 할 것이다. 또한 기존 최소운영수입보장제도를 비용보전 방식으로 변경하는 것까지 고려하는 등, 최소운영수입보장제도 완화 방안을 다양하게 고려해야 할 것이다. 마지막으로, 자금 재조달 세부요령의 이익 공유 비율을 개선하여 정부의 재정부담을 완화할 필요가 있다고 하겠다.

BTO(Build-Transfer-Operate) 사회기반시설의 준공과 동시에 당해 시설의 소유권이 국가 또는 지방자치단체에 귀속되며, 사업시행자에게 일정 기간의 시설관리운영권을 인정하는 방식.

BTL(Build-Transfer-Lease) 사회기반시설의 준공과 동시에 당해 시설의 소유권이 국가 또는 지방자치단체에 귀속되며, 사업시행자에게 일정 기간의 시설관리운영권을 인정하되, 그 시설을 국가 또는 지방자치단체 등이 협약에서 정한 기간 동안 임차하여 사용·수익하는 방식.

지속가능한 SOC 투자 방안

SOC는 생산활동에 직접적으로 사용되지는 않지만 경제활동을 지원하고 국가경쟁력을 강화하기 위해 필수적인 공공재로, SOC의 특성상 계획에서 공급까지 장시간이 소요되므로 적절한 사전계획 및 투자가 매우 중요하다. 우리나라는 1960년대 이후 SOC의 확충을 위해 지속적으로 투자를 확대해왔으며, 이는 우리나라의 고도성장에 크게 기여한 것으로 평가받고 있다.

최근 SOC 투자의 적정성을 살펴본 결과, 2004~2012년 SOC 투자는 금융위기 극복 차원에서 투자가 확대된 2009년과 2010년을 제외하고는 적정한 수준이었던 것으로 추정되었으며, 2012~2016년 투자계획도 후반기에 다소 적정수준을 하회할 가능성이 없지 않으나 기간 전체를 기준으로 할 경우 적정수준 내에 속할 것으로 추정되었다. 그러나 잠재성장률 저하 및 세입기반 위축에 따른 재정 건전성 이슈가 지속적으로 제기되고, 인구 고령화로 복지 부문 예산 소요의 증가 및 현 정부의 복지예산 확보를 위한 고강도 세출구조조정과 같은 경제·재정 여건 변화를 고려할 때, 앞으로 SOC 재정투자는 정체되거나 국가중기재정운용계획상의 계획보다 감소할 가능성이 높다.

이러한 여건에서 SOC 서비스 수준을 지속적으로 유지하여 국가경제를 견인하고 국민후생을 증대시키기 위해서는, SOC 부문의 투자를 효율화하는 방식으로 재정투자가 이루어져야 한다. 선택과 집중을 통한 재정투자, 공급보다는 활용에 초점을 맞춘 재정투자, 운영 및 관리 혁신 등과 같은 투자 효율화 방안을 모색해야 하는 것이다. 또한 국가경쟁력 및 국민 편익의 조기 실현을 위해 필수적이나 재정 투입이 어려운 부문에 민간의 여유자본이 좀 더

원활하게 투입될 수 있도록 민간투자제도를 활성화하고 내실화하여 투자재원을 다원화하는 것도 한 방안이다. 재정부담을 완화하면서 SOC 서비스 수준을 유지할 수 있는 여러 방안을 강구해야 할 것이다.

주

1   Aschauer, D. A.(1989), "Is Public Expenditure Productive?" *Journal of Monetary Economics*, Vol. 23, pp. 177~200.

2   한국조세연구원(2005), "자본스톡 규모의 국제비교."

3   기획재정부(2012), 『2012~2016년 국가재정운용계획』; 국토해양통계누리 https://stat.mltm.go.kr

4   이 글은 국가재정운용계획 SOC작업반(2010), "2010~2014년 국가재정운용계획" 및 김형태·류덕현(2012), "SOC 투자규모의 적정성 평가: 2012~16년 국가재정운용계획안을 중심으로"의 내용을 기초로 수정·보완해 재구성한 것으로, 보다 이론적인 논의는 해당 보고서를 참조.

5   사회간접자본과 경제성장 간에는 비선형적 관계가 존재하며, 이는 우리나라의 경우에도 확인되고 있다. 류덕현(2006), "지역별 사회간접자본(SOC)스톡의 적정규모에 관한 연구," 『공공경제』11(1), pp. 155~188.

6   류덕현(2008), "정부부문 자본스톡과 생산성," 『재정학연구』1(3), 2008, pp. 121~153.

7   이 글은 국가재정운용계획 SOC작업반 각 연도 보고서를 기초로 요약·수정·보완해 재구성하였음.

8   총사업비 500억 원 이상인 신규 재정투자사업은 일부 예외를 제외하고 기획재정부가 주관하고 한국개발연구원(KDI) 공공투자관리센터(PIMAC)가 총괄·수행하는 예비타당성조사를 거쳐야 한다.

참고문헌

건설교통부(2007), "건설교통SOC 스톡 기초연구 I."

국가재정운용계획 총괄반(2010), "2010~2014년 국가재정운용계획."

국가재정운용계획 총괄반(2011), "2011~2015년 국가재정운용계획."

국가재정운용계획 총괄반(2012), "2012~2016년 국가재정운용계획."

국가재정운용계획 SOC작업반(2009), "2009~2013년 국가재정운용계획."

국가재정운용계획 SOC작업반(2010), "2010~2014년 국가재정운용계획."

국가재정운용계획 SOC작업반(2011), "2011~2015년 국가재정운용계획."

국가재정운용계획 SOC작업반(2012), "2012~2016년 국가재정운용계획."

국토해양부(2010), "도로업무편람."

국토해양부(2010), "철도업무편람."

국토해양부(2010), "2010 항만업무 편람."

국토해양부(2011), "국가기간교통망계획 제2차 수정계획."

국토해양부(2011), "제3차 항만기본계획."

국토해양부, 각 연도 "예산개요."

국토해양부 외(2010), "미래 녹색국토 구현을 위한 KTX 고속철도망 구축전략."

기획재정부(2010), "민간투자사업 종합평가," 민간투자사업 추진실적 평가지원단.

기획재정부 내부자료, "도로·철도 투자 선진화 방안."

김형태·류덕현(2012), "SOC 투자규모의 적정성 평가: 2012~16년 국가재정운용계획안을 중심으로," KDI 현안분석.

류덕현(2006), "지역별 사회간접자본(SOC)스톡의 적정규모에 관한 연구,"『공공경제』 11(1), pp. 155~188.

류덕현(2008), "정부부문 자본스톡과 생산성,"『재정학연구』1(3), pp. 121~153.

한국개발연구원(2004), "우리나라 SOC 스톡 진단 연구."

한국조세연구원(2005), "자본스톡 규모의 국제비교."

Aschauer, D. A.(1989), "Is Public Expenditure Productive?" *Journal of Monetary Economics*, Vol. 23, pp. 177~200.

Aschauer, D. A.(2000), "Do States Optimize? Public Capital and economic growth," *The Annals of Regional Science*, Vol. 34, pp. 343~363.

Barro, R. · Sala-i-Martin, X.(1998), *Economic Growth*, MIT Press.

Hirshman, A. O.(1958), *The Strategy of Economic Development*, Yale University Press.

Kamps, C.(2005), "Is There a Lack of Public Capital in the EU," Kiel Institute for World Economics working paper.

국토해양통계누리 https://stat.mltm.go.kr

디지털예산회계시스템 https://www.digitalbrain.go.kr

13 지속가능 지역경제발전과 지방재정*

우명동(성신여자대학교)

지역경제활동은 지방정부의 재정활동과 매우 밀접한 관련이 있다. 지역경제 상황이 지방재정활동을 제약하기도 하고, 거꾸로 지방재정활동이 지역경제 발전의 방향에 영향을 주기도 한다. 이 장에서는 이처럼 지역경제와 지방재 정 사이에 존재하는 상호순환관계를 먼저 이해한다. 나아가 지역경제가 지속 가능성을 갖는다는 말의 의미를 살펴보고, 지속 가능한 지역경제발전에 기여 하기 위해 지방재정이 어떻게 운용되어야 하는지 점검한다. 그런데 지방재정 활동은 중앙재정과의 관계 속에서 행해지기 때문에, 지역경제발전 또한 중앙 과 지방재정 사이의 관계 설정을 염두에 두고 고민해야 한다. 이를 바탕으로 우리나라 정부 간 재정관계가 지속 가능한 지역경제발전에 얼마나 기여할 수 있는지 생각해볼 것이다.

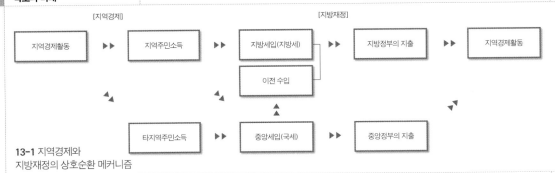

13-1 지역경제와
지방재정의 상호순환 메커니즘

지 역 경 제 와 지 방 재 정 의 관 계

특정 지역의 경제상황과 관할 지방정부의 재정활동 사이에는 상호순환 메커니즘이 작동한다. 이 순환과정을 특정 지역의 경제현상에서 출발해 살펴보자.(13-1) 먼저 특정 지역의 경제활동은 그 지역의 인적·자연적·산업적 자원의 특성(제약)에 바탕을 두고 행해지며, 그러한 경제활동의 결과는 궁극적으로 그 지역의 소득수준 같은 지표로 나타난다. 그리고 그 소득수준은 초기자원과 경제활동의 성격에 따라 지역주민들 사이에 일정하게 분배된다. 이러한 지역의 소득수준과 분포상황은 다시 그 지방의 조세(지방세) 규모와 구조를 결정하고, 아울러 그것이 해당 지방정부 지출(재정지출)활동의 규모와 구조에 영향을 미친다. 나아가 지방정부의 지출활동은 해당 지역주민들의 생산 및 소비활동 등 제반 경제활동에 영향을 미친다.

　　이제 이들 사이의 순환과정을 지역경제활동이 지방재정에 미치는 영향과 나아가 지방재정활동이 지역경제에 미치는 영향으로 나누어 살펴보고자 한다. 이를 통해 지역경제와 지방재정 사이에 존재하는 상호순환 메커니즘, 그리고 그것이 지역주민들의 생활과 관련해 지니는 의미를 밝혀보고자 한다.

지역경제활동과 지방재정
먼저 지역경제활동의 성과가 지역주민에 귀착되는 정도와 지방재정에 미치는 영향으로 나누어 살펴보자.

　　지역의 경제활동은 각 지역이 갖는 인적·자연적·산업적 제약에 의해 그 규모와 구조가 결정되기 마련이다. 그리고 그러한 지역경제활동의 성과는 지

| 참고 | **지역내총생산(GRDP)**

지역내총생산(GRDP, Gross Regional Domestic Product)은 특정 지역 내에서 일정기간(주로 1년) 동안 새롭게 만들어낸 재화 또는 서비스의 총 시장가치를 일컫는다. 이는 생산 측면의 부가가치로서 각 시·도 내에서 경제활동별로 얼마만큼의 부가가치가 발생했는지를 나타내는 지표다. 그러나 이것이 곧 지역 내 주민들의 소득수준을 나타내지는 않는다. 지역내총생산은 어느 지역에 거주하는 주민에 의한 것인지에 관계없이 해당 지역에서 발생한 부가가치를 기준으로 계산되기 때문이다. 한편 지역내총생산에 대한 지출은 지역 내에서 생산된 부가가치가 어떻게 사용되었는가를 나타내는 지표로서, 시·도별로 생산규모와 함께 지역의 소비와 투자구조 등을 파악할 수 있게 해준다. 이렇게 지역내총생산은 각 시·도의 경제규모, 생산수준, 산업규모, 지출구조 등을 파악할 수 있어, 지역 경제정책 수립 및 평가, 지역경제 분석에 중요한 기초자료로 이용할 수 있다.

역소득수준 내지 소득의 분포상태 등으로 나타난다. 특정 지역 내에 활동하는 기업이나 공장 수가 많으면 많을수록 지역의 소득수준, 즉 지역내총생산(GRDP)이 더 높아진다. 그런데 일반적으로 해당 지역에 전국적 성격의 대기업이나 큰 공장이 많을수록, 그리고 그 지역이 신흥 산업지역일수록 지역내총생산은 높지만 지역주민의 소득수준은 낮아지는 경향이 있다. 이는 고기술숙련노동자와 고위관리들이 다른 지역에 거주하는 경우가 많아서, 그 지역의 소득수준이 증가해도 지역주민의 소득수준에는 크게 영향을 미치지 않기 때문이다. 이에 비해 지역적 성격의 산업이 많은 지역일수록 지역주민에게 귀속되는 소득의 비율이 높아지는 경향이 있다.

이러한 경제적 성과는 지방정부의 수입, 특히 지방세의 규모와 구조에 영향을 미친다. 일반적으로 지방재정수입은 해당 지역의 경제 상황과 관할 지역정부가 가진 세원에 따라 결정된다. 그런데 우리가 납부하는 조세는 흔히 국세와 지방세로 나뉜다. 지방이 얼마나 많은 세금을 걷는가 하는 것은 지방에 어떤 세원이 얼마나 주어져 있는가에 따라 달라진다. 그런데 그와 같은 '세원 배분'의 정도는 분권에 관한 그 나라의 기본적인 정책 틀에 좌우된다. 따라서 지방정부의 수입 상태를 이해하려면 먼저 중앙정부와 지방정부 사이의 세원 배분 구조를 알아야 한다.

그런데 여기서 한 가지 유의할 점이 있다. 일반적으로 지방정부의 수입은 자체 재원만으로 구성되지 않는다. 어느 나라든 재원이전제도, 즉 보조금

제도를 가지고 있다. 그것은 충분한 세원이 지방정부에 할당되지 않고, 부존자원이나 경제력에 따라 각 지방정부의 재정능력에 차이가 있기 때문이다. 따라서 특정 지방정부의 재정수입 상태를 파악하기 위해서는 중앙정부로부터 주어지는 이전재원 상황도 점검해야 한다. 나아가 이러한 재정수입 상황은 해당 지방정부 지출활동의 규모와 구조에 영향을 미치게 된다.

지방재정활동과 지역경제발전

위와 같은 지방재정 상황은 지역경제활동에 영향을 미친다. 지방정부 재정지출의 규모와 구조는 특정 지역의 생산활동이나 소비활동에 영향을 미친다. 예를 들어 지방정부의 세출을 통해 그 지역의 사회적 자본시설을 확충하고 생산활동의 장애물을 제거하여 지역경제활동의 기반을 강화하기도 한다. 또는 복지서비스를 공급해 지역사회 통합력을 제고시켜 궁극적으로 지역사회의 경제활동에 영향을 미치기도 한다. 이 단계에서는 지방정부가 얼마나 자율적이고 자립적인 지역개발계획을 수립하고, 재정활동의 계획·집행에서 자주적인 운영을 보장받을 수 있느냐가 중요해진다.

한편 중앙정부가 자체적으로 투융자지출을 하거나 사회복지 부문에 지출하여 지역경제활동에 영향을 미치기도 한다. 말하자면 중앙정부의 정책 의지도 지역경제활동에 중요하게 작용하는 것이다. 집권적 성향이 강한 나라에서 이런 면이 더 강하게 나타난다. 중앙정부가 직접 정책을 시행하기도 하지만, 지방정부에 재정 지원을 하여 중앙정부가 원하는 방향으로 유도하는 경우도 있다. 이렇게 볼 때 정부 정책과 관련해 지역경제 상황을 이해하려면 중앙정부의 정책 의지를 확인하고 분석하는 것이 중요하다.

상호순환 메커니즘과 정책적 딜레마

지금까지 내용을 보면, 지역경제의 성장과 발전이 지방재정의 위상에 영향을 미치며, 또 지방재정의 지출이 지역경제발전의 중요한 요인이 된다. 한마디로 지방재정과 지역경제는 매우 밀접한 상관성을 갖는다. 이러한 맥락에서 보면, 지방정부로 하여금 자율적인 지역경제발전을 추진해나갈 수 있게 하려면 무엇보다 지방의 세원을 확대시켜주는 것이 필요하다. 구체적으로는 일부 국세의 지방이관 또는 공동이용, 지방의 재산과세 세율 인상, 과세표준의 상향 조정 또는 재산가치 평가의 현실화 등을 고려해볼 수 있다.

그러나 만일 기존 세원이 지역 간 개발 격차 등으로 말미암아 지역 간에 불균등하게 나타나고 있다면, 지방세원을 더 늘리면 지방세입의 불균등 상태를 더욱 심화시킬 것이다. 지역 경제력에 격차가 있을 때 세원을 확대하면 재정력의 격차가 더욱 커지고, 나아가 재정지출을 통한 지역 공공서비스 공급에 차이가 나타나 지역경제 지원활동의 차이를 낳게 된다. 결과적으로 지역 간의 경제력 격차는 누적되고, 이는 다시금 지방 재정력의 격차를 더 벌리게 된다.

반면 지역적 불균등을 완화하기 위한 여러 조치는 지방정부의 재정자립 수준을 저해하는 요인으로 작용하기도 한다. 이는 지역적 불균등을 완화하려면 중앙정부의 지방재정 조정 역할을 강화해야 하는데, 이를 위해서는 중앙정부에 대한 세원 배분 비율이 상대적으로 높아질 수밖에 없어 지방정부의 절대적 자립수준이 저하될 위험이 있기 때문이다.

이렇게 지역경제와 지방재정의 관계에는, 지역 주도의 지역경제발전을 지지하는 입장과 지역 간의 경제력 불균등을 완화하려는 입장 사이에 전형적인 상충관계(trade-off)가 발생한다. 이러한 문제 때문에 지역경제발전과 이를 지원하는 재정제도(정부 간 재정관계)의 바람직한 틀을 놓고 많은 연구자·실무자들이 서로 다른 견해를 내세우는 것이다.[1] 그런데 이러한 견해는 '지역경제발전'을 어떻게 규정하느냐에 따라 주장의 방향이 크게 달라진다. 여기서는 지역경제발전을 '지속 가능한 지역경제발전'으로 보고, 이를 지원하기 위한 지방재정 내지 정부 간 재정관계 틀을 제시해보고자 한다.

지속가능 지역경제발전과 정부 간 재정관계

지역경제와 지방재정의 상호관계는 단순한 사실관계를 넘어서서 당위적인 정책적 의미도 가진다. 한 사회의 경제 현상은 그 사회의 재정활동에 영향을 미치고, 거꾸로 한 사회의 재정행위는 정책 과정을 거쳐 그 사회의 경제활동을 일정한 방향으로 유도한다.[2] 이러한 사실은 지역경제와 지방재정 사이에도 그대로 적용된다. 지역경제발전의 규모나 구조가 지방재정의 규모와 구조를 결정짓는가 하면, 다른 한편 지방재정정책이나 정부 간 재정관계 틀에 따라 지방재정활동의 위상이 결정되고 지역경제의 방향이 유도된다. 이제 이러한 맥락에서 바람직한 지역경제 상태를 제시하고, 지역경제발전과 재정행위가 서로 상승적인 선순환관계를 달성하기 위해 각급 정부의 정책적 역할과 정부 간 재정관계가 어떠해야 하는지 살펴보자.

지속가능 지역경제발전

'바람직한' 지역경제발전이란 곧 '지역 친화적'이며 '지속가능한' 발전이라고 할 수 있다. 여기서 '지역 친화적'이란, 특정 지역에 있는 인적·물적 자원이 지역경제활동과 유기적으로 관련을 맺어, 그 과정에 지역주민들이 참여하고 그 결과 나타나는 경제적 성과가 주민들에게 돌아가 지역주민의 삶의 질이 제고되는 것을 의미한다. 한편 '지속가능성'이라는 측면은 다양하게 정의될 수 있지만, 흔히 미래 세대 주민들의 욕구충족능력을 해치지 않으면서 현세대 주민들의 욕구를 충족시키는 것을 의미한다. 지속가능성은 전통적으로 환경적 관점에서 논의되어왔다. 그런데 그 대상이 지역·지방인 경우에는 환경에 대한 인식을 토대로 하되, 지역사회 통합과 경제적 안정성을 함께 중요하게 고려해야 한다.

한 지역사회가 지속 가능한 발전을 하려면 무엇보다 다른 지역의 자원과 대체할 수 없는 그 지역 고유의 자원들이 서로 관계를 맺으면서 지역경제과정에 활용되어, 그러한 경제활동의 성과가 그 지역주민들의 생활에 기여할 수 있어야 한다. 이렇게 지역공동체가 보유한 여러 인적·자연적·산업적 특성이 경제과정에서 활성화될 때, 비로소 지역주민들이 저마다 지닌 자원에 따라 경제활동을 하면서 욕구를 충족시켜갈 뿐 아니라 지역경제의 사회적 통합을 유지할 수 있게 된다. 이러한 지속 가능한 지역경제발전을 위해서는 이른바 내생적 발전 전략을 추구할 필요가 있다. 이는 지역이 가진 자원이나 잠재력에 기초하여 지역기업이나 지역산업(토착·전통산업)을 중심으로 지역의 발전을 추진하는 것이다.

한편 지역경제의 기반이 대내외적 경기변동 요인에 영향을 받으면, 지역

내생적 발전 지역이 가진 여러 인적·자연적·산업적 특성을 발굴하고 그것을 기업화·산업화하여 지역경제과정에 지역자원이 활용되게 함으로써, 경제활동의 성과가 지역경제 주체들에게 귀착되게 하는 발전전략을 일컫는다. 이는 외부 대기업의 유치에 의존하는 것이 아니라 지역기업이나 지역산업(토착·전통산업)을 중심으로 지역산업 연관이 강화되는 지역경제구조를 형성하고, 그 과정에서 지역주민이 참여를 통해 학습하고 경영해 나감으로써 자생적인 지역발전을 꾀하는 것이다.

의 자기통제력이 줄어들어 지속 가능성이 훼손당하기 쉽다. 특히 지역 내의 경제활동이 거시경제변수에 많이 의존할수록 그 영향은 더 크기 마련이다. 오늘날 세계화가 안팎으로 확산되면서 경쟁으로 인한 지역 간, 계층 간 갈등이 더 심해지고 있다. 지역사회는 이와 같은 대내외적 요인에 따른 거시경제적 변동으로부터 안정성을 확보해야 한다. 그러기 위해서는 지역이 가진 다른 지역의 것과 대체할 수 없는 '관계적 제 자산'의 연계를 강화하여, 그 주체인 지역사회 구성원들 사이의 응집력을 높이고 경제적 기반을 탄탄히 해야 한다.

그런데 이처럼 지역 자원의 상호 관련성이나 지역의 자기완결성에 초점을 맞추는 경우에도 경쟁 개념이 필요할 때가 있다. 지역의 여러 자원을 더욱 활성화하려면 대내적인 경쟁뿐만 아니라 대외적인 경쟁도 수용해야 한다. 다만 지역자원과의 관련성을 배제한 경쟁이 지배적이게 되면 주민들과 지역의 자연적·산업적 연결고리를 약화시켜, 결국 지역사회의 지속가능성을 약화시킬 수 있다. 지역 친화적이며 지속가능한 지역경제발전은 특정 지역이 가진 여러 자산의 상호 관련성을 활성화시켜 사회적 통합을 이뤄내면서도 동시에 경제적 안정성을 해치지 않으면서 경제적 기반을 쌓아가는 경제상태라는 사실을 이해할 필요가 있다.

정부 간 재정관계 틀의 재정립

정부의 역할

지역 친화적이며 지속가능한 지역경제발전 틀은 전술한 바와 같이 무엇보다 지역공동체의 통합과 관련이 있기 때문에, 그러한 활동을 지원하는 역할은 주민들의 생산활동과 생활에 더 가까이 있는 지방정부가 담당하는 것이 필요하다. 상급정부인 중앙정부는 지방정부가 그러한 기능을 제대로 수행할 수 있도록 법적 또는 제도적 틀을 구비하고 지원함으로써, 전반적으로 각 지역사회가 지속가능성을 확립해나가는 형태를 구축하는 것이 바람직하다. 이런 맥락에서 지방정부와 중앙정부 각각에 요구되는 역할을 검토해보자.

먼저 지방정부는 중앙권력으로부터 자율성을 확립해야 한다. 자율성을 확립한 지방정부는 유연하게 지역주민들의 특수한 이해를 담아내는 다양한 정책들을 구상할 수 있다. 이는 지방정부가 중앙정부에 비해 지역사회의 관습이나 사회규범에 더 익숙하고 변화과정에 더 잘 대응할 수 있기 때문이기도 하다. 지방정부는 지역사회의 이해와 욕구를 반영하여 지역 내 자원들 사이의 연결망을 강화하는 역할을 더 용이하게 수행함으로써, 작지만 자기충족적인 지역경제를 만들어 외부충격에 쉽게 휘둘리지 않게 할 수 있다.

그런데 여기서 유의할 것은 지방정부의 활동이 지역 토착세력에 의해 지배당하지 않아야 한다는 점이다. 그러기 위해서는 지방정부가 지역사회 내지 지역주민에게 책임을 질 수 있는 틀을 구비해두어야 한다. 구체적으로 지방정부 활동에 대한 지역주민들의 참여제도가 수반되어야 한다. 이를테면 주민발안제, 주민소환제 등의 참여제를 통해, 대의민주제에 기초한 지방정부의 활동이 지속적으로 주민에 의해 통제되는 메커니즘을 갖출 필요가 있다.

이번에는 중앙정부의 역할을 살펴보자. 여러 번 강조했듯이 지역 친화적인 지역경제발전을 주도하는 것은 지역사회이며, 이를 지원하는 것은 지방정부의 몫이다. 그럼에도 어떤 지역에서 경제발전 틀을 만들려면 각종 법적·제도적 장치라든지, 지방정부의 자율적인 권력에 대한 감시감독이 필요해진다.

| 참고 | CBO(Community Based Organization)

이는 지역공동체활동 조직, 또는 지역활동 시민단체를 일컫는다. 지역사회에는 지방정부의 손이 미치지 못하는 숨은 약자와 숨은 재능이 있고, 일자리 정보나 취미활동처럼 지역사회에 필요한 서비스가 존재한다. CBO는 지역사회에 나타나는 이러한 욕구를 찾아내, 자신들의 육체적·정신적·금전적 능력을 나누어 가지고자 자발적으로 만든 지역 차원의 비영리 민간조직이다. 이는 지역주민들의 잠재적 생활능력을 고양시켜 사회통합을 높이고, 궁극적으로 지역주민들의 삶의 질을 향상시킨다는 점에서 지역 친화적이며 지속 가능한 지역경제발전과 맥을 같이한다. 또한 주민들의 생활이나 생산활동에 잠재된 요구에 바탕을 두고, 아래로부터 자발적으로 만들어지고 확대된다는 점에서 풀뿌리민주주의에 중요한 역할을 수행하는 것으로 여겨진다.

바로 이런 맥락에서 중앙정부는 지방정부가 지역공동체의 형성·확대과정에 기여할 수 있도록 지원하는 역할을 수행해야 한다.

중앙정부는 지역사회에 직접 간섭하거나 공공서비스를 공급하는 대신에, 지역 주체들이 가장 효과적으로 기여할 수 있는 틀을 만들고 관리한다. 정부가 직접 개입하는 일을 줄이면서, 지역주민, CBO, NGO, 민간부문들이 주택이나 다른 지역생활 관련 서비스를 잘 운용할 수 있도록 유인을 만들고 지원한다. 여기서 가장 중요한 부분은 지역주민의 참여다. 예컨대 정부가 직접 주택을 만들어 공급하거나 국가관리 주택프로그램을 제공할 것이 아니라, 지역 주체들이 가장 효과적으로 자기 지역에 기여할 수 있는 틀을 만들고 관리하는 데 힘써야 한다.

지방과 중앙의 재정관계 틀 정비

지역경제발전 개념을 지속 가능한 지역경제발전으로 인식할 때, 지방재정정책은 이를 촉진하거나 유도하는 역할을 수행할 필요가 있다. 물론 토지이용정책과 같은 공간정책이나 환경정책 등 여러 정책수단들이 지역경제발전에 영향을 주지만, 그러한 정책수단들도 결국 재정적 뒷받침이 있어야 추진할 수 있다. 따라서 지속가능한 지역경제발전을 위해서는 지방재정정책의 역할이 중요하다.[3]

우선 지방재정제도와 운영에서 수입과 지출의 연계를 강하게 하여 지속

가능성을 갖게 할 필요가 있다. 그러나 재정의 지속가능성은 결코 재정만의 문제가 아니다. 설령 지방과 중앙에서 제도적으로 수입과 지출의 연계성을 강화시키고자 하더라도 그것이 지역경제발전과 밀접한 관련성을 갖지 못하면 재정제도는 형식적이고 단기적으로 끝날 위험이 크다. 그것은 재정 자체가 수입을 창출하는 활동이 아니기 때문이다. 이렇게 보면 지속가능성이라는 관점에서도 지역경제와 지방재정은 긴밀하게 연관을 맺는 것이 중요하다.

지속가능한 지방재정체계를 확립하려면, 지속가능한 지역경제발전체제를 구축하기 위해 필요한 재정적 지원을 할 수 있어야 한다. 그러기 위해서는 지방정부가 재정 면에서 중앙정부로부터 자율성을 가져야 함은 물론이다. 그러한 자율성에 바탕을 두고 지출활동이 지역경제와 관련을 맺고, 그 성과가 자체 재원으로 이어지는 메커니즘을 갖춰야 한다.

자체 재원주의

지속가능 지역경제발전에 친화적인 재정관계를 만들기 위해서는, 지방재정이 중앙재정으로부터 자율성을 확보할 필요가 있다. 무엇보다 지방세를 주축으로 하는 자체 재원의 배분이 전제되어야 한다. 세원배분과 재정운용의 방식은 여러 가지 있을 수 있다. 예컨대 지방정부가 독립된 의회와 행정력을 가지고, 세원과 과표, 세율을 결정하고 세정을 관리하는 일 전반에 재정 자율성을 행사할 수 있다. 또는 상급정부가 지방세의 세원과 과표를 결정하고, 지방은 세정만 담당하면서 세출에 관한 자율적 권한을 가질 수도 있다. 어떤 경우에는 중앙정부가 징수한 수입을 일정 비율만큼 나누어 사용하는 세입 배분 방식도 있다. 이 중에서 첫 번째가 지방의 자율성이 가장 높은 방식이다.

| 참고 | **예산제약**

예산제약은 크게 연성예산제약(soft budget constraint)과 경성예산제약(hard budget constraint)으로 구분된다. 연성예산제약은 지방정부가 재정운영을 부실하게 하여 재정적요인이 발생해도, 스스로 재원조달이나 지출축소를 위해 노력해야 할 법적·제도적 압력이 없어 전반적으로 재정운영이 비효율적으로 이루어지는 경우를 말한다. 주로 지방재정 재원구조와 지출활동 권한이 중앙에 의존하게 되어 있는 경우에 나타난다.

반면 경성예산제약은 지방정부의 재원조달과 집행과정이 제도적 틀에 의해 엄격하게 통제되어, 예산운영 주체가 스스로 책임을 갖고 예산을 운영함으로써 재정자금의 효율성을 보장받는 예산집행시스템을 말한다. 지방재정의 구조적 틀이 자체 재원 중심의 재원구조 아래에서 지역경제발전 상태와 긴밀한 연계를 맺는 경우에는 지역사회와의 관계에서 자동 규제되는 시스템이 작동하여 예산운영의 효율성이 보장된다.

그러나 어느 방식을 택할지는 지방정부에 어떤 기능을 얼마나 부여하고 있는가, 지방의 세정 관리 능력은 어느 정도인가, 지역의 재정력 격차가 어느 정도인가 등에 따라 달라진다. 그러나 지방정부가 주어진 기능을 충분히 수행할 수 있도록 세원이 배분되고, 배분된 세원의 운영에 자율성이 주어질 때 비로소 지방정부가 재정책임성을 갖고 지역 친화적인 지역경제발전을 추진해나갈 수 있는 것은 분명하다.

이와 같이 지역 친화적인 지역경제발전은 지역사회의 자율성을 전제로 하기 때문에 지방재정이 중앙재정으로부터 자율성을 확보하는 것이 중요하다. 그러나 이것만으로는 충분하지 않다. 지방재정 운영과정에서 지역사회나 지역주민의 자율성을 확보하는 것도 중요하다. 지방재정의 운영이 지역주민의 참여에 의해 규제되고 통제될 필요가 있다. 흔히 말하는 풀뿌리민주주의가 지역사회에 자리 잡아야 하는 것이다.

아울러 자체 재원을 확보하는 과정에서 비용편익 대응이 용이한 세외수입에 의존하는 것이 바람직하다는 주장도 있다. 그러나 세외수입의 요율 결정 과정에 가격기능을 어떤 형태로 부여하느냐에 따라 어떤 경우에는 지역의 공유재산이 사적 거래의 대상으로 변질되어 지역사회 통합을 저해할 수 있음을 유념해야 한다.[4] 지방채의 경우도 지방정부가 공채 발행에 의지하는 것은 경성예산제약의 부재로 재정 위기를 불러올 가능성이 있어 바람직하지 않다고 보기도 한다. 그러나 지역 친화적인 지역경제발전과 관련시켜 본다면, 지방채 발행문제도 좋고 나쁨을 미리 재단할 것이 아니라 지역주민들의 의지를 수렴해서 결정할 필요가 있으며, 오히려 지역주민들의 의사수렴절차, 사후관리 틀을 구비해두는 것이 더 바람직하다.

의존재원 배분구조에서 지역 특성 반영 메커니즘의 구비

지방과 중앙정부 간에 기능과 세원을 어떻게 배분하더라도, 초기 부존자원의 차이나 인적·자연적·산업적 특성의 차이로 지역 간에 경제력 격차가 발생하는 것이 일반적이다. 더구나 집권 권력에 의해 불균형 성장정책이 추진되는 경우에는 그 격차가 더욱 증폭되기 마련이다. 한편 각 지방정부 관할 지역들 사이에 편익이나 비용이 서로 다른 지역으로 확산되는 경우, 기존의 기능 배분과 재원 배분 틀은 비효율적일 수 있다. 이럴 때 전통적인 재정연방주의에 따른다면 중앙정부 차원에서 재원이전제도를 통해 지역 간의 재정력 격차를 시정해주거나 관할지역 간의 편익 또는 비용의 확산효과를 내부화하여 국가 전체적으로 재정기능을 원활하게 할 수 있다.[5] 그러나 지방분권과 관련해서는 단순하게 양적으로 재정력의 차이를 메우거나 확산효과를 조정하는 차원을 넘어, 지방정부가 지역사회의 의지를 담아서 실질적인 분권을 강화하는 데 목적이 있다.

먼저 재정력 격차를 메우기 위한 재원이전제도는 재원이 부족한 지방에 재원을 보전함으로써 어느 지역에 거주하든 한 국가의 주민으로서 '공통적인 최저생활수준'을 보장해주어 궁극적으로는 지방정부가 더 자율적으로 관할지역을 운영할 수 있는 틀을 제공하려는 것이다. 이 점을 지나치고 단순히 지역 간의 양적인 격차를 해소하기 위해 총량에 근거해 보조금을 지급하면, 보

재정연방주의(fiscal federalism)
이는 정부가 국민들에게 공공서비스를 공급할 때, 중앙정부가 이를 모두 맡기보다 공공서비스의 종류에 따라 그것을 공급하는 정부의 단계를 달리할 때 국민들의 후생수준을 더 높일 수 있다는 사실을 일컫는다. 지방분권의 경제적 근거로 제시되며, 중앙정부와 지방정부 사이의 재정관계 틀을 운영해나가는 데에 이론적 기초가 된다.

조금이 지역사회의 의지를 담기 어려워 지역의 특수성을 반영하지 못하고 결국 집권을 강화하는 결과를 가져올 가능성이 크다. 이는 분권이 추구하는 본질적 가치와도 배치된다.

한편 정부들 사이에 발생하는 확산효과를 내부화시키는 경우에도 중앙정부에 의한 재원이 필요하지만, 역시 지방정부의 규모와 기능에 맞추어 지방 스스로 공급의지가 제고될 수 있도록 지방의 자율성에 초점을 맞추어 이전되어야 한다. 가령 조건부보조금을 지급하는 경우에도 특정 사회간접자본 설치를 조건부로 내걸어 일반보조금보다 특정 사회간접자본의 투자를 더욱 촉진할 수 있다. 이 경우에도 이러한 시설의 공급이 지방의 자발적 의지를 수렴한 것이라면, 조건부보조금도 지역주민들의 생활을 제고하는 데에 긍정적으로 기여할 수 있게 된다. 따라서 조건부보조금이라 해서 무조건 기피할 것이 아니라, 조건부보조금의 규모와 내용을 결정하면서 지역사회의 의지를 반영할 메커니즘을 어떻게 갖추느냐가 중요하다.

정부 간 재정관계 조정거버넌스

정부 간 재정관계는 서로 다른 급의 정부들 사이에 기능을 배분하고, 그러한 기능 배분에 기초하여 재원과 지출 기능을 배분하는 틀을 일컫는다. 문제는 이러한 재정관계 틀이 어떻게 만들어지고 운영되며 변화하는가 하는 점이다. 이를 정부 간 재정관계 조정기구 또는 거버넌스라고 일컫는데, 중앙이나 지방 모두에 매우 중요한 의미를 갖는다. 특히 지속가능한 지역경제발전 틀을 구축하려는 지방정부 입장에서 이러한 정부 간 재정관계 조정거버넌스를 이해하는 것은 매우 중요한 문제이다.

　　나라마다 정부 간 재정관계 조정기구는 다르게 나타난다. 중앙정부의 특정 부서가 지방정부들을 관할하기도 한다. 그런가 하면 중앙정부 여러 부처가 각각 관할 영역 내에서 다양한 채널을 통해 운영하기도 하고, 여러 부처 연합체(위원회)에 의해서 운영되기도 한다. 또 한편으로는 지방정부협의체가 중앙정부와의 협의를 통해 재정관계를 조정하기도 한다.

　　그러나 중앙정부의 한 부서에 재정관계 조정을 일임할 경우, 분권화된 지방정부들에 대해 집권적, 계층질서적 지배력을 행사할 가능성이 있어 분권적 가치를 실현하는 데 알맞지 않다. 그리고 다양한 채널로 운영하는 경우는, 지방정부로서는 중앙정부의 관할 파트너가 분명하지 않고 경우에 따라서 중첩적인 경우가 있어서 분권적 가치를 실현하는 데 역시 알맞지 않다. 그리고 여러 부처 연합체에 의해 정부 간 재정관계 틀이 조정되는 경우는 연합체의 정치적 위상에 따라 그 구체적인 운영 내용이 달라질 뿐만 아니라, 그 연합체가 중앙부처만의 연합체인 경우 지방의 의지가 반영될 수 없음은 앞의 방식들과 마찬가지이다. 마지막의 지방정부협의체는 지방정부들이 모여서 협의체를 구성하고 중앙정부와의 관계에서 정부 간 재정관계에 관한 문제를 심의·의결하는 공식적 역할을 수행해나가는 경우다. 이 기구가 현실적으로 작동하려면 지방정부협의체가 중앙정부 파트너와 정책을 분석하고 결정해나가는 데 필요한 전문적인 능력을 갖고 있어야 하며, 지방정부협의체 자체가 모든 지방정부들을 대표해서 발언할 수 있는 대표성을 충분히 갖고 있어야 한다.[6]

　　어느 경우도 배타적으로 분권에 기여한다고 단정적으로 말하기는 어렵다. 중요한 것은 특정사회의 정부 간 재정관계라는 것도 결국 해당 사회 속에 배태되어 있기 때문에 점진적으로 형성되고 변화되어야 한다는 점이다. 뿐만 아니라 이러한 기구 자체가 그 사회의 정치적 타협의 산물이기 때문에 그 나라 분권의 역사적·사회적 배경을 반영하여 재정관계를 결정해야 한다. 아울러 어떤 경우에도 그러한 정부 간 재정관계 틀이 지역사회가 지속가능한 지역경제발전의 틀을 만들어가는 데 결정적 역할을 수행한다는 점을 고려하여, 지방정부, 나아가 지역사회의 의사가 반영될 수 있는 메커니즘을 갖출 필요가 있다는 점을 유념할 필요가 있다. 그래야만 이러한 기구가 지역사회의 여러 자원의 활성화에 기여할 뿐만 아니라, 지역사회의 동의를 얻어 사회통합에도 기여하게 될 것이다.[7]

우리나라의 특성

정부간 재정관계상 특성

지방정부 예산편성 운용과 지방정부의 자율성

먼저 정부 간 재정관계를 재정지출 성과 면에서 보면, 교육 부문을 포함하는 경우 중앙정부와 지방정부의 비중이 약간의 진폭은 있으나 2000년대 후반 이후 개략적으로 4:6으로 지방의 세출비중이 상대적으로 더 큰 것으로 나타난다.(표 13-1) 현상적으로만 보면 이는 지방정부가 중앙정부에 비해 더 많은 일을 하며, 지방정부가 지역사회의 의지를 담아 지역경제발전을 구상해나갈 수 있는 여지가 큰 것으로 평가된다. 그러나 실제로는 그 외형적 비중만큼 지방정부가 중앙정부로부터 자율성을 가지고, 지역사회의 의지를 수렴하여 예산을 운영하고 있지 않다.

표 13-1 세출예산과 조세수입의 중앙 대 지방 비중

연도	세출예산(총 재정사용액 기준)			조세수입	
	중앙정부	자치단체	지방교육	국세	지방세
2003	50.5	35.9	13.6	79.8	20.2
2004	48.4	37.7	13.9	79.2	20.8
2005	47.2	38.6	14.2	79.5	20.5
2006	46.1	40.5	13.4	79.3	20.7
2007	42.3	43.6	14.1	79.5	20.5
2008	40.3	45.1	14.6	79.2	20.8
2009	42.9	43.3	13.8	78.8	21.2
2010	43.7	42.8	13.5	78.3	21.7
2011	42.8	42.5	14.7	79.0	21.0
2012	42.8	42.8	15.0	79.3	20.7
2013	42.6	42.6	15.3	80.1	19.9

(안전행정부, 2013, 『2013년도 지방자치단체 통합재정 개요(상)』; 『지방자치단체 예산개요』, 각 연도)

　　먼저 우리나라는 2005년까지는 지방정부가 예산을 편성할 때 중앙정부로부터 '지방예산편성기본지침'이 하달되어 지방정부 예산편성의 방향을 중앙정부의 정책적 의지에 따라 제약해왔다. 그러던 것이 2005년 8월 '지방재정법'을 개정하여 이 제도를 폐지함으로써 세출 면에서 지방정부에 자율성을 부여하는 조치를 취하였다. 그러나 예산편성지침 폐지 이후에도 행정자치부령으로 '지방자치단체 예산편성 운용에 관한 규칙'이 제정되고 그 이후 개정과정을 거치면서 지방자치단체 예산편성기준에 관한 사항을 제시하고 있다.

　　여기서 중요한 고려 사항으로 '지역경제의 지속적 발전과 성장 잠재력 배양'과 재정 면에서 '지방재정의 자립 기반 조성', '국가정책 기본 방향과의 효율적 연계' 등을 제시하고 있는 것을 볼 수 있다. 그러나 뒤에서 이야기하겠지만 세원배분 비율의 변화과정이나 지방재정 조정제도에서 지역의 의사를 반영할 메커니즘이 주어지지 않은 상태에서 '지방재정의 자립 기반 조성'이 지방의 의지에 따라 갖추어지기는 어렵다. 그런 가운데 국가정책 기본 방향과의 효율적 연계를 중시하고 있어서, 지방의 의지를 담은 지속가능한 지역경제발전 틀을 요구하는 것은 선언적 의미를 넘어서기 힘들다. 뿐만 아니

라 지방재정을 총괄적으로 감시·감독하는 중앙부처인 안전행정부는 매 회계
년도마다 '지방자치단체 예산편성 운영 기준 및 기금 운용계획 수립 기준'을
마련하여 지방자치단체에 시달하고 있어서, 지방정부가 예산편성 운영에서
지방의 자율적 의지를 담아내는 데 한계가 있다.

한편 지역 친화적인 지속가능한 지역경제발전 구축과정에서 지역사회의
의지가 핵심이었음을 고려할 때, 지방예산 운영과정에서 중앙정부로부터의
자율성뿐만 아니라 지역사회의 의지를 확인하는 것이 더욱 긴요함을 알 수 있
다. 우리나라는 지난 2005년 8월 우여곡절 끝에 '주민참여예산제도'가 법제
화되어 지역주민들의 의지를 반영하여 지역사회를 꾸려갈 수 있는 재정적 기
초가 주어진 바 있다. 처음에는 임의조항으로 출발한 이 제도는 2011년 8월
개정에서 강제조항으로 바뀌어 동년 9월부터 시행되고 있다(2011년 8월 개정
된 '지방재정법' 제39조). 이는 지역사회의 의지를 수용하여 지속가능한 경제발
전의 틀을 만들어갈 수 있는 법적 기초가 갖추어졌다는 점에서 큰 진전이다.

그러나 이렇게 주민참여예산제도라는 형식적 민주주의 장치가 주어졌
다고 해서, 다양한 계층의 지역주민들의 의견이 수렴되어 실질적인 민주성이
실현된다는 보장은 없다. 지역사회 또는 지역주민의 의사가 실질적으로 이
제도를 통해 얼마나 반영되고 있느냐가 중요하다.

정부 간 세원배분과 지방세의 자율성

앞에서 보았듯이 세출 면에서 중앙정부와 지방정부가 4:6으로 지방정부의 세
출비중이 더 크게 나타난 데 비해, 세입 면에서는 중앙과 지방의 비중이 거의
8:2 수준에 머물고 있는 것을 볼 수 있다. 양적으로만 보더라도 지방정부가

| 참고 | 지방세 자주성 강화 방안들

일반적으로 지방세도 조세의 일종으로 '조세법률주의'의 제약을 받게 되어 있다. "대표 없는 과세 없다"라는 표현으로 알려진 이 원칙은, 국민에게 부담을 주는 모든 조세의 종목과 세율은 법률로 정해야 한다는 것으로서, 조세민주주의 실현을 위한 중요한 원칙으로 받아들여지고 있다. 그러나 지방자치가 실시되는 나라에서는 지방세에 분권적 가치가 요구되어 지방정부에게 지방세제도의 운영에서 자율성을 제고시키기 위한 다양한 방안들이 강구되어 있는 바, 대표적으로 법외세제도, 임의세제도, 탄력세율제도 등이 제시되고 있다.

○ 법외세제도

법외세제도는 원래 조세가 갖는 조세법률주의적 성격에 대한 예외적인 조세로서, 지방자치단체가 일정한 조건 속에서 조례로 설치 운영하는 조세를 일컫는다. 우리나라는 이러한 법외세제도는 수용하지 않고 있다.

법외세제도를 채택하고 있는 대표적인 나라로 일본이 자주 거론된다. 일본은 임의세제도와 더불어 법외세제도를 통해 지방세의 자율성을 높여주는 나라로 알려져 있다. 일본의 법정외 세제에는 법정외 보통세와 법정외 목적세로 분류된다. 먼저 임의세는 지방세법에 명시된 과세표준에 따라 지방정부가 부과 여부를 결정하는 세금으로 도시계획세, 공동시설세, 택지개발세 등이 있다. 아울러 지방자치단체는 법에 정해져 있지 않은 세금이라도 조례를 제정하여 법정외 보통세 또는 법정외 목적세를 부과할 수 있다. 이러한 법외세제도를 시행하는 데에 중앙정부는 과세표준이 국세 또는 다른 지방세와 동일하고 주민에게 부담이 극심한 경우이거나 심각한 재산분배의 방해를 유발하는 경우 및 국가경제 정책조치의 관점에서 적절하지 않은 경우 등이 아닌 한 이에 동의해야 하는 것으로 규정함으로써 지방자치단체에 법정외세 설정의 권한을 폭넓게 인정해주고 있다(하라시마 아키히데, 2012 참고).

○ 임의세제도

임의세제도는 선택세제도라고도 하는데, 특수한 사정에 놓인 각 지방정부가 선택할 가능성이 있는 여러 유형의 조세를 미리 법률로 정해놓고, 그중에서 각 지방정부가 자기 지역의 특성에 맞는 조세 종목이나 세율을 조례로 선택해서 운영할 수 있게 해주는 제도이다. 이는 조세법률주의를 벗어나지 않으면서도 지방정부에 자율성을 부여하기 위해 고안되었다. 우리나라는 목적세인 '지역자원시설세'에서 부분적으로 임의세제도를 도입하고 있으나 제대로 활용되고 있지 않은 실정이다.

이러한 임의세제도를 적극적으로 활용하는 나라로 프랑스를 들 수 있다. 프랑스는 헌법 제72-2조에 "지방자치단체들은 각종 세금의 전부 또는 일부를 징수할 수 있다. 지방자치단체들은 법률이 정하는 범위 내에서 그 과세 기준, 세율을 정할 수 있다"라고 규정한다. 프랑스는 지방자치단체가 지방세를 설치할 독자적인 권한은 갖고 있지 않다. 그러나 이와 같은 헌법 규정에 의해 프랑스의 지방자치단체는 법에 정해진 조건하에서 인정된 재원을 자유로이 소유하고 사용할 수 있으며, 모든 성질의 조세수입의 일부 내지 전부를 세입으로 할 수 있고, 법에 정해진 범위 내에서 지방자치단체가 과세표준과 세율을 정하는 것을 법률에 의거해 인정할 수 있게 해주고 있어, 임의세제도를 폭넓게 수용하고 있는 것을 알 수 있다(안창남, 2013 참고).

○ 탄력세율제도

탄력세율제도는 법률에서 일정한 범위의 세율 폭을 정해놓고, 그 범위 내에서 각 지방자치단체로 하여금 자기 지역의 사정을 고려하여 특정 세율을 정할 수 있도록 하는 제도를 일컫는다. 이 제도는 각 지역이 재정지출의 내용뿐만 아니라 과세 대상의 기반 자체가 서로 다르기 때문에, 조세법률주의원칙에 따라 법률로 세율을 정하되 그 상·하한선을 명시해놓고, 각 지방자치단체가 자기 지역의 특수한 사정에 따라 세율을 탄력적으로 운용함으로써 지방재정의 자주성을 살리는 데 기여하도록 하자는 것이 그 본래 취지다.

다른 나라들처럼 우리나라도 '조례'로 탄력세율을 적용할 수 있는 제도를 폭넓게 활용하여 지방정부의 자율성을 제고시키는 제도적 장치를 갖고 있다. 그러나 우리나라 현실에서는 이 제도 또한 제대로 활용되지 않고 있는 실정이다.

지방행정업무를 자율적으로 수행하기가 어려움을 말해준다. 그러나 한 걸음 더 나아가서 지방세의 운영 면에서 자율성을 보면 상황이 더욱 취약함을 알 수 있다.

일반적으로 지방세의 징수 및 운영은 조세법률주의로 인해 많은 제약을 받는다. 그래서 각 나라들은 지방분권과 지방자치의 가치를 고려하여 자국의 특성에 맞게 임의세제도, 법외세제도, 그리고 탄력세율제도 등을 활용해오고 있다. 우리나라는 현재 지역자원시설세에서 임의세제도를 채택하고 있으나 제대로 활용되지 않는 실정이며, 법정외세는 인정되지 않고 있다. 이에 비해 탄력세율제도는 취득세, 재산세 등 여러 지방세목에서 일정한 범위 내에서 조례로 세율을 결정할 수 있도록 함으로써 폭넓게 수용하고 있다. 그럼에도 현실적으로 지방정부는 이 제도를 거의 활용하지 못하고 있다. 이는 한편으로 지방정부로서 이 제도 활용에 대한 재정적·정치적 유인이 없기 때문이고, 더 본질적으로는 지역주민들이 탄력세율제도에 관한 정보를 제대로 알지 못할 뿐만 아니라, 다양한 계층의 지역주민들의 의사를 반영하여 이 제도를 활용할 수 있는 통로가 없기 때문이다. 나아가 과세표준에 대한 결정권도 전형적인 지방세인 재산세마저 대부분 중앙정부에 주어져 있다. 이 또한 우리나라 지방세 자율성의 취약성을 보여주는 사례라 할 것이다.

지방채 발행에서의 자율성

한편, 지방채 운영에서는 종전에 개별승인제도를 채택해왔던 것을, 2006년부터 '지방채발행 총액한도제'로 바꾸어 운영하고 있다. 이는 종전에 비해 지방정부의 기채권을 제고시켜 지방정부의 자율성을 높여준 것으로 평가된다.

그럼에도 현실에서는 여전히 대통령령으로 구체적인 지방채 발행절차에 제약을 가하며, 발행기준 등이 '지방채 발행계획 수립 기준' 형태로 지방에 시달되고 있다. 뿐만 아니라 중앙정부의 정책적 요인에 의해 지방채 발행이 권고되는 경우도 있다.[8] 주민투표와 같은 지역사회의 의지를 수렴하려는 제도적 장치는 여전히 갖추어지지 않고 있다.[9]

이전재원에서 지방 특성 반영 가능성

우리나라 재원이전제도는 지방교부세와 국고보조금으로 나뉘어 운영되고 있다.(표 13-2) 지방교부세는 보통교부세, 특별교부세, 분권교부세, 부동산교부세

표 13-2 우리나라 정부 간 재원이전제도

유형	우리나라 현황			
	제도		용도	배분 방식
일반보조금	지방교부세	보통교부세	일반	공식
		특별교부세	특정	임의
		분권교부세	원칙상 일반	공식, 임의
		부동산교부세	일반	공식
특정보조금	국고보조금	일반보조금	특정	임의
		광특보조금	특정	임의

1. 보통교부세: 각 지방자치단체의 기본적 행정 수준 유지를 위해 교부하는 지원금(분권교부세를 제외한 교부세 총액의 97%).
2. 특별교부세: 보통교부세 산정방법으로 포착할 수 없는 재정수요나 예측하지 못한 특별한 재정수요에 대비하여 배정하는 교부금(분권교부세를 제외한 교부세 총액의 3%).
3. 분권교부세: 내국세 총액의 0.94%를 재원으로 국고보조사업 일부를 지방자치단체로 이양함에 따라 그 이양사업 추진에 필요한 재원보전을 위해 도입.
4. 부동산교부세: 종합부동산세 수입으로 지방 재정력 격차 해소를 위해 운영하는 교부금.
5. 일반보조금: 국가위임사무와 정부시책사업 등에 대해 사용범위를 정하여 그 경비의 전부 또는 일부를 보조해주는 제도.
6. 광특보조금: 이명박 정부 시기 광역경제권 중심의 신지역발전정책을 뒷받침하기 위해 설치한 광역·지역발전특별회계(참여정부의 국가균형발전특별회계를 개편한 것)에서 지원한 보조금.

표 13-3 지방교부세 산정

교부세 유형 및 교부액		세부 사항
지방교부세		내국세 총액의 19.24%(부동산교부세 별도)
	보통교부세	분권교부세액을 제외한 교부세 총액의 96%
	특별교부세	분권교부세액을 제외한 교부세 총액의 4%
	분권교부세	내국세 총액의 0.94%
	부동산교부세	종합부동산세 수입

보통교부세와 특별교부세의 재원배분 비율은 2013년까지 각각 96%, 4%였으나. 2014년 1월 1일부터 97%, 3%로 개정되었다.

등으로 나뉘며, 국고보조금은 일반보조금과 광역·지역발전특별회계로부터의 보조금 등으로 나뉜다. 여기서는 지방교부세의 주축을 이루고 있는 보통교부세와 국고보조금의 중심을 이루고 있는 일반보조금을 중심으로 검토하고자 한다.

지방교부세는 지방교부금이라고도 하는데, 지방자치단체가 일정한 행정수준을 유지할 수 있는 기본적인 재정수요를 해당 자치단체의 기본적인 재정수입으로 충당할 수 없는 부족재원을 보전해주는 재원을 일컫는다.(표 13-3) 이러한 지방교부세는 1982년 이래 시기별로 약간씩 변화는 있어도 내국세 대비 일정 비율을 재원으로 운영되어왔는데, 현재 부동산교부세를 제외한 지방교부세 총 재원은 내국세 대비 19.24%로 마련되고 있다.[10] 그중에서 중심을 이루는 보통교부세는 현재 분권교부세를 제외한 교부세 총액의 97%를 총 재원으로 해서 자치단체별로는 일정한 공식에 따라 재원의 사용용도를 정하지 않고 교부하는 일반재원이다.[11] 구체적으로 단체별 교부액은 기준재정수요액에서 기준재정수입액을 공제한 재정부족액을 기준으로 해서 산정된다. 그런데 그 계산과정을 보면, 지방정부나 지역사회의 의사가 충분히 반영되는 메커니즘이 주어져 있지 못함을 알 수 있다.

먼저 기준재정수요액 산정과정을 보면 그 주요 부분을 차지하고 있는 기초수요액 산정의 결정요인인 세부적인 측정항목, 측정단위, 단위비용 등이 시대적으로 수시로 바뀌어왔지만, 대부분 중앙정부의 정책적 판단에 의해서 결정되고 변화되었을 뿐 지방정부나 지역의 의사가 수렴된 흔적은 찾기 어렵다. 뿐만 아니라 측정단위의 중요한 부분을 차지하는 인구, 면적, 시설 규모 등은 총량적으로 지방의 재정력을 부분적으로 반영할 수는 있겠으나 본질적으로 지역의 자연적, 사회적 조건에 대응하는 지역사회의 차별성을 수용하지는 못한 것으로 판단된다.

아울러 기준재정수입액의 주요 부분을 차지하는 기초수입액의 산정에서도 꾸준히 지방세 추계방법 개선을 위한 노력이 있어왔으나, 근본적으로 이 방법도 기준재정수요액 산정의 경우와 같이 자치단체별 특성을 제대로 고려하는 틀이 되지 못한다는 것이 일반적인 평가다. 자치단체마다 서로 다른 경제적 여건, 세수 조건을 비롯한 재정력 수준에 차이가 있는 것을 고려하지 않고 일률적으로 보통세 수입추계치에 동일한 비율을 적용하여 산정하는 것은 지역의 차별성을 고려하지 못한 방식이다.[12]

요컨대 보통교부세 산정이나 그 기준 설정과정에 지방정부, 지역사회의 의사가 반영될 수 있는 통로는 존재하지 않으며, 전적으로 중앙정부의 정책적 판단에 따라 일률적으로 주어진 단순한 공식에 의해서 결정되고 있다. 결

| **참고** | 보통교부세 산정방법

보통교부세 산정방법	{기준재정 수요액−기준재정수입액}×조정율
기준재정수요액	기초수요액+보정수요±수요자체노력
기초수요액	항목별 측정단위 수치×단위비용×보정계수
기준재정수입액	기초수입액+보정수입±수입자체노력
기초수입액	법정보통세 추계액×80%

보통교부세 단체별 교부액은 기준재정수요액에서 기준재정수입을 공제한 재정부족액에서 조정율을 곱하여 산출한다. 여기서 조정율이란 법정교부세 총액이 지방자치단체의 재정부족액을 완전히 충족시키지 못하는 경우, 이를 조정하기 위한 비율(보통교부세 총액÷재정부족액 총액)을 일컫는다. 따라서 구체적인 금액은 기준재정수요액과 기준재정수입액을 어떻게 측정하느냐에 따라 달라진다. 현행 기준재정수요액의 산정은 기초수요액에 보정수요를 추가하고 수요자체노력을 가감하여 계산하며, 그중 주요 부분을 차지하고 있는 기초수요액은 자치단체별 기본 행정수행을 위한 기본경비로서, '측정항목의 측정단위×단위비용×보정계수' 산식에 의해 결정하는 것으로 되어 있다.

나아가 보통교부세 산정의 또 한 축으로서 기준재정수입액은 기초수입액에 보정수입을 추가하고, 여기서도 수입자체노력을 가감하여 계산하는 것으로 되어 있다. 그중 주요한 부분을 차지하고 있는 기초수입액은 지방자치단체의 당해 연도 보통세 추계액의 80% 상당 금액으로 하고 있다.

국 보통교부세가 개념상으로는 재원의 용도가 특정되지 않아서 지방의 자율성을 보장해주는 재원이라고는 하나, 현실적으로는 지역의 특성을 반영하여 진정 지역주민들의 생활과정의 제고에 기여할 수 있는 재원으로서의 기능을 수행하는 것으로 평가하기는 어려운 것으로 판단된다.

한편 국고보조금은 종전의 '보조금관리법'을 1987년 '보조금의 예산 및 관리에 관한 법률'로 개정한 이래 종전보다 지방정부의 의사를 반영하는 제도적 장치로 변화했다. 그러나 국고보조사업의 기준보조율은 법적으로 또는 중앙정부에 의해 획일적으로 운영되고 있다. 또한 지방자치단체의 재정상황을 감안하여 기준보조율에 일정률을 가감해서 보조하는 차등보조율제도가 법령상 마련되어 있음에도 현실적으로는 활용되지 않고 있는 것으로 나타난다.

이러한 국고보조금제도는 그 운영과정에서 기준보조율의 결정이 지역의 특성을 반영하는 형태로 결정되기보다는 정치적 타협과 관행에 의해 결정되었으며, 중앙정부가 수행해야 할 사업을 지방자치단체 사업으로 전가시켜 지방자치단체의 부담을 가중시키는 경우가 적지 않았다. 무엇보다도 지역적 성격이 강한 사업에 대한 실질적 보조가 제대로 이루어지지 못하고 있다는 점이 문제다. 이러한 사실은 실질적인 분권과 관련해서 중요한 의미를 갖는다.

정부 간 재정관계 조정거버넌스

우리나라는 먼저 헌법에 '주민의 복리'를 위해 지방자치를 실시한다는 분권적 가치에 대한 선언적 내용과 그 조직에 관한 규정을 두고 있다(헌법 제117조 및 제118조 참고). 그러나 정부 간 재정관계 틀에 대한 내용은 담겨 있지 않다. 그리고 정부 각 부처 업무와 관련해서는 '정부조직법'에서 먼저 기획재정부에 국가재정에 관한 운영권을 부여하고(제27조 1항), 안전행정부에 지방자치단체의 재정운영에 관한 권한을 부여하면서(제34조 1항), 정부 간 재정관계에 관한 명시적인 관할기구는 두지 않은 것을 볼 수 있다. 더구나 안전행정부가 정부 간 재정관계에 관한 구상이나 그것을 변화시키는 과정에서 지역사회 구성원들의 의견을 수렴하는 공식적인 틀은 어디에도 제도화되어 있지 않다.

우리나라는 고려시대 이래로 지방분권의 경험이 결여되어 있어서, 제도적 틀이 갖추어지지 않으면 곧바로 오랫동안 고착된 집권지향적인 역사적 경로로 회귀하는 성질을 갖고 있다. 한동안 집권적 사회운영은 양적인 고속 성장을 이끈 배경으로서 긍정적으로 이해되곤 했다. 그러나 그러한 양적인 성장을 바탕으로, 사회구성원들이 생활에 필요한 여러 욕구를 충족하려 할 때 분권적 가치가 선행되어야 함은 논리적으로나 경험적으로 미루어 짐작할 수 있는 부분이다. 따라서 중앙정부의 특정 부처로 하여금 정부 간 재정관계와 관련하여 지방의 입장을 대변하게 하는 것은 적절하지 않다.

우리나라에도 정부 간 기능배분과 재정관계를 포괄적으로 다루는 기구가 있기는 하다. 먼저 이명박 정부가 들어서기 전까지 대통령 소속의 '지방이양추진위원회'와 '정부혁신지방분권위원회'가 있었다. 전자는 1999년부터 정부 간 사무배분에 관한 사항을 심의했으며, 후자는 참여정부 시기 2003년 정부혁신과 지방분권에 관한 사항을 종합적, 체계적으로 심의할 목적으로 설치되어 정부 간 권한배분, 재정분권 관련제도 개선을 위한 사업을 추진했다. 그러던 것이 이명박 정부 들어서면서 두 위원회를 폐지하고 2008년 12월 지방이양기능과 분권기능을 통합하여 중앙행정권의 지방이양과 지방분권에 관한 사항을 총괄해서 조정·심의하는 기구로서 민관혼합으로 구성된 '지방분권촉진위원회'를 설치하여 운영해왔다. 이어 박근혜 정부에서는 2013년 5월 기존의 '지방분권촉진위원회'와 2011년 2월부터 운영해온 '지방행정체제개편추진위원회'를 통합하여 '지방자치발전위원회'를 출범시켜 2013년 10월부터 운영에 들어갔다. 이 기구는 앞의 두 위원회가 수행해온 두 기능, 즉 지방행정체제개편 관련 내용과 지방분권의 종합적·체계적·계획적 추진에 관한 사항을 심의하기 위하여 대통령 소속으로 설립된 자문위원회이다. 그러나 이 기구는 앞의 두 기구들이 갖는 한계점을 이어받아 대통령이 지시한 개혁과제를 자문하는 성격을 띠는 기구인데다가, 위원 구성도 대통령 추천 5명, 국회의장 추천 10명, 지방4단체에서 각각 2명씩 추천하는 것으로 되어 있어서 지역사회의 의지를 담아 제도 변경을 이루어내는 기구로서의 성격을 띤 것으로 보기는 어렵다.

우리 사회에도 지방자치단체의 단체장과 의원들의 협의체로 지방4단체협의회가 구성되어 있어 지방정부 공동의 문제를 협의하여 중앙정부와의 관계에서 지역의 의지를 반영하는 역할을 해오고 있다. 지방4단체협의회는 '지방자치법'의 규정에 근거한 법적기구로 설립되어 있으나('지방자치법' 제165조), 수행 임무는 법적 구속력 없이 건의하는 차원에 머무르고 있다. 물론 강력한 기구를 설치하는 것만이 답은 아니다. 다만 지방과 중앙의 문제를 다루어가는 과정에서 지방의 대표가 실질적인 의사결정 주체로 자리하지 못한다면, 지역사회의 의지가 정부 간 재정관계 틀의 구상과정에 반영되기는 어렵다는 점을 유념해야 한다.

지방4단체협의회 전국시도지사협의회, 전국시도의회의장협의회, 전국시장군수구청장협의회, 전국시군구의회의장협의회를 일컫는다. 지방자치법 제165조에 법적 근거를 두고, 지방자치단체의 장이나 지방의회의 장이 서로 교류와 협력을 증진하고, 공동의 문제를 협의하기 위해 설립한 지방자치단체의 전국적 협의체들이다. 그러나 법적 구속력이 없어, 중앙정부가 정부 간 재정관계 틀을 구상하고 변화시키려고 할 때 정치적인 영향력은 줄 수 있으나, 지역사회의 의지를 담아내는 기구로 역할을 하기에는 충분치 못하다.

평가와 전망

세계화가 가속화되면서 주민생활의 현장인 '지역'이 세계적 차원의 경쟁에 노정되었고, 지역경제에 불확실성과 불안정성이 심화되고 있다. 이렇게 지역 경제 상황이 불안해지면서 어떻게 하면 지역의 경제발전이 지속 가능할 수 있을지에 대한 관심이 대내외적으로 자연스럽게 높아지고 있다.

이 장은 이러한 맥락에서 먼저 지방재정활동과 지역경제활동의 상호 관련성을 확인하고, 나아가 지방재정활동이 위와 같은 지역경제의 불확실성과 불안정성을 극복하여 지속가능한 지역경제발전을 이루어내는 데 기여할 수 있는지 여부를 알아보고자 하였다. 그런데 지방재정의 운영 틀은 중앙과의 관계 속에서 해명할 수밖에 없기 때문에, 결국 이 문제는 정부 간 재정관계 틀이 오늘날 지역사회가 직면한 불확실성과 불안정성 속에서 어떤 역할을 얼마나 수행할 수 있는지 묻는 것으로 이어진다. 이를 위해 먼저 지속가능한 지역경제발전 개념을 정의하고, 지역 친화적인 정부의 역할을 검토했으며, 마지막으로 그러한 정부 역할에 유념하면서 지역 친화적인 지역경제발전 틀의 구축에 기여할 수 있는 정부 간 재정관계 틀을 점검해보았다.

먼저 지역에 대한 지원은 중앙정부보다 주민들의 생산활동과 생활에 좀 더 가까이 있는 지방정부가 주도하는 것이 좋다. 한편 상급정부로서 중앙정부는 지방정부가 그러한 기능을 제대로 수행할 수 있도록 법적·제도적 틀을 구비하고 지원함으로써, 전반적으로 각 지역사회가 지속가능성을 확립해나가도록 하는 것이 바람직함을 밝혔다.

이를 위해 정부 간 재정관계가 갖추어야 할 조건은, 우선 자체 재원주의와 지방재원의 자율성 확보이다. 재원이전도 단순히 부족재원을 보충하거나 정부 간 확산효과를 내부화하는 차원을 넘어, 궁극적으로 지방정부의 자율성을 제고시켜 지역주민의 생활과정을 담아내는 데 근본 취지가 있다. 따라서 그 규모와 내용을 결정하는 과정에서 지역사회의 의지가 반영될 수 있는 메커니즘을 갖추는 것이 중요하다. 나아가 정부 간 재정관계를 조정할 때에도 정부 간 재정관계 틀이 지역사회가 지속가능한 발전의 틀을 만드는 데 결정적 역할을 한다는 점을 고려하여, 조정과정에 지방정부 또는 지역사회의 의사가 반영될 수 있는 메커니즘을 갖추는 것이 중요함을 밝혔다.

현재 우리나라의 정부 간 재정관계 틀을 보면, 1995년 지방자치가 본격적으로 부활한 이래 지방정부에 일정 부분 재정운영의 자율성을 주는 면이 관찰된다. 그럼에도 지금 주어진 자율성은 지방정부 스스로 의지를 갖고 지역경제활동을 지원할 수 있는 틀을 갖춘 것으로 보기 어렵다. 그나마 지역사회나 지역주민의 의지를 반영하는 메커니즘으로 참여예산제도 같은 것이 형식상 갖추어져 있기는 하나, 아직 실질적으로 지역주민의 의지를 반영할 수 있는 틀이라고 보기는 어렵다.

나아가 그러한 지방재정활동을 규정하는 중앙과 지방 사이의 재정관계 틀을 보면, 전적으로 중앙정부에 의해서 결정되고 있음을 알 수 있다. 지방의 의사를 표출할 수 있는 지방4단체협의회와 같은 공식적인 기구가 활동하고 있음에도, 정부 간 재정관계 틀을 새롭게 만들거나 바꾸고자 하는 경우 지방단체의 견해는 하나의 건의사항이나 의견 제시에 불과하고, 그 실질적 결정권은 전적으로 중앙정부에 있다. 말하자면, 지방정부로서는 중앙정부에 의해 주어진 틀을 가지고 지방재정을 운영해나갈 수밖에 없다. 이러한 상황에서 지방정부가 지역사회나 지역주민들의 의견을 받아들여 지역 주도적이고 지속 가능한 지역경제발전을 이루어낼 여지는 거의 없다고 해도 과언이 아니다.

　　앞으로 우리나라 지역경제가 지역사회의 인적·자연적·산업적 여러 특성을 수용하여 지속 가능한 지역경제발전을 이루어내는 방향으로 진일보하기 위해서는, 무엇보다도 지방정부, 나아가 지역사회의 자율성이 제고되어야 한다. 뿐만 아니라, 정부 간 재정관계 틀이 중앙과 지방의 협의를 통해 조정되어가는 것이 중요함을 이 장의 논의를 통해 이해할 수 있다.

주

* 이 장의 내용은 우명동(2011, 2012)의 내용을 바탕으로 일반 독자들의 이해를 제고시키기 위해 평이하게 재서술한 것임을 밝혀둔다.

1 지금까지 논의에 대한 더 자세한 내용은 우명동(2001), 『지방재정론』, 해남, pp. 37~48을 참고.

2 슘페터는 일찍이 재정정책이 사회경제 현상과의 관계에서 갖는 이러한 상호 작용·반작용의 관계를 재정정책이 가지고 있는 '원인적 의미(재정현상은 모든 변화의 원인 중에 중요한 하나의 원인이 된다는 의미)'와 '징후적 의미(일어나는 모든 사건들이 재정현상에 영향을 미친다는 사실)'로 나누어 설명하면서 위와 같은 사실을 강조한 바 있다. Schumpeter, Joseph(1954), "The Crisis the Tax State," reprinted in *International Economic Papers* 4, p. 7.

3 우명동(2011)은 이러한 점의 중요성을 인식하여 "지속가능지역경제발전과 정부 간 재정관계"를 발표한 적이 있다.

4 Bardhan, Pranab (2002), "Decentralization of Governance and Development," *Journal of Economic Perspectives* 16(4), pp. 193~194.

5 Oates, W. E.(1972)와 Musgrave, R. A. & Musgrave, P. B.(1989) 등 전통적 재정연방주의론 참고. 여기서 독자들의 이해를 위해 '확산효과의 조정' 과정과 그 필요성을 말하고자 한다. 특정 지역의 공공서비스 공급행위로 비용과 편익의 일부가 다른 지역으로 확산되는 경우, 특정 지자체에서 해당 지역 내 귀착되는 편익과 비용을 대응시켜 공공서비스 공급 규모를 결정하고자 하면, 사실상 해당 서비스가 만들어내는 사회 전체적인 편익이 그 과정에서 발생되는 비용과 상응하지 못하여 사회적인 효율성이 저해될 수 있다. 이런 경우 국가가 보조금의 이전을 통해 해당 서비스가 만들어내는 편익과 사실상의 비용을 일치시켜 사회적 효율성을 극대화할 수 있다. 이것이 특정 보조금 이전의 경제학적 근거이다.

6 이에 대한 보다 자세한 내용과 여러 나라들의 사례에 대해서는 Boex, Jamie & Martinez-Vazquez, Jorge(2004), "Developing the Institutional Framework for Intergovernmental Fiscal Relations in Developing LDTCs," *Working Paper 04-02*, International Stud-

ies Program Andrew Young School of Policy Studies를 참고.

7 우리나라와 네덜란드의 비교·분석을 통해 이러한 취지의 정부 간 재정관계 조정기구의 중요성을 밝히고 있는 문헌으로는 우명동(2012), "재정분권의 현상과 본질,"『한국지방재정논집』17(3), 한국지방재정학회를 참고.

8 지방재정 조기집행 권유과정에서 제시된 지방채발행 독려가 이에 해당된다. 우명동(2010), "지방재정건전성 문제에 대한 재인식,"『재정정책논집』13(3), 한국재정정책학회, pp. 151~152. 이러한 맥락에서 보면 최근 지방재정 건전성 논의에서 지방채무 증가에 대한 지방자치단체 책임론은 재고가 필요함을 인식할 필요가 있다.

9 미국이나 캐나다 등 구미 국가들 중에는 지방채 발행 여부를 주민투표로 결정하는 사례를 볼 수 있다. 우리나라에서도 주민투표에 의해 지방채 발행 여부를 결정하게 하자는 주장이 제기된 적이 있다(임성일 외, 2011,『지방자치 선진화를 위한 지방재정 건전성 강화방안』, 한국지방행정연구원; 정창훈, 2012,『우리나라 지방정부의 사업승인 주민투표제도(Project Referendum) 도입방안에 관한 연구』, 한국조세연구원 등). 이는 지방채 발행을 지역주민의 책임으로 주민에 의해 자발적으로 규제되게 함으로써 지방재정 건전성을 확보하는 메커니즘으로 중요한 의미를 갖기 때문이다.

10 지방교부세의 총액은 1969년까지 특정 세목의 일정율로 되어 있던 것을 1969년 1월 지방교부세법 개정을 통해 내국세 대비 17.6%로 전환하였으며, 1972년 8·3조치 때 국가예산으로 결정하는 예산방식으로 변경하였다. 그러던 것을 1982년 지방교부세법 개정을 통해 다시 내국세 대비 13.27%로 바꾸었으며, 이를 2000년에 15%로 상향조정하였던 것을 다시 참여정부 시기 2004년 18.3%로 상향조정하였다. 그러던 것을 2004년 12월 분권교부세 신설과정에서 19.13%로 상향조정하고 2005년 19.24%로 다시 상향조정한 이래 줄곧 그 비율을 유지해오고 있다.

11 지방교부세의 더 세부적인 산정방식은 안전행정부(2013),『2013년도 지방자치단체 통합재정 개요(상)』, pp. 69~78을 참고.

12 이러한 맥락에서 지차단체 자체수입의 기준재정수입 산입율을 모든 자치단체에 획일적으로 적용할 것이 아니라 자치단체별로 일정한 기준에 따라 유형화하여 차등 적용하는 방안이 주장된 적도 있다. 이창균(2004), "3대특별법 이후 지방재정조정제도의 개편방안 연구,"『지방행정연구』18(3), 한국지방행정연구원, pp. 48~49.

참고문헌

안전행정부(2013), 『2013년도 지방자치단체 통합재정 개요(상)』.

안창남(2013), 『프랑스의 지방세제도』, 한국지방세연구원.

우명동(2001), 『지방재정론』, 해남.

우명동(2010), "지방재정건전성 문제에 대한 재인식," 『재정정책논집』13(3), 한국재정정책학회.

우명동(2011), "지속가능지역경제발전과 정부 간 재정관계," 『재정정책논집』13(4), 한국재정
정책학회.

우명동(2012), "재정분권의 현상과 본질," 『한국지방재정논집』17(3), 한국지방재정학회.

이창균(2004), "3대특별법 이후 지방재정조정제도의 개편방안 연구," 『지방행정연구』18(3),
한국지방행정연구원.

임성일(2011), 『지방자치 선진화를 위한 지방재정 건전성 강화방안』, 한국지방행정연구원.

정창훈(2012), 『우리나라 지방정부의 사업승인 주민투표제도(Project Referendum) 도입 방
안에 관한 연구』, 한국조세연구원.

하라시마 아키히데(2012), "일본 지방자치단체 과세 자주권," 한국지방세연구원 세미나자료,
한국지방세연구원.

Bardhan, Pranab(2002), "Decentralization of Governance and Development," *Journal of Economic Perspectives* 16(4).

Boex, Jamie & Martinez-Vazquez, Jorge(2004), "Developing the Institutional Framework for Intergovernmental Fiscal Relations in Developing LDTCs," *Working Paper 04-02*, International Studies Program Andrew Young School of Policy Studies.

Musgrave, R. A. & Musgrave, P. B.(1989), *Public Finance in Theory and Practice*, McGraw-Hill Book Company.

Oates, W. E.(1972), *Fiscal Federalism*, Harcourt Brace Jovanovich, Inc.

Schumpeter, Joseph(1954), "The Crisis of the Tax State," reprinted in *International Economic Papers* 4.

14 국토와 교통

황상규(한국교통연구원)

지난 60년간 국토공간의 개발은 국토 자원의 효율적 활용을 도모하면서, 동시에 지역균형발전의 토대를 마련했다. 각종 교통시설이 이러한 개발을 뒷받침하며 이동성과 접근성을 향상시켰다. 그러나 1970년대 이후 급격한 경제성장으로 택지가 부족해지자 신도시와 위성도시가 건설되었고, 교통 처리 용량을 감안하지 않은 난개발로 교통혼잡비용과 같은 사회적 비용이 발생했다. 이를 만회하기 위하여 1980년대의 교통정책은 소통난, 주차난 등 과도한 승용차 이용에 따른 문제를 완화하는 수준에서 추진되었다. 다만 교통수요 자체를 근원적으로 줄이는 국토계획과 교통계획 간의 조화는 부족했다. 다행히 2000년대에 지구온난화 방지와 교통복지에 대한 시대적 요구가 강해지면서, 환경보호와 교통권 제고를 위한 초석이 마련되기 시작했다.

경부고속도로 신갈 분기점,
대전역을 떠나는 KTX,
광양항 부두의 야경,
인천공항의 여객터미널

국 토 와 교 통 의 관 계

토지이용패턴과 교통은 서로 영향을 주고받으며 순환적인 관계를 맺는다는 것이 일반적인 견해다. 토지가격은 거리마찰을 최소화하는 교통여건에 영향을 받는 동시에 교통체계도 토지이용패턴에 좌우된다. 교통시설의 공급으로 해당 지역으로 접근성이 향상되면 지가가 상승해 토지용도를 변화시킨다. 토지용도의 변화는 통행패턴에 영향을 준다.[1] 이러한 순환과정을 거치면서 교통접근성이 양호한 지역의 지대(地代)가 높아지고, 이에 따라 토지이용패턴이 변화하게 된다.

이 글에서 다룰 '국토와 교통'도 이와 유사한 관계를 지닌다. 합리적인 국토공간구조를 만들고 이를 바탕으로 체계적인 교통체계를 형성하면, 국토자원의 효율성을 높이는 것은 물론 교통에 의한 사회적 비용을 최소화할 수 있다. 최근에는 교통계획의 중요성을 강조하여, '선(先)교통, 후(後)개발'이라는 주장이 새롭게 일기도 하지만, 국토계획과 교통계획의 조화는 전문가 대다수가 동의하는 사항이다. 이런 맥락에서 국토와 교통의 조화는 교향곡과 비교된다. 제1악장에서 제4악장까지 다양한 형태로 연주되지만 결국은 잘 어우러져야 하기 때문이다.

이 장에서는 먼저 지난 60년간 구축된 국가교통시설의 변화를 살펴볼 것이다. 이어서 교통혼잡, 교통사고와 같은 사회적 비용 증가의 문제점과 원인을 소개할 것이다. 끝으로 사람과 환경을 조화롭게 반영한 미래의 국토·교통 추진 방향과 남은 과제를 알아볼 것이다.

고속도로

| 제1차 국토종합계획 | 제2차 국토종합계획 | 제3차 국토종합계획 | 제4차 국토종합계획 | 제4차 국토종합계획 수정계획 |

우리나라 교통발전의 파노라마

14-1 고속도로 구축의
추이(한국교통연구원, 2011)

1960년대 산업근대화를 위한 산업시설의 입지 및 효율적 활용을 위한 국토
종합계획과 산업단지 간 원활한 접근을 위해 교통시설계획이 각각 수립되었
다. 그 결과, 오늘날 세계가 주목받는 한국경제발전의 견인차 역할을 하였다
고 본다. 여기서는 국토계획과 교통계획에서 제시된 교통인프라 계획을 중심
으로 지난 60년 동안 국토공간구조의 변화에 따른 교통시설의 개발과정을 살
펴보고자 한다.

국토종합계획: 생산지원형 교통인프라의 기초 마련

제1차 국토종합계획에서 교통시설의 확충은 '전국을 일일생활권'으로 한다
는 목표를 가지고 추진하였다. 목표달성을 위해 지역별 수요에 맞게 교통시
설을 확충하고, 수단의 다양화와 수송의 물적, 질적 향상을 도모하였다. 제
3차 국토종합계획에서는 '전국 반나절생활권'을 위한 새로운 목표가 제시되
었고, 이를 위해 간선교통망을 대규모 확충하여 교통애로구간을 해소하는 데
주력하였다. 제4차 국토종합계획에서는 '전국 어디서나 30분 내'에 기간교통
망에 접근한다는 목표 아래 국제공항, 항만, 고속철도 등 동북아의 관문 역할
을 수행하기 위한 국제교통인프라를 체계적으로 구축하는 계획을 제시하였
다. 제4차 국토종합계획 수정계획에서는 기후변화에 대응하기 위해 도로에
서 철도로 투자우선순위를 전환하고, 선택과 집중을 통한 '효율적 도로망 정
비'를 통해 국토경쟁력 강화를 지원하는 것을 기본목표로 하였다.(14-1)

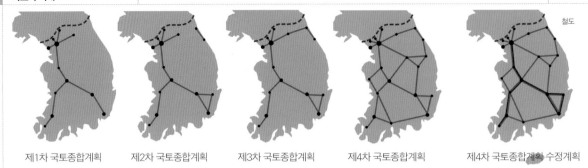

철도

| 제1차 국토종합계획 | 제2차 국토종합계획 | 제3차 국토종합계획 | 제4차 국토종합계획 | 제4차 국토종합계획 수정계획 |

■ 고속철도
■ 일반철도

14-2 철도구축의
추이(한국교통연구원, 2011)

도로계획

제1차 국토종합계획에서는 전주-순천, 대구-마산 등 6개 노선을 건설하고, 고속도로와 연결되는 국도는 일반도로망과 유기적으로 결합할 수 있게 하였다. 제2차 계획에서는 기존 고속도로를 확장, 보강하고 성장거점도시를 연결하는 새로운 고속도로를 건설하며 전국적 도로망을 체계화하였다. 제3차 계획에서는 고속도로를 4차선 이상으로 신설하고, 전국 격자형, 대도시 중심의 방사순환형 간선도로망체계를 구축하였다. 제4차 계획에서는 국토의 장기 발전기반 구축을 위하여 고속도로와 국도를 포괄한 종합간선도로망계획을 수립하였다.

철도계획

제1차 국토계획에서는 노선의 개량화와 중량화 등으로 시설의 현대화를 도모하고, 산업전철 및 여객 전용 고속전철을 건설하였고, 제2차 계획에서는 서울-대전 간 고속전철, 부산-대전 구간 건설의 추진 및 이리-목포 구간 완공, 삼랑진-마산 간 복선화를 꾀하였다. 제3차 계획에서는 경부, 호남, 영동축 등 대량교통 수요축을 대상으로 단계적으로 건설하였고, 제4차 계획에서는 고속전철 건설사업을 계획대로 추진하고 복선전철화 노선과 연계 운영하여 철도의 수송분담률을 점차 늘리는 방안을 추진하였다.(14-2)

공항계획

제1차 계획에서는 김포, 김해 및 제주공항을 국제공항으로 개발하기 위해 활주로를 신설하였고, 제2차 계획에서는 김포국제공항을 확장하고 신국제공항

표 14-1 국가기간교통망계획의 변화

구분	제정	기간	내용
국가기간 교통망계획	1999	2000~2009	(전반기 계획) 간선교통축의 다변화 및 지역 간 수송 수요 분산 및 조정
		2010~2019	(후반기 계획) 간선도로망 지속 확충 및 철도 중심의 고속 간선 교통망 구축
제1차 수정계획	2007	2000~2019	2007~2019년의 중점 수정 및 교통기반시설 확충
제2차 수정계획	2010	2001~2020	교통체계의 종합적 조정 및 효율성 강화

(국토해양부, 『국가기간교통망계획』, 각 연도 참조)

을 건설하였다. 제3차 계획에서는 영종도에 김포공항의 한계용량 도달에 대비하고 미주, 유럽 등 장거리 국제노선의 세계적인 중간기착지 기능을 담당할 신국제공항을 건설하였으며, 제4차 계획에서는 국제항공 수요를 처리할 수 있는 동북아 중추공항과 권역별 거점공항을 육성하고, 지방공항의 여객 처리능력과 안전시설을 확충하도록 하였다.

국가기간교통망계획: 교통시설 간 연계를 위한 국가종합교통망 구축

국가기간교통망계획은 국가종합교통체계의 구축을 위하여 1999년 수립된 교통분야 최상위계획으로, 교통시설 확충과 병행하여 교통체계의 운영개선 등 효율적 종합교통체계를 구축하는 데 초점을 두었다. 주요 내용은 종합적인 교통정책방향, 추진전략, 시설 확충 및 수송체계, 투자의 우선순위 등이다. 이 계획은 2007년의 제1차 수정계획, 2010년의 제2차 수정계획 등 두 차례의 수정작업을 거쳤다.(표 14-1)

　　제1차 수정계획에서는 국가기간교통망계획의 성과를 분석하고, 2007～2019년 동안 중점적으로 수정하는 것을 목표로 추진전략을 마련했다. 주요 내용은 시설 확충 및 지속 가능한 국가종합교통체계 구축 등 분야별 추진과제 마련, 교통시설 최적투자 규모 및 재원 확보의 기본 방향 제시 등을 담고 있다. 제2차 수정계획에서는 목표기간을 2001~2020년으로 수정하고, 21세기 글로벌 교통물류강국으로 도약하기 위한 교통기반시설 확충, 국가경쟁력 강화를 위한 통합 네트워크 구축을 목표로 하였다.(14-3)

14-3 국가기간교통망계획 제2차 수정계획(2001~2020)

| 1960년대 | 1970년대 | 1980년대 | 1990년대 |

정책 방향	고도 경제성장의 기반도로망 구축	지방균형개발 중심	국민생활환경 개선	국가기간망 확충과 교통애로구간 해소
사업 방향	주요 간선국도 포장	국도포장 본격화 고속도로 건설	주요 국도 및 지방도 포장 완료	고속도로망 2배 확충 국도 확장 본격 추진

14-4 국내 도로정책의 변화 추이(한국교통연구원, 2006)

도로계획: 산업근대화의 견인차

1960년대 도로정책은 산업경제 활성화를 위한 생산지원형 교통인프라 건설에 역점을 두었고, 1970년대에는 경제부흥을 위한 교통기반시설의 현대화를 위하여 고속도로망 확충에 역점을 두었다.[2] 1990년대부터는 수도권 과밀화가 심화되면서 도시부의 도로혼잡문제 완화에 정책우선순위를 두고 전국 반나절생활권 형성을 촉진하는 교통망을 구성하는 데 집중했다. 또한 지역 간 격차를 완화하기 위해 지방분산형 국토골격을 짜고, 교통애로구간을 해소하는 한편 교통시설을 확충하려 했다.(14-4)

국가기간교통망계획 중 도로계획은 국토개발축과 간선교통축 간 조화로운 개발을 고려하여, 도로와 철도 간 효율적 수송분담체계를 구축하고자 했다. 장기적으로는 전국을 포괄하는 남북 7개 축, 동서 9개 축의 간선도로망을 구축한다는 계획을 제시했다.

2007년 제1차 수정계획에서는 7×9축을 전부구축하기가 쉽지 않을 것으로 판단하여, 중장기 검토사업과 추진 가능한 사업으로 선별해 우선순위에 따라 단계적으로 추진하기로 하였다.[3]

철도계획: 철도 르네상스의 개막

철도계획은 도로 위주의 교통체계를 수송효율성이 높은 철도로 정책전환을 추진한 역사라 해도 과언이 아니다. 특히 철도의 고속화를 통한 '철도 르네상스'를 위해 많은 노력을 한 결과, 전국이 일일생활권에 들어오고 최근에는 반나절생활권으로 단축되어, 개인은 물론 국가 전반의 통행패턴에 큰 영향을 끼쳤다.(표 14-2)

표 14-2 국내 철도정책의 변화 추이

구분	1960년대~ 1970년대 중반	1970년대 중반~ 1980년대	1990년대	2000년대
시대구분	철도부흥기	지하철확충기	고속철도구축기	신개념철도시대
주요 정책· 이슈	-화물의 폭주 -산업철도 확충 -자립경제기반 -전기철도 구축	-지하철 개막 -도시철도 확장 -차량국산화 개발 -승차권전산시스템 구축	-고속철도 계획 -고속철도 건설 -고철기술 훈련 -철도 연구개발	-고속철도 개막 -고속철도 확충계획 -철도운영 상하분리 -남북철도 연결
경제사회에 미친 영향	-경제재건 견인차 -산업기술발전리더	-전국 일일생활권 -도심교통체증 해소	-수출입물량 조달 -첨단기술 개발	-전국 반나절생활권 -지역균형발전

(한국교통연구원, 2006, 『교통, 발전의 발자취 100선』)

경부고속철도 건설계획은 1998년 7월 '경부고속철도건설기본계획변경 (안)'을 확정하고, 1999년 12월 16일 경부고속철도 시험운행 구간이 완공됐다. 그리하여 300km/h의 속도로 운행이 가능하여 1시간 56분 만에 서울-부산을 달리게 되었다. 열차 최고속도가 1948년 70km/h이던 것이 2008년에는 350km/h로 향상되어 60년간 매년 4.6km/h씩 빨라진 셈이다.

공항계획

인천국제공항을 동북아의 중심공항(Hub Airport)으로 개발하여 미국·유럽으로 가는 아시아 지역 항공여객의 환승기지로 만드는 것이 개발전략이다. 공항지원과 국제업무지원을 갖춘 국제업무단지를 개발하고, 세계화·지방화 시대에 대비하여 권역별 지방공항을 확충, 신설한다.

제1차 수정계획에서는 인천국제공항과 미주·유럽 등 장거리 네트워크 구축, 일본·중국·동남아 등과 중단거리 네트워크 구축, 연계환승체계 구축 확대를 개발전략으로 하였다. 제2차 수정계획에서는 중부권, 서남권, 제주권 등 4개 권역 기조를 유지하되, 권역에 국제선 공항의 영향권 개념을 부여하기로 하였다. 또한 기존의 중추-거점-일반공항의 구분을 유지하되 선택과 집중을 통해 공항을 활성화할 수 있도록 거점공항을 6개로 축소하는 계획을 마련하였다.

교통의 경제사회적 손실비용과 정책 사례

교통수요의 특성과 변화

교통수요는 파생수요(derived demand)라 정의하는데,[4] 경제적 또는 사회적인 통행목적을 달성하는 과정에서 부수적으로 발생하기 때문이다. 예를 들면 출·퇴근을 하는 과정에서 통근통행이 발생하고, 시장이나 백화점에서 물건을 구입하기 위해 이동하므로 쇼핑통행이 발생한다. 그냥 맹목적으로 이동하는 경우는 극히 드물고, 대부분 통행목적에 의해서 통행이 발생한다. 그래서 통행은 통행목적에 따라 출근통행, 업무통행, 통학통행, 여가통행 등으로 분류되며, 도시 교통 여건을 비교할 때 목적통행량과 수단통행량 변화를 비교한다.

지난 10년간 통행수단 분담율의 변화를 보면,(14-5) 대중교통수단 분담율은 7.2%나 감소했다. 반면 승용차는 전체적으로는 2.9% 상승했으나, 30대 젊은 층에서는 감소했다. 이는 젊은 직장인들이 주로 버스나 지하철을 이용한 결과로 보인다. 목적통행 가운데 여가통행이 3% 늘어난 반면, 등교통행은 5% 감소했다. 그리고 평균통행시간은 10년 전에 비해 큰 변화가 없었다.

자동차 보유·이용 행태 변화

교통수요의 변화에 영향을 주는 요인에는 가구 수, 인구, 경제규모, 그리고 자동차 보유대수가 있다. 이 중 교통수요 증가에 직접적으로 영향을 주는 지표가 자동차 보유대수이다.

2013년 10월 전국의 자동차 등록대수는 약 1,934만 대로, 2014년 2천

파생수요(derived demand) 출근을 위하여 자동차나 버스를 이용하듯, 교통수요는 출근이라는 경제활동을 수행하는 과정에서 출근통행이 파생된다. 여가통행이나 쇼핑통행도 마찬가지이다.

목적통행 출근통행, 여가통행, 귀가통행 등 통행하는 목적을 토대로 구분.

수단통행 승용차통행, 대중교통통행, 자전거 및 도보 등 이용하는 교통수단을 기준으로 구분.

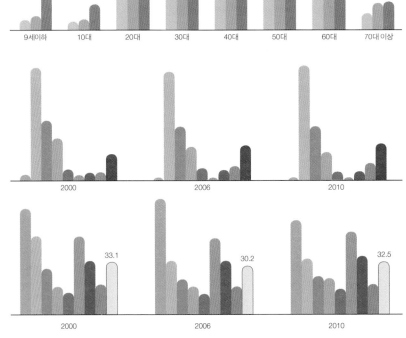

2000
2005
2010

**10년간 승용승합차 분담율의
변화(%)**

9세이하　10대　20대　30대　40대　50대　60대　70대 이상

-3.4%

■ 배웅　■ 귀사
■ 귀가　■ 쇼핑
■ 출근　■ 여가/오락/친교
■ 등교　■ 기타
■ 업무

**10년간 목적통행비율의
변화(%)**

2000　　2006　　2010

■ 시외고속버스　■ 철도
■ 승용승합　　　■ 시내버스
■ 택시　　　　　■ 오토바이
■ 자전거　　　　□ 평균
■ 도보

**10년간 수단별 통행시간의
변화(분)**

2000　　2006　　2010

33.1　　30.2　　32.5

14-5 지난 10년간 통행
특성의 변화

만 대를 넘을 것으로 예상된다. 자동차 증가율은 1980~1990년 사이에 200%
를 상회하는 등 급격히 증가하다가, 최근 5년간 3% 이하로 급감하고 있다. 그
러나 인구 1천 명당 자동차 보유 수준은 2009년 기준 370으로 일본 617, 영
국 557, 프랑스 496에 비해 월등히 낮아, 비록 증가율은 둔화되었지만 보유
대수는 지속적으로 늘어날 전망이다. 도시별 자동차 등록대수는 10년 전보다
34.4% 증가했고, 특히 광주는 53.9%나 늘었다.(14-6) 가구당 자동차 등록대수
로 비교하면 2000년 0.81대에서 2010년 0.95대로 증가했는데, 울산이 1.2대
이고 서울이 0.84대로 낮다.[5] 승용차 재차인원은 등교통행이 3.38명으로 가
장 높고, 출근통행이 1.36명으로 가장 낮다.

　　한편 경제활동이 다양화되면서 심야시간대 통행도 늘고 있다. 2010년
심야시간 승용승합차분담율은 45.2%로 나타났는데, 이는 대중교통 서비스가

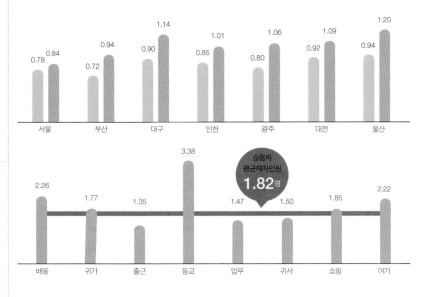

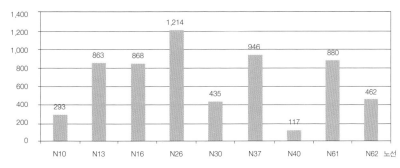

14-6 도시별 자동차 보유대수(대/가구) 증감 및 재차인원 비교

14-7 서울시 심야전용 버스 이용승객 수(서울시 보도자료, 2014. 11. 15.)

열악함을 보여준다. 이에 따라 서울시는 2013년 9월 심야버스 9개 노선을 운행했으며, 50일간 운행 결과를 보면, 심야전용 시내버스가 주간에 운행되는 일반 시내버스보다 하루 이용승객이 25% 많은 것으로 나타났다. 이는 주간 일반 시내버스 1대당 하루 평균 이용승객 110명과 비교할 경우 25% 이상 많은 수준이다. N37번(은평-송파), N61번(신정-노원), N16번(도봉-온수)이 높은 수준이다.(14-7)

교통에 의한 외부비용 발생

교통혼잡비용

교통혼잡비용은 교통공학적 접근과 교통경제학 접근에 따라 달라질 수 있는

데, 국내에서는 주로 교통공학적인 방법으로 산출되고 있다. 기본 개념은 도로의 혼잡상태를 설정하고 일정 수준 이하이면 혼잡으로 정의하고, 이에 따른 시간손실과 비용손실을 각각 산출한다.

전국의 도로혼잡비용은 지역 간 도로와 도시부 도로로 나뉘어 산출하는데, 98년 이후 꾸준히 증가하여 2010년 28조 5,092억 원으로 증가하였다. 도시부에서는 서울, 부산, 인천 순으로 혼잡비용이 증가하고 있다.[6] (14-8)

교통사고비용

교통사고비용은 교통사고에 따른 인적, 물적 피해비용은 물론 행정비용과 교통비용으로 구성된다. 2005년에 최저 수준을 기록한 이후로 꾸준히 증가하여 2010년 17조 9천억 원으로 추정되었다. 한편 교통사고비용 가운데 인적 피해비용은 점진적으로 감소한 반면, 기타 비용은 증가하고 있다.[7] (14-9)

교통환경비용

교통환경비용은 자동차가 배출한 오염물질에 의해 인체에 미치는 비용을 토대로 산출한다. 대기오염물질은 일산화탄소, 질소산화물, 아황산가스 등 다양하다. 대기오염비용은 2006년 이후부터 산출되었는데, 2010년 총 14조 9,839억 원으로 추정되었다. 질소산화물과 일산화탄소 때문에 발생하는 대기오염비용이 2010년 기준 전체의 85.1%로 대부분을 차지한 것으로 나타났다. 2010년 대기오염물질 배출량은 총 1,927,177톤으로 추정되었으며, 그중 90% 이상은 질소산화물 및 일산화탄소로 2010년 기준 각각 56.4%, 33.6%를 차지하였다.[8] (14-10)

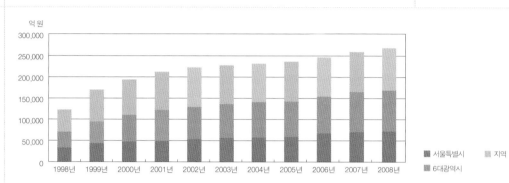

14-8 도로혼잡비용 변화

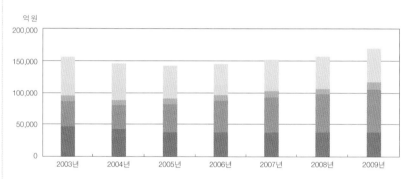

14-9 교통사고비용 변화

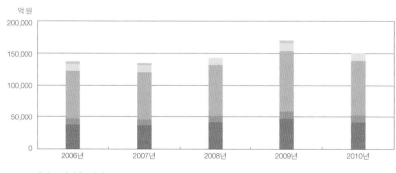

14-10 대기오염비용 변화

이처럼 교통의 발전은 통행시간을 단축시켜 생산비용 절감과 여가시간 활용 등 다양한 편익을 주지만, 동시에 교통수요와 공급의 불일치로 인한 교통혼잡비용, 대기환경오염, 교통사고에 의한 인명사고 등 각종 사회경제적인 비용도 발생시키고 있다. 특히 최근 지구온난화가 지구적 관심사가 되면서 교통에너지와 교통환경에 대한 각별한 관심이 일고 있다. 이러한 외부비용은 점차 국제적인 환경규제로 발전하면서 국가경쟁력과도 밀접한 관계를 가지게 되었다. 최근 자동차 생산에서 온실가스 배출량 기준을 엄격히 적용하는 국가가 늘어나고, 자동차 수출국가는 수출상대국의 온실가스 기준을 충족시키지 못하면 수출 자체가 불가능하게 되는 것이 대표적 사례라고 볼 수 있다.

교통에 의한 외부비용을 줄이기 위해 다양한 정책이 요구된다. 먼저 교통혼잡을 줄이는 적정 규모의 교통개발과 교통수요관리시책 개발이 필요하다. 또한 에너지 소모량의 20%를 차지하는 수송 분야에서는 화석연료 의존을 줄이는 기술개발과 세제 개편도 필요하다. 거시적인 관점에서는 국토계획과 교통계획 간의 조화도 요구된다. 이어지는 내용에서는 이를 완화할 수 있는 교통혼잡정책, 교통안전정책, 교통환경정책 등을 소개하고자 한다.

교통혼잡정책

교통수요관리: '나홀로 자가용 이용' 억제를 위한 규제정책

도시교통정책의 근간은 교통혼잡을 야기하는 승용차 이용의 억제와 대중교통 이용 활성화로 압축된다. 자동차 대중화 이전에는 대중교통시설의 확충이 도시교통정책의 핵심이었다. 그러나 1990년대부터 자동차가 급속히 늘어나면서 도로확충만으로 한계에 도달하자, 교통수요 자체를 조절하여 교통

| 참고 | **교통공학적 관점에서의 교통혼잡비용**

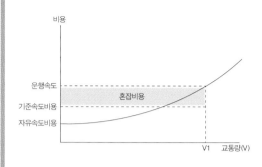

교통공학적 관점에서 교통혼잡은 교통시스템 운영상태가 차량 간섭으로 인해 더 이상 수용될 수 없는 수준을 의미하고, 도로용량편람(HCM)에서 서비스 수준(LOS) E와 F 상태로 정의한다. 국내 교통혼잡비용은 교통혼잡 상태에서 차량운행비용과 시간가치비용을 각각 산출하는데, 차량운행비용은 고정비와 변동비로 구분된다. 고정비에는 운전자의 인건비, 차량의 감가상각비, 보험료, 각종 제세공과금 등이 있고, 변동비에는 연료소모비와 차량의 유지정비비, 엔진오일비, 타이어 마모비 등이 있다.

| 참고 | **교통경제학적인 관점에서의 혼잡통행료**

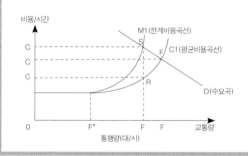

교통경제학에 의한 혼잡비용은 도로에 차량 1대가 증가함에 따라 발생하는 전체비용의 증가분으로 정의하며, 여기서 전체비용이란 차량운행비용과 시간비용을 합한 일반화비용이다. 혼잡통행료는 도로의 효율적 이용을 위한 교통수요곡선과 한계비용곡선이 교차하는 수준에서의 한계비용과 평균비용과의 차이를 혼잡통행료로 이용자에게 부과해야 한다고 주장한다(Downs, 1992).

혼잡을 줄이는 교통수요관리에 관심을 두기 시작하였다. 여기에는 교통시설을 공급할 투자재원을 확보하는 문제라든가 건설에 따른 환경문제보다도, 교통투자의 효과가 지속되지 않고 이내 소멸된다는 사실이 직접적인 동기가 되었다. 따라서 교통시설을 공급하기 이전에 통행경로나 통행시간대를 조절하여 교통혼잡을 완화하는 편이 효과적이라고 판단한 것이다. 방안으로는 주차요금 부과, 혼잡통행료 징수, 차고지증명제 시행 등이 있는데 '나홀로 자가용 이용'을 억제하는 것이 핵심이다.

그러나 교통수요관리정책은 규제가 뒤따라 주민과의 마찰이 발생하기 때문에 민선 지자체장이 이를 선뜻 추진하는 데 한계가 있다. 대표적인 사례로 자가용 이용을 억제하는 데 효과가 큰 차고지증명제나 교통혼잡특별관리

교통수요관리(Transport Demand Management)

교통혼잡을 줄이기 위하여 도로건설과 같은 시설 확충에 의존하지 않고, 각종 규제를 통해 혼잡이 덜한 운행시간이나 운행도로를 이용하게 하는 등 교통수요 자체를 관리하는 교통혼잡관리 방안. 대표적인 사례로 혼잡통행부과제도(Congestion Pricing)가 런던에서 시행 중이다.

| 참고 | 서울시 남산터널 혼잡통행료

- 서울시에서 1996년 11월부터 남산1, 3호 터널에 시범사업으로 실시중임. 부과시간대는 평일 07:00~21:00, 토요일은 07:00~15:00이며, 공휴일 및 일요일은 제외하고 통행요금은 2,000원. 부과차종은 2인 이하 탑승자가용승용차이며 3인 이상 탑승자가용승용차, 택시, 긴급자동차, 버스, 외교용 자동차 등은 제외함.

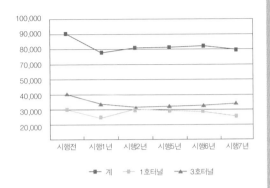

- 1996년 대비 2003년까지 남산터널구간에서의 교통량은 약 9%가 감소하였고, 통행속도는 시행 전에 비하여 21.6km/h에서 48.9km/h로 126% 향상됨.
- 서울시는 혼잡통행료 징수구역을 강남지역으로 확대를 여러 차례 시도하였으나, 주민들의 반발로 무산됨.

제도를 마련하고도 시민의 반발을 우려해 제대로 시행조차 못하고 있는 상황이다. 그 대신 현재 추진 중인 교통수요관리 정책은 대체로 경제적인 기법(혼잡통행료, 주차유료화 등)을 중심으로 하고 있다.

대중교통 활성화: 대중교통수요 증진을 위한 서비스 향상

교통수요관리정책과 대중교통정책은 규제와 유인(Push & Pull)으로 볼 수 있다. 교통수요관리가 교통혼잡의 원인인 자가용 운전자를 가격규제나 행정규제로 운전을 포기하게끔 하는 정책이라면, 대중교통정책은 서비스 개선과 이용편의 증진으로 이들을 대중교통으로 유도하는 정책이다.

따라서 교통수요관리를 시행하기 전에 자가용 운전자가 대체교통수단으로 전환하기 쉽도록 대중교통 이용대책을 마련해야 한다. 이러한 목적을 달성하려면 자가용과 같은 높은 수준의 대중교통 서비스를 제공해야 한다.

대중교통수단은 버스, 지하철 이외에도 다양한 형태로 발전하고 있다.(14-11) 최근에는 개인승용차와 같이 편의성이 높은 개인형 대중교통(Personal rapid Transit)으로 점차 진화하고 있다. 국내에서 대중교통 서비스 향상을 위한 다양한 정책이 추진되었고, 특히 서울시 대중교통체계 개편사례는 제3세계는 물론 선진도시에도 알려질 정도로 모범사례로 알려졌다.[9]

14-11 대중교통수단의 유형

오늘날 많은 도시에서 시내버스나 지하철 같은 대중교통수단은 사회적으로 많은 장점[10]을 지니고 있음에도 자가용 이용자는 외면하고 있는데, 자가용에 비해 수송경쟁력이 떨어지기 때문이다. 대중교통 기술의 개발과 경영쇄신을 통한 서비스 증진이 없으면 대중교통으로의 전환은 요원한 일이다.

교통안전정책

국내 도로교통 안전수준은 OECD 국가 중 하위권이다. 자동차 10만 대당 교통사고 사망자 수가 29명으로 29위, 인구 10만 명당 교통사고 사망자 수가 12명으로 28위다. 도로교통 사망자 감소율(-3.4%)도 OECD 평균(-6.8%)에 비해 낮은 수준으로, 지금 상태로는 교통안전 선진국과 격차는 더욱 확대될 것으로 예상된다. 또한 2010년 고령운전자 교통사고는 12,603건으로 2000년 이후 연평균 14.1%의 증가 추세이며, 전체 교통사고 대비 고령운전자 교통사고 점유율은 9.9%를 차지한다.

교통사고비용은 교통혼잡비용 대비 약 62%수준이나, 도로교통안전 투자액(연간 약 0.5조 원)은 전체 도로투자액(연간 약 16.6조 원)의 약 3.2%에 불과한 실정이다.(14-12) 우리나라가 선진국 수준의 교통안전을 달성하려면, 교통안전사업의 투자를 늘려 사업의 속도를 제고할 필요가 있다. 도로교통사고로 발생하는 사회적 비용에 합당하게 예산투입을 확대하여, 교통안전사업의 투자비를 증대하는 것이 중요하다. 그 밖에도 교통범칙금을 교통안전사업에 활용할 수 있도록 교통안전특별회계를 신설하는 것이 필요하다. 확보된 교통범칙금은 전액 교통안전사업에 활용하도록 제도적 장치를 마련한다. 기타 자동차 손해배상보장 분담금도 교통사고 예방사업에 활용하도록 제도개선이

| 참고 | **서울시 대중교통 개편과 첨단교통기술**

2010년 서울시 지하철은 총 9개 노선 293km로 1일 수송인원은 약 630만 명에 이르렀으며, 시내버스도 총 68개 업체의 7,598대가 1일 약 460만 명을 수송하였다. 대중교통수단 분담율은 약 63%로 해외의 대도시에 비해 높은 편이다. 이렇듯 서울시 대중교통 서비스가 증진된 것은 무엇보다도 지난 2007년 이후에 본격적으로 버스중앙차로제, 버스정보체계, 대중교통 통합요금제 및 준공영제를 도입했기 때문이다.

첫째, 버스중앙차로제 시행과 함께 중앙차로 내 버스 간 적정간격을 유지하기 위하여 버스관리시스템(Bus Management System)을 도입하였고, 버스정류장에 설치된 버스정보시스템(Bus Information System)으로 버스의 도착시간 등의 정보를 제공하였다.

둘째, 버스운행노선을 간선과 지선으로 나누고, 버스중앙차로를 운행하는 버스업체를 대상으로 버스준공영제로 전환하였다. 버스준공영제의 도입으로 민간업체 간 과다경쟁을 완화하고 버스의 신속성을 제고하였으나 보조금이 대폭 늘었다.

셋째, 대중교통 간 환승편의를 위해 버스와 지하철 간 통합요금제도를 시행하고 무료환승 혜택도 함께 제공했다. 교통카드는 대중교통은 물론 택시에서도 사용이 가능하고, 일반 은행카드, 휴대폰을 이용하여 결재할 수 있다.

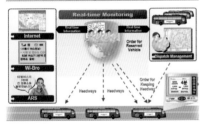

서울시 버스운영사령실 전경 및 운영체계도

서울시 정류장 내 버스이용안내판 및 중앙버스차로 모습

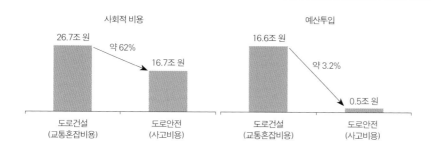

사회적 비용		예산투입	
26.7조 원		16.6조 원	
약 62%	16.7조 원	약 3.2%	0.5조 원
도로건설 (교통혼잡비용)	도로안전 (사고비용)	도로건설 (교통혼잡비용)	도로안전 (사고비용)

14-12 사회적 비용 대비 교통안전 투자 현황

조기에 추진될 필요가 있다.[11]

교통환경정책

교통환경의 악화는 화석연료를 이용하는 자동차 보유대수와 주행거리가 증가한 데서 비롯한다. 최근 국내 자동차 주행거리는 점차 줄어들고 있으나 보유대수는 지속적으로 늘고 있는데, 특히 연비효율이 낮은 중대형 차량의 증가비율이 높아지고 있다. 따라서 교통환경을 개선하려면 자동차 관련 세제를 강화하여 기존 차량의 운행을 줄이고, 경·소형화를 유도하고, 화석연료를 쓰지 않는 친환경 자동차를 보급해야 한다.

교통기술 개발에 의한 대기환경 개선: 그린카 보급

국내에서 친환경 차량을 보급하여 성과를 거둔 사례로 CNG(천연가스)버스가 있다. 서울시에서는 디젤을 사용하는 기존 시내버스를 전량 대체하면서 서울시 대기환경이 크게 향상되었다고 평가한다. 최근에는 CNG버스의 온실가스 배출량이 디젤버스보다 많아 기후변화 대응에 적합하지 않다는 지적도 있지만,[12] 친환경 자동차 보급으로 교통환경 개선에 일조한 것은 사실이다.

국내에서 그린카(Green Car)의 개발과 보급은 '환경친화적 자동차의 개발 및 보급에 관한 법률'에 따라 진행되고 있다. 전기차에 대해서는 2010년 발표된 "전기자동차 개발 및 보급계획" 대통령 보고에서 제시되었는데, 2020년까지 전기자동차 100만 대 및 충전기 220만 기를 보급하는 목표를 세웠다. 그리고 같은 해에 제10차 녹색성장위원회의 "그린카 산업 발전전략 및 과제" 보고를 통해 전기차 보급을 위한 세제 및 보조금 지원, 보너스-부담금 제도

14-13 친환경자동차 보급정책
추진 현황

도입, 충전인프라 구축 지원, 거점도시 선정 등 다양한 추진방안이 제시되었
다.(14-13)

그린카 정책은 중앙부처별 업무특성에 따라 분담하고 있다. 지식경제부
는 완성차 및 부품에 대한 연구개발을 담당하여, 2010년에는 전기차 블루온
(BlueOn)을 출시했고 2014년까지 준중형 전기차를 양산할 계획이다. 환경부
는 공공 및 민간 부문에서 보조금 지급, 세제 감면 등 지원업무를 담당하며,
국토해양부는 안전검사, 통행료 감면 등 운행상 편의지원, 보급기반 구축 등
을 관장하고 있다.

그러나 계획과 달리 국내에서 전기차 보급이 순조롭게 진행되지 못하
는 실정이다. 요인은 가격, 배터리 성능, 충전시설 부족 등 다양하다. 전기차
는 가격(블루온의 경우)이 동급의 가솔린 차량보다 2천만 원 정도 높고, 성능
도 기존 차량과 비교하여 떨어지며[13] 충전인프라가 부족해서 정부 지원 없이
시장 창출이 어렵다. 특히 전기차 배터리의 높은 가격은 전기차 가격을 상승
시켜 전기차 생산 규모를 위축시키고 전기차 충전인프라의 구축을 축소 또는
지연시킴으로써 전기차 양산을 지연시키는 악순환을 초래하고 있다.[14]

세제 개선을 통한 저탄소 자동차 이용 유도[15]

전기차 등 친환경자동차의 보급 및 이용 활성화는 관련 산업에 미치는 영향
이 클 뿐만 아니라, 고용창출 효과가 높은 성장동력으로 간주되고 있다. 또한
글로벌 이슈인 온실가스 저감을 위해 고연비 자동차나 친환경차량의 보급과
이용을 확대할 필요가 있다. 이를 위해서는 차량기술 개발과 함께 제도 개선
이 필요하다. 특히 소득이 늘어나면서 자가용 승용차도 늘어날 수밖에 없으

므로, 강제적으로 자가용 보유를 억제하기보다는 친환경차량으로 보유를 유도할 필요가 있다.

국내 자동차 관련 세금은 매우 복잡하다. 그러나 자동차에 의한 사회적 비용을 절감하거나 연비 효율이 높은 친환경자동차의 보급을 유도하기 위한 세제는 미흡한 면이 많다. 탄소세 도입, 이산화탄소 기준 자동차세로 전환 등 향후 계획이 발표되고 있지만, 국내 시장에 미치는 영향과 무역마찰 등 풀어야 할 숙제도 많다. 특히 전기차는 유류를 사용하지 않기 때문에 세수감소의 우려가 있다.

친환경차량의 보급을 위해서는 이산화탄소를 적게 배출하는 자동차의 세금을 감면하고, 많이 배출하는 차량에는 중과하는 것이 필요하다. 또한 자동차 생산자에게도 친환경차량을 많이 생산하면 생산비율에 따라 법인세를 감면하는 한편, 기존 유류 엔진차량을 생산하여 친환경차량의 비율이 낮으면 그만큼 부담금을 부과하는 것도 한 방법이다.

사람과 환경을 고려한 국토·교통정책

도시기능 변화에 따른 교통 역할 정립

각종 기능이 모여 있는 도시공간은 역사공간(보존·재생), 문화·정보공간(교류), 생산·소비공간(일터)으로서 적절한 조화를 이루며 발전해왔다. 1960년대와 같이 도시에서 생산과 소비가 활발할 때, 교통은 경제활동을 지원하기 위한 이동성이 중시되었다. 1980년대 이후 개인소득의 향상으로 다양한 문

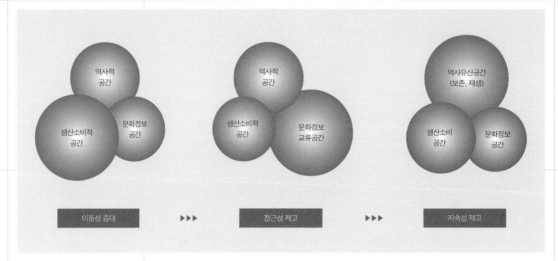

14-14 도시공간과 교통기능의
변화 방향

화와 여가의 공간으로서 도시기능이 강조되면서 통행목적지에 쉽고 편하게
갈 수 있는 접근성이 중시되기 시작했다. 지구온난화로 지속 가능한 도시개
발과 도시재생사업이 강조되는 2000년대에는 환경친화적인 공간형성을 위
한 교통의 환경성이 중요하게 여겨지고 있다.(14-14)

　　도시기능의 변화는 통행 패턴에도 영향을 준다. 출퇴근 통근통행은 감소
하는 반면, 여가·문화활동을 위한 비첨두·여가통행의 비중은 늘어날 것이
다. 업무기능과 문화활동이 활발한 도심에서는 쾌적한 환경과 교통안전을 위
하여 차량진입억제, 주차금지 등 교통수요관리가 시행되어, 차량을 구입하지
않아도 필요할 때 차량공유(Car Sharing)를 하는 등 자동차 이용행태에 많은
변화가 예상된다. 자동차 구매형태도 핵가족화에 따라 1~2인용 소형차의 선
호도가 높아질 것이다. 고령화가 진전되고 건강의식이 증대되면서 걷고 싶은
거리 조성, 도시 내 역사·문화 공간의 보존을 위한 차 없는 거리나 대중교통
전용지구도 늘어날 것이다.

차량공유(Car Sharing) 자전거
공유제도와 같이 자동차가 필요할
때만 사전예약을 통해 이용하는 제
도. 자동차 보유증가에 따른 교통
혼잡, 주차난 등을 완화하기 위해
등장한 제도로, 미국 집카(ZipCar)
와 같은 기업이 등장하고 있다.

보행자, 자전거 및 대중교통 위주의 친환경 교통공간 조성

문화공간, 역사공간으로서 도시기능을 강조하고, 도시재생을 통해 도심을 활
성화하기 위해서는 자동차보다 대중교통, 보행, 자전거로 교통수요를 처리
할 수 있어야 한다. 이를 위해 대중교통 중심의 도시개발(TOD)을 통해 도시

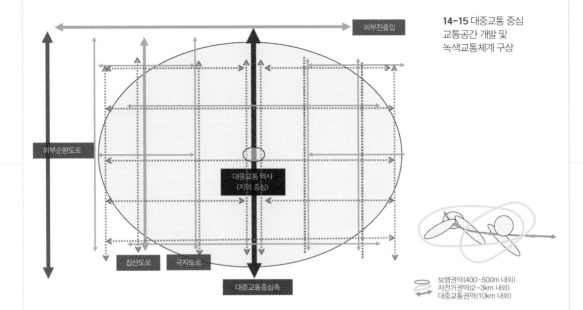

14-15 대중교통 중심 교통공간 개발 및 녹색교통체계 구상

외부진출입

외부순환도로

대중교통 역사
(지역 중심)

집산도로 국지도로

대중교통중심축

보행권역(400~500m 내외)
자전거권역(2~3km 내외)
대중교통권역(10km 내외)

철도역이나 BRT 정류장 부근을 고밀도 복합개발을 하여 자동차 통행수요를 근원적으로 줄이고 도시 확산도 방지할 수 있다. 특히 보행이나 자전거 같은 비동력 교통수단을 위한 통행공간을 확보하여 생활교통의 편의와 에너지 절약도 도모할 수 있다. 이를 위해 생활권에 대한 지구단위 교통계획이 마련될 필요가 있다.(14-15)

통상 백화점, 전문상가, 쇼핑센터 등이 밀집한 지역에는 통행량이 집중된다. 바로 이러한 지역에 대중교통전용지구(Transit Mall)를 설치하면 교통혼잡을 야기하는 자동차 진입을 억제하는 동시에, 지구 내 방문객의 교통안전과 환경개선을 도모하여 성공적인 도시재생을 이룰 수 있다. 보행자 및 대중교통을 위한 전용지구 사례는 유럽의 주요 지역에서 쉽게 찾아볼 수 있다.

출퇴근 등 생활교통난 해소를 위한 생활편의형 교통인프라 구축

수도권 교통축에서는 거의 날마다 교통정체가 일어나지만, 서울을 오가는 버스와 전철의 수송경쟁력은 자가용에 비해 매우 낮다. 따라서 수도권 내 30분대 출근이 가능하도록 광역급행철도의 건설 및 운영이 절실하다. 아울러 광역급행철도가 운행되지 않는 지역에는 광역급행버스(M버스)의 운행 확대도

BRT 정류장 'Bus Rapid Transit'의 줄임말. '땅 위의 지하철'이라 불릴 정도로 전용도로 위를 고속으로 다닌다. 지하철보다 건설비가 적고, 탄력적 운행이 가능하여 지하철 대안으로 부상하고 있다.

| 참고 | 프랑스의 보뉘스-말뤼스 제도

프랑스에서는 자동차등록세를 이산화탄소 배출량에 따라 보너스를 지급하거나 부과금을 부과하는 보뉘스-말뤼스 (Bonus-Malus) 제도를 2008년 1월 1일부터 시행하고 있다. 이산화탄소 배출량 131~160g/km을 기준으로 그 이하를 배출하는 차량은 최대 5,000유로를 구매 시 보너스로 지급하는 반면, 기준 이상을 배출하는 차량은 최대 2,600유로를 구매 시 부담금으로 부과하고 있다. 프랑스의 보뉘스-말뤼스 제도 시행 이후 이산화탄소 배출 차량 구매 패턴이 크게 변화하고 있는데, 이산화탄소 저배출 차량이 2008년에는 전년도 대비 77~487%나 증가하여 성공적인 제도로 평가된다.

차량의 이산화탄소 배출량(g/km)	2007년 등록(대)	2008년 등록(대)	증감율(%)
100 이하	355	2,086	+487.30
100~120	405,674	718,448	+77.10
121~130	229,570	209,368	−8.80
131~160	932,577	835,589	−10.40
161~165	50,934	38,557	−24.30
166~200	317,456	183,807	−42.10
201~250	96,417	46,666	−51.60
251 이상	27,934	12,263	−56.10%

요구된다.

또한 대중교통을 이용하여 전국 어디에나 90분대에 도착할 수 있도록 KTX, 고속 및 시외버스 등 지역 간 대중교통 운영체계를 구축하여, 이용자 편의를 높이는 것은 물론 운행 효율성도 제고할 필요가 있다. KTX와 자가용 이용이 늘어나면서 버스의 수요가 줄어드는데 공급은 줄지 않아 경영적자에 시달리는 지역 간 버스업계를 위해서도 필요한 과제이다.

교통약자를 위한 교통복지형 교통인프라 확충

한국의 고령자 인구비율이 급격히 증가하고 있다. 통계청에 따르면, 2003년 에서 2011년 사이 65세 이상 인구 비율이 8.29%에서 11.4%로 증가했는데, OECD 국가 가운데 최고 수준이다. 또한 장애인의 활동도 늘어나고 있어 이들 교통약자에게 편리한 교통시설 및 서비스가 대폭 확충되어야 한다. 교통 서비스의 지역적 편차도 커서 대중교통이 취약한 농어촌 지역 등에 대한 교통서비스 수혜의 형평성 문제도 제기되고 있다. 도로투자 평가가 경제성·이동성 위주로 이루어지기 때문에, 마을·지역 간 단절구간을 연결하는 등 정작 주민이 필요로 하는 주민친화형 도로사업투자는 부진하다. 이는 도로투자의 타당성을 분석할 때 대부분 경제성에 따라 도로사업을 추진함으로써, 실질적 으로 지역주민이 필요로 하는 이웃 마을 간 접근성에 대한 중요도를 소홀히 하였기 때문이다.

앞으로 취약지역이나 중소도시의 교통접근성을 고려하여 재정지원방식 을 개선할 필요가 있다. 무엇보다 이동성·공급자 위주에서 지역친화·수요자 중심으로 도로사업의 유형을 고안해 추진하고, 도로법에 지원근거 조항을 신 설하거나, 안전행정부와 협조하여 생활밀착형 도로에 예산을 지원할 수 있도 록 개선해야 할 것이다.

주

1 전명진 · 황상규(1999), "도시토지이용과 통행패턴간의 관계," 『교통정책연구』 제6권 2호, 교통개발연구원.

2 당시 도로인프라 구축이 가능했던 것은 지속적 고도성장에 따른 육로수송문제를 해결하기 위해 정부가 도로 관련 세입 중 자동차 통행세와 유류세를 도로사업에 투자할 수 있도록 도로정비촉진법(1967. 2)과 도로정비사업 특별회계법(1968. 7)을 제정하였기 때문이다.

3 조정 노선으로 남부 6축(양구-봉화-영천), 동서 1축(서울-화천-간성), 남북 7축(울산-동해-속초-간성) 등이 계획되었다.

4 C. S. Papacostas(1987), *Fundamentals of Transportation Engineering*, Prentice Hall.

5 한국교통연구원(2011), "우리나라 국민 10년 동안 어떻게 통행했나?"

6 한국교통연구원(2012), "2009년 전국 교통혼잡비용 추정과 추이 분석."

7 한국교통연구원(2012), "교통사고 비용 추정."

8 이 통계자료는 국가교통수요조사, DB구축사업 중 교통혼잡비용 등 교통비용조사 · 분석을 통해 발표된 것이다. 연료별 총 연료 소비량, 배출계수 및 산화율 등을 고려하여 산출되었다.

9 서울특별시 버스체계 개편 사례는 해외에서도 성공사례로 간주되어, 2005년 5월 메트로폴리스 베를린총회에서는 메트로폴리스상을 수상했고, 같은 해 7월에는 세계대중교통연맹(UITP)으로부터 우수정책으로 인증도 받았다. 또한 2006년 6월 제5차 UITP 아태총회에서는 UITP혁신정책상을 수상한 바 있다.

10 시내버스의 수송효율은 승용차의 약 10배, 지하철은 약 20배에 이르며, 교통수단별 에너지소비율(BTU, British Thermal Unit/승객 마일)은 자동차 4,063, 버스 3,711, 철도 3,397, 전철 3,102로 대중교통수단이 수송효율과 에너지절감 면에서 더 우수하다. 폭우나 폭설로 교통체계가 마비되어도 지하철은 이동성을 보장한다.

11 2012년 4월 27일부터 자동차 손해배상보장사업에 교육 홍보, 교통안전정책 연구 개발, 중증 후유장애인 연구개발 등 자동차사고 예방사업까지 포함하도록 하는 '자동차손해배

상보장법 시행령 및 시행규칙' 개정안이 입법되었다.

12 서울연구원에 따르면, CNG, CNG하이브리드, 디젤, 디젤하이브리드 등 네 종류의 시내버스 연료 온실가스 배출량을 분석한 결과, CNG 〉디젤 〉CNG하이브리드 〉디젤하이브리드 순으로 CNG가 가장 높게 나타났다. 서울연구원(2013), "서울시 수송부문 온실가스 배출량 비교 연구."

13 전기차는 1회 충전에 따른 최대 주행거리가 130km로 기존 차량의 1/4 수준에 불과하다.

14 한국교통연구원(2009), "전기차 보급 활성화 및 인프라 구축방향에 대한 기초연구."

15 한국교통연구원(2008), "친환경 · 에너지 절감형 자동차의 이용활성화 방안."

참고문헌

건설교통부(2007), "국가기간교통망수정계획."

전명진 · 황상규(1999), "도시토지이용과 통행패턴간의 관계," 『교통정책연구』 제6권 2호, 교통개발연구원.

한국교통연구원(2001), "도시교통수요관리의 종합적 추진방안."

한국교통연구원(2003), "도시규모와 특성에 맞는 대중교통체계의 선택기준 연구."

한국교통연구원(2006), 『교통, 발전의 발자취 100선』.

한국교통연구원(2008), "친환경 · 에너지 절감형 자동차의 이용활성화 방안."

한국교통연구원(2008), "교통측면의 광역경제권 설정 및 교통보완대책."

한국교통연구원(2009), "전기차 보급 활성화 및 인프라 구축방향에 대한 기초연구."

한국교통연구원(2010), "온실가스 저감을 위한 자동차세제 개편방안."

한국교통연구원(2011), "교통거점시설을 중심으로 한 국토공간 개편방향 연구."

한국교통연구원(2012), "과거 10년간 교통행태 분석과 교통정책의 시사점 연구."

한국교통연구원(2012), "교통사고 비용 추정."

한국교통연구원(2012), "2009년 전국 교통혼잡비용 추정과 추이 분석."

Bourne, L. S.(1982), "Urban Spatial Structure: an Introductory Essay on Concepts and Criteria," in: L.S. Bourne (Ed.), *Internal Structure of the City*, New York: Oxford University Press.

Papacostas, C. S.(1987), *Fundamentals of Transportation Engineering*, Prentice Hall.

Ueda, Talayuki(1995), "A Welfare Analysis of A System of Cities in Transport Network," *Proceedings of The 7th WCTR*, vol. 2, pp. 431~445.

15 국가지리정보체계

황철수(경희대학교)

과거의 지도는 지도학자에 의해 수집·분석·생산된 공간정보를 지도 사용자에게 일방향으로 전달하는 매체였다. 이제 지도는 지도 사용자가 원하는 정보를 생산하기 위해 분석 가능한 형태를 갖출 뿐 아니라 상호작용을 할 수 있는 도구로 변화하고 있다.

컴퓨터 기술을 바탕으로 한 컴퓨터지도학과 지리정보과학의 진보, 구체적으로 지리정보시스템의 발전은 이와 같은 지도의 대변혁을 가져오는 결정적 요인으로 작용하고 있다. 여기에 최근 유무선 네트워크를 통한 정보통신기술과 지도의 결합은 지금까지 인류 역사에서 일상적 삶 속에 지도가 가장 많이 출현하는 계기를 마련하고 있다. 21세기 인간의 일상생활 속에서 지도는 이제 떼려야 뗄 수 없는 필수적 수단으로 자리를 잡아가고 있다.

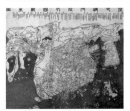

15-1 인류와 함께 한 지표
공간의 기록, 지도
1) 석기시대 돌멩이지도,
1.4만 년 전 스페인 동굴
2) 바빌론 토판지도, 기원전
600년
3) TO 지도, 7세기
4) 중세 유럽 지중해 지도,
13세기
5) 혼일강리역대국도지도,
1402년

국토의 기록, 지도

지도는 전통적으로 공간적 패턴, 공간적 상호관계, 공간의 복합성을 이해하는 데 가장 일반적으로 이용되는 지리학 연구대상이다. 지도는 공간에 나타나는 유형과 무형의 자연 현상이나 인문사회적 현상을 기록하고, 이를 공유하기 위해 인류가 고안한 가장 효과적인 장치다. 따라서 어느 시대, 어느 문명에서나 국토에 관한 기록은 지도에 남겨두었다. 이러한 현상은 지도의 역사만큼 인류에 체화되었다고 할 수 있다.(15-1)

디지털 지도의 출현과 그 의의

지도에 관한 구체적 연구는 주로 지도학(cartography)에서 행해졌지만, 지리학적 사고나 인식을 체계화하는 수단으로서 지리학 연구에 필수적인 요소로 여겨지고 있다.[1] 지도의 발달은 크게 '환경에 대한 지각'과 '이를 표현하는 기술'이라는 두 가지 측면으로 결정된다.[2] 이런 맥락에서 최근 지도의 발달은 통합적 관점에서 환경을 논의하고 이를 복잡한 컴퓨터 기술로 표현하는 데서 그 동력을 찾을 수 있다.(15-2)

특히 오늘날 지도는 과거 어느 때보다 급속하게 발달하고 있다. 지도의 기능과 역할, 형태, 사용 패턴, 제작과정과 같은 지도의 기본 성격이 변하고 있다. 지도학과 지리정보과학에서는 이와 같은 현상을 지도학적 패러다임의 변화로 규정한다. 즉 지도의 본질이 '아날로그 패러다임'에서 '디지털 패러다임'으로, 그리고 '의사소통 중심 패러다임(Communication Paradigm)'에서 '분석 중심 패러다임(Analytical Paradigm)'으로 변화하고 있다.[3]

15-2 음영 처리된 디지털 지형도 (미국 USGS)

패러다임의 변화에서 핵심적인 부분은 과거의 지도가 지도학자에 의해 수집·분석·생산된 공간정보를 지도 사용자에게 일방향으로 전달하는 매체였다면, 이제는 지도 사용자가 원하는 정보를 생산하기 위해 분석 가능한 형태를 갖출 뿐 아니라 상호작용을 할 수 있는 도구로 변화하고 있다는 점이다.

컴퓨터 기술을 바탕으로 한 컴퓨터지도학과 지리정보과학의 진보, 구체적으로 지리정보시스템의 발전은 이와 같은 지도의 대변혁을 가져오는 결정적 요인으로 작용하고 있다. 여기에 최근의 유무선 네트워크를 통한 정보통신기술과 지도의 결합은 지금까지 인류 역사에서 일상적 삶 속에 지도가 가장 많이 출현하는 계기를 마련하고 있다. 21세기 인간의 일상생활 속에서 지도는 이제 떼려야 뗄 수 없는 필수적 수단으로 자리를 잡아가고 있다.

디지털 지도의 발전과 확산

일반적으로 특정한 공간 현상은 있는 그대로 기록하기 어렵기 때문에 추상화, 일반화, 기호화 과정을 거쳐 지도로 기록하고, 지도를 통해 그 현상을 효과적으로 공유한다. 지도의 이러한 전통적인 기능은 대개 거시적 스케일에 의해 작동되었는데, 최근 스마트폰 속으로 들어온 모바일 지도는 지극히 개인적 스케일 차원까지 공간정보를 끌어들인다. 이른바 최대 축척(Great Large Scale) 지도의 출현과 이용이 가능한 시대가 도래한 것이다. 이러한 배경에서 앞으로 지도의 발전 방향을 예측하기 위해, 오늘날 지도의 발달을 추동하는 지리정보과학의 연구 동향과 지리정보시스템의 발전 방향을 알아볼 필요가 있다.

1980년대 중반 전후하여 획기적으로 진보한 컴퓨터 하드웨어·소프트웨어 기술은 복잡한 공간분석기능을 안정적으로 구현하는 상용 GIS의 출현을 앞당겼다. 이 시기에 해외 선진 국가들은 공공부문에서부터 지리정보시스템을 본격적으로 도입하기 시작했고, 이는 방대한 문서 형태의 공간 자료가 수치적 형태로 변환되는 계기가 되었다.[4] 그러나 여러 기관이 각자의 목적과 필요에 따라 수치화된 공간자료를 구축하면서, 동일한 공간자료에 대한 중복 투자나 인적·물적 비용의 낭비가 발생하고 있다. 더욱이 기관별로 도입한 시스템과 자료 형식의 차이 때문에 자료의 호환성에 문제가 생기고, 궁극적으로 구축된 자료가 공유되지 못하는 사례도 빈번하다.

수치로 제공되는 공간자료의 가용성(availability), 즉 자료의 존재 유무와 이용 가능성·호환성 문제는 지리정보시스템을 폭넓게 응용·활용하는 데 가장 큰 장애요인으로 오랫동안 거론되어왔다.[5] 또한 개발된 수치공간자료에 대한 접근성(accessibility)은 활용의 확산을 막는 장애 요인이다. 개발된 수치공간자료가 실제 투자비용에 대비할 때 충분히 활용되지 못한다는 경험적 사례가 보고되었고, 그 원인으로 자료의 위치(location), 자료 취득의 신속성, 자료의 최신성, 자료 형식의 호환성, 대용량의 저장공간 필요성, 자료 취득의 비용 등이 지적되고 있다.

이러한 배경에서 GIS를 도입한 국가들은 수치공간자료의 가용성과 접근성 문제를 해결하기 위해 국가적인 차원에서 공간자료를 생산·관리하고 공유하려는 노력을 한다. 이른바 국가공간자료하부구조(NSDI, National Spatial Data Infrastructure)로, 지리(공간)자료의 생산자, 관리자, 사용자가 상호 효율적으로 연계될 수 있도록 국가지리공간자료접속결절망(National Geospatial Data Clearinghouse)을 구성하고 있다. 여기에서 접속결절망은 건물·장소·기구 등과 같은 물리적 실체라기보다는 분산 네트워크상에 개발된 '정보의 창고(Information Resource)' 역할을 담당하며, 장소, 시간에 구애받지 않고 공간정보를 유통하는 접속 결절로서 '유통기구'라고 말할 수도 있다. 접속결절망에는 효과적인 메타데이터를 구성하여 일반 사용자에게 어떤 지리자료가 존재하는지, 필요한 정보를 어떻게 찾을지, 해당 지리자료의 응용 타당성을 어떻게 평가할지, 그리고 경제적으로 자료를 취득할 수 있는 방법은 무엇인지 등 포괄적인 정보를 제공한다.

NSDI의 핵심요소인 접속결절망의 구축은 1990년대 초부터 고속네트워크 통신기술 및 이와 관련된 컴퓨터 기술, 특히 인터넷 기술이 발전하면서 실현되고 있다. 전 세계 수천 개의 지역 네트워크로 구성되어 있는 국제적 통신 하부구조인 인터넷은 NSDI 구축에 필수적 요소로 작용하고 있다. 그리고 무엇보다 인터넷을 통해 손쉽게 다양한 형식의 정보를 검색하고 상호 교환할 수 있는 웹(Web) 기술은 NSDI 개발에 실질적 영향을 끼쳤다.

지리정보시스템

구글(Google)에서 'geographic information system'을 검색하면 약 4,500만 페이지를 결과로 보여준다. 지리정보시스템(GIS)은 다양한 방식으로 정의되고 있는 상황으로, 예컨대 위키피디아에서는 GIS를 "지리적으로 관련된 정보를 통합, 저장, 편집, 분석, 공유, 표현할 수 있는 정보시스템"으로 정의한다. 사실 적합한 정의는 여러분이 답하고자 하는 질문이 무엇이냐에 달려 있다.

도구상자

GIS는 공간 데이터를 분석하기 위한 소프트웨어 패키지라고 할 수 있다. GIS 발달 초창기에 버로우(P. A. Burrough)는 GIS를 "특정한 공간현상을 설명하거나 이해하기 위해 실세계로부터 공간 데이터를 저장하고 원하는 형태로 재생하거나 변형하며 디스플레이할 수 있는 강력한 도구들"로 정의했다.[6] 이때 '강력한'이라는 어휘에 주목할 필요가 있는데, 오늘날 대부분의 GIS 소프트웨어가 수백 또는 수천 가지 도구(소프트웨어 모듈)로 구성되어 있다는 사실에서 입증된다.

정보체계

세계적으로 유명한 GIS 연구센터가 있는 산타 바바라(Santa Barbara)대학 지리학과의 교수인 에스테스(J. E. Estes)와 스타(J. Star)는 GIS를 공간적으로 참조된 데이터를 위한 특정 능력을 가진 데이터베이스 시스템이자 데이터와의 작업을 위한 일련의 운영체제로 정의한다.[7] 이 정의는 GIS가 질문과 질의(query)에 답을 제시하는 시스템임을 강조한 것으로, GIS를 정보체계의 한 유형으로 파악하려는 의도가 내포되어 있다. GIS가 데이터를 수집·분류·정리하고, 특정 질문에 정확하게 대답하기 위해 여러 정보를 선택·재구성한다는 의미다.

1979년에 켄 두에커(Ken Dueker)는 GIS에 대한 정의를 조금 다르게 내렀다. 점, 선, 면을 가지고 지표 공간상에 분포하는 특징(features), 활동(activities), 사건(events)을 관찰해 데이터베이스로 구성한 정보체계를 GIS라 정의하면서, 점, 선, 면 형식의 데이터에 대해 즉각적으로 질의와 분석을 수행할 수 있도록 지리정보시스템을 개발한다고 말했다.[8] 결국 GIS는 분석을 하는 장치라는 것이다. 대개 GIS에서 데이터를 수집하는 목적이 지리적 현상을 설명하거나 예측하는 데 있음을 염두에 둔 말이다.

과학에 대한 하나의 접근 방법

도구로서, 또는 정보체계로서 GIS는 공간 데이터 분석에 대한 전체적인 접근 방식을 변화시켰다. GIS는 공간 데이터를 관리하는 방식에서 몇 가지 혁명적인 변화를 일으키고 있다. 측량, 원격탐사, 항공사진, GPS, 이동통신, 모바일 컴퓨터 등 급속하게 성장하고 있는 관련 기술과 GIS의 융합은 우리의 삶의 방식에 큰 영향을 미친다. GIS 분야의 세계적 석학인 굿차일드(M. F. Goodchild)는 이와 같은 현상을 '지리정보과학'으로 명명하고 GIS를 정의할 때 이 점을 강조했다. 그가 말하는 지리정보과학이란, "성공적인 수행을 유도하고 잠재적 가능성의 이해를 분명히 드러내는 GIS 기술의 사용을 포함하는 포괄적인 개념"이다.[9]

사회적 기능

GIS의 출현과 확산으로 일상적 삶의 방식이나, 정부 혹은 공공정책의 수립과 반영 과정이 변화한 점을 중시하여, "지리적 현상을 측정하고 표현하며 이러한 표현을 사회적 구조와 상호작용할 수 있는 다른 형태로 변화시키는 조직화된 활동"으로 GIS를 정의하기도 한다.[10] 크리스먼(N. R. Chrisman)이 내린 이러한 정의는 GIS가 제도와 조직을 포함한 사회와 어떻게 조응하는지, 또 공공기구의 의사결정과정에 어떻게 사용될 수 있는지에 초점을 맞춘다. 여기에는 GIS 기능의 사회적 과정이 포함된다.

예컨대 토지 소유에 관한 데이터를 저장하고 관리하기 위해 GIS를 사용한다고 하자. 이때 해당 데이터를 사용하는 커뮤니티의 철학과 전통에 따라 GIS의 역할이 다양하게 나타난다. 성장 지향적인 커뮤니티에서는 GIS가 건축 허가를 신속히 처리하고 토지 판매를 증대시키기 위한 메커니즘으로 이해될 것이고, 보전 지향적인 커뮤니티에서는 GIS가 환경문제, 지역계획 지원, 공해 조절 강화를 위한 수단으로 인식될 수 있다.

우리나라 국가지리정보체계 발달의 역사

국가공간정보사업의 출발: 국가 수치지도 구축

수치지도(Digital Map)는 필름이나 종이 등 아날로그 형태로 저장, 관리하던 지도를 수치화(디지털화)하여 데이터베이스로 보존하는 데 필요한 모든 절차를 포괄한다. 디지털로 저장한 수치지도는 다양한 디지털 매체(CD, USB, 인터넷 파일 등)를 통해 종이지도의 유통 방식과는 비교할 수 없을 정도로 값싸고 편리하게 유통할 수 있다.

국가적 규모에서 최초로 개발된 수치지도는 1995년부터 국토지리정보원(옛 국립지리원) 주관 아래 제작된 국가기본도로서, 당시 국가지리정보체계

(국가GIS, National Geographic Information System) 구축사업의 일환이었다. 종이지형도를 컴퓨터에서 활용할 수 있도록 수치지도화하거나, 일부 축척은 항공사진에서 직접 해석도화기를 통해 수치지도로 가공했다.

종이지도는 사회·경제·문화·행정정보와 지리정보가 통합된 형태의 정보나 계량적인 분석이 필요할 때 사실상 활용하기가 어렵고, 시간과 인력, 비용이 많이 든다. 수치지도 역시 초기 단계에서는 많은 시간과 비용을 투자해야 한다. 그러나 정보화 사회에서 정확한 정보를 신속하게 유통할 수 있고, 재가공을 통해 수많은 부가가치를 낳을 수 있기 때문에 그만큼 수치지도의 필요성이 커졌다.

우리나라는 1990년대 초반부터 지자체 및 공공기관을 중심으로 개별적으로 GIS를 도입했으나, 기술력이 축적되지 않아 활용 여건이 열악했다. 또한 민간부문의 투자만으로 GIS를 새로운 사회간접자본으로 구축하는 데에는 한계가 있었다. 이러한 배경에서 정부가 나서서 GIS 개발을 촉진했고, 1995년부터 국가경쟁력 강화에 필수적인 사회간접자본으로서 '국가지리정보체계 기본계획'을 수립하여 국가 주도적으로 사업을 추진하게 된 것이다.

국가지리정보체계 기본계획

국가지리정보체계 기본계획은 '국가지리정보체계의 구축 및 활용 등에 관한 법률'을 토대로 국가의 지리정보 관련 정책을 종합하고 체계화하기 위해, 1995년부터 5년 단위로 수립되고 있다.(표 15-1) 제1차, 제2차 국가지리정보체계 기본계획이 국가기본도와 지적도 등 지리정보 인프라를 구축하는 데 주력했다면, 제3차 국가지리정보체계 기본계획(2006~2010)은 급변하는 정보기

표 15-1 국가지리정보체계 기본계획

구분	제1차 국가GIS 기본계획	제2차 국가GIS 기본계획	제3차 국가GIS 기본계획
계획 기조	국가경쟁력 강화 및 행정생산성 제고를 위한 국가공간정보 구축	국가공간정보기반을 확충하여 디지털국토 실현	유비쿼터스 세상을 향한 지능형 사이버국토 구축
목표	- 공간정보 DB 구축 - 국가표준수용 및 GIS S/W 개발 - 기본공간정보 DB 표준안 확립	- 디지털국토 초석 마련 - GIS DB의 유통 · 활용 - 기술 개발 및 산업 육성 - 표준화, 인력 양성 등 기반 환경 개발	- GIS 기반 전자정부 구현 - GIS를 통한 삶의 질 향상 - GIS를 이용한 뉴-비즈니스 창출
추진 전략	- 기본공간정보 DB 구축 - 공간정보 표준화 - GIS 활용체계 개발 - 관련 제도 정비	- 국가공간정보기반 확충 및 유통체계 정비 - 국가 차원 강력 지원 - 상호 협력체계 강화 - 국민 중심 서비스 극대화	- GIS 기반 확대 및 내실화 - GIS 활용가치 극대화 - 수요자 중심의 국가공간정보 구축 - 국가정보화사업과의 협력적 구축

(국토해양부, "제3차 국가지리정보체계 기본계획(2006~2010)")

표 15-2 국가지리정보체계 추진 실적 및 내용

구분	제1차 국가GIS 사업	제2차 국가GIS 사업	제3차 국가GIS 사업
지리정보 구축	- 지형도, 지적도 전산화 - 토지이용현황도 등 주제도 구축	- 도로, 하천, 건물, 문화재 등 부문별 기본지리정보 구축	- 국가/해양기본도, 국가기준점, 공간영상 등 구축 중
응용 시스템구축	- 지하시설물도 구축 추진	- 토지이용, 지하, 환경, 농림, 해양 등 GIS 활용체계 구축사업 추진	- 3차원국토공간정보,UPIS, KOPSS, 건물통합 등 활용체계 구축 추진 중
표준화	- 국가기본도, 주제도, 지하시설물도 등 구축에 필요한 표준 제정	- 기본지리정보, 유통, 응용시스템 등에 관한 표준제정	- 지리정보표준화, GIS 국가표준체계 확립 등 사업 추진 중
기술 개발	- 매핑 기술, DB Tool, GIS S/W 기술 개발	- 3차원 GIS, 고정밀 위성영상처리 등 기술개발	- 지능형 국토정보 기술혁신사업을 통한 원천기술 개발 중
유통	- 국가지리정보유통망시범사업 추진	- 국가지리정보유통망 구축, 총 139종 약 70만 건 등록	- 국가지리정보유통망 개선 및 유지관리 사업 추진 중
인력 양성	- 정보화근로사업을 통한 인력 양성 - 오프라인 GIS 교육 실시	- 온라인 및 오프라인 GIS교육 실시 - 교육 교재 및 실습 프로그램 개발	- 오프라인 및 온라인 GIS 교육 실시 - 교육교재 및 실습프로그램 업데이트
산업 육성	- 데이터베이스(DB) 구축 중심의 GIS산업 태동	- 시스템 통합(SI) 중심으로 GIS산업 발전	- GIS사업의 적정한 이윤을 보장하여 GIS산업 활성화 - GIS 사업의 해외진출을 지원하여 GIS 산업의 국제교류 증진
예산(억 원)	2,787	4,997	4,177

(국토해양부, "제3차 국가지리정보체계 기본계획(2006~2010)")

술의 발전에 따른 변화에 부응하고 국가지리정보의 구축 및 활용을 촉진하기 위해 수립된 계획이다. 특히 공공기관 간 지리정보 구축의 중복 투자를 방지하고, 상호 연계를 통한 국가지리정보의 활용가치를 극대화하는 목표를 갖고 있었다.(표 15-2)

미래형 국가공간정보정책 기본계획

제3차 국가 GIS 기본계획(2006~2010)에 이어, 2010년 3월 국가공간정보의 활용을 촉진하기 위한 제4차 국가공간정보정책 기본계획(2010~2015)이 수립되었다.(15-3) 제4차 국가공간정보정책 기본계획은 '녹색성장의 기반이 되는 공간정보, 어디서나 누구라도 활용 가능한 공간정보, 연계·개방·융합적인 공간정보 거버넌스'를 목표로 하고 있다.(표 15-3) 유비쿼터스 컴퓨팅 기술과 공간정보를 활용하여 경제적 신성장동력을 창출하고, 실세계와 정보세계의 일체화를 통해 어디서나 누구나 쉽게 공간정보에 접근하고 활용할 수 있도록 하며, 공간정보 인프라의 개방·공유를 통해 다양한 정보·기술·서비스 등과 융합하여 거버넌스를 구축하는 것을 그 내용으로 한다.

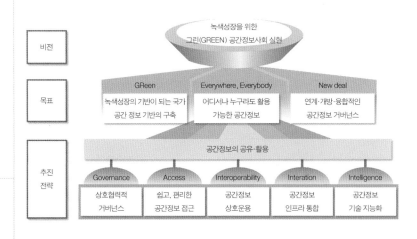

15-3 국가공간정보정책 기본계획의 정책 기조 (국토해양부, 2010)

표 15-3 국가공간정보 통합체계 연계 사업

사업명	구축 내용	기간
GIS 기반 건물통합정보사업	건물 DB	2008~2012
국가교통수요조사 및 DB 구축사업	교통주제도(도로, 철도, 교통시설물 등)	2000~
하천지도 전산화사업	국가하천 DB, 홍수위험지도	1999~2012
국가공간정보체계 구축사업	국가공간정보 통합 DB (기본공간정보, 주제정보 등)	2008~2012
공간정보 구축사업	항공사진 DB, 수치표고모델, 국토변화율 등	2001~

(국토해양부, 2010, "제4차 국가공간정보정책 기본계획(2010~2015)")

새로운 우리 땅의 주민등록: 지적재조사

지적(地籍)은 국가의 토지자원을 관리하기 위한 중요한 요소로서, 토지거래 등의 기준이 되는 경제적 측면, 토지이용계획이나 국토정보 제공 등의 행정적 측면, 토지등기나 주소표기 등의 법적인 측면에서 기능을 하고 있다. 이러한 지적정보는 국토관리를 위한 기본 공간자료로 공공 및 민간 분야에서 다양하게 활용된다.

그러나 현재의 지적공부 및 지적체계는 100여 년 전 일제강점기 토지조사사업 당시 작성된 종이지도로서 측량이 부정확하며 시간이 지남에 따라 종이지적이 훼손되어 현재의 지적경계와 상당한 차이를 지니고 있다.(15-4)

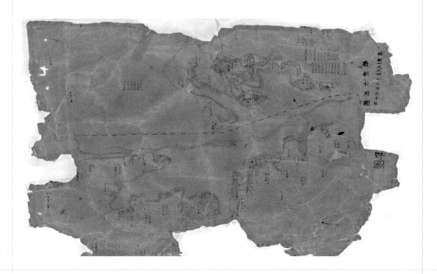

15-4 100년 전 지적도의 원본

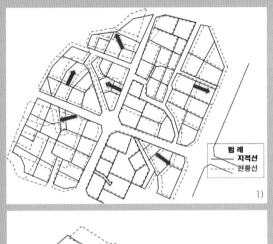

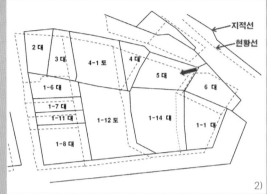

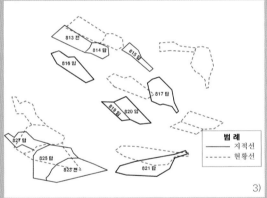

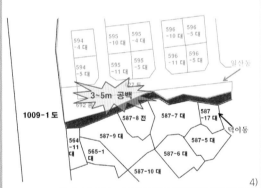

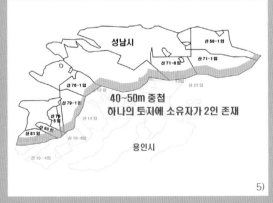

15-5 지적불부합지 유형
1) 경계가 불규칙하게 일치하지 않은 유형
2) 위치만 같은 방향으로 편위된 유형
3) 위치만 변경된 유형
4) 경계가 서로 벌어지는 유형
5) 경계가 서로 인접 필지를 침입하여 소유 범위가 중복되는 유형

이렇게 정확도가 떨어지는 종이지적에 근거해 계속 지적공부가 재작성되면서, 지적불부합지가 증가하고 경계분쟁이 자주 일어나고 있다.(15-5) 2011년 기준 14.8% 정도에 해당하는 필지가 불부합하여 소유권 이전 또는 건축행위 등 재산권 행사가 불가능하거나 행위 제한을 받고 있으며 개발사업 등이 지연되어 사회적 비용이 발생하고 있다. 또한 토지 소유자 간 경계분쟁으로 연간 약 9백억 원의 측량비용, 토지경계 관련 소송으로 연간 약 3,800억 원의 비용을 국민이 부담하고 있는 것으로 파악된다. 정부 입장에서는 국토의 활용 실태를 정확히 파악하지 못해 국토정보의 관리 비용이 필요 이상으로 발생하거나, 국공유지가 비효율적으로 활용되고, 세수 누수가 발생하고, 행정품질이 저하되는 등의 문제를 안고 있다.

2012년 정부는 향후 약 1조 2천억 원을 들여 30년에 걸쳐 새로운 지적체계를 갖추기로 결정했다. 이에 따라 위성 등 최신 기술을 적용하여 지적경계를 다시 측량하고, 현행 28개 지목체계와 토지이용에 관한 지목체계의 불일치를 해소하기 위한 지적 재조사를 시작했다.

디지털 국토 플랫폼

지도는 우리 인간들의 각종 정보를 저장하고 표현하는 대표적인 매개체이며, 우리가 살고 있는 환경의 형태, 관계 등 각종 지리정보를 시각적으로 표현하는 도구이다. 지도를 연구하는 지도학은 정보통신기술이 발달하면서 컴퓨터 지도학(Computer Cartography), 인터넷 지도학(Internet Cartography), 모바일 지도학(Mobile Cartography) 등으로 발전했다. 지도학의 발전은 지도 제작자 중심의 일반적인 지도(view-only map)에서 지도 제작자와 지도 사용자가 교감하는 상호작용적 지도(Interactive map)로 지도 형식을 변화시켰다. 또한 개인용 컴퓨터가 보급되면서 지도학 전문가뿐 아니라 일반인들도 지도 제작에 참여해 지도학의 수요가 증가하고 있다. 특히 인터넷 기술이 발달하여 웹 환경을 통한 지도 서비스의 비중이 높아지고 있다.

웹 환경의 플랫폼 개발 및 포털사이트와의 연계

최근의 포털사이트 혹은 다른 기관에서 제공하고 있는 지도 및 지리정보 서비스에서 지도는 단순한 하나의 콘텐츠가 아니라, 다양한 콘텐츠를 포함 및 수용할 수 있는 플랫폼으로 인식되고 있다. 해외에서는 구글, 마이크로소프트 등 대규모 업체들이 지도를 플랫폼으로 개발해 전 세계의 지도와 위성사진 서비스를 실시하고 있으며, 국내에서도 다음, 네이버 등이 교통정보 등 각종 지리정보의 활용을 극대화하는 서비스를 실시하고 있다. 이들이 제공하는 오픈 API 기반의 다양한 기능들은 사용자들이 제작한 사진이나 동영상을 인터넷 지도 위에 아주 쉽게 매시업(mashup)할 수 있게 하여, 사용자들의 많은 콘텐츠들이 위치기반으로 만들어지고 있다. 공공기관에서는 지역의 날씨, 교통정보, 범죄정보, 뉴스를 인터넷 지도에 매시업하여 서비스하고 있다. 재난 지역에서는 인터넷 지도를 기반으로 해당 지역 주민들이 정보를 실시간으로 매시업하면서 생생하고 다양한 정보들이 제공되어, 재난 상황을 파악하기가 훨씬 더 용이했다는 분석이 있다.

　이러한 오늘날의 상황은 다음과 같은 시사점을 남긴다.

첫째, 일반인들의 참여로 만들어지는 지역정보가 다양하고, 풍부해지고 있다. 전문가들에 의해 수집되는 정보가 아니라 일반인의 자발적 참여에 의해 훨씬 다양한 시각에서 생생한 정보들이 수집되고 있으며, 이는 지리학 연구의 기반인 지역 연구의 기초자료로 훌륭히 활용될 수 있다.

둘째, 현재의 인터넷 지도는 위치를 기반으로 아주 쉽게 협업할 수 있는 환경을 만들고 있다. 협업으로 만들어지는 지역정보는 소수 전문가들에 의해 만들어지는 것보다 훨씬 풍부하고 다양하며, 생생한 정보를 보유한 경우가 많다. 웹2.0 시대에 접어들어 일반적인 정보뿐만 아니라 지리정보의 양적, 질적 팽창이 이루어졌음을 보여준다.

하지만 긍정적인 면만 있는 것은 아니다. 다양한 방법으로 생성되고 수집되는 지리정보들이 통합적인 짜임새 없이 산발적으로 운영·관리되고 있다는 것이 가장 큰 문제다. 이는 지도나 지리정보를 생산하는 기관에서 저마다 다른 플랫폼을 기반으로 하고 있음을 의미한다. 지리정보들을 짜임새 있게 운영·관리하기 위해서는 현재 구축되어 있는 다양한 지리 콘텐츠들을 통합하는 것이 우선되어야 하며, 이것은 지리정보들의 기술적, 제도적 문제와도 관련이 있다. 특히 데이터의 표준화 문제와 결부된다.

지리정보 사용자들의 참여와 지리정보 데이터 및 서비스 통합이 동시에 가능하려면, 다양한 콘텐츠들을 담을 수 있는 지리적 플랫폼을 개발하거나, 지도 플랫폼 업체와 연계하는 것이 반드시 필요하다. 플랫폼은 오픈 API 형식의 개방형 인터페이스를 갖추어야 하며, 사용자들의 참여형 매시업 개발환경이 함께 제공되어야 한다. 또한 다양한 위치기반 무선단말과 그 사용자들의 위치데이터와 UCC를 조합하는 서비스의 실험이 필요하다. 만약 지도 플랫폼을 개발하거나 구글과 같은 포털사이트와 연계한다면, 각 기관 및 단체에서 생성한 지리정보들은 동일한 지도에 레이어만 추가하는 정도로 간단하게 해결될 것이다.

모바일 환경

정부 기관을 중심으로 운영되던 지리정보 서비스가 LBS의 등장으로 웹2.0을 거쳐 웨어(where)2.0으로 발전했다. 이는 GPS와 위치기반 시스템의 발달, 그리고 구글이나 마이크로소프트 등 거대 회사의 막대한 투자 덕분이라고 볼 수 있다. 특히 구글이 구글맵과 구글어스의 API를 오픈하면서 전문가가 아닌 일반 사용자들도 지리정보시스템에 손쉽게 접근할 수 있게 되었으며, 지도를 일반 콘텐츠의 일종으로 인식하는 계기가 생겼다.(15-6)

더불어 모바일 장치가 발달하면서 모바일 콘텐츠에 대한 관심이 높아졌

15-6 스마트폰에서 구현되는 구글지도

다. 사람들이 모바일 장치를 가지고 이동할 때마다 그 이동 정보를 저장하고 공유할 수 있는 서비스가 마련되었고, 지오태깅을 이용한 지리정보의 활용범위도 점차 넓어지고 있다. 그렇다면 모바일 환경에서 지리정보를 더욱 쉽게 접근할 수 있는 방안, 또 u-GIS 환경이 모바일 장치에서 조성되기 위한 조건을 생각해보아야 한다.

우선 제한적일 수밖에 없는 모바일 장치의 환경을 고려한 기술이 연구·개발되어야 한다. 모바일 장치는 화면의 제약, PC보다 느린 인터넷 속도, 통신요금 부담, 적은 버튼 수 등으로 인해 기존의 웹에서 제공하는 지리정보를 그대로 투영하기가 어렵다. 모바일 환경에서 사용자들이 지리정보를 접근하는 데에는 많은 제약이 따를 수밖에 없다. 실제로 현재 운영되고 있는 어플리케이션의 상당수가 이런 문제로 비판을 받는다. 따라서 기존의 웹환경을 그대로 구현하는 것이 아닌, 새로운 플랫폼을 통해 더욱 가볍고 깔끔하게 지리정보를 제공하는 기술이 필요하다.

다음으로 사용자 중심 지도서비스가 제공되어야 한다. 기존의 공급자 위주로 지도가 생성되고 서비스되던 시스템에서 벗어나, 지도의 생성과 서비스에 사용자가 직접 참여하고 배포할 수 있어야 한다. 오픈 모바일 GIS 서비스를 제공하여 다양한 단말기에, 예컨대 통계지리정보서비스(SGIS)와 같은 서비스를 제공하기 위해서는, 오픈된 서비스를 제공해주어야 한다. 또한 지도 매시업을 통해 웹에서 공개된 다양한 지도 API를 조합하여 새로운 서비스나 콘텐츠를 만들 수 있듯이, 모바일 환경에서도 이를 구현하여 다양한 서비스나 콘텐츠가 만들어지도록 해야 한다.

끝으로 위치정보와 연계된 콘텐츠 생성, 통합 및 관리가 필요하다. 모바일 장치에서 얻은 지리정보를 자동으로 위치정보에 추가하고 실시간으로 지도에 나타내고 공유할 수 있는 시스템이 필요하다. 또한 웹이나 무선인터넷 상의 다양한 어플리케이션에 돌아다니는 다양한 지리정보들을 통합·관리할 수 있는 시스템을 개발해야 한다.

주

1   Hartshorne, R.(1939), *The Nature of Geography:A Critical Survey of Current Thought in The Light of The Past*, Lancaster, PA: Annals of Association of American Geogrphers; Ullman, E.(1953), "Human Geography and Area Research," *Annals of the Association of American Geographers* 43.

2   Muehrcke, P. C.(1990), "Cartography and Geographic Information Systems," *Cartography and Geographic Information Systems* 17(1).

3   Morrison, J. L.(1994), "The Paradigm Shift in Cartography: The Use of Electronic Technology, Digital Spatatial Data, and Future Needs," *Proceedings of the Sixth International Symposium on Spatial Data Handling*, Aug. 1994, vol. 1, Edinburgh: Scotland; De-Mers, M. N.(1997), *Fundamentals of Geographic Information Systems*, New York: John Wiley & Sons.

4   Department of The Environment(1987), *Handling Geographical Information*, Report of the Committee of Inquiry chaired by Lord Chorley, London: HMSO; National Academy of Sciences(1990), *Spatial Data Needs:the Future of the National Mapping Program*, Washington D.C.: National Academy Press.

5   Li, C. S. and Moss, A.(1995), "Access Large and Complex Data Sets via WWW," *Proceedings of NTTS '95*, Nov. 20-22, 1995, Bonn, Germany.

6   Burrough, P. A.(1986), *Principles of Geographical Information Systems for Land Resources Assessment*, Oxford: Clarendon Press.

7   Star, J. and Estes, J. E.(1990), *Geographic Information Systems:An Introduction*, Upper Saddle River NJ: Prentice Hall.

8   Dueker, K. J.(1979), "Land resource information systems: a review of fifteen years' experience," *Geo-Processing*, vol. 1, no. 2, pp. 105~128.

9   Goodchild, M. F.(1992), "Geographical information science," *International Journal of Geographical Information Systems*, vol. 6, no. 1, pp. 31~45.

10   Chrisman, N. R.(1999), "What does GIS mean?" *Transactions in GIS*, vol. 3, no. 2, pp. 175~186.

참고문헌

국토해양부(2010), "제4차 국가공간정보정책 기본계획(2010~2015)."

Burrough, P. A.(1986), *Principles of Geographical Information Systems for Land Resources Assessment*, Oxford: Clarendon Press.

Chrisman, N. R.(1999), "What does GIS mean?" *Transactions in GIS*, vol. 3, no. 2, pp. 175~186.

DeMers, M. N.(1997), *Fundamentals of Geographic Information Systems*, New York: John Wiley & Sons.

Department of The Environment(1987), *Handling Geographical Information*, Report of the Committee of Inquiry chaired by Lord Chorley, London: HMSO.

Dueker, K. J.(1979), "Land resource information systems: a review of fifteen years' experience," *Geo-Processing*, vol. 1, no. 2, pp. 105~128.

Goodchild, M. F.(1992), "Geographical information science," *International Journal of Geographical Information Systems*, vol. 6, no. 1, pp. 31~45.

Hartshorne, R.(1939), *The Nature of Geography: A Critical Survey of Current Thought in The Light of The Past*, Lancaster, PA: Annals of Association of American Geogrphers, p. 249.

Li, C. S. and Moss, A.(1995), "Access Large and Complex Data Sets via WWW," *Proceedings of NTTS '95*, Nov. 20-22, 1995, Bonn, Germany.

McCauley, J. D. et. al.(1996), "Serving GIS Data Through the World Wide Web," *Proceedings of the Third International Conference/Workshop on Integrating GIS and Environmental Modeling*, Jan. 21-25, 1996, Santa Fe, NM, USA.

Morrison, J. L.(1994), "The Paradigm Shift in Cartography: The Use of Electronic Technology, Digital Spatatial Data, and Future Needs," *Proceedings of the Sixth International Symposium on Spatial Data Handling*, Aug. 1994, vol. 1, Edinburgh: Scotland, pp. 1~15.

Muehrcke, P. C.(1990), "Cartography and Geographic Information Systems," *Cartography and Geographic Information Systems* 17(1), pp. 7~15.

National Academy of Sciences(1990), *Spatial Data Needs:the Future of the National Mapping Program*, Washington D.C.: National Academy Press.

Star, J. and Estes, J. E.(1990), *Geographic Information Systems:An Introduction*, Upper Saddle River NJ: Prentice Hall.

Ullman, E.(1953), "Human Geography and Area Research," *Annals of the Association of American Geographers* 43, pp. 54~66.

16 원격탐사위성을 이용한 국토관리

구자용(상명대학교)

2013년 1월 30일, 전 국민이 숨죽여 지켜본 가운데 나로호가 성공적으로 발사되었다. 두 차례의 발사 실패와 두 차례의 발사 연기 끝에 나로호는 성공적으로 궤도에 올랐다. 사실 국민들에게는 두 차례의 발사 실패보다 북한에서 한 달 앞서 발사에 성공한 은하 3호의 충격이 더욱 컸을지 모른다. 이처럼 남과 북이 경쟁하듯 우주 개발에 관심을 쏟으며 로켓을 발사하는 이유는 무엇일까? 은하 3호에 대해서는 의견이 분분하지만, 적어도 나로호에는 인공위성인 나로과학위성이 탑재되어 있다. 우리나라가 나로호와 같은 발사체를 개발하는 목적이 결국 인공위성을 발사하고 운행하는 데 있는 것이다. 그렇다면 인공위성을 발사하고 운행하는 목적은 무엇일까? 상징적으로는 인공위성을 발사하는 능력은 그 나라의 경제력과 과학력을 대표한다고 할 수 있으며, 실질적으로는 인공위성을 통해 다양한 목표를 이룰 수 있다. 특히 인공위성은 높은 상공에서 국토의 다양한 모습을 관찰할 수 있기 때문에, 국토 및 자원 관리에 효과적으로 이용될 수 있다.

나로호 발사 장면
(나로호 홈페이지
http://www.kslv.or.kr)

과학위성　　　　통신위성　　　　기상위성

군사위성　　　　원격탐사위성　　　　항법위성

16-1 인공위성

우주 개발과 인공위성

인공위성은 높은 상공에서 일정 궤도를 따라 지구 주위를 돌면서, 지상에서 수행할 수 없는 다양한 임무를 수행한다. 일반적으로 인공위성이 수행할 수 있는 임무는 여섯 가지로 구분된다.(16-1)

첫 번째는 지구와 지구 주변의 환경을 관측하고 우주과학 실험을 하는 임무이다. 이러한 임무를 수행하는 인공위성을 과학위성이라 한다. 지구의 상층대기에서 나타나는 여러 가지 현상을 관측하고, 지구와 태양을 포함한 우주에서 나타나는 천문학적 현상을 관측하여 지구와 우주환경에 대한 과학 조사를 실시하는 것이다.

두 번째는 우주에서 전파중계소 역할을 하는 임무로, 이러한 임무를 수행하는 인공위성을 통신위성이라 한다. 지상에서 수신탑을 이용하면 지형과 건물 등이 장애물 역할을 하기 때문에 통신용 전파를 멀리 보낼 수 없지만, 높은 고도에 있는 인공위성은 이러한 장애물이 없기 때문에 멀리까지 통신 전파를 전달할 수 있으며, 지구 반대편 지역에도 실시간으로 통신을 할 수 있다.

세 번째는 기상 관측을 수행하는 임무이다. 이러한 임무를 수행하는 인공위성을 기상위성이라 한다. 인공위성에 탑재한 카메라를 통하여 구름을 촬영하거나 온도, 습도, 복사열 등을 측정하여 기상 예보에 활용할 수 있다. 우리가 일기예보 시간에 보는 구름 사진이나 레이더 영상이 기상위성에서 촬영한 것이다.

네 번째는 군사적 목적으로 이용하는 군사위성 또는 첩보위성이다. 상대국에 대한 정보를 수집하는 첩보 임무는 전쟁의 승패를 좌우하는 중요한 임무다. 지금까지 인공위성이 개발되어온 주요 목적 중의 하나가 바로 군사적인 목적이다. 지금도 북한의 핵시설과 같이 군사적으로 중요한 정보들은 인공위성을 통해 수집하여 분석하고 있다.

다섯 번째는 공중에서 지구를 관측하는 임무이다. 이러한 임무를 수행하는 인공위성을 원격탐사위성 또는 지구관측위성이라 한다. 군사위성은 군사작전에 필요한 정보를 수집하지만, 원격탐사위성은 지도 제작, 자원 탐사, 해양 관측 등 다양한 목적에서 지표면의 정보를 수집하여 지도화하는 임무를 수행한다. 특히 하늘에서 국토의 다양한 모습을 촬영한 영상으로부터 다양한 지리정보를 추출하여, 국토 모니터링, 국토 관리, 계획 수립 등 국토와 관련한 정책에 필요한 기초 정보를 제공할 수 있다.

여섯 번째는 지표면의 물체의 위치를 알려주는 임무이다. 이러한 임무를 수행하는 인공위성을 항법위성이라 한다. 흔히 GPS 위성으로 알려진 이 위성은 자신의 위치정보를 담은 전파를 발사하여 지표면의 수신기에 자신의 위치를 알려주는 역할을 수행한다. 자동차 네비게이션이나 스마트폰의 위치기반 서비스(LBS) 등 위치와 관련한 각종 서비스를 제공할 수 있다.

인공위성은 이와 같이 다양한 임무를 수행하기 때문에 우리의 생활과 밀접하게 연관되어 있다. 우리의 일상생활에서 인공위성은 일기예보부터 위치

| 참고 | 우리나라 인공위성의 역사

이름		연도	발사체	목적
우리별 1호		1992	아리안-4	지구 주변 방사선 측정
우리별 2호		1993	아리안-4	기초기술 습득
무궁화 1호		1995	델타-2	통신 · 방송
무궁화 2호		1996	델타-2	통신 · 방송
우리별 3호		1999	PSLV	지구 관측
무궁화 3호		1999	아리안-4	동남아시아 통신 · 방송
아리랑 1호		1999	토러스	지구 관측
과학기술 1호		2003	코스모스-3M	우주 관측
아리랑 2호		2006	로콧	정밀 우주 관측
무궁화 5호		2006	제니트-3SL	상업 및 군사 겸용 통신
천리안		2010	아리안-5	통신 · 기상 · 해양
올레 1호		2010	아리안-5	통신 · 방송
아리랑 3호		2012	H-2A	정밀 지상 관측
나로과학위성		2013	나로	우주환경 관측 및 국산화 기술 검증
과학기술 3호		2013	드네프르	선행 기술 시험
아리랑 5 · 3A호		2013 · 2014	드네프르	지구 관측
아리랑 6 · 7호		2016 · 2017	미정	지구 관측
정지궤도복합 2A · 2B		2017	미정	기상 · 해양 관측

(항공우주연구원)

1830	1840	1850	1860	1870	1880	1890	1900	1910	1920	1930	1940	1950	1960	1970	1980	1990	2000	2010

- 최초의 사진
- 기구를 이용한 항공사진
- 비행기에서의 항공사진
- 세계대전 중의 정찰사진
- 스푸트니크 발사
- LANDSAT 발사
- SPOT 발사
- IKONOS 시작
- 구글어스
- 우리별 호 발사
- 아리랑1호
- 아리랑2호
- 아리랑3호
- 나로호 발사

16-2 항공사진과 원격탐사위성 영상의 역사

검색, 지도 정보에 이르기까지 다양한 서비스를 제공한다. 특히 원격탐사위성에서 제공되는 위성영상은 국토와 관련한 분야에 기초적인 자료로 활용되고 있다. 이 장에서는 원격탐사위성에서 촬영한 여러 가지 위성영상들을 이용해 하늘에서 본 다양한 국토의 모습을 소개하고자 한다.

원격탐사위성의 발달과정

국토공간에 나타나는 여러 현상을 쉽게 파악하는 방법 중의 하나가 공중에서 지표면의 모습을 촬영한 사진이나 영상을 이용하는 것이다. 지표면에서 공간적으로 분포하는 여러 현상들을 공중에서 관찰하여 지도화함으로써, 공간적인 분포 특성을 파악하고 공간적인 대책을 수립할 수 있다. 이를 위해 공중에서 지표면을 촬영하는 방법이 개발되어왔다.(16-2)

19세기 항공사진의 시작

카메라가 처음 발명되었을 때부터 카메라를 이용하여 지표면을 촬영하려는 시도가 여러 차례 있었다. 프랑스의 니엡스(Joseph Nicephore Niepce)는 1826년경에 최초로 자연을 촬영한 사진을 제작했다. 그는 농장의 위층 창문에서 시골의 건물과 풍경이 담긴 사진을 촬영했다. 그러다 지상에서 풍경사진 촬영이 가능해지면서 사람들은 지상뿐 아니라 공중에서도 지표면을 촬영할 수 있는 방법에 관심을 갖게 되었다. 비행기가 발명되기 이전인 1858년 투르나 숑(Gaspar-Felix Tournachon)은 기구를 타고 최초의 항공사진을 촬영했다. 그는 파리 상공에서 기구를 타고 항공사진을 촬영한 뒤, 이를 이용한 지도를 만들고자 했다. 1903년 라이트 형제가 비행기를 발명하면서 항공사진은 크게 발달했다. 비행기에 사진사를 태우면서 비행기가 항공사진을 촬영하기 위한 용도로 이용되기 시작한 것이다.

1차 세계대전과 2차 세계대전은 항공사진의 촬영과 분석기술이 급성장하는 계기가 되었다. 전쟁에서 상대국의 군사작전 상황을 정찰할 때 비행기에서 촬영한 항공사진은 결정적인 단서를 제공할 수 있다. 이에 미국과 유럽의 주요 국가들은 항공사진의 촬영기술과 판독기법을 개발하는 데 많은 비용과 시간을 투자했다.

냉전시대 첩보위성의 탄생

군사적 배경 아래 성장한 항공사진 기술은 세계대전이 끝나고 냉전시대를 맞이하며 더욱 발전한다. 미국과 소련이 대치하는 와중에 서로의 군사적 상황을 살피는 첩보기술은 나날이 첨단화되었다. 그리하여 항공사진과 관련한 기술뿐 아니라 첩보위성이라는 새로운 기술이 탄생했다. 1957년 소련이 발사한 세계 최초의 인공위성 스푸트니크(Sputnik)는 미국을 포함한 서방세계를 큰 충격에 빠트렸다. 항공사진을 촬영하기 위한 비행기는 격추될 위험이 높은 반면, 인공위성은 지상에서의 사정권을 벗어난 높은 고도에서 지표면을 촬영하기 때문에 더 안전하게 군사적인 목적을 달성할 수 있었다.

스푸트니크 이후 미국과 소련은 경쟁적으로 우주 개발에 박차를 가하면

16-3 1965년 서울의 코로나 영상(USGS)

16-4 1972년 서울의 랜드샛 MSS 영상(USGS)

서 인공위성의 발사와 운영 기술에 큰 진전을 이루었다. 이와 더불어 높은 상공에서 지표면을 상세하게 촬영하는 광학기술 역시 발달했다. 인공위성과 광학기술의 발달에 힘입어 곧이어 군사위성이 등장했고, 이는 원격탐사위성의 시초가 된다.

냉전 기간 동안 군사위성은 상당한 양의 위성사진을 촬영했다. 그중 미국의 첩보위성이 촬영한 영상은 1995년 일반에게 공개되었다. 첩보를 목적으로 한 코로나(CORONA) 영상 가운데 1965년의 서울 지역 사진이다.(16-3) 코로나 영상은 흑백 필름에 인화한 아날로그 방식으로 되어 있으며, 미국 지질조사국(USGS)에서 필름 형태로 판매하고 있다. 사진에는 서울의 광화문 일대가 나타나는데, 50여 년 전의 위성사진에도 도심의 건물들이 상세하게 보인다.

디지털시대 원격탐사위성의 등장

디지털 기술이 발달하기 이전의 항공사진이나 인공위성 영상은 필름을 현상하고 인화하는 아날로그식 사진이었다. 높은 고도의 인공위성에서 촬영한 필름을 해양 위로 던지면, 이를 지상에서 수거하여 현상하는 방식으로 위성사진을 제작했다. 여기에는 많은 비용과 시간이 소요되었다. 그러나 디지털 영상취득 기술이 발달하면서 훨씬 넓은 범위의 전자기 스펙트럼을 기록할 수 있는 새로운 기기가 개발되었다.

전자기 스펙트럼이란 지표면의 모든 물질에서 다양한 파장으로 방사되는 전자 및 자기 에너지를 말한다. 이러한 전자기 스펙트럼을 디지털로 기록하면서, 디지털 영상을 지상의 기지국으로 전파를 통해 전달할 수 있게 되고,

16-5 1985년 서울의 랜드샛 TM 영상(USGS)

16-6 2007년 서울의 랜드샛 TM 영상(USGS)

이러한 기술의 진보로 인공위성을 이용하여 지표면의 정보를 탐사하는 원격 탐사가 본격적으로 이루어졌다.

1972년에 등장한 미국의 랜드샛(LANDSAT) 위성은 지구의 자원에 대한 정보를 얻기 위한 목적으로 개발된 최초의 자원탐사 위성이다. 군사적 목적을 가진 이전의 인공위성과는 달리 랜드샛 위성은 지형도 제작이나, 사막 확대, 열대 우림 감소, 지질구조 등을 연구하는 다양한 학술 분야에서 활용될 수 있었다.

최초의 원격탐사 위성이라고 할 수 있는 랜드샛 1호에서 1972년 촬영한 서울의 모습을 보자.(16-4) 이 영상을 촬영하기 위해 사용한 센서는 MSS(Multi Spectral Scanner)인데, 화소 하나의 지상 면적은 80m 정도이며, 분광 밴드는 녹색, 적색, 적외선으로 구성되었다. 따라서 영상에는 건물과 같은 구체적인 모습보다는 서울시의 시가지 경계 정도만 나타난다. 군데군데 한강변의 백사장도 보인다.

1980년대에 들어오면서 미국의 랜드샛 위성, 프랑스의 스팟(SPOT) 위성 등이 지속적으로 개발되면서, 최신 다중 스펙트럼 스캐너와 특수 텔레비전 카메라를 장착한 위성의 센서를 통해 세계의 농업, 삼림, 해양 오염, 기타 환경과 관계한 수많은 인간 활동을 감시할 수 있게 되었다.

랜드샛 4호부터는 MSS 센서뿐만 아니라 TM(Thematic Mapper)라는 새로운 센서를 사용하고 있다. 이 센서는 지상면적 30m를 구분할 수 있으며, 분광 밴드는 가시광선의 적색, 녹색, 청색을 포함해 근적외선, 중적외선, 원적외선 등 모두 7가지 밴드를 가지고 있다. 이와 같이 영상의 해상도가 향상되면서, 랜드샛 4호가 촬영한 서울의 영상에는 한강 교각이나 큰 건물의 모습

스팟(SPOT) 프랑스 국립우주센터(CNES)가 벨기에, 스웨덴과 함께 공동으로 개발한 원격탐사 시스템. 1986년 2월 22일에 첫 위성이 발사된 이후, 현재 5호까지 발사되어 지구의 모습을 촬영하고 있다.

16-7 이코노스 영상의 예
(아이24뉴스, 2004. 3. 15.)

이 나타나고 있다.(16-5) 옆의 사진은 2007년에 촬영된 서울의 랜드샛 TM 영상이다.(16-6) 서울의 시가지가 서울시 경계를 넘어 신도시 지역으로 확장되었음을 보여준다.

1990년대 중반에 들어서자 원격탐사 영상의 센서가 발달하면서 지표면의 상세한 부분까지 촬영할 수 있게 되었다. 그 전까지 원격탐사 영상은 대부분 10m 이상의 물체만을 식별할 수 있었다. 그러나 군사용 첩보위성에 이용되던 고해상도 영상취득 기술이 민간 분야로 확대되면서, 원격탐사에서도 1m 내외의 물체를 식별할 수 있는 고해상도 위성영상이 등장한 것이다. 1999년 미국에서 공개한 이코노스(IKONOS) 위성은 1m 크기의 물체를 식별했으며, 이후 등장한 퀵버드(Quickbird) 위성과 옵뷰(OrbView) 위성 등 여러 상용 위성에서 고해상도 영상을 제공했다. 위성 영상의 해상도가 향상되면서 국토 전반의 모습뿐만 아니라 도시계획이나 도시경관과 같은 세밀한 분야에도 위성 영상을 활용할 수 있게 되었다.

1999년부터 운영되고 있는 고해상도 이코노스 영상의 예다.(16-7) 건물의 모습뿐만 아니라 도로에 다니는 차량의 모습까지 식별할 수 있을 정도로 해상도가 크게 향상되었다. 그러나 이들 고해상도 위성 영상은 상용이기 때문에 영상을 취득하고 활용하는 데 비용이 많이 드는 단점이 있다.

우리나라의 원격탐사위성

우리나라도 원격탐사위성에 많은 관심을 가지고 개발을 진행해왔다. 비록 위성의 발사체인 나로호의 개발은 늦었지만, 인공위성과 원격탐사용 센서 등은

KOMPSAT-
1EOC로 촬영한
공사중인 부산신항의
모습. 오른쪽 영상은
2000년 12월 15일에
촬영한 영상이다.

16-8 왼쪽부터 시계방향으로
아리랑 1호에서 찍은 부산
신항(항공우주연구원),
아리랑 2호에서 찍은 전남
순천만(항공우주연구원),
아리랑 3호에서 찍은 울릉도
저동항(『중앙일보』, 2012. 6.
14.)

이미 오래전에 개발해 운용하고 있다. 1992년에 발사된 우리나라 최초의 인공위성 우리별 1호는 과학적인 자료 수집의 목적을 가진 과학위성이었다. 이후 통신위성인 무궁화 위성과, 해양관측과 기상관측 위성인 천리안 위성 등이 발사되어 현재 임무를 수행하고 있다. 또한 우리나라는 다목적 위성 개발 사업(KOMPSAT, Korea Multi-Purpose Satellite)을 추진하여 원격탐사를 포함한 다목적 위성을 개발, 운용하고 있다.

1999년 발사된 아리랑 1호 위성은 지표면과 대기, 해양의 지리 및 환경 정보를 수집하는 목적으로 운영되었다. 특히 전자광학 카메라(EOC, Electro-Optical Camera)는 공간 해상도가 6.6m인 전정색(panchromatic) 영상을 통해 지표면의 상세한 정보를 제공한다. 아리랑 1호에서 촬영한 부산 신항의 모습을 보면, 영상은 흑백이지만 건물까지 식별할 수 있을 만큼 상세하다.(16-8)

2006년 발사된 아리랑 2호는 공간 해상도를 고해상도 상업용 위성 수준

| 참고 | 아리랑 인공위성

	아리랑 2호	아리랑 3호	아리랑 5호	아리랑 3A호
발사 시기	2006년(계획수명 3년)	2012년	2012년 7월	2014년
해상도	1m	0.7m	1m	0.55m
하루 중 한반도 영상촬영 시점	오전 10시 30분	오후 1시 30분	주·야간	주간
특징	광학위성(밤이나 구름이 끼었을 때는 관측 불가)	광학위성(밤이나 구름이 끼었을 때는 관측 불가)	레이더 영상(밤이나 구름이 끼어도 관측 가능)	적외선(열감지 가능해 군 사활동 조기경보 가능)
하루 한반도 관측횟수	1~2회	3~4회	6~8회	8~10회

(항공우주연구원)

으로 향상시켰다. 공간 해상도를 전정색은 1m, 다중분광(multispectral) 영상은 4m로 향상시켜 외국의 상업용 영상과 견줄 수 있는 고해상도의 영상을 제공한 다. 아리랑 2호에서 촬영한 순천만의 영상은, 가시광선의 청색, 녹색, 적색 밴 드를 포함한 컬러의 분광 밴드 영상임에도 건물과 차량의 모습이 보인다.

2012년 발사된 아리랑 3호는 공간 해상도를 더욱 향상시켜 세계 네 번째 로 1m 이하의 서브 미터급 위성영상을 제공할 수 있게 되었다. 아리랑 3호의 공간 해상도는 0.7m로, 세계 수준의 고해상도 위성 영상과도 견줄 수 있는 높은 해상도를 자랑한다. 아리랑 3호에서 촬영한 울릉도 저동항의 지표면 모 습을 통해 이를 확인할 수 있다.

뒤이어 우리나라는 2013년 8월에 레이더 센서를 갖춘 아리랑 5호를 발 사했다. 아리랑 5호에 부착된 레이더 센서는 날씨에 관계없이 전천후로 국토 를 관찰할 수 있으며, 지표 아래의 물체까지 탐지할 수 있어 국토관리에 획기 적인 자료를 제공할 수 있을 것이다.

인공위성에서 본 국토의 모습

우리나라 상공에는 수없이 많은 인공위성이 떠다니며 우리 국토의 모습을 영

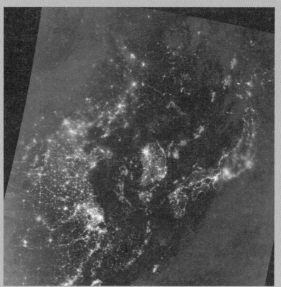

16-9 한반도의 모디스 영상 (NASA)

16-10 한반도의 야간 불빛 영상(NASA)

16-11 눈으로 뒤덮인 한반도 영상 (NASA)

상으로 담고 있다. 이러한 영상은 구글어스에서 우리가 직접 지도 위에 띄워 볼 수도 있으며, 국토관리, 환경관리, 국토계획 등 국토와 관련한 다양한 분야에 활용되기도 한다.

한반도 전체

먼저 우리 국토인 한반도 전체를 담은 사진을 살펴보자. 한반도 전체를 한 장의 사진에 담을 때에는 소축척 지도와 같이 해상도가 매우 낮은 위성 영상이 이용된다. 한반도 전체가 나타나는 소축척의 위성 영상은 원격탐사용 인공위성보다는 기상위성이나 과학위성을 통해 주로 촬영된다. 대표적인 것이 모디스(MODIS) 영상으로, 낮은 해상도에서 환경 자료나 기상 자료를 수집하는 데 활용된다.

2004년 1월 4일 모디스가 촬영한 한반도 전체 영상을 보면, 산림지대가 뚜렷하며 북한에 눈이 내린 흔적도 함께 나타난다.(16-9) 우리 국토의 대부분이 산지라는 사실을 확실히 알 수 있다.

모디스(MODIS) 미국 국립항공우주국(NASA)에서 개발한 지구관측 위성. 해양 관측에 초점을 맞춘 MODIS-AQUA와 육상 및 대기 관측을 위한 MODIS-TERA가 있다. 이 위성은 지표면을 1~2일 간격으로 촬영하며, 분광밴드 수는 36개이다.

16-12 태풍 루사의 한반도 상륙 영상(NASA)　　16-13 황사에 덮인 한반도 영상(NASA)

한반도 전체 모습을 수오미 NPP(Suomi National Polar-orbiting Partner-ship) 위성에서 촬영한 사진도 있다. 2012년 9월 24일 촬영한 VIIRS 영상은 야간 불빛을 담은 것으로, 야간 불빛이 많을수록 인구밀도가 높은 지대라 할 수 있다.(16-10) 또한 남한과 북한의 불빛 차이가 극명한데, 이는 북한의 심각한 전력 사정을 보여주기도 한다.

한편 위성 영상을 통해 한반도 지표면의 자연적인 상태와 대기의 기상 상태도 알 수 있다. 2004년 3월 6일에 촬영한 모디스 영상에는 한반도에 큰 눈이 내려 하얗게 피복된 모습이 나타난다.(16-11) 당시 기상청 관측 이래 3월의 최대 적설량을 보였다. 또한 경상도 지역을 제외한 남한 전역이 눈에 뒤덮여 교통 혼란이 일어나기도 했다.

2002년 8월 27일부터 31일까지 태풍 루사가 한반도에 상륙했을 당시의 영상도 찾아볼 수 있다.(16-12) 사진에서와 같이 지표의 모습을 알아보기 어려울 정도로 태풍 구름이 한반도 전역을 뒤덮고 있었다. 태풍 루사의 영향으로 124명이 사망하고 60명이 실종되었으며, 약 5조 1,400억 이상의 많은 재산

VIIRS(Visible Infrared Imaging Radiometer Suite) 미국 국립 항공우주국(NASA)의 수오미 NPP 위성에 탑재된 센서. 지구의 가시 광선 및 적외선 영상을 이용하여 토지, 대기, 빙하, 바다 등의 복사에 너지를 측정할 수 있다.

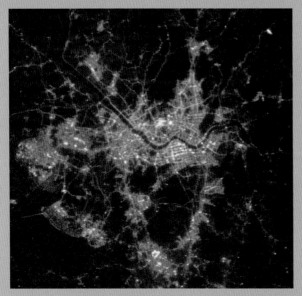

16-14 하늘에서 본 서울의 야경(NASA)

16-15 하늘에서 본 평양(NASA)

피해를 남겼다.

중국에서 황사가 불어와 한반도를 뒤덮은 모습도 볼 수 있다. 2002년 4월 1일 촬영된 모디스 영상은 중국에서 불어온 황사가 한반도 전역과 일본에까지 영향을 미치고 있는 장면이다.(16-13)

세부 지역

원격탐사위성은 주로 지표면을 대상으로 촬영하기 때문에 특정 지역의 상세한 모습을 보여줄 수 있다. 그리하여 하늘에서 바라본 우리 국토의 여러 모습을 확인하고, 국토의 공간적인 분포와 크기 등 여러 특징을 파악할 수 있다.

먼저 서울과 수도권의 야경을 촬영한 사진을 보자.(16-14) 2004년 12월 25일 우주에서 ISS 디지털 카메라로 촬영한 이 영상에는 서울과 수도권의 도심 및 간선도로에서 비추는 불빛들이 선명하게 나타나고 있다. 야간의 불빛은 도시의 건물과 가로등, 차량 등을 통해 발산되기 때문에, 도시의 중심, 또는 인구 밀집 지역을 나타낸다고 할 수 있다. 따라서 이 영상은 서울과 수도권의

16-16 태안 기름 누출 이후의 영상(NASA)　　　　16-17 하늘에서 본 독도(NASA)

역동성을 보여주는 사진이기도 하다.

위성을 통해 북한의 평양을 촬영한 영상도 볼 수 있다.(16-15) 2002년 9월 17일 랜드샛 위성의 ETM＋ 센서로 촬영된 영상에는, 대동강 주위의 평양시 시가지 밀집 지역이 나타나며, 평양시 외곽에는 녹색의 농경지가 펼쳐져 있는 것이 보인다.

태안에서 기름 누출 사고가 일어난 이후의 모습도 위성을 통해 확인할 수 있다.(16-16) 2002년 12월 7일 유조선의 충돌로 발생한 태안 기름 누출 사고는 태안과 인근 연안에 큰 피해를 입혔으며, 지금도 그 피해가 완전히 복구되지 않고 있다. 2007년 12월 11일 유럽우주기구(European Space Agency)에서 촬영한 ASAR 영상은 레이더를 이용하여 태안 지역을 촬영했다. 육지는 밝은 색으로 표현되어 있으며, 기름이 유출되어 오염된 바다는 검은색으로 나타난다. 이러한 영상들을 이용해 좀 더 신속한 방재가 이루어졌다면 기름 누출의 피해를 줄일 수 있었을 것이다.

한편 우리 국토의 상징인 독도를 촬영한 영상도 있다.(16-17) 상단에는 서

ASAR(Advanced Synthetic Aperture Radar) 레이더 안테나에서 발사한 마이크로파가 지표면에 반사되어 돌아온 결과를 이용하여 2차원 영상을 생성하는 장비인 SAR(Synthetic Aperture Radar)를 보완·개선한 장비.

도가, 하단에는 동도가 선명하게 나타나며, 동도에는 선박이 접안할 수 있는 부두의 모습이 보인다. 독도 주변의 큰가제바위, 작은가제바위, 삼형제굴바위, 군함바위 등 암석으로 이루어진 섬의 모습도 함께 볼 수 있다.

위 성 영 상 의 활 용

인공위성에서 촬영한 영상은 디지털 형태로 처리되기 때문에, 컴퓨터의 디지털 영상처리 과정을 통해 다양한 분야에 활용될 수 있다. 대표적으로 구글어스와 같은 영상지도 분야와 토지 피복 정보나 식생 분류와 같은 국토환경 분야, 그리고 국토계획이나 국토 모니터링과 같은 지리정보 활용 분야로 나눌 수 있다.

　높은 상공에서 지표면을 촬영한 인공위성 영상은 마치 지도처럼 보이기 때문에 영상처리 과정을 거쳐 영상지도로 활용할 수 있다. 그러나 위성 영상을 그대로 지도로 이용할 수는 없다. 위성 영상은 한 지점으로부터 지표면을 촬영하지만, 지도는 무한대의 지점으로부터 지표면을 표현하기 때문이다. 지도와 같이 무한대의 지점으로부터 지표면을 표현하는 방법을 정사투영(orthographic projection)이라 한다. 따라서 위성 영상을 지도와 함께 활용하기 위해서는 위성 영상을 정사투영된 영상으로 변환해야 한다. 이와 같이 정사투영으로 변환된 영상을 정사영상(orthophoto)이라 한다. 인터넷상의 구글어스나 네이버지도, 다음지도에서 제공하는 위성 영상이 대표적이다. 인터넷과 스마트폰이 대중화된 오늘날 이와 같은 영상지도는 우리 주위에서 흔히

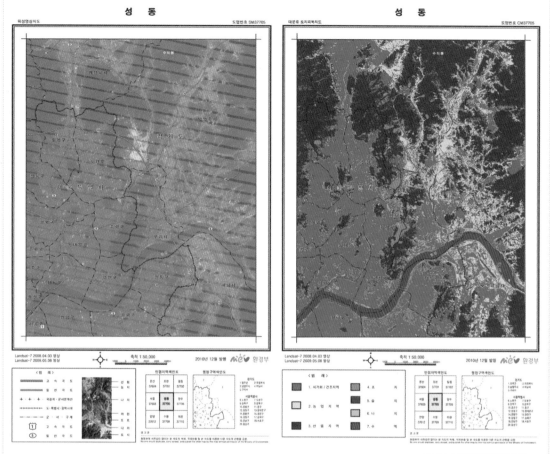

16-18 성동의 토지피복도를
보여주는 환경정보서비스

접할 수 있는 정보다.

인공위성에서 촬영된 영상은 그 자체로도 많은 정보를 담고 있지만, 영상에 담긴 내용을 컴퓨터로 처리, 분석하여 새로운 지리 정보를 얻어낼 수 있다. 과거에는 해상도가 낮은 위성 영상을 이용해 여러 주제 정보들을 추출했다. 대표적인 것이 토지 피복과 식생 분류 같은 정보들이다. 이러한 지리 정보는 주로 환경이나 과학 분야에 활용되었다. 우리나라는 환경부에서 운영하는 환경정보서비스를 통해 우리 국토의 토지 피복 정보와 자연 환경도, 식생 분포도 등을 제공하고 있다.(16-18)

인공위성에서 촬영한 영상들은 국토 모니터링과 국토계획 등 국토와 관련한 다양한 분야에도 활용될 수 있다. 인공위성은 일정한 궤도를 운행하며

| **참고** | 지도와 위성 영상의 차이

지도와 위성의 투영 방법은 그림과 같이 서로 상이하다. 지도는 왼쪽 그림과 같이 무한대의 지점으로부터 지표면과 평행하게 투영하기 때문에 지표면 물체의 높낮이에 관계 없이 같은 지점으로 표현된다. 따라서 건물의 옥상만 표현된다.

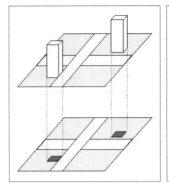 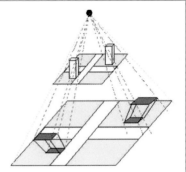

　　반면 위성 영상은 오른쪽 그림과 같이 센서라는 한 지점으로부터 방사선으로 지표면을 투영한다. 따라서 지표면 물체가 높으면 영상의 중심 방향으로, 낮으면 외곽 방향으로 위치가 변경되어 표현된다. 따라서 건물의 옥상뿐만 아니라 옆면도 표현된다.

촬영하기 때문에 특정한 지역의 주기적인 변화를 파악할 수 있다. 따라서 국토의 변화 특성을 바탕으로 개발 계획을 수립하는 과정에서 위성 영상은 중요한 정보를 제공할 수 있다. 또한 국토계획 과정에서 공간 의사결정에 필요한 지리 정보를 제공할 수 있으며, 국토계획의 결과를 시뮬레이션할 때에도 위성 영상을 활용할 수 있다.

　　현재 우리나라는 아리랑 위성을 포함하여 우주 개발과 위성 기술, 영상 센서 개발에 지원과 투자를 아끼지 않고 있다. 앞으로 나로호에 아리랑 위성을 싣고 우리 국토와 세계 구석구석을 촬영하는 날이 현실로 다가올 것이다. 그러나 '위성 영상을 어떻게 촬영하느냐'보다 중요한 것은 '촬영된 영상을 어떻게 활용하느냐'다. 우리 국토의 모습을 담은 수많은 위성 영상을 활용하여 국토의 과거와 현재, 미래의 모습을 파악하고 분석할 수 있도록 많은 연구가 뒤따라야 할 것이다.

참고문헌

구자용(2006),『위성영상과 공간해상도』, 한국학술정보.

여화수 · 박경환 · 박병욱(1997), "원격탐사의 동향과 고해상도 위성영상의 활용,"『한국GIS
학회지』5(1), pp.89~98.

Jensen, J. R.(2002),『환경원격탐사』, 채효석 · 김광은 · 김성준 · 김영섭 · 이규성 · 조기성 ·
조명희 옮김, 시그마프레스.

Jensen, J. R.(2005),『원격탐사와 디지털 영상처리』, 임정호 · 박종호 · 손홍규 옮김, 시그마프
레스.

Apline, P. and Atkinson, P. M. and Curran, P. J.(1997), "Fine resolution satellite sensors for
the next decade," *International journal of remote sensing* 18, pp.3873~3881.

Jensen, J. R. and Jensen, R. R.(2013), *Introductory Geographic Information Systems Interna-
tional Edition*, Pearson.

Lillesand, T. M. and Kieffer, R. W.(1994), *Remote Sensing and Image Interpretation* (3rd Edi-
tion), John Wiley and sons.

Richards, J. A.(1993), *Remote Sensing Digital Image Analysis*, Springer-Verlag.

17 국토와 경영

오세열(성신여자대학교)

자연과 역사와 비즈니스 환경은 우리가 관찰하고 경험한 대로만 움직이지 않는다. 어느 순간 예기치 못한 상황의 발생으로 그동안 쌓아온 신뢰와 믿음이 휴지 조각처럼 사라지고 카오스에 빠지게 된다. 타이타닉 호의 예기치 못한 침몰, 검은 월요일(Black Monday)로 불리는 1987년 10월 19일의 주가 대폭락, 9·11 테러 이후 세계 금융시장의 심장부 뉴욕 월가의 붕괴, 그리고 국내로 눈을 돌리면 삼풍백화점과 성수대교의 붕괴 등 크고 작은 재앙들이 전혀 예측하지 못한 채 우리에게 현실로 닥쳐왔다. 여기서 제시하는 화두는 다음과 같다. 경험적으로 터득했던 것들이 어느 순간 더 이상 통하지 않는 이러한 극단적인 상황에서 우리는 어떠한 자세를 가져야 하는가?

세계화가 급속도로 진전되는 가운데 모든 기업과 개인이 선택할 수 있는 캐치 프레이즈는 무엇인가? 규율로서의 경영이 혁신 이상으로 중요한 이유는 무엇인가? 공유자산의 비극, 지구온난화를 어떻게 이해하고 대처해야 하는가?

자연과 역사와 비즈니스의 격동

칼새와 이구아수 폭포의 조화

한국의 경제 현실은, 글로벌 금융위기의 여파로 경기침체와 일자리 감소가 지속되고 있으며, 집값 하락에도 불구하고 개인의 내 집 마련의 꿈은 요원한 현실이 되고 있다. 미국의 전 대통령 트루먼은 "이웃이 직장을 잃으면 경기침체이고, 자신이 직장을 잃으면 불황"이라고 말했다.[1] 우리는 경기침체와 불황이 구분되지 않는 시대를 살고 있다. 사면초가에 놓인 현대인에게 옛 공자의 교훈은 맞지 않는다. 공자는 『논어』에서 나이 서른에 자립하고, 마흔이 되면 어떤 외세의 유혹에도 흔들리지 않으며, 쉰에 들어서면 하늘의 뜻을 안다고 했다. 그러나 현실을 보면 나이 서른에 자립하기가 좀처럼 어렵고, 마흔에 들어서도 온갖 유혹에 이끌리며, 쉰에는 하늘의 뜻을 알기는커녕 이루어놓은 것 없이 하늘의 명만 기다린다.

불확실성(uncertainty)은 위험(risk)과 종종 동의어로 사용된다. 그러나 엄밀히 구분하면 불확실성은 미래에 펼쳐질 상황에 대해서 전혀 알지 못하는 경우를 말하지만, 위험은 그 상황을 확률로서 알고 있는 경우를 말한다. 그런데 확률이라는 것은 객관적일 수 없기 때문에 불확실성과 위험은 동의어로 여겨진다. 아인슈타인은 인간에게 닥치는 가장 위험한 일은 위험 자체가 아니라 위험을 감수하지 않으려는 마음 자세에 있다고 말했다. 누구나 현재 낙후된 상황에서 벗어나고자 하면서도 현재 상황을 포기하려고 하지 않는다. 기존 틀을 답습하면서 나아질 것을 기대하는 것만큼 어리석은 일은 없다. 위험을 감수하면서 나아가야 새로운 상황이 펼쳐진다.

17-1 이구아수 폭포 아래 칼새
(www.birdholidays.co.uk;
http://ibc.lynxeds.com)

브라질과 아르헨티나의 국경지대에 있는 이구아수 폭포는 규모의 웅장함에서 인간을 압도하며 자연의 경이로움에 감탄을 자아내게 한다. 쉴 새 없이 쏟아지는 물보라와 고막을 찢을 듯 천지를 뒤흔드는 굉음 가운데 거대한 물줄기 이면을 들여다보면 물이끼로 번들거리는 절벽에 붙어사는 자그마한 칼새를 볼 수 있다. 많은 조류들이 울창한 밀림 속 가장 편하고 안전한 장소에 보금자리를 가지는 데 반해, 칼새는 가장 위험하고 불안한 장소에 둥지를 튼다. 열대우림 속에는 가냘픈 칼새를 노리는 수많은 맹금류와 포식자들이 있기 때문에 칼새로서는 많은 새들이 위험하다고 느끼는 장소가 가장 안전한 안식처인지도 모른다. 칼새는 무리를 지어 폭포 주위를 선회하다가 거대한 물줄기 뒤에 마련해놓은 보금자리를 향해 과감하게 다이빙해 들어간다. 폭포의 물줄기는 24시간 그 속에 사는 칼새를 보호해주며 그 어떤 적도 넘보지 못하게 만든다. 칼새는 자연의 이치에 보답하는 양 열대우림의 무성한 숲을 구석구석 누비며 해충과 나쁜 벌레를 없앤다. 자연은 칼새와 이구아수 폭포의 조화로운 행동 덕분에 울창한 숲을 유지해나간다.(17-1)

　자연과 인간의 모습은 유사한 면을 가진다. 인간도 편안하고 안전한 일에 머무르기보다는, 위험하고 불확실한 상황을 오히려 기회로 삼아 이를 극복하려는 적극적이고 유연한 자세를 가지는 것이 필요하다.

위험관리의 경영학

인간은 위험을 예측하려고 부단히 노력하고 연구해왔다. 그 결과 경영학에서는 위험관리라는 학문영역이 탄생했다. 주가와 금리, 환율뿐만 아니라 미래의 경기와 경제성장율 등을 예측하려는 노력이 지금도 계속되고 있다. 그러나 그 예측은 맞는 경우보다 맞지 않는 경우가 더 많았다. 그렇다면 우리가 사는 자연환경에서는 예측대로 미래가 진행되는 것일까? 토종닭을 기르는 주인과 토종닭의 관계에서 예측되는 결과가 이루어지는지를 살펴보자.

주인은 매일 토종닭에게 야생초 씨앗과 뽕잎 등으로 먹이를 준다. 여름의 불볕더위와 가을서리, 겨울의 눈보라를 막아주고, 족제비나 오소리 등 야생동물로부터 보호하기 위해 철망과 차광막을 쳐주며 아늑한 거처를 마련해 준다. 또 전염병 예방주사를 맞혀 늘 건강상태를 점검한다. 주인의 지극정성에 화답하듯 토종닭은 주인 발소리만 들어도 반기며 졸졸 따라 다닌다. 마당과 들을 다니다가 맹금류나 개를 보면 긴장해 도망가기 바쁜데, 주인이 오면 모든 긴장을 풀고 주인의 품에 달려든다. 주인에 대한 토종닭의 믿음은 더할 나위 없이 확고하다.

그런데 초복을 며칠 앞둔 어느 날 예기치 않은 일이 토종닭에게 일어났다. 그 시간대면 주인이 어김없이 맛있는 사료를 들고 오는 시간이었다. 그러나 주인의 손에는 먹이통 대신 시퍼런 칼이 들려 있었고, 눈빛이 평소와는 다르게 살기가 등등했다. 갑자기 토종닭을 강하게 움켜쥐고 목을 비틀었다. 토종닭은 왜라고 묻기도 전에 사랑하던 주인의 손에 살육된다. 도대체 왜 이런 일이 일어났을까? 토종닭은 지금까지 쌓아온 주인에 대한 무한한 신뢰 때문에 한순간 살육당하리라고 꿈에도 생각하지 못했을 것이다. 주인에 대한 믿음이 최고조에 이른 순간, 토종닭은 바로 생명을 마감하고 말았다.

토종닭에게 연민의 정을 느끼는가? 전혀 그럴 필요가 없다. 이 문제는 자연과 비즈니스 현실에서 일상적으로 일어나는 현상이기 때문이다.

1987년 10월 19일 뉴욕의 주가가 하루에 508포인트, 비율로는 전일 대비 22.6%가 폭락했다. 60여 년 전 세계대공황 때의 증권시장 대폭락보다 더 큰 폭락이라는 점에서 검은 월요일(Black Monday)이라는 별칭을 얻게 되었다. 그 후 미국 투자자들은 매년 10월이 가까워지면 또 다른 시장붕괴 가능성을 열심히 예측하지만 그 기대는 번번이 빗나갔다. 한편 2001년 9·11 테러로 세계 금융시장의 심장부인 뉴욕 월가에서 100층짜리 고층 빌딩 2개 동이 무너지면서 뉴욕 증시는 4일간 휴장에 들어갔다. 어느 누구도 증시 대폭락과 테러를 예측하지 못했다. 인간은 토종닭과 같이 고스란히 당하고 만 것이다. 국내로 눈을 돌려 보아도 삼풍백화점 붕괴, 성수대교 붕괴 등 크고 작은 재앙들이 전혀 예상 밖으로 닥쳐왔다.

18세기 중반 호주에서 처음 발견된 검은 백조 덕분에, 백조는 당연히 흰색이라는 그동안의 상식이 허무하게 무너졌다. 『블랙 스완(*The Black Swan*)』의 저자 나심 니콜라스 탈레브(Nassim Nicholas Taleb)는, 미국에서 서브프라임 모기지 사태가 시작되었을 때 많은 금융전문가들이 경기예측모델과 진단을 통해 경제위기의 가능성을 부정했지만 글로벌 금융위기라는 극단적인 상황이 현실로 다가왔다고 지적했다. 우리는 검은 백조와 같은 현상이 지배하는 세상에 살고 있다. 인간의 삶이 자연을 거스를 수 없다면 자연에서 일어나는 극단적인 현상은 인간의 삶 가운데서도 발견될 것이다. 통계적 기대치를 너무 신뢰한 나머지 극단적인, 혹은 예외적인 수치를 소홀히 다룬다면 큰 재앙이 닥칠 수 있다. 전쟁에서 강 앞에 다다른 장수가 강의 평균수위는 150cm라는 보고를 받고 군대가 강을 건너도록 명령한다면 어떻게 되겠는가? 강물 가운데 한 곳에 2m가 넘는 웅덩이가 있다면 군사들은 모두 익사할 것이다.

우리 주변의 자연과 비즈니스 환경은 관찰되고 경험한 대로만 움직이는 것은 아니다. 때로는 일시에 예측하지 못한 상황이 발생하여 그동안 쌓아 온 신뢰와 믿음이 휴지조각처럼 사라지고 카오스 상황에 직면하게 된다. 90% 이상 예측한 대로 움직이는 경우 사람들은 그 상황에 적응하여 축적된 과거 지식을 근거로 미래를 예측하게 된다. 마치 토종닭이 그랬던 것처럼 말이다. 그러나 경험적으로 터득한 일들이 어느 순간 더 이상 통하지 않는다면 큰 충격을 받을 것이다. 이제 극단적인 상황이 우리 삶 가운데 나타날 수 있다는 사실을 인식해야 한다. 우리에게 필요한 것은 세상을 다양한 각도로 바라보고 유연하게 대처하려는 태도다.

세계화와 혁신적 사고

영속에서 변화로

변화와 혁신의 시대를 살고 있는 기업과 개인은 창조적 파괴현상을 일상의 질서로 받아들여야 한다. 미국 최장수 비즈니스 잡지 『포춘(*Fortune*)』에서는 매년 매출액 순위에 따라 미국의 500대 기업과 세계 500대 기업을 발표한다. 그런데 1970년에 선정된 미국 기업 중 불과 13년이 지난 1983년에 무려 3분의 1이 순위에서 사라졌다. 매출액과 순이익에서 눈부신 성과를 얻었던 기업들이 몇 십 년도 못 가 흔적도 없이 사라지는 이유는 무엇일까?

기업경영의 원칙은 애덤 스미스(Adam Smith)가 제시한 분업화를 통한 전문화에 근거하여 생산량을 극대화하고 비용을 최소화하는 것이었다. 그 후 효율적 기업 운용을 통해 주식회사는 영속성을 가진다는 계속기업의 개념이

계속기업(going concern) 기업을 기업의 구성원이나 소유자와 별개로 계속 존재하는 조직체라고 보는 개념. 투자 원금을 회수하는 것으로 끝나는 일회적 사업과 달리, 계속적인 재투자 과정 속에서 구매·생산·영업 등 기본 활동을 수행해나간다.

등장했다. 그러나 기업이 속한 자본시장은 세계화와 불확실성 속에서 신속하게 변화하고 적응하는 기업만을 받아들이며, 경쟁력을 상실한 기업은 주저 없이 내몬다. 변화를 감안하지 않고 계속성의 원칙에 따라 운용되는 기업들이 대거 자본시장에서 낙오하는 이유가 여기에 있다. 많은 경영자들이 효율성 개념에 근거한 기업경영에 모든 힘과 노력을 쏟아 붓는 데는 익숙하지만, 세계화와 불확실성이라는 변화의 물결에는 어떻게 대처해야 할지 몰라 주저하는 경우가 많다. 변화에 신속하게 적응하면서도 고유의 핵심가치를 저버리지 않는 소수 기업만 자본시장에서 살아남는다.

오늘날 기업은 선인장이 기후변화에 따라 재빠른 변신을 한 것을 타산지석으로 삼아야 한다. 아주 오랜 옛날에는 선인장도 다른 식물과 마찬가지로 잎과 가지를 가지고 있었다. 그러던 중 지각변동으로 태평양 연안의 미 서부 대륙이 솟아올라 산맥을 형성한 후, 바다에서 멀리 떨어진 지역은 전혀 비가 내리지 않는 불모지로 변했다. 갑작스런 지각변동과 기후변화에 대부분 식물들은 적응하지 못하고 멸종했지만, 선인장은 잎을 가시로 바꾸어 물이 필요하지 않은 시스템으로 변모함으로써 생존할 수 있었다고 한다. 이와 마찬가지로 기업과 개인도 급격한 환경 변화에 능동적이고 창의적으로 적응하여 새로운 가치를 창출하는 것이 필요하다.

세계화로 말미암아 전 세계 소비시장에서 국경개념이 무너지고, 소비자들은 글로벌기업의 표준화된 제품을 취향대로 사용하는 시대가 되었다. 어느 캐나다인은 영국 다이애나 황태자비의 죽음과 장례식이 진행되는 과정을 통해서 세계화의 모습을 재미있게 묘사했다.(17-2)

17-2 다이애나 황태자비의 사망 사고 뉴스 (©Adam Nadel, AP)

다이애나 황태자비가 세계화의 대표적인 예이다. 다이애나 황태자비는 영국 사람인데 그녀가 교통사고로 죽은 장소는 프랑스였고, 동승한 자는 이집트 남자였으며, 운전수는 벨기에 사람이었다. 자동차는 독일제 벤츠였고, 그를 좇던 파파라치들은 이탈리아 사람으로 밝혀졌다. 그런데 파파라치가 타고 온 오토바이는 일본산 혼다였고, 그녀의 장례식장을 뒤덮은 조화는 네덜란드산이었다. 장례식 상황은 한국의 삼성 TV로 시청하거나 빌 게이츠의 마이크로소프트의 윈도우에서, 대만산 로지텍 마우스로 클릭하여 본다.[2]

이러한 세계화 시대 자본주의의 두드러진 특징을 슘페터(Joseph Alois Schumpeter)는 '창조적 파괴'로 표현했다. 효율성과 효과성 면에서 최정상에 오른 제품이나 서비스는 곧 후발주자에게 양보할 준비가 되어 있어야 한다. 상대적으로 성능이 떨어지고 진부해진 제품이나 서비스는 더 새로운 것으로 끊임없이 대체되고 순환된다. 쉼 없는 기술혁신으로 어제의 발명품은 몇 날 못 가 소비자의 외면을 받는다. 세계화와 불확실성에 능동적이고 창의적으로 대응하는 기업만이 살아남는 것이다.

기업이 직면하는 변화의 바람은 조정경기와 래프팅경기로 비유할 수 있다. 바람이 전혀 없는 한강에서 벌이는 조정경기가 과거의 기업이 직면했던 상황이라고 본다면, 오늘날의 기업환경은 한탄강 계곡에서 헤드기어로 중무장한 채 벌이는 쓴 래프팅 경기에 비유된다. 불확실한 상황이 도처에 널려 있으며, 무엇이 중요하고 어떤 방향을 선택해야 할지를 시시각각 개인이 판단하고, 나아가야 하는 시대가 되었다. 새 시대에 적합한 인간상은 인격과 창의력을 바탕으로 스스로 알아서 하는 사람이다.

혁신에도 규율이 필요하다

요즈음 우리는 고유 입맛이 무엇인지 분간이 안 되는 시대를 살고 있다. 된장찌개와 비빔밥을 좋아하면서도 KFC 치킨과 피자를 즐겨 먹는다. 입맛은 여전히 로컬로 남아 있지만 식욕은 글로벌화되고 있다. 그 사이 발 빠르게 치즈된장찌개나 김치카레가 등장한다. 퓨전시대의 도래는 먹거리에만 있는 것이 아니다. 은행과 보험의 결합으로 방카슈랑스(Bankasurance) 업무가 보편화되고, 주식과 파생 상품의 결합이 투자영역을 넓힌다. 특히 기업의 생산업무와 온라인 쇼핑네트워크의 결합은 기업의 판매망을 세계로 확장시킨다. 예컨대, 영국 남부 지역에서 가구를 생산하는 한 소기업은 19세기 스타일의 고가구를 만들어 판매하고 있다. 그런데 이 기업 제품의 80%는 중국에서 생산되며, 전체 판매량의 70%는 미국의 중서부 지역 사람들에게 온라인 거래를 통해 판매된다.[3]

다음의 예는 영세 비즈니스 상인이 세계화의 혜택을 통하여 재기하는 모습을 잘 보여준다.

미국에 사는 케빈 리키가 지하실에서 운영하던 온라인 성조기 상점은 잘해야 한두 개의 국기만을 팔 수 있었다. 그런데 2001년 9월 11일 테러리스트의 공격이 있자마자 애국심이 고양된 미국인들로부터 성조기 주문이 쏟아져 들어왔다. 매일 수천 개의 성조기가 불티나게 팔렸다. 케빈의 온라인 상점은 그 엄청난 수요에 공급을 맞추기가 쉽지 않았다. 그러던 어느 날 그동안 그와 거래하던 제조업자들이 월마트에 독점적으로 물건을 납품하기로 담합해 버렸다. 갑작스러운 애국심의 발로가 성조기 제조업자들에게는 엄청난 이윤을 안겨다준 셈이지만 케빈으로서는 더 이상 물건을 조달하기가 거의 불가능해 보였다. 케빈은 중국에서 그 해답을 찾았다. 중국의 한 국기 제조업체가 그에게 메일을 보내 성조기를 공급해주겠다고 제안했다. 이 제조업자의 제품은 이전 공급자의 제품과 비교하면 품질이 떨어지지 않으면서 가격은 저렴했다. 이제 케빈은 매년 중국의 국기 제조업자로부터 수십만 달러어치의 성조기를 사들이고 있다. 그러나 이들은 서로 전화 한 통화 하지 않았고 만난 적도 없다. 중국의 공급자는 이전 공급자보다 더 다양한 품목의 국기들을 제공해서 케빈이 운영하는 온라인 상점의 판매종목을 현저히 확장시켰다. 그가 운영하는 몇 가지 온라인 상점들의 매출을 합산해보면 일 년 매출이 2005년에는 2천만 달러를 넘어섰다. 2002년 매출의 20배이다.[4]

비즈니스를 시도하는 개인 및 기업이 직면하는 환경과 시스템이 이처럼 바뀌었다. 이러한 현상은 장소와 업종과 규모를 불문하고 나타나며, 세계 곳곳에 숨어 있는 필요한 협력업체를 찾을 수 있는 시스템이 이미 확보되어 있다. 또한 서로 특정한 장소에서 만나 계약을 체결하거나 비용을 들일 필요 없이, 인터넷을 통해 세계 도처에 흩어져 있는 판매처와 소비자를 확보할 수 있다. 또한 소비자는 다양한 상품과 서비스를 계절에 관계없이 이용할 수 있다. 채소와 딸기 정도는 겨울철 온실에서 재배할 수 있지만 포도는 겨울에 맛볼 수 없다. 그러나 세계화 덕분에 칠레의 포도가 겨울철에 공급된다. 이것이 세계화와 글로벌 경제의 장점이다.

그러나 세계화와 혁신도 그것을 조직하고 관리하는 '경영'이라는 규율이 없다면 각각의 목적을 효과적으로 달성하지 못한다. 오늘날 우리는 삶의 각 영역에서 경영으로 모든 것을 이루는 시대를 살고 있다. 기업경영은 물론이고 개인의 일상적인 삶 속에서도 경영을 적용하여 성과를 얻고 있다. 또한 종교단체나 병원, 군대, 교육기관, NGO 등 비영리부문에서 어떤 일을 하든지 우리는 계획하고 실행하고 평가하는 일(Plan-Do-See)을 알게 모르게 반복하고 있다. 피터 드러커(Peter Drucker)는 경영학을 '일과 삶을 다루는 학문'으로 정의했다. 일과 삶은 인간이 일상적으로 경험하는 영역에 속하기 때문에, 비록 경영자가 아니더라도 개인은 경영자처럼 생각하고 행동하는 법을 알아야 한다. 경영학은 경험을 중시하는 학문 분야다. MBA 과정에 들어가려면 직장 경력을 요구하는 것은 이 때문이다. 경영이론을 제대로 이해한 사람은 일과 삶의 영역에서 부닥치는 문제를 해결하는 방법을 알게 된다.

규율로서의 경영은 19세기 중반에야 나타났다. 비록 역사는 일천하지만, 지금까지 경영을 통해 성과를 얻는 일이 늘어나면서 각 부문에서 놀라운 힘을 발휘했다.(17-3)

세계화가 진전되는 예로서 인천국제공항의 수하물 처리시스템을 들 수 있다. 7년 연속 세계 최고 공항에 선정된 인천국제공항의 경쟁력은 쾌적한 시설과 가장 빠른 출입국시간(각 16분과 12분)뿐만 아니다. 한국에서 짐 잃어버렸다는 애기를 듣기 힘들만큼 수하물 관리도 세계 톱 수준이다. 2011년 인천국제공항의 수하물 미탑재비율은 10만 개당 3.9개로서 유럽평균(19.8개)의 5분의 1 수준에 불과하고, 미국 평균(6.8개)보다는 절반 수준이다. 인천국제공항의 수

17-3 인천국제공항의 수하물 처리시스템 (포스코 ICT)

하물 처리 경쟁력의 비결은 지하에 숨어 있다. 하루 10만 개의 수하물은 지하에 설치된 놀이공원의 롤러코스트와 같은 고속 레일을 통하여 초당 7미터의 고속으로 자신이 탈 비행기를 찾아간다. 수하물 처리시스템은 상하좌우 360도로 설치된 레이저기기로 수하물의 바코드표를 인식해 공항 체크인 카운터에서부터 출발항공편까지 짐을 자동으로 분류해 운송한다. 공항 지상 3층부터 지하 1층까지 거미줄처럼 촘촘하게 뻗어 있는 수하물도로만 88km에 달한다. 체크인 카운터에서 항공사 직원의 손에 건네진 수하물은 컨베이어 벨트에 올라탄 뒤 멈추지 않고, 보안검색기와 레이저 리더기 등을 거치며 자신의 항공편을 향해 끊임없이 움직인다. 총포류나 마약류 등 위험물질 탑재가 의심될 경우, 중앙 서버가 조용히 옆 레인으로 빼낸다. 비행기가 멈춘 사이 지하에선 치열한 수하물 운송전쟁이 벌어지고 있다. 이렇게 모든 수하물이 중앙 서버의 통제 하에 자신이 탈 비행기를 찾아가는 시간은 세계 최고 수준인 평균 26분에 불과하다.[5]

인천국제공항의 수하물을 잘못 찾을 확률을 기업의 경영혁신도구로 알려진 6시그마이론으로 분석해보자. 6시그마이론의 목표는 기업이 생산하는 제품 가운데 불량품의 비율을 100만 분의 3.4 이하로 낮춤으로써 초일류기업으로 나아가는 것이다. 시그마는 정규분포의 모양에서 표준편차를 표시하기 위해 통계학자들이 사용하는 기호다. 산업 평균에 해당하는 기업은 4시그마 수준에 해당하며 이들 기업은 100만 개의 생산품 가운데 약 6,200개의 불량제품을 만든다. 2시그마 수준에서는 100만 개당 약 30만 개의 불량품이 나오며, 경쟁력을 갖지 못하는 기업이 이에 속한다. 시그마 수준에 따른 결점비율

표 17-1 6시그마 기업혁명

시그마 수준	1백만 개당 불량 수	무결점 백분율(%)	결점 비율(%)
2	308,000(경쟁력 없는 회사)	69.20	30.8
3	66,800	93.32	6.68
4	6,200(산업 평균)	99.38	0.0062
5	239	99.977	0.003
6	3.4(초일류기업)	99.9997	0.0003

을 보면 다음과 같다.(표 17-1)

인천공항의 수하물 미탑재 비율은 10만 개당 3.9개이므로 0.0039%가 되어 약 5시그마 수준에 이른다. 미국 공항은 10만 개당 6.8개로 평균 0.0068%이며 약 4시그마 수준이고, 유럽 공항은 19.8개로서 4시그마에 못 미치는 0.00198%이다. 인천공항이 명실상부한 세계 최고 공항임을 알 수 있다.(표 17-2) 여기서 '수하물 10만 개 가운데 겨우 10여 개 정도 잃어버리는 것이 무슨 큰 문제일까'라고 생각한다면 큰 오산이다. 그 10여 개 가운데 내 가방이 들어 있다면 앞이 캄캄해지지 않겠는가?

높은 시그마 수준을 유지하는 것이 얼마나 어려운 일인지, 다시 말해서 언제 일어날지 모르는 위험을 관리하는 것이 얼마나 어렵고도 중요한 일인지 다른 사례를 통해 짐작할 수 있다.

2000년 7월 25일, 에어프랑스의 콩코드 여객기가 이륙 도중 철제 파편이 바퀴에 박히며 찢어지는 사고가 발생했다. 이 사고로 연료탱크가 폭발하면서 탑승자 전원이 사망했다. 결국 에어프랑스 콩코드 여객기는 더 이상 날지 못하고 박물관에 전시되는 운명에 처하게 되었다. 전 세계적으로 비행기

표 17-2 인천공항의 수하물 미탑재 비율 비교

공항	수하물 미탑재 비율(%)	시그마 기준
인천	0.0039	약 5시그마
미국 평균	0.0068	약 4시그마 수준
유럽 평균	0.0198	4시그마에 미치지 못함

추락사고는 종종 일어나고 있으나, 그 사고 때문에 항공사의 운항이 정지되는 경우는 없었다. 그러나 제한된 노선에만 취항하는 콩코드의 운항 횟수와 사고 수를 비교한다면 콩코드는 6시그마에 턱없이 미달된다. 항공기 운항은 수하물 탑재와는 분석 차원이 다르다. 수하물은 한두 개가 미탑재되더라도 곧 추적하여 며칠 뒤 주인 손에 돌아오지만, 항공기 운항 사고는 인명 사고와 직결되기 때문에 모든 항공사는 무조건 무결점에 해당하는 6시그마 수준에 도달해야 한다. 즉 6시그마에 통과하려면 100만 번 운항에 3번 내지 4번 미만의 사고만 있어야 한다. 전 세계 대부분의 항공사는 이 기준을 충족하고 있다. 이것이 콩코드의 운항이 중단된 이유다. 이는 직관적으로 해결할 수 없는 문제이며, 경영에 수량화의 규율이 필요한 이유이기도 하다.

미국의 유명한 잡지 『포커스(Focus)』는 독자의 투표와 전문가의 추천을 받아 인류가 고안한 가장 창의적인 발명품의 순위를 발표했다. 그런데 놀랍게도 1위를 차지한 것은 컴퓨터나 인쇄기, 비행기, 자동차, 불 등이 아니라 하수처리시설이었다. 하수처리가 되지 않았던 중세 영국 런던의 주택가는 골목마다 생활하수로 뒤범벅이 되어 있었다. 아침에는 집집마다 간밤의 배설물을 창문을 통해 거리에 쏟아버리기 때문에 행인들은 오물에 젖지 않으려고 코를 막고 조심스레 통과해야 했으며, 특히 밤에는 외부 출입을 삼가야 했다. 하이

힐은 당시 여성들이 길을 갈 때 오물을 밟지 않기 위해 고안된 것이다. 하수처리시설은 흑사병에 대한 공포와 더러운 환경에서 벗어나게 해준 일등 발명품이었다.

사실 하수처리시설은 고대 로마시대에 이미 발명되어 사용되었으나, 당시 규율로서의 경영이 부재했기 때문에 인류는 위대한 발명품을 잃어버리고 말았다. 그 후 수 세기가 지난 중세에 와서야 하수처리시설을 다시 고안하게 되었다. 이와 같이 규율로서의 경영은 어떤 위대한 혁신보다 중요하다.

공유자산의 비극, 지구온난화

공기가 공짜인 것처럼 인류의 역사가 시작된 이래 산업혁명을 거치면서 오랜 기간 동안 지구의 대기는 공짜인 것으로 여겨져왔다. 인간의 노동이 기계로 대체되면서 기업은 거대한 공장을 짓고, 각국은 GNP를 높이는 데 몰두해왔으며 이를 위해 석탄, 석유, 가스 등 화석연료를 무제한으로 사용하게 되었다. 그 과정에서 어느 누구도 지구환경의 파괴와 대기오염을 걱정하거나 지적하지 않고 수백 년을 지내왔다. 그 결과 인류는 대가를 고스란히 치르게 되었다. 영국 경제학자 니콜라스 스턴(Nicholas Stern)이 영국 정부에 제출한 기후변화 보고서의 표현대로 지구온난화는 "세계가 보아온 최악의 시장실패"로 기록된다.[6]

가장 합리적인 해결책은 대기권으로 올라간 이산화탄소를 나라별로 구별하여 온난화의 책임을 묻는 것이다. 그러나 이산화탄소를 나라별로 구별하

굴뚝산업(smokestack industry) 전통적인 1차 제조산업으로, 공장을 통한 생산제조산업을 의미한다. 1차 제조산업이 연기를 내뿜는 공장의 굴뚝으로 상징되기 때문에 굴뚝산업이라고 불린다. 정보통신을 비롯한 첨단산업에 대비되는 개념으로, 지식산업은 주로 '굴뚝 없는 공장'으로 불린다. 오늘날 굴뚝산업은 지식산업의 영향으로 기술 발전과 효율화를 달성하여 경쟁력을 강화하고 있다.

는 것은 불가능하다. 다만 책임이 없는 쪽과 책임이 가장 큰 쪽은 통계수치를 근거로 말해볼 수 있다. 아프리카 오지에 있는 나라에 책임을 물을 수 없다는 것은 확실하다. 그리고 산업혁명을 겪으면서 굴뚝산업을 육성하고 화석연료를 마음껏 사용하여 고도의 경제발전을 이룬 소위 선진국들은 지구온난화에 대한 가장 큰 책임을 져야 한다.

오늘날 세계 모든 나라들은 세 가지 크고 작은 위기에 처해 있는데 안보위기, 경제위기, 그리고 기후위기가 그것이다. 노벨평화상 수상자이며 환경운동가인 앨 고어(Al Gore)는 이 세 가지 위기에서 한 가지 공통점을 발견할 수 있는데 그것은 이산화탄소를 주성분으로 하는 화석연료에 지나치게 의존한다는 점이다. 하루빨리 재생 가능한 에너지를 사용하는 체제로 전환하고 필요한 기술과 시설을 구축해야 한다고 주장했다.[7]

2010년 1인당 연간 탄소배출량과 국가별 GDP를 나타낸 그래프를 보자.(17-4) 탄소배출량을 종속변수로 하고, 국가별 GDP를 독립변수로 하여 회귀분석을 하면 그래프에서와 같은 회귀선이 도출될 것이다. 회귀선을 중심으로 위쪽에는 미국, 호주, 캐나다, 한국, 중국이 위치하고, 아래쪽은 일본, 독일, 영국, 유럽연합, 브라질, 멕시코가 있다. 회귀선의 위쪽에 있는 국가에 거주하는 국민 한 명이 1인당 GDP에 따라 발생시키는 온실가스 배출량은 세계 평균치를 넘는다. 반면 회귀선 아래쪽 국가의 경우 1인당 세계 평균 탄소배출량보다 적은 온실가스를 배출한다. 한국을 비롯한 세계 평균치를 넘어서는 온실가스 배출량을 가지는 국가들은 비효율적인 생산국인데 비해, 세계

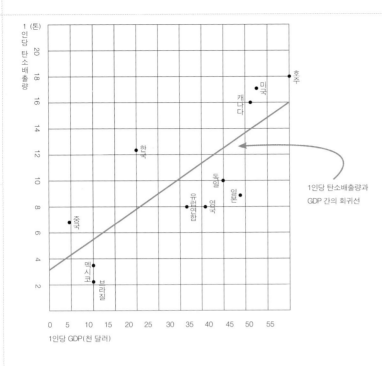

1인당 탄소배출량과
GDP 간의 회귀선

17-4 2010년 1인당 연간
탄소배출량과 국가별 GDP
(http://co2now.org/know-
ghgs/all-greenhouse-
gases/carbon-dioxide-
information-analysis-
center.html에서 세계 각국
1인당 연간 탄소배출량 자료와
GDP 자료 참조)

평균치에 못 미치는 온실가스 배출량을 갖는 국가들은 상대적으로 효율적인 생산국이다. 한국은 소득 수준이 서구 국가들에 비해 낮으면서도 1인당 탄소 배출량은 더 높게 나타나므로 에너지 효율을 높이는 정책에 더 치중해야 할 것이다.

경제학에서 '공유자산의 비극(tragedy of commons)' 이론이 있다. 어느 누구의 소유도 아닌 공동의 소유물은 언젠가 황폐해지고 만다는 것이다. 한 마을에 공동으로 관리되는 아름다운 정원이 있다면 그 정원은 모두의 소유물이기 때문에 어느 누구도 책임지지 않는다. 그 결과 마을 사람들은 정원의 아름다운 꽃과 식물을 마구 채취해 가거나 오물을 함부로 버리게 된다. 결국 정원은 황폐해진다. 이러한 비극을 막기 위해서 정원을 이용하는 규칙을 만들고, 어기는 경우 패널티를 물도록 하는 규정을 만들어야 한다.

우리가 사는 지구의 대기는 인류가 공유하는 귀중한 자산이다. 따라서 대기오염과 기후변화의 원인 제공자를 정확히 찾아내는 과학적인 기준을 마련하고, 그 정도에 따라 더 많은 보상과 양보를 받아내려는 노력을 해야 한다. 대부분의 온실가스는 석유, 석탄, 가스 같은 화석연료를 사용해 발전소나 생산 시스템, 자동차를 가동하거나, 열대우림을 파괴하고 농사를 짓는 등의 인간 활동에서 발생한다. 이를 줄이려면 재생자원 사용, 청정연료로의 전환, 열대우림 보호, 토지이용 개선 등이 필요하다. 특히 열대우림을 보호하는 일이 시급하다.

산림은 대기 중의 탄소를 흡수하고 산소를 내뿜는 일을 하기 때문에 지구의 허파 역할을 한다. 그 외 나무와 토양에 탄소를 저장하는 일도 한다. 나무를 베거나 불에 태우는 경우 저장되어 있던 탄소가 대기 속으로 방출된다. 열대림이 저장하고 있는 탄소는 북반구의 온대림보다도 많은 탄소를 저장하고 있을 뿐만 아니라 흡수하는 탄소량도 두 배에 이른다.[8]

따라서 선진 북반구의 울창한 숲은 열대우림에 비해 지구를 정화시키는 역할을 적게 한다. 같은 숲이라도 위도에 따라 이산화탄소 저장량과 흡수량에 차이가 있어서, 온대나 냉대 지역보다 열대우림의 숲을 잘 보존하는 것이 지구를 더 건강하게 만든다. 그러나 우려되는 것은 대부분 선진국이 위치하는 지구 북반구의 숲은 갈수록 울창해지는 반면, 아마존 등 열대우림 지역은 빠르게 훼손되어간다는 점이다. 이런 면에서 위도를 고려하여 기후정책을 규정하는 것이 필요하다.

국토를 위한 경영

우리가 사는 국토는 인류가 공유하고 있는 귀중한 자산이므로 국토를 아름답게 보존하는 것은 시대의 사명인 동시에 의무이다. 그런데 세계 각국은 수백년 동안 물질적 풍요에만 초점을 둔 GDP 향상에 온 역량을 쏟아왔다. 이를 위해 석탄, 석유, 가스 등 화석연료를 제한 없이 사용했고, 그 결과 숲과 공기 등 지구환경은 오염되기 시작했다. 지구온난화가 가속화되고, 북극해 빙하와 만년설이 녹기 시작하여 지구환경이 파괴되고 있다는 증거들이 나타나자 세계 각국은 서둘러 지구를 살리려는 노력을 가시화하고 있다. 대기오염과 기후변화의 원인 제공자를 찾는 과학적 기준을 마련하고, 그 정도에 따라 보상과 양보를 받아내려는 노력을 기울이고 있다. 한국은 소득수준이 서구 국가들에 비해 낮으면서도 1인당 탄소배출량은 더 높게 나타나므로 에너지 효율적인 정책에 치중하는 것이 필요하다. 또한 똑같이 울창한 숲이라도 위도에 따라 이산화탄소 저장량과 흡수량에 차이가 있으므로 온대나 냉대 지역보다 열대우림의 숲을 잘 보존하는 것이 지구를 더 건강하게 한다.

한편 개인과 기업은 세계화의 진전으로 숨 막히는 경쟁에 내몰리고 있다. 그 종착역은 어디가 될 것인가.

영화 〈쥬라기 공원〉에서 공룡에게 쫓기던 과학자가 내뱉은 "더 빨리 가야 돼"라는 말은 오늘날 개인과 CEO의 머릿속에서 떠나지 않는 화두가 되었다. 이들은 "선두를 유지하기 위해 얼마나 더 속도를 내야 하나, 아니면 선두를 따라잡기 위해 얼마나 더 달려야 하나"로 고민하고 있다. 속도와 배송, 서비스에 대한 인간의 기대치가 계속 증가하기 때문에 최상의 노력에도 불구하고 모두는 항상 뒤지고 있는 느낌을 가진다. 녹초가 될 때까지 달려도 항상 부족하다.[9]

마치 그린란드의 개처럼 무거운 썰매를 죽을 때까지 몰고 간다. 또한 시시포스처럼 반복해서 굴러 떨어지는 바위를 정상에 올리는 일을 영원히 계속한다.

세계화가 급속도로 진전되는 현 시점에서 모든 기업과 개인이 선택할 수 있는 캐치프레이즈는 "문제는 혁신이야…… 이 바보야!(It's innovation… stupid!)"이다. 혁신은 반드시 획기적인 발명이 뒤따라야만 꽃피우는 것이 아니다. 문제를 단순히 보고 불편한 점이나 비효율적인 부분을 개선하려는 마음가짐에서 혁신은 출발한다. 주변 일상을 이전보다 조금이라도 좋게 바꿔나가려는 시도는 모두 혁신이다.

혁신은 기존 사업을 파괴하고 업종을 없애는 등 엄청난 지각변동을 가져온다. 컴퓨터라는 도구가 등장하면서 70년대 초까지 종로 거리에 가장 많았던 타자학원이 일시에 자취를 감추었고, CD의 출현으로 LP판은 전통찻집의 소품이나 동호인의 취미 대상으로 전락했다. 또한 컴퓨터 검색이 가능해지면서 청계천 책방의 단골 메뉴인 백과사전이 자취를 감췄으며, 디지털 카메라의 출현으로 코닥필름과 후지필름의 사업 판도가 달라졌다.

그러나 인류 역사에 가장 큰 영향을 끼친 혁신을 묻는 설문조사에서, 예상을 깨고 하수처리시설이 1위를 차지했다. 하수처리시설은 중세 유럽의 흑사병 공포와 더러운 위생 환경에서 벗어나게 해준 일등 발명품이었다. 이미 고대 로마에서 발명되었으나, 당시 규율로서의 경영이 부재했기 때문에 인류는 위대한 발명품을 잃어버렸다. 그 후 수세기가 지난 중세에 와서야 하수처리시설을 다시 고안하게 되었다. 이와 같이 규율로서의 경영은 어떤 위대한 혁신보다 중요하다.

오늘날 변화의 물결이 세계 도처에서 나타나고 있다. 개인과 기업은 세계화의 급속한 진전과 혁신이 우리 삶 가운데 다반사로 일어날 수 있다는 사실을 인식하고 변화하는 환경에 순응하며 유연하게 대처할 수 있어야 할 것이다.

주

1   그레그 입(2011),『달콤한 경제학』, 정명진 옮김, 부글북스, p. 55.

2   이어령(2010),『지성에서 영성으로』, 열림원, p. 204.

3   리처드 스케이스(2007),『글로벌 리믹스』, 안진환 옮김, 미래의 창, p. 47.

4   로저 맥나미 · 데이비드 다이아몬드(2005),『새로운 기준』, 정경란 옮김, HANEON. COM, pp. 110~111.

5   박순찬, "인천공항 수하물처리시스템,"『Chosun Biz』, 2014. 3. 15에서 발췌.

6   존 브록만(2009),『낙관적 생각들』, 장석봉 외 옮김, 갤리온, p. 143.

7   앨 고어(2010),『우리의 선택』, 김지석 · 김춘이 옮김, 알피니스트, p. 19.

8   위의 책, pp. 179~181.

9   제임스 R. 루카스(2008),『패러독스 리더십』, 안진환 옮김, 코리아닷컴, p. 349.

참고문헌

그레그 입(2011),『달콤한 경제학』, 정명진 옮김, 부글북스.

로저 맥나미 · 데이비드 다이아몬드(2005),『새로운 기준』, 정경란 옮김, HANEON.COM.

리처드 스케이스(2007),『글로벌 리믹스』, 안진환 옮김, 미래의 창.

스튜어트 크레이너(2002),『경영구루들의 살아있는 아이디어』, 양영철 옮김, 평림출판사.

스티븐 M. 샤피로(2003),『24/7 이노베이션』, 김원호 옮김, 시아출판사.

스티브 미흄(2010),『위기경제학』, 허준익 옮김, 미래의 창.

앨 고어(2010),『우리의 선택』, 김지석 · 김춘이 옮김, 알피니스트.

워렌 패럴(2002),『남자만세』, 손희승 옮김, 예담.

이어령(2010),『지성에서 영성으로』, 열림원.

조안 마그레타(2005),『경영이란 무엇인가』, 권영설 외 옮김, 김영사.

제임스 R. 루카스(2008),『패러독스 리더십』, 안진환 옮김, 코리아닷컴.

제임스 서로위키(2005),『대중의 지혜』, 홍대운 외 옮김, 랜덤하우스중앙.

존 브록만(2009),『낙관적 생각들』, 장석봉 외 옮김, 갤리온.

칩 콘리(2008),『경영의 괴짜들』, 홍정희 옮김, 21세기북스.

카민 갤로(2011),『스티브잡스-무한혁신의 비밀』, 박세연 옮김, 비즈니스북스.

칼 프랭클린(2009),『세상을 바꾼 혁신 vs 실패한 혁신』, 고원용 옮김, 시그마북스.

크리스 주크(2004),『핵심을 확장하라』, 신영욱 옮김, 청림출판.

키애런 파커 · 케라 그리핀(2007),『탐욕의 경제학』, 정경호 옮김, 북플래너.

토마스 프리드먼(2003),『세계는 평평하다』, 김상철 외 옮김, 창해.

톰 캐넌(2001),『위대한 결정들』, 은석준 옮김, 명솔출판.

톰 피터스 외(2007),『리더십을 말하다』, 유승용 옮김, 늘푸른소나무.

PMG 지식엔진연구소(2012),『시사상식사전』, 박문각.

Peter Singer(2002), *One World-The Ethics of Globalization*, Yale Univ.

http://co2now.org/know-ghgs/all-greenhouse-gases/carbon-dioxide-information-analy-
sis-center.html

http://www.airtravelinfo.kr/xe/column/57021

18 국가 안의 법문화
– 기소협상제도의 개념과 적용 가능성

조준현(성신여자대학교)

형사절차상 직권주의 형사절차의 대표적인 나라는 한국, 독일, 일본이다. 이들 국가에서는 형사절차의 당사자들이 협의를 하여, 그 결과에 판사가 구속되도록 하는 것이 형사소송법의 목적에 부합하느냐를 놓고 논의가 활발하다. 학자들은 공판정에서 증인에 대한 반대신문을 통하여 진실발견을 이루도록 하는 것이야말로 협의, 협상보다 더욱 진실발견에 가까이 가는 절차이며 헌법이 요구하는 바로 이해한다. 불기소 또는 형의 감경의 구실로 자백하도록 하도록 함은 "누구도 형사상 불리한 진술을 강요당하지 아니한다"(nemo tenetur se ipsum accusare)는 헌법 제12조 제2항의 원칙에 어긋난다.

자유사회에서 형사절차의 당사자간 협상이 불가능하다고만 할 수는 없지만, 법원의 업무부담을 완화하는 수단으로 본다면 범죄와 상관없는 사정을 참작하여 형을 부과하는 것이라는 지적은 새겨들을 만하다. 칼 포퍼처럼 사회과학적 진실은 인식되는 것이 아니라 오직 고백하는 것이며, 진실은 반박당하는 기회를 거친 것이냐 아니냐를 기준으로 한다는 상대주의적 진실과 공정에 만족한다면 기소협상은 받아들일 수 있다. 그러나 진실과 공정은 오직 하나라고 믿는 사람에게 이 제도의 도입은 다름아닌 판도라의 상자를 여는 것은 아닌가 하는 느낌을 지울 수 없을 것이다.

미국식 형사제도의 도입

우리나라는 1990년대 중반부터 사법개혁이 논의되어, 2006년 노무현 정부의 강력한 추진으로 어느 정도 결실을 맺었다. 물론 사법개혁이 역대 다른 정부에 없었던 것은 아니지만 포괄적인 명제로 논의되고 이행된 것은 이때가 처음이었다.

2007년 6월 1일 개정된 제17차 개정형사소송법의 개정문을 보면 "형사절차에 있어서 피고인 및 피의자의 권익을 보장하기 위하여 인신구속 제도 및 방어권보장 제도를 합리적으로 개선하고, 공판중심주의적 법정심리절차를 도입하며, 재정신청의 대상을 전면 확대함에 따라 이 법의 관련 규정을 체계적으로 정비·보완하는 한편, 국민의 알권리 보장 및 사법에 대한 국민의 신뢰를 높이기 위하여 형사재판기록의 공개범위를 확대하는 등 현행 제도의 운영상 나타난 일부 미비점을 개선·보완하려는 것"이라고 하였다. 전보다 피고인의 권리를 더욱 강화하고, 법문으로만 존재하던 공판중심주의를 내실화하려는 의도였다.

사법개혁의 또 다른 축은 사법시험 폐지 및 법학전문대학원 설치와 형사재판의 국민참여재판제도(배심재판)의 도입이었다. 당시 노무현 정부에 대한 일반적 인식과는 다르게 형사사법 분야에서 적극적으로 미국식 제도를 수용하려고 한 것이다.

이 장에서는 미국 형사절차상 널리 활용되며 오늘날 유럽에서도 적극적으로 받아들이고 있는 기소협상제도를 살펴볼 것이다. 그에 앞서 각국의 형사절차구조는 어떻게 되어 있으며 형사절차구조와 기소협상제도가 어떤 관계인지, 기소협상제도의 장단점은 무엇인지, 우리나라에서 도입할 가능성은 어느 정도인지를 가늠할 것이다. 이를 통해 형사절차와 국가의 법문화의 관계를 생각해보려고 한다.

형사절차에서 당사자주의와 직권주의

두 가지 이념형

전통적으로 비교법학자 및 형사소송법학자들은 형사절차를 당사자주의절차(adversarial categories)와 직권주의절차(inquisitorial categories)로 구분한다.[1] 영미형사절차법이 취하고 있는 당사자주의절차는 배심재판과 전문법칙을 특징으로 한다. 절차진행상 주도권은 당사자에게 부여한다. 반면 유럽대륙법계 국가들이 취하는 직권주의절차에서는 판사가 주도적으로 절차진행을 하는 것을 받아들인다. 따라서 당사자는 절차에서 판사의 절차진행에 협력하는 관여자일 뿐이다.[2]

형사절차를 당사자주의와 직권주의라는 두 가지로 보는 데에는 나름의 이유가 있다. 사실상 오늘날에는 어느 한쪽의 절차구조로 일관하는 예는 없다. 그러나 각국의 절차가 어느 정도 섞여 있다고 보면서, 어떤 국가의 형사절차를 당사자주의와 직권주의의 절충형이라거나 혼합형이라고 애매하게 설명하는 것은 별로 의미가 없다. 차라리 철저하게 당사자주의와 직권주의 어느 쪽에 해당하는지 분류한 다음, 그렇게 분류한 틀 안에서 미세하게 조정을 할지, 절차구조의 틀 자체를 바꾸는 일대개혁을 할지 논의할 수도 있다. 이렇게 되면 형사절차가 당사자주의 또는 직권주의의 이념형에 보다 가까워졌다거나 멀어졌다거나 하는 구조 설명, 구조 비판이 가능해진다. 결국 어떤 형사절차가 우리에게 더욱 타당하며 현실성이 있는지를 따져보기 위한 출발점으로서 구조론의 이해가 필수적이라고 하겠다.

대륙법계의 직권주의 아래에서 판사는 증인 신문을 적극적으로 주도한다. 영미법계에서는 당사자가 주도한다. 판사는 직권주의 아래에서 강력한 권력자가 되고 당사자주의에서는 소극적인 심판자에 불과하다. 직권주의에서 판사는 사실의 진상을 밝히기 위해 적극적으로 활동할 의무가 있다. 당사자주의에서는 그 정도 의무는 없다.

한편 당사자주의에서 검사는 논쟁이 벌어지고 있는 절차에서 결과가 자기 뜻대로 나오게 하려는 당사자로 취급될 뿐이지만, 직권주의에서는 진실을 밝혀야 하는 공정한 집행관이 된다. 형사절차에서 범행 관련 진실을 밝힌다고 할 때, 진실이라는 말이 직권주의에서는 역사적으로 존재했던 사실을 의미한다. 검사는 이러한 진실을 규명할 의무가 있으며, 판사 또한 적극적으로 조사하고 당사자 간 다툼이 있는지에 상관없이 조사하여 진실을 밝혀야 한다. 그에 비해 당사자주의에서는 진실을 더 상대적으로 이해한다. 만일 소추자와 피의자 간 다툼이 없으면 더 이상 밝혀야 할 진실은 없는 셈이다. 똑같이 진실, 다툼이라고 하지만 의미가 다르다.

당사자주의에서 피의자가 범행을 자인하고 죗값을 받겠다고 하면 바로 절차는 끝난다. 그러나 직권주의에서는 피의자가 자기의 범행을 인정하고, 당연히 처벌받겠다고 하더라도 절차를 끝낼 수 없다. 판사는 말한다. "네가 죄를 인정하였지만 너의 자백만으로 곧 형을 선고할 수는 없다." 피의자가 수사단계에서 자백을 해도 절차는 계속 진행되어야 한다. 결국 일반인들은 이런 논리가 바로 이해되지 않을 수도 있다. "자백을 했는데 왜 절차를 진행해야 하는가, 처벌만 남아 있을 뿐인데"라고 말할 것이다.

법에서 사용하는 언어는 일상언어만으로는 충분하지 않다. 지식에는 체계언어, 추상언어(langue)가 필요하다. 추상언어란 완벽히 설명될 수 없는 대상에 대한 표현인데, 정의, 타당성, 상당성 등의 개념은 결국 개인적 취향, 가치관, 성향과 연결될 수밖에 없다. 예를 들어 어떤 조직에서 수장의 권한 행사가 정당했는지 여부를 따질 때, 몇몇은 어느 정도 해명으로 충분하다고 여기지만 몇몇은 그 정도로는 안 되고 그 직에서 물러나야 한다고 주장한다. 조직의 수장은 무겁고 중요한 책무를 수행한다고 하지만, '무겁고 중요한 책무'의 의미는 모든 사람에게 같지 않다. 결국 체계언어, 추상언어로 서술될 수밖에 없는 종류가 있다. 그중 하나가 여기에서 말하는 여러 가지 법적 명제들이다.

이미 이야기한 절차의 구조 틀을 주체들의 권력 분배 차원에서 바라볼 수 있다. 절차에 참여하는 주체로 판사, 검사, 변호사, 피의자, 사법경찰관리, 증인, 감정인 등이 있는데, 이들은 나름대로 절차상 힘, 권력(영향을 미칠 수 있는 정도라는 의미)을 지닌다. 직권주의에서는 판결을 하는 판사가 가장 강력하다. 판사는 증거 신청 접수, 증거 성립 승인, 승인된 증거에 대한 증명력 평가, 그리고 유/무죄 판결을 스스로 한다. 직권주의에서 당사자가 판사의 소송 지휘에 저항하면 설령 판사가 부당하게 권한을 행사하는 경우라도 당장에는 판사로부터 강력히 제재를 받게 된다. 판사의 권력은 검사와 피고인, 변호사보다 훨씬 더 크다. 반면 당사자주의에서는 피고인 스스로 자신의 무죄를 입증해야 한다. 직권주의에서는 생각하기 어려운 부담이다. 물론 어떠한 절차

소송지휘(訴訟指揮) 소송 절차를 적법하게 진행시켜 소송 자료를 완전히 수집하여 빠른 시일 안에 공평하고 적정한 재판을 하기 위한 법원의 활동.

라도 구체적인 형사절차가 진행되면 판사, 검사, 피고인, 변호인의 개인적 가치관에 따라 추상적인 권력관계는 다소 조정될 것이다. 그러나 이론적으로 당사자주의와 직권주의의 기본구조의 차이는 확실하다.

당사자주의와 직권주의 형사절차의 내용

당사자주의에서는 형사소송을 논쟁절차로 보는데, 직권주의에서는 진실발견 절차로 이해한다. 당사자주의에서 판사는 소극적 심판자이며, 직권주의에서는 진실을 발견하는 책임을 지닌 국가기관이다. 당사자주의에서는 중대한 사건의 판결은 배심원들이 하며 그들은 판사의 소송지휘와 도움을 받아 판결을 내린다. 직권주의에서는 오로지 직업판사들이 홀로 또는 여럿이 합의로 결정한다.

유럽에서 13세기경에 분화된 당사자주의와 직권주의는 그 뒤로 계속 교류하면서 발전해갔다. 절대왕정 시기, 시민혁명의 시기인 계몽주의 시대, 제국주의 시대, 현대를 거치면서 당사자주의와 직권주의는 정치적, 문화적으로 색깔이 입혀지기도 했다. 즉 당사자주의는 자유주의, 민주주의 정부체제에 맞는 형사절차이고, 직권주의는 권위주의 정부체제에 어울리는 형사절차라는 것이다.

그러나 이런 분류는 현대 세계 정치 판도에서 미국의 우월한 지위가 형성되면서, 미국 문화의 산물인 당사자주의 형사절차가 미국의 자유주의·개인주의 정부체제에만 나타나는 형태라는 식으로 다소 과장되어 이해된 탓에 기인한다. 이를테면 당사자주의의 전형적인 제도인 기소협상제도는 영미법계 당사자주의절차에 고유한 것으로 보이지만, 또 다른 전형적 제도인 배심

제도는 대륙법계인 직권주의절차에서도 자주 그 예를 볼 수 있다.

기소협상은 기소권자와 피의자가 서로 주장을 달리할 때 검사가 피의자의 주장을 받아들여 기소하지 않을 수도 있고, 피의자 스스로 자백을 하면 더 이상 공판절차를 진행하지 않고 즉시 절차를 종결하여 양형(量刑)결정에 들어가도록 하는 것이다. 기소협상이야말로 당사자주의에서만 그 정당성을 찾을 수 있는 제도이다. 이제 기소협상을 제도화하고 있는 미국의 예를 살펴보기로 한다.

미국의 기소협상제도

미국 형사절차에서 기소협상의 의의

미국연방헌법은 연방정부의 시민은 배심재판을 받을 권리가 있다고 선언한다. 그러나 미국 형사사법에서 배심재판은 일반적 재판형식이 아니고 예외적 현상으로 인식되고 있다. 미국의 50개 주의 형사사법 실태를 보면 전체 사건의 95% 이상이 수사단계에서 자백 후 공판을 거치지 않고 종결 처리되고 있다. 연방정부 차원에서는 자백 후 간단한 절차로 처리되는 비율이 더욱 높다. 결과적으로 미국연방과 주에서는 기소협상이 형사기소를 줄이는 수단으로 활용되고 있다. 미국 시민들은 형사절차를 공정한 판사가 적극적으로 진실을 밝혀내는 절차로 인식하기보다는, 검사와 피고인, 변호인이 자신의 주장을 입증하고 상대방의 주장을 반박하는 논쟁절차라고 인식한다.(18-1)

소극적 기능을 담당하는 판사는 당사자의 주장 내용에 대해 독립적으로

18-1 미국의 공판정

정보에 접근하여 검토하고 누구의 주장이 더 타당한지 결정하는 기관이 아니다. 당사자는 자신의 권한과 권능을 행사하여 소송을 수행하며, 이러한 당사자의 지위는 판사로 하여금 당사자가 제출하고 제시한 자료를 검토하여 더욱 설득력 있는 주장을 한 쪽을 받아들이게 할 뿐이다.

판사의 지위가 이러한 한편(미국 형사절차법에서 심판자는 일반 사건에서는 판사, 배심 사건에서는 배심원들), 적극적 당사자인 검사는 수사 결과 범죄 사실과 범죄자를 확인했다고 해서 반드시 기소해야 할 의무가 있는 것은 아니다. 당사자에게 주도권이 있기 때문이다. 검사는 자백을 하는 피의자에 대해서는 다른 공범과 달리 기소하지 않거나, 범죄 사실의 일부만 기소하거나 사실을 축소하여 기소하기도 한다. 결과적으로 검사는 기소협상을 통해 업무 부담을 조정할 수 있고, 자신이 맡은 사건들에 대한 부담을 적절히 조절해갈 수도 있다. 때로는 진실 여부를 다투다가 혹시 무죄로 귀결될지도 모른다는 부담을 피할 수도 있다.

미국 형사절차법에는 피해자가 <u>스스로</u> 기소하거나, 검사에게 기소하도록 요구할 수 있는 제도가 없다. 검사가 재량권을 가지고 기소 여부를 결정하며, 경우에 따라서 피해자가 참여한 가운데 기소협상을 하게 하여 피해자를 배려한다.[3] 대부분의 주에서는 검사가 기소협상을 하면서 피의자와 거래하여 피의자에게 주는 혜택에 제한을 두고 있지도 않다.

미국의 형사사법에서 양형은 매우 가혹하고, 또 판사의 양형재량권은 그리 넓지 않기 때문에 자연히 검사의 기소협상이 두드러져 보인다. 검사는 형량, 기소 여부, 범죄 사실 등과 관련해 협상을 한다. 이러한 현실에서 대부분의 피의자들은 끝까지 무죄를 다투는 것을 매우 부담스럽게 느낄 수 있다.

정리하면, 미국의 형사사법에서는 판사의 작량감경권을 크게 제한하고, 검사가 수사 중 피의자에게 '정식재판을 통해 나오는 결과가 피의자에게 크게 불리할 수도 있다'고 강조하면서 정식절차를 피하고 기소협상을 하도록 촉구할 수 있게 한다.[4] 이제 미국의 기소협상제도의 내용과 의미를 좀 더 살펴보기로 하자.

기소협상의 절차와 조건

미국은 연방정부나 주정부에서 기소협상제도를 널리 운영하고 있다. 연방과 주에서는 피의자가 자백하며 거래를 요구하거나(entering pleas of guilty), 검사의 증거 제출에 이의를 제기하지 않겠다고 하면서(nolo contendere)[5] 심리를 통한 결정(공판절차를 통한 판결의 선고라는 의미)을 포기할 수 있게 한다. 이때 판사는 상당한 재량권을 가지고 이미 이루어진 검사와 피의자 간 기소협상을 수용할지 말지를 결정한다.[6] 통상 즉시 결정해서 고지하지만, 피의자[7]가 기소의 면제를 청구할 경우 판사는 수사보고서를 검토하거나 범행의 불법을 고려하기 위하여 결정을 연기할 수 있다.[8]

검사와 피의자가 기소협상을 이루고 나서 판사에게 판사를 구속하지 않는 권고형량(검사와 피의자 간 협상의 결과물)을 확인해달라고 청구할 수 있다. 이에 대해 판사는 그 청구를 받아들이지 않을 수도 있고, 그가 청구를 받아들이는지에 상관없이 기소협상이 이루어진 만큼 그에 따라 처리된다는 점을 피의자에게 알려야 한다.[9] 그리고 피의자는 기소협상의 결과인 감경된 형량(이것도 검사와 피의자 간 협상의 결과물이지만 단지권고형량을 합의한 것이 아니라는 점에서 앞의 협상과 다르다)을 받아들이도록 청구할 수 있다(이때는 권고형량의 확인이 아니며, 확인되는 형량은 판사를 구속한다). 이때 판사는 확인을 거부하고, 재량판단으로 기소협상을 받아들이지 않으면서 거래를 거부할 수 있다.[10]

일부 판사는 범행의 잔혹함을 고려해 기소협상으로 감경된 형량이 적당하지 않다고 판단되면, 기소협상에 의한 거래형량을 받아들이지 않아야 한다고 여긴다.[11] 물론 다른 견해도 있다. 판사가 기소협상의 결과가 피의자에게 너무 관대하다고 해서 이를 거부해서는 안 되며, 또는 법원의 재판권을 훼손한다고 해서 기소협상을 거부해도 안 된다는 것이다.[12]

기소협상은 피의자가 자발적으로 자백하는 것을 전제로 한다. 연방형사절차법에서는 기소협상을 위해 반드시 사실관계가 전제되어야 한다고 규정한다. 검사는 사건에 대해 기소를 할 수도 있고, 축소한 사실로 거래하여 축소 전 사실의 기소를 피할 수도 있다.[13] 이러한 절차는 모두 기록되어 나중에 피의자가 항소할 수 있도록 보장한다. 또 기소협상을 받아들이는 피의자의 결정은 당연히 피의자의 자발적 의사에 따른 것이어야 하지만, 기소협상의 내용이나 형의 감경 정도에 따라 자발성 여부가 판단되지는 않는다. 정식절차를 통해 선고될 예상형량과 기소협상으로 부과되는 거래형량의 차이가 아주 크다고 해서 협상이 비자발적으로 성립되었다고 볼 수는 없다.[14] 검사는 보통 재판을 해봐야 엄청난 불이익이 돌아갈 수도 있다고 윽박지르면서 기소협상을 하도록 촉구한다. 여기서 기소협상과 아무런 상관도 없는 것을 가지고 강요하거나 겁을 주거나 약속하면 자발적이지 못한 기소협상으로서 무효가 된다.[15]

미국 헌법은 피의자에게 정식재판을 받지 않을 권리가 있음을 알리고,

피의자가 관련 사정을 충분히 이해한 뒤에 기소협상을 요구하게끔 한다. 피의자가 기소협상을 하는 것이 적당하다고 생각했다면, 설령 검사가 무죄를 입증하는 증거를 개시하지 않아 피의자의 증거개시신청권을 침해했다고 해도 그 정도로는 기소협상이 자발적이지 않았다는 근거가 되지 않는다.[16] 이러한 권리의 침해는 적법절차에 위배되지만 기소협상 자체에는 영향을 미치지 않는다. 기소협상 관련 사정의 인식에서도 피의자가 헌법상 권리를 포기했다면 인식이 충분히 이루어지지 않아도 무방하다.[17] 물론 미국 형사절차법에 따라 피의자에게 기소된 혐의와 사실을 알려야 하고, 예상되는 최고형량과 구속력 있는 최저형량, 판사가 양형기준에 구속되고 있다는 점을 알려야 한다.[18] 만일 약물범죄라면 피의자의 범죄 의사, 대상 약물의 수량에 따라 최고형량 및 최저형량이 정해지므로, 수량과 같은 핵심 요소를 제대로 고지하지 않았다면 기소협상은 자발적으로 이루어진 것으로 취급할 수 없다.

관련 사정을 잘 이해하고 자발적으로 기소협상에 응한 피의자는, 결국 형사상 불리한 진술을 거부할 권리, 배심재판을 받을 권리, 판사의 면전에서 신문을 받고, 증인신문 및 반대신문을 할 권리를 포기하는 셈이다. 일부 항소법원 판사들은 기록상 피의자의 기본적 권리가 명확히 고지되지 않았다고 해도(precisely articulated) 기소협상은 완전히 유효하다고 본다.

실제로 기소협상을 하면 피의자가 판사에게 명시적으로 포기한다고 하지 않았더라도 자신의 헌법상 권리를 주장할 수 없게 된다. 나아가 일부 판사들은 기소협상이 이루어지면 자발성이 없다고 하는 항변을 일체 허용하지 않아야 한다고 주장한다. 이들은 이중절차금지의 원리를 내세우며 중복기소의 항변을 하는 것도 허용해서는 안 된다고 하면서 기소협상을 제한하는 것을 받아들이지 않는다. 판사가 양형에 관해 피의자에게 권고한 뒤에도 양형 부당을 이유로 항소할 수 있다고 보기도 하지만, 다수 판사들은 기소협상 뒤에는 항소할 수 없다고 여긴다.

다만 피의자가 기소협상을 하면서 연방헌법 수정 제6조에 규정된 "충분히 변호인의 조력을 받을 권리"를 침해당했다면 항소할 권리가 있다.[19] 변호인이 피의자의 무죄 주장이나 알리바이 주장 같은 것을 조사해보지 않았거나, 검찰의 기소협상 제안을 알리지 않았거나, 또 이해관계의 충돌 때문에 유리한 조건으로 기소협상을 할 수 있었는데도 하지 않은 경우에는 변호인의 조력을 받을 권리가 침해되었다고 보아 기소협상 후에도 항소를 할 수 있다.[20]

판사는 기소협상 대상인 사실을 확인해야 하지만 검사가 제출한 서류 내용으로 그 사실을 확인해도 된다. 피의자가 자신의 혐의를 부인해도 상관없다. 검사가 증거를 적시하여 사실관계를 입증하고 판사가 이를 받아들여 피의자의 혐의를 인정했는데, 피의자가 양형심문절차에서 자신을 증인으로 신청해 증언하던 도중 범행을 부인한 경우에도 여전히 기소협상은 유효했다.[21]

일부 판사들은 피의자가 자백하지 않은 경우에도 기소협상은 가능하며, 범행을 부인하는 피의자에 대해서 합리적 의심을 배제할 정도의 강력한 입증이 아니라도 검사의 주장을 뒷받침하는 적당한 증거만 제출하면 기소협상이 가능하다고 보기도 한다. 이에 반해 무죄를 주장하는 피의자에 대한 기소협상은 부당하다고 보기도 한다.

연방형사절차법에 의하면 범죄 관련 사실과 기소할 필요성을 고려하여 판사가 기소협상을 받아들여도 되고 받아들이지 않아도 된다.[22] 피의자는 기소협상 제의를 판사가 받아들일 때까지는 자유로이 기소협상 제의를 취소할 수 있다. 판사가 기소협상을 받아들이면 형이 선고될 때까지만 취소할 수 있다. 이때 대부분의 판사는 피의자의 취소 주장을 뒷받침할 만한 합당한 사유를 들어야 비로소 취소를 인정한다. 예를 들어 증인이 자신의 진술을 취소하거나, 피의자의 무죄를 나타내는 증거가 제시되거나, 판례가 변경되어 피의자에 대한 기소가 기각될 만한 사유가 성립되어야 한다. 형이 선고되고 나면 명백히 정의에 어긋나는 사유가 있을 때, 즉 명백한 부정의를 바로 잡기 위한 때에만 항소가 인정된다. 판사가 기소협상을 유효하다고 인정하면 이는 곧 시행 가능한 계약으로 취급한다.

그런데 기소가 상당한 정도로 검사와 합의를 거친, 또는 검사의 약속에 따른 것이라면 이는 기소협상을 하게 된 요인이므로 그 약속은 반드시 실현되어야 한다. 만일 검사가 약속을 이행하지 않는다면, 판사는 피의자에게 기소협상을 취소하도록 하거나 검사에게 약속을 실천하도록 명령할 수 있다.[23] 검사가 약속을 위배한 것으로 취급되는 경우는 판사를 부추겨 당초 피의자와 협상한 권고형량을 초과하는 형을 부과시키는 경우다. 이를테면 검사가 보호관찰관에게 수사 결과를 제공해 보호관찰관이 양형조사서에서 피의자에게 불리한 서술을 하게 하거나, 피해자조사보고서를 제출한다든지 양형판사에게 가중요소를 고려하도록 하여 결과적으로 권고형량보다 더 높은 형량이 나오게 하는 경우를 말한다. 또 보호관찰관이 합의한 형량보다 더 높게 양형기준을 적용하도록 권고하는 의견서를 제출할 때 이에 동의하면 모두 약속위반으로 본다. 약속위반이 인정되면 피의자는 실제 범죄사실보다 경감된 사실로 기소되거나, 검사가 그대로 기소협상을 이행하거나, 기소협상은 파기하지만 협상 결과 예상되는 형보다 더 높은 형을 요구하지 않는 식으로 처리한다.

기소협상에 대한 논쟁

기소협상은 배심재판에서 당사자들 간 소통에 중점을 두어 적극적으로 절차를 만들도록 하는 제도이다. 많은 판사, 검사, 피의자, 변호인 들은 이 제도가 편리하며 효과적이라고 평한다. 그러나 시간과 돈이 걸리는 절차의 부담을 덜어준다는 이유만으로 무조건 합리적인 제도로 보아서는 안 된다는 주장도 있다. 대표적인 학자가 앨버트 앨슐러(Albert Alschuler)이다. 그는 형벌론의 관점에서 비용을 아낀다고 기소협상으로 형을 줄여주거나 증거가 확고하지 않은데도 유죄판결(감경된 형을 선고하는 판결)을 하는 것은 비합리적이라고 했다.[24] 기소협상이 무죄를 다투어볼 수 있는 피의자에게 작은 이익을 대가로 재판을 받을 권리를 포기하게 하는 것은 아닌지 의문을 제기하여, 지나치게 탄력적인 기준으로 형사절차를 운용하고 형벌을 실행하는 것을 문제시하는 입장이다.[25]

그에 따르면, 검사와 피의자가 기소협상을 통해 회피하려는 배심재판절차는 기소 자체를 목적으로 불공평하게 피의자를 다루는 절차가 아니며, 변호인의 주장을 반박하고 무력화시키는 데 집중한다거나, 검사나 판사의 시간을 빼앗았다고 보아 피의자를 불리하게 처벌하려는 의도로 진행되는 절차도 아니다. 또한 피의자의 변호인에게 협력을 강요한다거나, 정치적 목적으로 피해자를 위로하고 경찰의 위신을 세워주려는 절차도 아니다.[26] 공판절차는 자체 목적을 지닌 절차이지, 그런 주변적인 것들 때문에 이루어지는 절차가 아니라는 이야기다.

앨슐러는 많은 기소협상에서 가난하거나 많이 배우지 못한 사람들이 자신의 권리를 제대로 파악하지 못한 채 기소협상에 응하고 있다고 말한다.[27]

그는 형사절차법상 위법수집증거배제의 원리로도 경찰의 위법 수사를 효과적으로 막지 못한다고 지적하며, 경찰은 위법하게 수집한 증거 밖에 없는 경우에도 기소협상을 통해 피의자의 형사절차상 권리인 위법수집증거배제청구권을 거래의 대상으로 삼으려고 할지도 모른다고 우려한다.[28] 결국 앨슐러는 벤자민 카르도조(Benjamin Cardozo) 대법관처럼 기소협상의 결과 선고되는 형량은 균형을 잃는 경우가 많으며 지나치게 가혹하거나, 지나치게 관대한 경우가 많다고 분석했다.

스티븐 슐호퍼(Stephen Schulhofer)도 기소협상제도를 비판한다. 그가 지적하는 부분은 재판이 복잡하고 비용도 많이 들기 때문에 기소협상을 '원치 않아도 어쩔 수 없는' 제도로 보아야 한다는 논리다.[29] 그는 필라델피아 주에서 시험삼아 실시했던 기소협상 금지 조치의 결과, 많은 사람들이 기소협상은 없어도 큰 문제가 되지 않는 것으로 여겼으며 당사자주의절차 안에서 피의자의 헌법상 권리를 충분히 보호하는 쪽을 더 지지했다고 분석한다.

사실 미국에서 기소협상을 인정하게 된 것은 당사자주의 공판절차의 번거로움 때문이었다. 당사자주의절차에서 당사자 간 다툼과 갈등이 일어나고 이는 판사의 재판에 대한 도전으로 비화된다. 이러한 절차는 공무원이 우월한 지위에서 권위를 갖고 결정하는 방식을 선호하는 사람에게 불편하게 느껴질 수 있다. 형사절차의 당사자들끼리 협의하고 타협하는 것은 공판정에서 권한을 갖고 일하는 사람이나 일반인에게는 긍정적으로 보이지 않을 가능성이 높다. 슐호퍼의 논지는 당사자주의 공판절차가 뭐 그리 나쁜가 하는 소극적인 방어에서 더 나아간다. 당사자주의 공판절차야말로 형사사법절차에서 형벌의 정당성, 형사절차를 구성하는 원리인 염결성과 공정성을 추구하기 위

위법수집증거배제(違法蒐集證據排除)의 원리 적법한 절차에 따르지 않고 수집한 증거는 증거로 할 수 없다는 원칙. 우리나라에서는 형사소송법 제308조 제2항에 명문으로 규정되어 있다.

해 반드시 짚고 넘어갈 문제를 제기하게 하는 절차라는 것이다.[30]

그런 의미에서 기소협상은 형사사법체계의 공정성을 위해 필수적인 문제 제기를 충분히 보장하지 못한다. 정부의 권력을 제한하는 것이 법이 추구해야 할 가장 중요한 목표라고 한다면 다소 장점이 있을지 모르지만 기소협상은 정말 취해서는 안 되는 제도라는 주장이다. 또 기소협상 자체가 중세에 정상적인 재판절차의 부담을 피해 처벌하려는 의도로 시작된 만큼 피의자에게 엄청난 불이익을 주었다고 할 때, 비록 미국의 제도가 피의자의 자발성을 전제로 하지만 결국 처벌을 받아들이는 것이기 때문에 시민에게 큰 고통을 안겨준다는 점을 부인해서는 안 된다는 것이다.[31]

물론 이에 맞서 기소협상을 적극 지지하는 입장도 있다. 기소협상이 피의자가 재판받는 부담을 덜어주고, 검사의 업무 부담을 줄여 다른 중대한 수사에 매진하게 하는 점을 인정하자는 것이다. 기소협상은 본질적으로 계약이며, 모든 계약이 그렇듯 존중되고 이행되어야 한다는 인식이 바탕에 깔린다. 이에 따르면 기소협상에서는 피의자에게 기소를 감당할지, 협상을 통해 감경된 형량을 받아들일지 카드를 미리 보여주기 때문에, 기소된 피의자와 기소협상에 응한 피의자의 형량에 그렇게 부당한 차이가 나지 않는다. 또 기소협상에 응할 권리는 기소협상을 하지 않고 정식재판에서 자신의 무죄를 주장하는 권리를 내포한다. 만일 기소협상을 폐지하면 사건의 부담이 늘어난 검사와 경찰은 그만큼 개별 사건의 수사에 노력을 덜 기울여 잘못된 기소를 할 확률이 높아지며, 결과적으로 배심원들이 내리는 평결의 신뢰도도 낮아질 것이다. 검사가 기소를 할지 기소협상으로 마무리할지 결정하는 재량권을 가진 이상 기소협상제도를 없앨 수는 없다는 의견, 미국의 형사법 처벌이 매우 가

혹한데 완화된 처벌을 가능하게 하는 기소협상제도는 형사정책상 큰 의의를 지닌다는 의견도 있다.[32]

이러한 논쟁을 이념 차원으로 끌고 가기보다 개별 사례에 나타난 문제점을 보완해 좀 더 타당한 제도로 발전시키자는 의견도 나오고 있다. 이를테면 피의자의 무죄를 다툴 만한 충분한 사정이 있는데도 기소협상이 이루어졌는지 감시할 수 있는 개입장치가 있어야 한다는 것이다. 개입장치로는 피의자가 기소협상에 대해 오해를 한 것은 아닌지, 변호인의 조력을 충분히 받고 결정했는지 심사하고, 기소협상의 결과 권고된 형량에 대해 판사가 적극적으로 갱정하는 것이 많이 이야기된다. 특히 협의된 형량의 상한은 판사를 구속하지만 하한은 구속하지 못하는 것으로 할 필요가 있다.

기소협상 계약에서 변호인이 업무상 과오로 유리한 협상을 피의자에게 제대로 권유하지 못한 경우에는 변호인이 배상하도록 한다. 배상의 요건은 보통의 불법행위보다 널리 인정하고 피의자의 면책은 그만큼 넓게 인정되어야 한다. 기소협상이 계약의 일종이라고 해도 통상계약보다 넓은 범위에서 무효선언을 할 수 있어야 한다. 통상계약은 내용 착오 사실이 당사자에게 알려지거나 당사자가 이를 알았을 경우에만 무효가 되지만, 기소협상 계약은 그보다 경우의 수를 넓혀야 한다는 것이다.[33]

요컨대 미국 법원은 기소협상을 본질적으로 계약으로 취급한다. 따라서 법원은 계약이 자발적으로 이루어졌는가, 피의자가 당사자주의절차에 따라 재판을 받는 것보다 얼마나 유리한지 잘 판단했는가, 기소협상으로 권고된 형량이 적당한지 여부를 스스로 판단할 수 있었는가를 조사해야 한다. 만일 변호인의 적절하지 못한 조력으로 피해를 입었다면 변호인의 보수에서 공제해야 한다. 또 검사의 부적절한 행위로 피해를 입었다면 정부가 배상해야 한다.

기소협상제도를 놓고 특히 새롭게 수용한 유럽 국가들 사이에서 보완이 이야기되고 있다. 그러나 이것이 오랫동안 형사법제도로 시행되어온 미국에서는 대체로 법체계상 기소협상의 효율성과 공정성을 인정하는 경향을 볼 수 있다. 기소협상의 결과 받게 되는 형량에 대해서도 이를 개별 협상의 산물이라기보다는, 어떤 정도의 기소협상에서는 보통 어떤 형량이 예상된다고 하며 공평한 잣대가 있는 것으로 인식한다.

일본의 기소협상제도

일본은 우리나라와 형사소송법체제과 매우 흡사하다. 동아시아 유교문화의 배경, 근대화 과정에서 서구 문물을 받아들일 수밖에 없었던 현실, 식민통치로 이루어진 타율적이지만 전방위적인 교류 덕분에 법률문화에서 거의 동질적인 특성을 나타낸다. 일본의 기소협상제도를 이해할 때에도 마찬가지다.(18-2)

일본 학계에서는 기소협상을 '사법거래'로 부르기도 하는데, 형사절차의 모든 단계가 아니라 기소여부 및 기소죄명을 결정하는 단계에서 주로 논의되고 있으므로 기소협상으로 표현하려고 한다. 기소협상의 범주가 명확하지는 않지만 일본 형사절차에서는 피의자, 피고인이 형사절차에서 기소권자에게 협조를 하고 그에 대해 검사나 판사가 일정한 이익을 제공하는 것을 말한다. 보통 형사절차에서 피의자가 자백을 하고 공범의 관여 사실을 밝히면,

검사는 판사에게 감경처벌을 구하고, 판사는 최대한 선처한다. 미국식 기소협상이 기소단계까지 검사와 피의자가 협상·합의를 하는 것과 구분된다.[34] 미국에서는 검사와 피의자의 합의를 판사가 확인하는 식이고, 독일에서는 실제로는 검사와 피의자가 협의하는 선에서 이루어지지만 법률적으로는 판사가 합의에 적극 관여하여 기소협상을 하게 한다는 점에서 차이가 있다.

18-2 일본의 공판정

　일본 학자들은 기소협상을 자기부죄적(自己負罪的) 기소협상과 수사협력형 기소협상으로 구분한다. 자기부죄적 기소협상은 피의자, 피고인이 범행을 자백하고 이에 검사가 구형한 데 대해 판사가 형을 감경하거나, 검사가 처음부터 축소한 사실로 기소하고 유죄판결을 하며 그 밖의 죄를 불기소해주는 방식이다. 수사협력적 기소협상은 공범의 범행을 알리고 공범의 인적사항을 알려주는 등 수사에 협력하는 기소협상이다. 수사협력을 받은 검사는 협력자를 아예 기소하지 않는 혜택을 주기도 한다.

　현재 일본에서도 기소협상 자체가 불가능하다는 인식은 없다. 다만 기소협상이 일본의 현행 형사절차법의 틀에서 보면 모순되거나 충돌하는 면이 적지 않다. 자기부죄적 기소협상의 경우, 피의자가 자백했다고 해서 자백 내용의 진실성을 규명하지도 않고 그대로 사실을 인정하는 것은 진실발견주의와 충돌한다. 자백이 진실이라도 입증할 증거에 의해야 한다는 규정에 반한다. 그리고 자백 내용에 판사가 구속되어야 한다면 증명력 판단의 전권을 판사에게 위임하는 절차법체제에도 어긋난다.

　물론 미국에서도 기소협상 시 피의자의 협상 의사가 임의적이었는지를 심사한다.[35] 그러나 미국에서 임의성 확인은 자백 내용의 진실성을 확인하는 의미가 아니다. 기소협상이 어디까지나 거래이므로 거래 당사자로서 불공평, 불공정한 측면은 없는지를 살펴보는 차원이다. 또한 미국의 기소협상은 자백의 진실성 등 사실관계의 입증을 생략하기 위해 나온 제도이며, 일본과 같이 진실을 밝힌 후에 비로소 자백의 대가를 부여하는 방식은 아니다. 미국에서는 기소협상 시 자백을 놓고 자백이 진실하다는 것을 합리적 의심을 불식시킬 정도로 입증하도록 요구하지 않는다. 일본에서도 어느 정도 진실성을 담보하는 자백으로 볼 수 있으면(확신을 가져다줄 정도로 신빙성이 있는 것은 아니지만) 기소협상이 가능하게 하자는 주장도 있으나, 다수는 자백 내용이 합리적 의심을 불식시켜 그 진실성이 인정될 때에만 기소 사실의 축소, 양형 또는 형사절차상 교섭과 합의를 인정하여 혜택을 주는 것이 타당하다고 본다. 그리하여 일본 형사절차에서 합의를 이룰 수 있는 사항은 양형, 절차상 처분, 소송 관계자의 절차상 행위에 국한한다.[36]

2009년 독일 형사소송법에 도입된 기소협상에서도 유죄를 스스로 인정하는 것은 합의로 성립되는 것이 아님을 명시하고 있다. 그러나 "의심스러울 때는 피고인의 이익으로", "합리적 의심의 여지없는"이라는 원칙도 구체적 사례에서 차츰 완화되어가는 모습을 볼 수 있으며, 또한 이러한 언사가 절대적인 의미로 사용될 수 없는 체계언어라는 특성도 무시할 수 없다.[37]

한편 수사협력형 기소협상의 경우, 수사협력을 받아 진실을 신속히 드러내고, 형벌 목적을 달성하고, 범죄사실 신고를 촉발한다는 공익적 관점에서 보면 불기소 또는 축소 사실로 기소하는 것이 가능하다. 문제는 공범의 일부가 협력자로서 불기소되거나 축소 기소된다면 처벌에서 다른 공범과의 형평성 문제가 생기는 것이 아닌지 의문이 든다.

독일에서도 공범 증인을 면책하는 것은 지나치다는 논의가 있다. 조직범죄의 상급자를 면책하고 하급자는 처벌하는 것, 주동자가 처벌을 면하고 부화뇌동자가 처벌받는 것은 불공정한 일이다. 그러나 수사관의 역량으로는 공범들을 남김없이 처벌하기 어려운 것도 현실이다. 이러한 현실 앞에서 공범에게 수사협력을 얻어 중대한 관여자 일부라도 빠져나가지 못하게 한다면 정책적으로 선택 가능한 일이다. 공정하냐, 아니냐 자체가 판단이 쉽지 않은 체계언어의 문제이지만, 처벌이 중요하고 수사에 시간과 비용이 많이 드는 범행이라면 수사협력형 기소협상은 고려할 여지가 크다.

요컨대 일본 형사절차에서 기소협상은 현실에서 운용되고 있으며 이론적으로 어느 정도 필요성이 인정된다. 다만 피의자, 피고인이 부당하게 압력을 받아, 무죄를 다투고 싶지만 여러 가지 어려움(절차의 장기화, 기소협상을 원하는 검사의 요청을 외면할 경우 받게 될지도 모르는 구형상 격차, 나아가 양형상 격차)을 피하기 위해 대충 자백해 빨리 절차에서 벗어나려고 기소협상을 하는 일을 막아야 한다는 주장이 강력하다.[38]

기소협상제도와 국가의 법문화

이제까지 기소협상을 법적으로 제도화하고 있는 미국을 중심으로, 기소협상제도의 이론적 쟁점, 미국과 일본의 인식 차이를 살펴보았다. 우리나라에서도 학계뿐만 아니라 실무계에서도 기소협상제도 논의가 일고 있다. 물론 외국의 운용 실태를 오랫동안 지켜보고 분석한 수준은 아니지만 논의가 시작되었다는 데 의미가 있다.

제2차 세계대전이 끝난 뒤 전승국인 미국은 자연스럽게 세계 평화질서 재편에 큰 영향력을 행사했다. 그 과정에서 미국의 경제질서, 문화, 법제도가 관심을 받고 전파되었다. 그 와중에도 국지전쟁, 지역분쟁에서 테러의 세계화까지 일어났지만, 20세기 말부터 세계가 글로벌 사회를 지향하며 지역시장 통합, 세계무역협정 체결, 지역차원의 자유무역 확산이 이어지면서 영어로 의사소통하는 것이 일상화되었고 그것이 다시 미국의 법률문화에 대한 관심을 크게 불러일으켰다. 처음에는 법일반이론의 차원에서 법현실주의, 실용주의 법학, 경제와 법의 관계, 기본적 권리의 담론 등이 논의되다가, 차츰 개별 법영역으로 이러한 움직임이 확대되어 형사절차법 분야에서도 미국 형사절차화라는 흐름이 나타나기 시작했다.

기소협상은 이 같은 맥락에서 중심 주제로 취급되고 있다. 비교법적으로 기소협상을 개념 정의하기는 쉽지 않지만, 일본의 사례에서처럼 대체로 자기부죄적 기소협상과 수사협력적 기소협상, 두 가지로 분류해볼 수 있다.[39] 이번에는 먼저 수사협력적 기소협상을 보면, 조직범죄, 기업범죄, 불공정담합범죄, 조세포탈범죄에서 범죄에 가담한 이들 일부가 조직이나 기업, 다른 담합 기업의 범죄사실과 범죄자를 제보하고 본인은 처벌을 면하거나 감경된 처벌을 받게 되는 협의·거래·합의를 말한다. 협상으로 부를 수도 있다. 이렇게 하여 처벌의 필요를 충족시키면서, 책임이 더 큰 관여자를 놓치지 않고 제대로 처벌하기 위해 책임이 적거나 위계가 낮은 사람에게 제보를 얻는다면 그 효과는 상당할 것이다. 물론 반대로 말단 관여자를 처벌하고 수괴급을 빼주는 기소협상은 용납될 수 없을 것이다.

이러한 협상은 특히 기업범죄에서 효과가 기대된다. 기업의 분식회계, 부정경쟁방지법 위반, 독점규제 및 공정거래에 관한 법률 위반 등에서 이에 가담했어도 수사에 협력하면 협력자를 보호하고 책임을 묻지 않는다. 정도의 차이는 있지만 관여자 일부가 이렇게 협력하는 경우가 많으며 순수한 제3의 국외 제보자는 많지 않다.

물론 위반에 관여했는데도 제보하거나 수사에 협력해서 처벌을 면한다든지, 처벌되어도 감경된 처벌만 받는다고 하면 일반적인 법 정서상 받아들이기 쉽지 않을 것이다. 그러나 일반인들도 일부 범죄에서 이러한 협력을 통해 시간과 비용을 절약하면서 주범을 검거하여 처벌할 수 있다면 형사정책적으로 수용 가능하다고 보는 의식이 확산되고 있다. 제보자나 협력자가 전혀 반성하지도 않고 처벌의 위험이 임박하자 자기만 살려고 제보하거나 협력하는 일이 얼마든지 있을 수 있지만, 이제 이런 사람들을 포용하여 수사하고 가장 책임이 무거운 사람을 선별해 기소하는 것이 형사정책적으로 정당하다고 판단한다. 공직선거법, 공정거래법, 감사원법, 부패방지 및 국민권익위원회의 설치와 운영에 관한 법률 등의 시행에서 제보자를 보호하는 조항은 바로 이렇게 바뀌어가는 국민 의식을 반영하고 있다.

각 나라마다 기소협상 대상 범죄의 범위가 다르다. 독일에서는 정치범죄나 사회의 큰 파장을 일으킨 범죄도 기소협상 대상으로 분류하고 있지만, 미국에서는 대체로 경미한 범죄의 경우에 기소면제로 하고 그 밖의 죄는 축소사실기소로 처리한다. 사실 죄를 지은 사람인데 자백하고 수사에 협조했다는 이유로 처벌하지 않거나, 자행한 범죄가 엄연히 존재하는데 이를 축소해서 기소한다면 과연 그것이 정의롭고 공정한 사법이라고 할 수 있는가 하는 의문은 당연하다. 법질서를 파괴한 사람이 법질서로 지탱되는 사회에 대해 반성하는 일 없이 오로지 자백을 했다고 해서 마치 법질서를 파괴하지 않았거나 경미하게 파괴한 사람처럼 여겨져야 하는 이유는 무엇인가. 미국과 유럽에서는 자백하지 않는 범죄자들이 기본 유형이므로 자백한 자를 특별히 배려해 법률적으로 혜택을 주는 것이 이상할 것 없다는 논리다.

반면 우리나라나 일본에서는 거래나 협의로 정의가 실현되는 것이 아니라는 생각이 강하다. 그러나 실제 수사 관행과 형사사법 절차에서 피의자와 사법경찰관, 검사 간의 대화나 협의는 불가피하다. 절도 정도 이상의 죄를 범한 자는 상당액의 벌금형이나 심하면 반드시 자유형을 선고받아야 한다고 여기고, 그렇게 되고 있다고 믿지만 실상은 그와 다르다. 수사관들의 업무 부담은 만만치 않다. 결국 증거가 아직 불충분한 경우 당연히 무혐의의 불기소처분이 이루어진다. 만일 피의자가 자백을 해서 결과적으로 증거의 불충분을 메워주었다면 쉽게 수사를 종결하고 적극적으로 불기소처분을 고려할 수 있었을 것이다. 현대 사회에서 피의자의 인권의식이 높아지고 있어서 자백이 쉽게 이루어지지 않을 경우가 적지 않다. 이때 수사의 종결처분에 융통성을 가지고 피의자와 대화한다면 기소협상은 의외로 넓게 활용될 수 있을 것이다.

주

1   Garner, Bryan A. ed.(2009), *Black's Law Dictionary*, 9th ed., p.62, 864.

2   당사자주의와 직권주의의 대비에서, 우선 역사적으로 존재했던 모든 형사절차들은 구조의 이념형(Idealtypus)으로 보이는 그러한 법체계는 없다는 점을 고려해야 한다. 영미형과 독일·프랑스형이라는 정도이지 이들 국가의 형사절차법이 이념형으로서 당사자주의와 직권주의를 구현한 것은 아니다. 형사소송법학계에서는 양 구조의 특성을 어느 정도 갖춰야 당사자주의 형사절차가 되는지 직권주의 형사절차가 되는지를 놓고 여전히 논의 중이다. 현실적으로 국가 간 교류가 활발해지면서 양 구조의 혼합형, 절충형이 나타나고 있다. 또한 국제형사재판소의 설치에서 보듯이 전통적 이분법으로 형사절차를 파악하고, 절차법을 선택하는 식의 문제는 아니라는 인식이 널리 확산되고 있다.

3   Welling, Sara. N.(1987), "Victim Participation in Plea Bargaining," *Washington University Law Review*, vol.65. 미국의 일부 주에서는 기소협상에서 피해자가 참여하도록 보장한다.

4   Thaman, Stephen, C. ed.(2010), *World Plea Bargaining*, p.108.

5   연방형사절차법 제11장(Fed. R. Crim. R. 11)은 'nolo contendere'에서 판사의 허가를 요한다고 규정한다. 판사는 이의불제출에 의한 기소협상에서 당사자의 주장과 일반인의 형사사법의 효율성에 대한 관심을 고려하여 허가를 결정할 수 있다.

6   Fed. R. Crim. R. 11 (e)(4).

7   판사의 면전에 선 피의자라는 표현이 우리 제도상 이상하지만, 미국에서 정식 재판절차에 들어가기 전 단계라는 의미에서 피의자라는 표현이 정확하다고 하겠다.

8   U. S. v. Bennett, 990 F. 2d 998, 1001 (7th Cir. 1993).

9   Id. at 1002.

10   Id. at 1001. 김봉주(2006), "미국의 답변협상 실태와 자백감면절차 도입 방안,"『Plea Bargaining 제도에 관한연구』, 검찰미래기획단, pp. 46~47.

11   U. S. v. Greener, 979 F2d. 517, 519(7th Cir. 1992). 피의자는 기소협상을 요구할 절대적인 권리는 없으며 판사는 그와 같은 거래가 공정한가에 대하여 확고히 재량권을 가지

고 판단해야 한다.

12 Sandy v. Fifth Judicial District Court, 935 p. 2d 1148, 1151 (Nev. 1997).

13 U. S. v. Jacobo-Zavala, 241 F.3d. 1009, 1011 (8th Cir. 2001).

14 Bordenkircher v. Hayes(1978), 434 U. S. 357, 363. 사형이 예상되는 피의자가 사형을 피하기 위해, 무죄를 다투어볼 수도 있는 사안에서 어쩔 수 없이 기소협상을 제안한 것으로 볼 수만은 없다는 의미이다.

15 Fed. R. Crim. P. 11 (d).

16 United States v. Ruiz(2002), 536 U. S. 622, 628.

17 위의 United States v. Ruiz 사건에 관한 p. 630 참조.

18 Fed. R. Crim. P. 11(b)(1).

19 이와 관련해 미국변호사협회 직업상 책임, 윤리규정 7-7은 "피의자의 변호인은 기소하는 것이 의뢰인에게 유리한지에 대하여 충분히 조언할 의무를 지닌다"라고 규정한다. 윤리규정 7-9는 "각 법적 선택이 어떠한 결과로 이어질지에 대해 설명해야 한다. 이러한 선택 과정에서 변호인은 그의 경험을 충분히 고려하면서 객관적 관점에 서서 조언해야 한다. …… 그는 법적으로 허용되는 것이지만 어떠한 결정을 따르게 되면 때로는 가혹한 결과로 이어질 수도 있음을 강조해야 한다."

20 공범자 모두를 변호하는 변호인이 일부 공범이 다른 공범에게 불리한 진술을 하자 불리한 처지에 놓인 피의자를 위한 기소협상을 하지 않은 사례를 들 수 있다.

21 North Carolina v. Alford(1970), 400 U. S. 25, 37. 피고인은 2급 살인을 자백했으나, 판사의 면전에서 사형을 면하려고 자백했을 뿐 진범이 아니라고 주장했다. 사실상 유죄에 대한 강력한 증거 또는 압도적 증거를 기록에서 볼 수 있으면 피의자의 주장에 상관없이 기소협상은 유효하다.

22 Fed. R. Crim. P. 11 (f).

23 Santobello v. New York(1971), 404 U. S. 257, 261.

24 Alschuler, Albert(1968), The Prosecutor's Role in Plea Bargaining, 36 U. Chi. L. R. 50, 60. ; Thaman, Stephen, C. ed.(2010), *World Plea Bargaining*, p. 114. fn. 48.

25 Id. 65.

26 Id. 79.

27 Alschuler, Albert(1981), "The Changing Plea Bargaining Debate," *California Law Review*, vol. 69, p. 652, 668; Thaman, Stephen, C. ed.(2010), *World Plea Bargaining*, p. 115. fn. 50. 28; Alschuler, Albert(1968), "The Prosecutor's Role in Plea Bargaining," *University of Chicago Law Review*, vol. 36, p. 83; Thaman, Stephen, C. ed.(2010), *World Plea Bargaining*, p. 115. fn. 51.

29 Schulhofer, Stephen(1988), "Is Plea Bargaining Inevitable?" *Harvard Law Review*, vol. 97, p. 1037, 1084; Thaman, Stephen, C. ed.(2010), *World Plea Bargaining*, p. 115. fn. 53. 30; Id. 1104.; Thaman, Stephen, C. ed.(2010), *World Plea Bargaining*, p. 115. fn. 55.

31 Thaman, Stephen, C. ed.(2010), *World Plea Bargaining*, p. 116.

32 Id. p. 117.

33 Id. p. 118.

34 川出敏裕,「司法去來と刑事訴訟法の諸原則」,『刑法雜誌』第50卷 3 , p. 336.

35 LaFave · Israel · King · Kerr(2009), *Criminal Procedure* 5th, p. 1049.

36 川出敏裕, 앞의 논문, p. 339, 340.

37 시신 없는 살인사건은 판사에 따라서 유죄판결을 하기도 하고 무죄판결을 하기도 한다. 개별 사례마다 사정이 다르겠지만 판사 개개인의 성향 차이도 작용하고, 증거에 의해 사실을 인정하는 입증이나 법률 해석이 부분적으로 전문가들의 체계언어로 이루어질 수밖에 없는 한계를 나타내는 것이다.

38 川出敏裕, 앞의 논문, p. 344.

39 河合幹雄,「司法取引と日本社會 · 文化との相生」,『刑法雜誌』第50卷3 , pp. 382以下.

참고문헌

금태섭·김봉주·백기봉·최기식. 이철희(2006), "Plea Bargaining 제도에 관한 연구," 검찰미래기획단.

변필건(2009), "사법협조자의 형벌감면제도의 절차적 투명성 확보에 관한 비교법적 고찰,『법조』2009년 7월호.

원재천(2009), "수사협조자 기소면제 및 형벌감면 법제화 비판,"『비교형사법연구』11권 2호.

이재상(1997), "미국형사소송법상 공범면책증인규정의 제도적 특성,"『형사정책연구』8월 4호.

Thamen, Stephen C. (ed.)(2010), *World Plea Bargaining*.

19 메가트렌드와 국토의 미래

이용우(국토연구원)

국토 예측은 메가트렌드의 영향을 받은 우리 국토의 미래를 유연하게 그려보는 것이다. 이는 국토의 발전방향을 가늠해 더욱 바람직한 국토를 만들기 위한 정책과제를 도출하는 데 필요하다. 이렇게 예측된 국토의 미래는 국토정책이나 계획을 수립하는 출발점이 되어, 궁극적으로 국민 개개인의 행복과 삶의 질을 높이는 데 기여할 수 있다. 최근 들어 인구와 환경 등 국토를 둘러싼 여건이 예상보다 강하거나 빠르게, 또는 예상과 다르게 변화하고 있다. 미래에 대한 불확실성이 고조되는 지금이야말로 국토의 불확실성에 대비하는 전망이 필요한 때다. 국토는 여러 요인에 의해 서서히 변화하며, 일단 변화한 국토는 원래 상태로 되돌리기 어렵다. 따라서 무엇보다 장기적인 안목이 요구된다.

미래 예측과 국토 예측

미래 예측(foresight)은 알고 있는 과거와 알 수 있는 미래의 정보를 단서로, 과학적 근거와 전문가적 정확성을 가지고 다양한 분야의 사회 및 정책적 수요를 예측하는 작업이다. 그런데 미국 하와이 대학의 미래전략센터 소장인 짐 데이토(Jim Dator) 교수는 "미래는 예측할 수 없다"라고 했다. 즉 "미래는 현재에는 보이지 않기 때문에 예측 불가능"하며, "우리가 선호하는 미래를 정해놓고 그 방향으로 만들어가기 위해 국민 모두가 참여할 수 있도록 비전을 제시해야 한다"는 것이다. 미국의 경영학자인 피터 드러커(Peter F. Drucker) 역시 "미래를 예측하는 가장 최선의 방법은 그것을 창조하는 것"이라고 말했다. 미래학자들의 견해를 종합하면, 미래 예측은 '바람직한 미래'를 창출하는 과정이며, 단 하나의 가능한 미래(linear future)를 제시하는 것이 아니라 복수의 미래를 도출하는 작업이다.

국토의 미래를 예측하는 것 역시 희망적인 국토의 미래를 창조하는 작업이며, 단일이 아닌 복수의 미래를 만드는 작업이다. 그럼에도 국토 예측은 어려운 일이다. 국토에 영향을 미치는 메가트렌드가 정치, 경제, 사회, 문화, 과학기술 및 환경 등 다양하기 때문이다.

국토의 미래를 미리 내다보는 것은 다음과 같은 유용함이 있다.

첫째, 예측을 통해 바람직한 국토 미래를 창조할 수 있다. 현재 전개되고 있는, 그리고 앞으로 예상되는 저출산, 인구감소, 고령화, 가치관 및 문화의 다양화, 기후변화와 자원부족, 중국경제 부상 및 FTA 확대, 과학기술 발달 등 메가트렌드는 국토 미래에 도전요인이자 기회요인이다. 불확실한 미래를 대비하기 위해서는 예측이 필요하다.

둘째, 기존 국토계획의 한계를 극복할 수 있다. 통상적으로 국토계획은 정책의지나 미래비전을 계획지표나 목표 등으로 제시하고 이의 실천전략을 강구한다. 이러한 청사진은 개발연대나 고성장기에는 적합하지만, 안정성장 또는 저성장시대에는 계획 추진의 현실성과 국민적 수용성 측면에서 한계가 있기 마련이다. 메가트렌드의 영향을 고려하여 국토의 미래를 예측하는 것은 현실성 있고 수용력 높은 국토계획의 수립을 위해서 반드시 필요한 작업이다.

셋째, 새로운 국토정책의 방향을 모색할 수 있다. 저출산·고령화, 1인가구 증가, 체류 외국인 및 다문화가정 증가, 행복·건강·웰빙(well-being) 추구 등으로 국토이용수요가 감소하면서 다양해지고 있다. 또한, 과학기술 발달로 새로운 첨단산업이 등장하고 있으며, 기후변화로 자원과 에너지 절약에 유리하고 친환경적인 국토이용이 매우 중요해지고 있다. 중국 경제의 부상이나 FTA 확대로 글로벌 경쟁력과 함께 지역 고유의 특성이 지역발전의 핵심 잠재력으로 인식되고 있다. 따라서 기존의 양적 성장 및 하드웨어 위주의 국토 발전에서 탈피하여 다원적이며 기후변화에 안전한 국토이용과 발전이 갈수록 중요해질 것이다.

이렇게 국토의 외생변수를 정리하고, 그것의 긍정적 또는 부정적 영향을 분석하여 국토의 미래를 예측하는 것은 미래대응형 신국토정책의 방향 설정에 필수적이다.

메가트렌드와 국토

메가트렌드는 트렌드의 세계화 버전, 즉 세계가 지구촌화되면서 국제적으로 퍼져나가는 트렌드이다. 메가트렌드가 국토에 미치는 영향은 국토를 이용하는 주체의 가치관에 영향을 미치고, 가치관이 다시 국토이용 행태에 영향을 미치게 되므로 메가트렌드의 영향이 공간적으로 나타나게 된다.

메가트렌드의 분야 구분은 전형적인 방법이 없지만, 가장 많이 활용되는 것은 STEEP이다. 국토 예측을 위한 메가트렌드는 통상적으로 활용되는 STEEP의 5개 분야에 인구를 포함한 6개로 구분한다. 분야별 메가트렌드의 정리는 공통성을 기준으로 하였다.[1] 공통성은 국내외 미래 관련 서적, 보고서, 학술지 등에서 공통적으로 다루어지는 것을 의미한다. 공통성을 기준으로 메가트렌드를 정리하기 위해 메타분석을 실시하였다. 메타분석은 독자적으로 수행된 연구들을 상향식으로 요약하는 방법이다. 메타분석은 6개 분야별로 실질적 내용과 방향이 유사한 세부 항목을 도출하여 분류하고 이를 묶어 메가트렌드로 정리하는 상향식 방법으로 이루어졌다.[2]

이러한 과정을 거쳐 이 장에서는 메가트렌드를 저출산·초고령화, 정치 다극화와 경제 글로벌화, 문화의 다양화, 기후변화 및 자원부족, 과학기술 발달 및 융복합화, 삶의 가치 변화 등 6개로 정리했다.

저출산 · 초고령화
저출산 인구감소
우리나라 총인구는 2010년 4,941만 명에서 2030년 5,216만 명으로 증가

STEEP STEEP(Society, Technology, Economics, Ecology, Politics)은 전략적 의사결정을 위한 거시적인 환경 또는 여건변화 분석에 사용되는 변수의 구분체계이다. 일반적으로, 기업이 사업 방향 및 전략, 중점추진사업 및 축소사업 등을 결정하는 데 사용한다. 현대 사회에서 일어나는 거대한 조류나 지속적인 추세인 메가트렌드를 도출하는 데 STEEP의 구분은 유용하다.

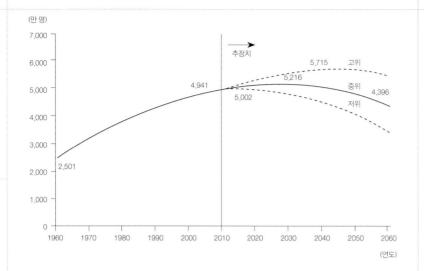

(만 명)

해 정점에 이르고, 이후 감소하여 2040년 5,109만 명에 이를 전망이다.(19-1) 2028년에는 사망자수가 출생자수를 초과하는 마이너스 자연증가가 먼저 시작되지만, 국제이동에 의한 사회적 증가 때문에 인구의 마이너스 성장 시점은 2031년으로 늦추어질 전망이다. 인구성장률은 2031년부터 마이너스 인구성장을 시작해 2040년에는 −0.39% 수준까지 감소할 것으로 보인다. 합계출산율은 2010년 1.23명에서 지속적으로 증가하여 2040년 1.42명으로 다소 높아질 것으로 전망되나, 여전히 대체출산율(2.1)보다 낮아 저출산은 미래에도 상당 기간 지속될 것으로 보인다.[3]

2030년 인구 정점 이후 인구가 감소하고 가구 증가세가 둔화되면서 주택 수요가 감소할 전망이다. 택지개발사업 등 대규모 국토개발 수요가 줄어드는 반면에, 1960년대 이후 산업화와 도시화에 따라 조성된 주택이 노후화되면서 기존 주택의 재생이 활성화될 전망이다.

초고령 장수사회

우리나라는 65세 이상 고령인구가 1960년 73만 명(2.9%)에서 지속적으로 증가하여 2010년 545만 명(11%), 2040년에는 1,650만 명(32.3%)에 이를 전망이다.(19-2) 특히 85세 이상 인구는 2010년 37만 명(6.8%)에서 2040년 208만 명(12.6%)으로 5.6배가 될 것이다. 의료기술 발달, 영양상태 개선, 건강에 대

85세 이상 인구비중
65세 이상 인구비중
기대수명(남성)
기대수명(여성)

19-2 기대수명과 고령화율
전망(통계청, 2011. 12. 7,
"장래인구추계: 2010년~
2060년" 보도자료)

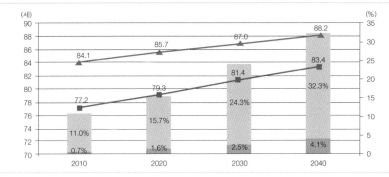

한 관심 증대 등으로 기대수명은 2010년 남성 77.2세, 여성 84.1세에서 2040년에는 남성 83.4세, 여성 88.2세로 늘어날 것이다.[4]

2010년에는 생산가능인구 6.6명당 노인 1명을 부양했지만, 2040년에는 1.8명당 노인 1명을 부양해야 할 것으로 전망된다. 시·도별로는 2010년 전남이 유일한 초고령사회(고령인구비율 20% 이상)였으나, 2020년경에는 전북·경북까지 포함하여 3개 시·도로 초고령사회가 확대되고, 2030년경에는 모든 시·도가 초고령사회에 진입할 전망이다.[5]

초고령 장수사회가 도래하면서 소형주택의 주요 수요층인 고령인구, 특히 단독 고령가구는 의료문화서비스를 누리기 편리한 도시 거주를 선호할 것으로 전망된다. 경제력 있는 고령가구의 증가로 각종 실버 맞춤형 서비스를 호텔식으로 제공하는 실버 레지던스의 수요가 늘어날 것이다. 은퇴 후 노년의 삶에 대한 인식이 '제3의 인생' 등 적극적 개념으로 변화하면서 고령인구의 사회참여가 늘어나고, 이에 따라 고령자 맞춤형 의료보건, 건강관리, 미용과 성형, 건강보조식품, 평생교육, 직업훈련 관련 실버서비스 수요도 증가할 전망이다.

1·2인 가구 급증

인구는 2030년을 정점으로 감소하지만, 가구는 지속적으로 증가하여 2035년에는 2,226만 가구에 이를 전망이다. 평균 가구원수는 2010년 2.71명에서 점차 감소하여 2035년 2.17명으로 줄어들어 가구 소규모화가 지속될 것으로 보인다.[6]

1·2인가구는 2010년 835만 5천 가구(48.1%)에서 지속적으로 늘어나

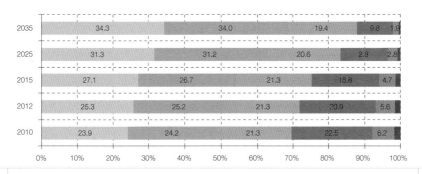

19-3 가구원수별 가구 추이
(통계청, 2012. 4. 26,
"장래가구추계: 2010년~
2035년" 보도자료)

2035년 1,520만 7천 가구(68.3%)에 이르고, 3가구 중에서 2가구 이상이 1인 또는 2인만 사는 소형가구 시대가 될 전망이다.(19-3) 반면에, 부부＋자녀 가구와 3세대 가구는 2010년 각각 642만 7천 가구(37.0%), 106만 2천 가구 (6.1%)에서 2035년에는 450만 9천 가구(20.3%), 85만 1천 가구(3.8%)로 규모와 비중이 모두 감소할 전망이다.

　향후 1·2인가구가 급증함에 따라 도시 소형주택 수요가 증가할 것이다. 재정비 촉진사업 등으로 저가의 노후화된 소형주택은 멸실되고, 1·2인가구의 다양한 라이프스타일을 충족시키는 새로운 유형의 도시 소형주택이 공급될 전망이다. 주로 직장이나 도시서비스에 대한 접근성이 뛰어나고 편리한 근린생활시설을 갖춘 도심 역세권 주변에 1·2인가구를 위한 빌딩형 소형주택이 늘어날 것으로 보인다.

정치·경제의 변화

동북아경제권 강화

한·중·일 동북아경제권은 2010년 기준 세계 GDP의 19.6%, 수출의 18.5%, 수입의 16.3%를 차지하고 있으며, 삼국 간 역내 경제통합을 통해 세계의 주요 경제권으로 부상할 전망이다.[7] 특히 중국은 2001년 세계경제순위 143위에서 2010년 2위로 급부상하면서 G2 반열에 올랐으며, 2020년 전후로 미국을 추월하고 경제대국이 될 것으로 보인다.[8] 최근 10년간 2012년 한·중·일 정상회의를 통해 삼국 간 최초의 경제 분야 협정[9]이 체결되었으며, 한·중·일 FTA는 1단계(공동 연구·여건 조성) 절차가 진행 중이다. 한·중·일 삼국 간에는 상대국에 대한 수출입 의존도와 교역 및 투자 수준이 낮은 편이라서, 향후

표 19-1 한·중·일 삼국의 상대국에 대한 수출입 의존도

구분		대 중국		대 일본		대 한국	
		수출	수입	수출	수입	수출	수입
한국	1990	0	0	18.6	25.0	-	-
	2010	28.4	18.2	5.9	16.5	-	-
중국	1990	-	-	14.7	14.2	0.7	0.4
	2010	-	-	7.6	12.6	4.4	9.9
일본	1990	2.1	5.1	-	-	6.1	5.0
	2010	19.4	22.1	-	-	8.1	4.1

(이창재·방호경, 2011, pp. 175~177)

한·중·일 FTA 발효 시 교역 활성화와 투자 증대 가능성이 높다.(표 19-1)

동북아경제권 강화로 삼국 간 협력이 증진되는 한편, 동북아경제권 내 경쟁도 심화될 것으로 전망된다. 농업 분야 관세 및 비관세 장벽 철폐, 공산품 교역 자유화, 생산 네트워크 확대 등을 통해 교역량이 늘어날 뿐 아니라, 민감한 분야에 대한 지속적 협상이 필요할 것이다. 단기적으로는 농업 분야와 경쟁력이 약해지고 있는 일부 제조업이 쇠퇴하고, 장기적으로 중국 제조업의 구조 고도화로 한국의 탈제조업화가 가속화되면서 산업입지 수요가 변화할 것으로 예상된다.

분권화 진전

1990년대 이후 지방자치제 실시, 주민자치 요구 증대 등으로 지방분권화가 진전되고, 중앙정부의 권한이 점차 지방으로 이양되어왔다. 진정한 지방자치제도 정착을 위해 행정 및 정치적 분권을 넘어서 완전한 경제적 분권에 대한

요구가 늘어나고 있으며, 중앙정부와 지자체의 역할 재정립도 예상된다. 상향식 의사결정과정이 정착되면서 지역개발사업이 활성화되고, 관련 규제를 완화하자는 요구도 늘어날 것이다.

그러나 지역의 독자적 발전 이면에는 지역 간 경쟁 심화에 따른 부작용이 나타날 우려도 있다. 통근, 여가, 소비활동 등에서 행정 경계를 넘어서는 유동인구가 증가하며 지자체 간 행정적 조율의 문제가 대두되고, 간선인프라 시설 입지나 노선 선정에서 지자체 간 갈등이 심화될 수 있다. 향후 분권화는 지자체의 자율권과 권한이 강화되면서 동시에 책임도 강조되는 방향으로 나아갈 것이다.

경제 글로벌 공조화

외환위기(1997), 금융위기(2008) 등 반복되는 글로벌 경제위기에 한국 경제의 성장세가 둔화되면서 활력이 저하되고 있다. 주요 선진국이 재정위기 국면으로 접어들고 저성장 기조가 지속되면서, 경제 글로벌 공조화에 따라 한국경제의 잠재성장률도 점차 하락하고 있다.[10]

현재 전 세계 300여 개에 이르는 자유무역협정(FTA, Free Trade Agreement)을 통해 국제교역의 절반이 이루어지고 있으며, 2002년 이후 아시아·태평양 지역에서만 119개의 FTA가 진행되었다. 특히 2012년 아시아에서 발효한 FTA 중 53%는 아시아 국가 간에 이루어지면서 원 아시아(One Asia)가 가속화되고 있다. 2040년경 중국, 인도, 일본은 아시아 GDP의 83%, 세계 GDP의 35%를 차지하면서 글로벌 경제를 주도할 것으로 전망된다.

다국적기업 진출 확대, 국제적 생산체계 구축, 산업구조 고도화 등으로

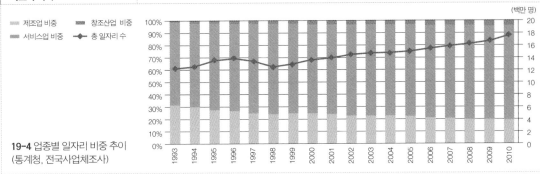

19-4 업종별 일자리 비중 추이
(통계청, 전국사업체조사)

인해 산업·업무·금융기능이 다국적화될 것으로 보인다. 1990년대 이후 잦은 글로벌 경제위기에 대응하기 위한 국제협력 강화, 경제통합 가속화로 글로벌 공조화가 진행될 것으로 예상된다.

산업구조 고도화

과학기술이 발달하면서 첨단기술 관련 산업과 이들이 서로 융복합된 산업이 성장하고, 이에 기반한 새로운 제품과 서비스가 지속적으로 출현하고 있다. 서비스경제화에 따라 전통적 제조업을 서비스업이 대체하고 지식기반경제로 이행하면서, 산업구조가 신기술 중심으로 더욱 고도화될 전망이다.

산업구조 고도화에 따라 일자리는 단순제조업에서 지식기반산업 및 창조산업 관련 일자리가 크게 늘어날 것이다. 우리나라 일자리는 IMF 시기를 제외하고는 1993년 이후 지속적으로 증가하여 2010년 1,764만 7천 개소에 이르렀다.(19-4) 제조업 일자리 비중은 지속적으로 감소하여 2010년 전체의 19.5%에 불과한 반면, 서비스업 일자리 비중은 80.4%로 증가했다. 창조산업 일자리 비중은 1995년 2.6%에서 2010년 4.2%로 증가했다. 창조산업 등 첨단기술 관련 산업은 관련 제조업 집적, 고급인력 확보, 투자이익 등을 중요시하므로 대도시권 입지를 선호할 것으로 예상된다. 따라서 지식기반산업 및 창조산업 일자리도 주로 대도시권에서 증가할 전망이다.

중국 경제의 부상으로 첨단산업의 주도권을 장악하기 위한 경쟁이 가열될 것이다. 원가우위로 성장한 중국의 선도기업은 연구개발(R&D) 경쟁력을 높여 고품질, 고가제품 전략으로 전환할 것이다. 글로벌 기업의 제조공장 역할을 담당하던 중국이 연구개발까지 영역을 확장하면서, 글로벌 연구개발 혁

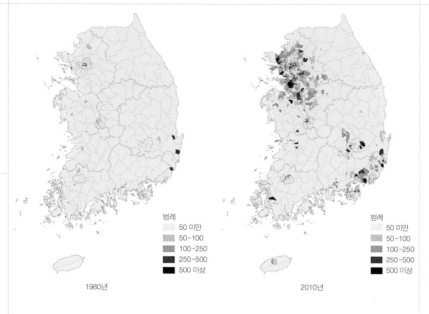

범례
50 미만
50~100
100~250
250~500
500 이상

1980년

범례
50 미만
50~100
100~250
250~500
500 이상

2010년

19-5 전국 읍·면·동 단위 외국인 분포 추이(통계청, 인구주택총조사)

신체계도 뒤바뀌어 국내 경쟁력을 약화시킬 우려가 있다.

한·중·일 FTA가 체결되면 단기적으로 농업 경쟁력이 약화되고, 일부 제조업도 수출 경쟁력이 약화될 것이다. 장기적으로 중국의 구조 고도화가 진행되면서 우리나라의 탈제조업화는 더욱 가속화될 전망이다. 국내 산업경쟁력이 약화되면 농림어업뿐 아니라 제조업 일자리도 감소할 수 있다. 특히 서해안 산업도시의 대 중국 경쟁력 약화로, 지역경제와 산업이 쇠퇴하고 일자리가 감소할 수 있다.

사회·문화의 변화

다문화사회 본격화

우리나라가 다문화사회에 본격적으로 진입하면서 2012년 국내에 거주하는 외국인이 140만 9,577명으로 국내 인구의 2.8%에 이르렀다. 2010년 기준으로 다문화가구는 38만 7천 가구로 우리나라 총 1,757만 4천 가구의 2.2%를 차지했으며, 다문화가구의 평균 가구원수는 2.43명이고, 출생 또는 현재 중국(한국계 포함) 국적이 대다수를 차지하고 있다.

전체 다문화가구의 65.3%는 수도권에 거주하고 있다.(19-5) 다문화가구는

표 19-2 한국 GDP 전망

연도	GDP (10억 USD)	1인당 GDP (USD)
2009	957	19,804
2020	1,650	33,000
2040	2,790	60,000

주: 2005년 USD 기준으로 추정됨
(한국개발연구원, 2010, 『미래비전 2040-미래 사회경제구조 변화와 국가발전전략』)

주로 단독주택에 살며(59.6%), 점유형태는 월세(48.8%)가 가장 많다. 지금 추세대로라면 2040년 연간 국제이동에 의한 순유입 인구 규모는 연간 3만 2천 명으로 전망되며, 그에 따라 다문화사회는 더욱 본격화될 것으로 예상된다.[11]

앞으로 국적 및 체류자격별로 외국인 밀집거주지가 등장하고 다문화시설이 증가할 것이다. 또한 외국 관광객이 늘어나면서 주요 관광지와 주변지역, 대도시 등은 외국인에게 정보와 편의를 제공하는 도시 서비스가 확대될 것이다.

소득 증가

경제위기 이후 경제성장률은 하향 안정화되지만, 산업구조 고도화, 첨단과학기술 발달 등으로 단위 생산성이 향상될 전망이다. 2040년 한국의 경제규모는 2010년 대비 3배 규모인 2.8조 달러에 도달할 것이며, 1인당 GDP는 약 6만 달러 수준에 도달할 것으로 예상된다.[12] (표 19-2) 글로벌 인사이트(Global Insight, 2012)는 2040년 한·중·일 각국의 1인당 GDP를 약 10만 달러(일본), 9만 3천 달러(한국), 7만 1천 달러(중국)로 전망했으며, 이는 2011년 대비 118%(일본), 316%(한국), 1,263%(중국) 증가한 결과이다.[13] 한·중·일 삼국과 인도, 인도네시아, 베트남, 네팔, 미얀마 등 아시아의 소득 수준 증가에 힘입어 아시아 대륙은 전 세계 GDP의 51%를 점유할 것으로 전망되었다.

소득 수준이 높아지면서 국민 삶의 질은 향상될 것으로 전망된다. 특히 소득 증대와 더불어 주5일 근무제 등으로 여가시간이 늘고 교통접근성이 향상되면서, 여가에 더 많은 비용을 지출할 것으로 보인다. 2010년 국민의 여가시간은 평일 4시간, 휴일 7시간으로 나타났는데, 전체 국민의 절반 이상

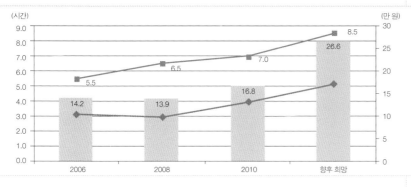

19-6 여가 시간 및 비용 추이
(문화체육관광부, 2010,
국민여가활동조사)

(50.3%)이 여가시간이 부족하다고 답했다. 여가생활을 위해 지출하는 월 평균 여가비용도 지속적으로 증가해 2010년 16만 8천 원으로 나타났다.(19-6) 응답자들은 휴일 여가시간이 8.5시간으로 늘어나길 원하고, 여가비용으로 26만 6천 원을 지출할 의향이 있는 것으로 조사되었다. 앞으로 여가 비용이 높아지면서 주말이나 휴가철에 사용하는 세컨드하우스 수요가 증가하고, 소비 및 여가·관광 서비스 수준도 전반적으로 향상될 것으로 보인다.

양극화 심화

OECD 한국경제보고서(2012)에 따르면, 1997년 아시아 금융위기 이전에 한국의 소득분배는 개발도상국 중에서 가장 평등한 수준이었다. 그러나 지니계수로 측정한 소득 불균형은 2009년까지 지속적으로 상승하여 OECD 국가의 평균수준에 도달하였으며, 2010년 기준소득 하위 20% 대비 상위 20%가 차지하는 비율이 5.7로 OECD 국가 평균인 5.4를 넘어섰다. 게다가 상대적 빈곤율은 2008년에 15%로 증가해서 OECD 국가 중에서 7번째로 높아져 절대적인 소득 불균형 못지않게 상대적 빈곤의 문제가 심화되고 있음을 알 수 있다.[14]

소득계층 간 격차뿐 아니라 지역 간 주거, 산업 입지, 교통, 토지이용, 여가·관광 서비스 격차도 나타나고 있다. 지역 간 서비스의 상대적 격차는 어느 시대에나 나타날 수 있으나, 인구과소지역 등 서비스 수요가 부족한 지역에서는 절대적인 서비스 격차도 심화될 것으로 보인다.

상대적 빈곤율(relative poverty rate) 중간 소득의 절반보다 낮은 소득으로 살고 있는 인구의 비율.

환경의 변화

기후변화

아열대 기후구 월평균기온 10℃ 이상인 달이 8개월 이상, 최한월 평균기온 18℃ 이하인 지역을 의미한다.

지구온난화로 말미암아 우리나라 아열대 기후구는 2010년 제주도와 남해안에서 2050년까지 내륙을 제외한 전국으로 확산될 전망이다. 2010년에 비해 2050년경 우리나라 기온은 3.2℃(1.8~3.7℃) 상승하고 강수량은 16%(4~17%) 증가하며 해수면은 27cm 상승할 것으로 전망된다.[15] 여름은 19일 이상 길어져 연중 5개월 이상 지속되고, 겨울은 한 달 이상 짧아지면서 봄, 여름, 가을에 비하여 기온상승(+4.2℃)도 가장 클 것으로 보인다. 극한기후는 폭염, 열대야 등 고온현상이 3~6배 증가하며, 일강수량이 80mm를 넘는 집중호우일수는 2050년경 60% 이상 증가할 것으로 전망된다.

폭염 일최고기온이 33℃ 이상인 상태. 폭염이 2일 이상 지속될 것으로 예상되면 폭염주의보가 내려진다.

열대야 일최저기온이 25℃ 이상인 무더운 밤.

기후변화에 따른 급격한 생태계 변화로 생물종다양성이 위협받고, 가뭄, 홍수, 폭염 등 대형자연재해로 이어져 국민건강과 국토생활기반에 대한 위협이 커질 우려가 높다. 따라서 저탄소의, 에너지 효율이 높은 국토이용 및 방재가 중요시될 전망이다.

자원부족

전 세계적으로 에너지 효율성이 높아지고 있지만, 화석연료 매장량의 한계 때문에 신재생에너지원에 대한 관심이 커지고 있다. 특히 중국은 지금까지 전 세계 에너지, 원자재, 곡물소비의 블랙홀 역할을 담당해왔다. 그리고 앞으로 소득이 증가하면서 중산층이 확대되어 에너지와 곡물 수요가 더욱 커질 것이다. 또한 폭염이나 이상저온과 같은 기상이변이 자주 발생하면서 에너지 수요가 큰 폭으로 상승하고, 기후변화로 인한 물 부족 우려가 커지면 물을 다량으로 사용하는 농업과 자원개발 분야의 비용 상승 우려가 높다.

미국 중심으로 개발되고 있는 셰일가스 생산이 전 세계로 확대되기는 어렵지만, 세계 최대 셰일가스 매장국인 중국이 2015년까지 셰일가스 탐사와 기술 개발에 집중할 계획이어서 그 결과에 따라 에너지 시장에 큰 영향을 미칠 것으로 전망된다. 화석연료 대체에너지원으로 주목받았던 옥수수 기반 에탄올은 옥수수를 포함한 곡물가격 상승으로 제한된 성장세를 보일 것으로 예상되는 반면, 대두유 기반 바이오디젤의 생산이 증가할 가능성이 있다.[16] 앞으로 화석연료를 대체할 신재생에너지원이 확보되지 않은 상황에서 국토 부존지하자원에 대한 중요성이 점차 증대되고, 곡물가격 급등에 대비하여 농업을 중요시할 것으로 보이며, 전 세계적으로 신규 에너지원 확보 노력이 더욱 강화될 전망이다.

한편 자원민족주의와 기후변화로 말미암아 식량가격이 큰 폭으로 상승할 전망이다. 자원민족주의의 확산은 전 세계 식량의 수급 불안을 확대시키며, 가격 상승 및 변동성 증가가 곡물생산국의 자원민족주의를 부채질하는 악순환이 반복될 우려가 있다.[17] 빈번한 이상기후와 자연재해로 식량가격의 등락이 심해지면서, 식량안보와 안전한 먹거리에 대한 중요성이 강조되고 도시농업이 증가하고 있다. 기상 조건에 관계없이 365일 농작물 재배가 가능한 식물공장도 늘어나고, 유휴지, 개척지 등 농업용지로 전환이 증가할 것이다.

유가와 곡물가격의 상호연계(interconnection)가 강화되면서 유가 폭등이 글로벌 경제에 미치는 영향력이 증폭되고 있다.[18] 특히 유가 상승에 따라 바이오오일(Bio-oil) 수요가 증가하고, 곡물가격이 상승하면서 신흥 시장에서 상품가격이 치솟아 전 세계의 물가에 영향을 미칠 것이다.

해외 주요 곡물 수출국도 가뭄과 홍수로 수확량에 큰 타격을 입어 국제 곡물가격이 급등했으며, 이는 유가 상승으로 이어져 글로벌 경제위기에 악영향을 미쳤다.

유가가 폭등하면 자가용 이용이 감소하고 대중교통을 이용한 통근·통학이 증가할 것이다. 통근거리를 줄여 교통비를 절약하려는 목적으로 직주근접이 강화되고, 스마트워크도 증가할 것이다.

기후변화로 집중호우, 태풍, 열대야, 폭염, 대설 등이 늘어나 자연재해의 발생빈도가 높아지고, 그 피해 규모도 대형화될 것이다. 일반 국민의 주거지 선택과 기업체의 산업입지 선호는 대형자연재해로부터 안전한 지역에 집중될 것으로 전망된다.

과학기술의 변화

저출산·고령화, 세계 도시인구 증가, 물·식량 부족 심화 등 국토 관련 분야의 과학기술은 크게 발달할 것으로 예상된다.[19] 한국과학기술평가원에 따르면, 2040년 이내에 실현될 과학기술 중 국토 관련 기술로는 노인친화형 주택 보급(2019), 생태조경을 위한 에코시티 조성 기술 발달(2023), 시속 600km 이상의 육상수송시스템 보급(2029), 장거리 순항 초대형 여객기 보급(2038) 등이 전망되었다.[20] (표 19-3)

과학기술 발달에 따른 IT·디지털 혁명으로 인해 경제활동에서 IT·디지털 기술의 비중이 확대되고, 스피드와 유연성이 증가하는 뉴 디지털 웨이브(New Digital Wave) 시대가 도래할 것이다.[21] 초고속교통수단의 발달로 인해 매개과정 없이 빠른 속도로 적재적소에 서비스를 제공하는 다이렉트 서비스

표 19-3 국토 관련 과학기술 전망

국토 관련 분야	실현 시기	세부 기술
저출산 고령화	2019	쌍방향 의료서비스 및 응급상황 모니터링이 가능한 노인친화형 주택
	2020	차량 스스로 핵심주행 장치의 안전성을 실시간으로 모니터링하고 문제 발생 시 인접차량 및 교통관제 시스템에 회피경고신호를 송신하는 기술
세계 도시인구 증가	2020	도로상에 설치된 센서를 통해 차량의 주행상태를 모니터링하여 차량의 이상여부를 감지하고 이를 차량운전자 및 통제센터에 통보해주는 Adaptive incident management system 기술
	2023	생태조경을 위한 에코시티 조성 기술 항공, 도로, 해상교통시스템의 환승 최적화를 위한 수송인프라 기술
	2029	시속 600km 이상 육상수송시스템
	2031	튜브형 레일을 갖는 700km/h급 초고속 열차 개발 기술
	2038	1천명 이상의 승객을 탑승시키고, 지구상의 어느 지점이든 무착륙으로 비행할 수 있는 장거리 순항 초대형 여객기
물 · 식량 부족 심화	2018	GIS를 활용한 한계농지 자동검출 기술 수산생물(어류, 해조류)을 도시 건물 내에서 양식하는 도심지 빌딩양식 기술
	2019	담수화, 물 재이용 플랜트 등의 설계, 시공, 유지관리를 위한 지능형 관리시스템, 가상시뮬레이터 등 스마트 블루플랜트, 농가별 방역을 위한 공기, 물 등 외부요인 차단, 제어기술
	2020	기후변화에 따른 전 지구 해수면 변화, 지역별 해수 침수 및 범람 예상도 실시간 예측기술
	2023	다중 수원의 통합 관리를 위한 스마트 워터그리드 기술 기존의 직렬시스템(flow-through system)을 지능형 순환시스템(smart looping system)으로 진화시킨 지능형 공업용수 루프시스템 기술

(한국과학기술기획평가원, 2011, "제4회 과학기술예측조사 (2012~2035)"보고서)

(Direct Service)가 최첨단 GPS기술을 기반으로 급부상할 전망이다.[22] 디지털 네이티브(Digital Native) 세대는 개인화된 디지털 도구들과 소프트웨어, 소셜 네트워크 서비스(SNS), 미디어를 이용해 일상 속에서 스마트워크와 스마트러닝을 병행할 것이다. 디지털화, 초고속화, 스마트워크 및 스마트러닝의 확대로 국민의 국토이용 범위는 시공간적으로 광역화될 전망이다.

삶의 가치 변화

행복 추구와 삶의 질 중시

소득 증대, 주5일제 확대, 고령화, 가족형태의 변화, 정보통신기술의 발달 등으로 삶의 가치가 일과 직장에서 가족과 여가 중심으로 바뀌고, 미래에는 웰빙, 다운시프트(downshift) 등 행복을 추구하고 삶의 만족도와 질을 중요시하는 사회가 도래할 전망이다. 일과 삶의 균형, 거주지 중심 공동체 생활과 관련한 국토이용 수요도 증가할 것이다. 또한 주거환경과 함께 가족생활이 개인의 행복에 중요한 역할을 담당하므로, 가족과 강한 유대감을 형성할 수 있는 여가공간 수요가 늘어날 것으로 보인다.[23]

2012년 우리나라는 OECD 34개 회원국 중 행복지수 32위의 최하위권 국가로 나타났다. 우리나라는 10점 만점에 4.20으로 평균(6.23)보다 낮으며, 터키(2.90)와 멕시코(2.66)를 제외한 행복 수준 최하위권 국가로 조사되었다. 행복지수를 구성하는 세부지표별로 살펴보아도 우리나라는 환경·생태 유지 가능성, 공동체 구성원들과의 접촉빈도(34위), 주관적 건강상태(32위), 필수시설을 못 갖춘 가구 비율(31위), 소수그룹에 대한 관대성(28위), 빈곤율(28위), 가처분소득(27위), 살해율(26위), 국가기관 신뢰도(26위), 1인당 방 수(25위), 고용률(21위), 소득분배정도를 나타내는 지니계수(21위) 등 전반적으로 최하위권 또는 하위권에 머물렀다.[24]

매슬로우(Maslow)의 5단계 욕구이론에 따르면, 인간에게는 5단계 욕구가 있으며 하위 욕구가 충족되어지면 점차 상위욕구를 추구하게 된다. 현대인들은 소득 증대와 물질적 풍요 덕분에 이미 생명 유지를 위한 최소한의 생리적 욕구를 해소한 단계로 볼 수 있으며, 현재는 그 상위단계인 삶의 질에

행복지수 행복지수는 2011년에 OECD에서 회원국들의 '보다 나은 삶 지수(BLI)'를 산출하면서 사용한 1인당 방 수, 가처분 소득, 고용율, 살해율, 상해율, 사회네트워크 안정성 등 12개 지표에 경제적 안정, 정부에 대한 신뢰, 외부인에 대한 관용, 성차별 등 사회자본 관련 지표와 지니계수, 빈곤율 등 부의 불평등을 나타내는 지표, 자연환경적 지속 가능성 지표를 추가하여 총 19개 세부지표로 구성된다.

매슬로우의 5단계 욕구이론 인간에게는 5단계 욕구가 있으며 하위 욕구가 충족되면 점차 상위욕구를 추구하게 된다는 이론. 허시(P. Hersey)와 블랜차드(K. H. Blanchard)는 5단계 중 현대인이 가장 중시하는 욕구로 소속욕구와 자아실현욕구를, 그 다음으로 자존욕구와 안전욕구를 꼽았다.

| 참고 | 서울을 떠나는 사람들

최근 10년간 귀농·귀촌인구 추이를 보면, 1998년 정점에 도달한 이후 줄곧 감소세를 보이다 2002년을 최저점으로 다시 증가하며 베이비부머의 은퇴 본격화로 증가세가 커지고 있다. 귀농자의 44%가 40대 이하로 기존 농촌 거주자보다 젊은 계층이며, 대도시 베이비부머의 2/3가 은퇴 후 농촌이주(이도향촌) 의향이 있는 것으로 조사되기도 하였다.

귀농·귀촌 현황

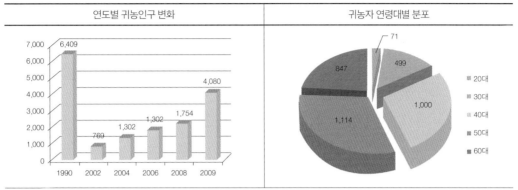

| 연도별 귀농인구 변화 | 귀농자 연령대별 분포 |

(농림수산식품부, 2009, "귀농·귀촌 업무담당자 교육자료"; 한국농촌경제연구원, 2010, "전문가들이 보는 2050 농업·농촌의 미래")

대한 관심이 높다.[25]

젊은 층을 중심으로 주택 소유의 가치관이 달라진 것도 행복 추구 및 삶의 질과 관련해 중요한 변화라고 할 수 있다. 구세대들은 주택 소유에 대한 집착이 강해 주택 구입에 많은 비용을 투자했다. 그러나 젊은 층은 집을 '사는(buy) 것'이 아닌 '사는(live) 곳'으로 인식하여, 주택 구입에 드는 비용과 노력을 여가생활과 개인의 자아 성찰에 할애하려고 한다.

한편 탈도시화로 전원생활과 도시생활을 동시에 누리려는 사람들이 늘어나면서 도심과 멀지 않은 곳에 있는 농가주택이 인기를 끌고, 친환경 상자텃밭 가꾸기 등 도시농업 인구도 증가할 전망이다. 본격적인 농업 종사보다는 도시에 직장을 두고 농촌에서 텃밭 정도를 가꾸면서 전원생활을 즐기려는 귀농·귀촌자도 증가하고 있다.

여가활동은 요트, 마리나, 섬 별장 등을 이용한 해양 여가가 증가하고, 초고령 장수사회에 진입하며 실버 여가 수요도 증가하며, 올레길 걷기와 야외 캠핑이 인기를 얻는 등 여가 패턴이 다양화될 전망이다. 자연친화적인 환경에서, 필수적인 편의시설은 갖추어 기본적 편의성이 충족되는 가족여행 수요가 급증하고, 5도2촌에서 2도5촌으로 친자연적 생활패턴이 확대될 것이다.

건강과 장수에 대한 관심

물질과 성장만을 최상의 가치로 생각하던 시대가 지나가고, 이제는 개인의 정신적·육체적 건강에도 관심을 갖게 되었다. 현대인의 질병이 스트레스, 과도한 업무량, 육식 및 인스턴트 위주의 식습관, 불규칙적인 생활패턴 등 각종 생활습관과 매우 밀접하다는 인식이 높아지고 있다. 건강에 대한 인식도 단순히 질병을 치료하거나 예방하는 차원을 넘어서 평소에 최적의 건강수준을 향상시키는 의미로 확장되고 있다.

이에 따라 웰빙이나 친환경 먹거리에 대한 관심이 증가하고 있으며, 친환경 상자텃밭 가꾸기, 주말농장 등을 통해 스스로 건강하고 안전한 먹거리를 자급자족하려는 활동이 증가하고 있다. 거주지와 가까운 곳에서 생산된 로컬푸드(local food)에 대한 관심도 높아져 앞으로는 지역농산물에 대한 수요가 더욱 증가할 것이다. 2011년 20세 이상 인구의 46.6%는 로컬푸드를 구매했으며, 56.9%는 친환경 농산물을 구매하기 위해 노력하는 것으로 나타났다.[26]

무병장수에 대한 관심이 높아지는 만큼 불의의 사고나 질병에 대한 우려도 커져, 이에 대비하는 노력도 증가하는 추세다. 현대인들은 과거와 달리 건강관리를 꾸준히 해야 한다고 생각하며, 규칙적인 운동에 가치를 두기 시작했다. 예컨대 건강을 위해 자전거를 교통수단으로 이용하는 자전거족이 늘고 있다. 또한 걷기가 정신적·신체적 건강과 평화를 주는 좋은 운동이자 휴식으로 인식되어, 올레길이나 둘레길을 걷는 도보여행이 급증하고 있다. 의료기

술이 발달하고 장수사회로 나아가면서, 과거에 비해 노후대비를 중요하게 여기는 경향도 확산되고 있다.[27]

현대인들은 범죄 발생, 경제적 위험, 환경오염, 국가안보 등에 대해 불안감을 느낀다. 2008년 통계청 조사에 따르면, 국민의 절반 이상이 10년 전과 비교해 사회가 더 위험해졌다고 생각하며, 10년 후에도 여전히 위험할 것으로 보았다. 사회의 공동체적 유대가 약해짐에 따라 범죄율도 증가하며, 절반 가까이 되는 여성들은 이러한 범죄피해에 대한 두려움을 느끼고 있다. 어린 자녀를 둔 부모들은 범죄에 대한 불안감을 더 크게 느끼며, 아이를 보호하기 위한 휴대폰 안심서비스, 경보기, 경호서비스 등과 같은 상품에 많은 관심을 가질 것이다. 앞으로 안전을 위한 상품과 서비스 산업이 더욱 각광받을 것으로 예상된다.

메가트렌드가 국토에 미치는 영향

메가트렌드, 국토인식 및 국토정책 등 여건이 변화하면서 국토는 동일한 방향으로 영향을 받거나 서로 상반된 방향으로 영향을 받을 수 있다. 여건 변화의 내용과 이에 반응하는 국토의 세부 요소(생활공간과 공간구조 등)에 따라서 영향의 방향과 강도가 달라진다. 또 영향의 공간적 범위와 대상, 영향의 강도 등에 따라서도 결과는 다양하다.

메가트렌드를 비롯한 여건 변화가 국토에 미치는 영향의 중복성, 유사성 등을 브레인스토밍 등을 통하여 정리하여 18개로 종합하였다. 18개로 종합된 국토 변화 방향에 대하여 전문가 및 국민 설문조사를 거쳐서 10개의 국토 트렌드를 최종 도출하였다.(표 19-4)

표 19-4 여건 변화가 국토에 미치는 영향

구분		여건 변화가 국토에 미치는 영향		영향의 종합	
메가트렌드	T1. 2030 인구정점	· 대규모 국토개발 수요 감소, 재생 활성화 등	⇒②⑦⑧	① 경제적 효율에서 저탄소 에너지 효율적으로	
	T2. 초고령장수사회	· 고령인구 도시거주 증가, 실버서비스 수요 증가 등	⇒⑦⑭		
	T3. 1·2인가구급증	· 도시 소형주택 수요 증가 등	⇒③⑧	② 양적 국토개발에서 안전으로	
	T4. 동북아경제권강화	· 역내 경쟁 심화 및 협력 강화, 산업입지수요 변화 등	⇒⑱⑤⑦⑪	③ 국토, 재테크 수단으로서 자산에서 실수요 기반의 사용가치로	
	T5. 분권화진전	· 지역간 경쟁 심화 및 협력 강화 등	⇒⑰⑱		
	T6. 경제글로벌공조화	· 산업·업무·금융기능 다국적화, 글로벌 경제위기 공조화 등	⇒⑪⑰	④ 소유에서 임대로	
	T7. 산업구조고도화	· 첨단신산업 및 대도시권 입지수요 증가 등	⇒⑥⑦⑧⑫	⑤ 신규 개발에서 재생으로 ⑥ 외연적 확산에서 도심 회귀로	
	T8. 다문화사회본격화	· 외국인거주지, 다문화시설, 외국관광객 증가 등	⇒⑤⑱		
	T9. 소득증가	· 건강, 웰빙 추구 국토이용 증가, 세컨드하우스 증가, 소비 및 여가수준 제고 등	⇒⑫⑬⑭	⑦ 대량에서 맞춤형으로 ⑧ 대형에서 중소형으로 ⑨ 단일에서 다기능 복합으로	
	T10. 양극화심화	· 지역격차 심화 등	⇒⑰⑱		
	T11. 기후변화	· 저탄소 에너지 효율적 국토이용 및 방재 중요시 등	⇒①⑭	⑩ 평면에서 입체로 ⑪ 제조에서 창조로 ⑫ 도시에서 자연으로 ⑬ 육지에서 해양으로 ⑭ 스마트화 ⑮ 도로에서 철도로 ⑯ 초고속화 ⑰ 초국경·초광역화 ⑱ 양극화에서 격차 완화로	
	T12. 자원부족	· 국토 부존지하자원, 농업 및 신규 에너지원 중요시 등	⇒①⑫		
	T13. 과학기술발달	· 디지털화, 초고속화, 광역화, 원격근무 증가 등	⇒⑪~⑰		
국토인식	C1. 행복, 만족도 및 삶의 질 C2. 웰빙, 건강 및 장수	· 주택구입의사 약화, 강·산·해 이용 고도화, 여가시간 증가, 국토이용 수요 다양화 등	⇒⑦⑨⑩⑫⑬		
국토정책	P1. 균형발전정책	· 지방 발전, 농촌 활성화 등	⇒⑯⑱		
	P2. 재생정책	· 신규 국토이용 수요 감소 등	⇒②③		
	P3. 소프트파워 위주 지역발전	· 지역특화발전 등	⇒⑰⑱		
	P4. 대형국책사업완료	· 일자리 지방 이전 등	⇒⑰⑱		
	P5. 간선인프라지속확충	· 국토의 글로벌 경쟁력 제고, 접근성 개선 등	⇒⑮⑯⑰		
와일드카드	W1. 산업경쟁력약화	· 일자리 감소, 기존 산업도시 쇠퇴 등	⇒⑤⑰		
	W2. 집값폭락	· 주택수요 감소, 주택 노후화, 지역격차 심화 등	⇒③⑤		
	W3. 초대형자연재해발생	· 주거 및 산업입지 선호 등 국토이용 입지 등	⇒④~⑩		
	W4. 유가폭등	· 자가용 이용 감소, 직주근접 강화, 스마트워크 증가 등	⇒③⑥⑪⑭⑮		
	W5. 식량가격폭등	· (도시)농업 및 식물공장 증가, 전원지역 활성화 등	⇒①⑱ ⇒①⑱		

요약하면 다음과 같다.

첫째, 동북아경제권 강화, 경제 글로벌 공조화, 소프트파워 위주 지역발전, 대형 국책사업 완료, 분권화 진전 등의 여건변화에 따라 국토는 초국경·

초광역화될 것이다.

둘째, 2030 인구 정점, 초고령 장수사회, 1·2인 가구 급증, 집값 폭락 등 인구·가구구조 변화에 따라 국토는 대량에서 맞춤형으로, 대형에서 중소형으로, 소유에서 임대로, 재테크 수단으로서 자산에서 실수요 기반의 사용가치로, 양적 국토개발에서 안전으로, 외연적 확산에서 도심회귀로 변모해갈 것이다.

셋째, 산업구조 고도화 또는 산업경쟁력 약화 등의 영향을 받은 국토는 제조에서 창조로, 신규 개발에서 재생으로, 평면에서 입체로 변화할 것이다.

넷째, 기후변화, 초대형 자연재해 발생, 자원부족, 과학기술 발달, 유가 폭등, 식량가격 폭등 등의 영향으로 인해 국토는 경제적 효율에서 저탄소 에너지 효율적으로, 도로에서 철도로, 초고속화, 스마트화될 것이다.

다섯째, 소득 증가, 행복 추구, 삶의 질 중시, 안전 추구, 다문화사회 본격화 등으로 도시에서 자연으로, 육지에서 해양으로, 단일에서 다기능 복합으로 변화할 것이다.

국토트렌드

이제 메가트렌드가 국토에 미치는 영향을 통해 국토트렌드로서 미래국토의 모습을 생각해보자. 국토트렌드는 국토에 투영되어 나타나는 트렌드이며, 메가트렌드, 국토인식 및 국토정책의 영향 아래 앞으로 우리 국토에서 전개될 일반적인 경향을 의미한다.

경제적 효율에서 저탄소 에너지 효율로

미래에는 기후변화 및 자원부족으로 말미암아 신재생에너지 등 신규 에너지원을 중요시하고 국토 부존지하자원을 절약하는 저탄소 에너지 효율적 국토이용이 중요시될 전망이다.

양적 개발에서 안전한 국토이용으로

초대형 자연재해가 주기적으로 빈번하게 발생하면서 주거 및 산업입지 선호 등 국토이용에서 방재를 중요시할 것이다. 안전·안심에 대한 국민적 욕구가 지속적으로 증가하여 범죄에 안전한 생활공간에 대한 수요도 높아질 전망이다.

교환가치에서 사용가치로

미래에는 삶의 질 및 만족도를 중시하게 되면서 주택구입의사가 약화되는 대신 세컨드하우스 수요가 증가할 것이다. 공장, 사무실 등 업무공간도 소유에서 임대 위주로 전환되어 국토의 이용인구와 이용가치를 중시할 것이다.

부동산 가격이 안정화되어 부동산 매매를 통한 자산 증식이 과거와 같이 용이하지 않게 되고, 삶의 질을 추구하는 가치관이 보편화됨에 따라 주택, 토지 등 부동산에 대한 인식이 자산에서 사용가치 위주로 변화하게 된다. 부동산에 대한 거주가치의 제고는 투기적 수요가 아닌 실수요 위주의 부동산시장 형성을 의미하므로 국토이용의 지속가능성을 제고할 것이다.

신규개발에서 재생으로

택지나 공장용지의 신규개발에서 기개발지의 재생(저층저밀, 주거환경정비)을 통한 재활용이 활성화될 전망이다. 유가 급등, 에너지 절약 등으로 도시의 외연적 확산 대신에 도시재생, 직주근접, 도심 토지이용 고도화 등으로 도심 활성화가 진전될 것이다.

국토에 대한 의식이 선진화되고 신규 도시용지 수요의 증가가 둔화되며 녹색성장에 따른 자원 및 에너지 효율적 국토관리가 강조됨에 따라, 신규개발보다는 국토재생에 대한 수요와 관심이 높아질 것이다. 과학기술 발달로 재생기법이 다양해지고, 대도시를 중심으로 주거·산업공간, 교통인프라 등의 재생이 활발해진다. 특히 대규모 산업단지, 항만, 공공청사 등의 재생이 공공 차원에서 추진되며, 공공 주도의 재생으로 노후화된 국토공간이 정비됨으로써 주변 지역 재생의 경제성이 높아진다. 점(點)적인 재생이 차츰 면(面)적으로 확산될 것이다.

대량 공급에서 수요 맞춤형 공급으로

미래에는 주택 유형 및 입지, 사무실 입지, 여가 활동 및 공간 등이 대규모로 조성된 공간이나 입지를 벗어나 개인 선호나 활동의 특성에 따라 다양화될 전망이다. 1·2인 가구 급증, 가구소규모화, 초고령 장수사회 도래 등으로 주택 수요는 대형 위주에서 중소형화될 것이다.

은퇴 후 부부가 전원으로 이사하거나, 경제적으로 여유 있는 가구가 승용차로 1~2시간 거리의 강, 호수, 해안 등 수변공간에 여가휴양용 세컨드하우스를 구입하여 교외에 거주하는 등 전원거주가 증가한다. 세컨드하우스 보급으로 도시와 농촌을 오가며 사는 다지역거주(multi-habitation)도 증가한다. 특히 다문화가정과 고소득층을 중심으로 국제적 다지역거주도 나타난다. 고령인구의 경우, 결혼한 자녀와 따로 살되 승용차나 대중교통으로 20~30분 이내에 도달 가능한 지역에 사는 가족 간 근거리 거주도 늘어날 것이다. 고령인구는 건강, 생활양식, 경제력 등에 따라 전원주택, 실버타운 등에서 다양하게 노후를 보내며, 전반적으로 도시 거주가 증가할 것이다.

단일 기능에서 다기능 복합기능으로

과학기술 발달에 따른 첨단 건축기술의 등장과 다기능 복합공간 수요가 늘어나면서 주거＋상업(주상복합건물), 제조업＋사무실＋상가(아파트형 공장), 제조업＋교육(하이브리드 산업단지), 쇼핑＋여가(대형 쇼핑몰), 멀티숍(multishop), 농촌 모자이크화 등 국토이용이 다기능 복합화될 전망이다. 제조업, 업무, 상업공간의 고층화 및 지하공간 개발과 같이 국토이용의 차원이 2차원(평면)에서 3차원(입체)으로 확장될 것이다.

　　미래 주택은 첨단과학기술이 융복합되어 거주는 기본이고, 일터이자 학습 및 여가공간이며, 건강검진센터이자 에너지 생산단위가 된다. 정보, 문화, 의료기술의 발달로 미래의 주택은 보이지 않는(invisible) 가상공간(virtual room)을 하나 더 가지게 되고, 집에서 스마트워크, 원격교육(e-learning), 가상관광(virtual tourism), 원격진료(tele-care) 등이 가능해진다. 또한 ET(에너지 및 환경기술)의 발달로 태양광, 태양열, 소형풍력, 연료전지 등 신재생에너지 설비를 갖춘 그린홈이 증가할 전망이다.

　　미래의 산업공간에서는 IT와 ET의 융합으로 에너지 효율화 및 자족화,

환경친화적 자재 사용 확대, 교통·물류·전력망의 지능화, 환경관리 및 공정 관리의 첨단지능화, 폐기물 및 온실가스 배출 최소화 등이 가능해진다. 미래의 산업공간은 더 이상 회색빛 공장들이 밀집된 격리된 공간이 아닌 자연친화적이고 지능화된 녹색공간으로 변화할 것이다.

단순 제조에서 지식기반 창조로

미래에는 단순제조업에서 지식기반산업 및 창조산업으로 산업구조가 개편될 전망이다. 산업구조 고도화에 따라 새로운 첨단산업은 고급인력 조달과 암묵적 지식 획득이 용이하고, 교통·통신 등 기반서비스와 업무·생활환경이 양호한 대도시권을 중심으로 발달할 것이다.

인공에서 자연으로

웰빙, 힐링, 건강 및 장수를 중요시하는 인식의 확대에 따라 거주지, 여가공간 등의 전원 선호도가 증가하고, 안전한 먹거리 확보 차원에서 농업의 중요성이 강조될 전망이다. 유가 폭등, 자원부족, 해양 부존자원 가치 제고 등으로 인해 육지를 떠나 바다의 자원과 해양에너지원 확보 노력이 증대될 것이다.

　　콘크리트와 같이 인공적인 재료로 구축된 회색인프라(gray infrastructure)에서 자연의 일부로서 자연에 순응하는 그린인프라(green infrastructure)가 확대될 전망이다. 특히, 기후변화와 자연재해로 인해 대다수의 국가의 인프라는 열화(deterioration), 용량 부족, 자연재해 취약 등 수자원과 관련된 인프라의 문제를 해결하기 위해 노력하게 될 것이다.

　　탄소흡수원으로 부상하는 산지는 면적보다도 입목축적량, 수종 등 탄수

그린인프라(Green Infrastructure) 자연생태계의 가치와 기능을 보전하고, 인류에게 이익을 제공하는 동시에 녹지공간과 상호 연결된 인프라 네트워크. 미국 조경가협회(American Society of Landscape Architects)에서는 신도시를 계획하거나 디자인할 때 나무, 식물, 토양을 사용해 물을 정화하고 저장하기 위한 인프라가 바로 그린인프라 도입의 대표적인 사례라고 설명했다.

흡수량 기준으로 가치를 평가받게 된다. 농지를 탄소흡수원으로 활용하기 위하여 지력, 접근성 등 영농 조건이 불리한 한계농지에 숲 가꾸기 등 조림사업도 활발하게 추진될 것이다. 강·산·해와 농·산지 등 국토자원은 생산적 측면의 경제성에서 벗어나 환경, 어메니티(amenity), 심미, 여가·휴양, 건강 등의 기능이 강조될 것이다. 경제적 측면에서 저평가되고 있는 농지 및 산지는 탄소흡수원이자 여가관광공간 그리고 고부가가치 건강·웰빙식품 생산공간 등으로 위상이 재정립될 것이다.

자원부족으로 해양에 대한 관심이 고조되면서 과학기술 발달로 해양에너지 개발, 해저자원 탐사 개발, 해상도시 개발 등이 현실화될 것이며, 제2의 국토로서 해양의 중요도에 대한 인식이 더욱 강화될 것이다.

경계에서 초연계로

미래에는 과학기술 발달 및 간선인프라 지속 확충에 따른 초고속화, 스마트화에 힘입어 행정구역이나 국가의 경계를 넘나드는 통근, 구매, 여가, 기업활동 등 초연계(hyper-connected)된 국토이용이 확장될 전망이다.

서울-부산 간 소요시간은 1905년 경부선 개통 당시 17시간 4분이었으나, 2010년 KTX 경부선 개통과 함께 2시간 8분으로 단축되었다. 초고속 자기부상열차와 튜브트레인 등 초고속교통수단에 의한 통행시간의 획기적 단축은 국토 공간상 심리적 거리단축효과를 가져올 것이다. 2030년경에는 경부 및 호남축 외에도 동해안, 서해안 및 남해안과 내륙에도 초고속철도망이 구축되고 시속 500km급 자기부상열차가 운행하여 주요 도시 간 이동시간은 90분 이내로 단축될 것이다.

초연계(超連繫, Hyper-connected) 시공을 초월해 사람과 사람, 사람과 사물, 사람과 기업 간 끊임없는 연결을 의미한다. 초연계 사회에서는 인터넷이나 스마트폰, TV 에브리웨어, n스크린 등과 같은 새로운 정보통신기술(ICT)과 매체를 통해, 24시간 언제 어디서나 모든 것이 온라인에 접속된 초연계 생활(hyper-connected life)을 영위한다. RIM의 최고경영자는 '블랙베리월드 2012' 기조연설에서, 초연계로 불리는 새로운 ICT 환경이 RIM이 주목하는 신성장 동력 기반이자 모바일의 미래라고 언급했다.

중국 경제의 부상과 북극 항로의 개설로 기존의 경부축과 더불어 서해안축 및 동해안축이 새로운 국토축으로 떠오르고, 환황해 및 환동해경제권이 중요해질 것이다. 동북아경제권에서 한반도의 글로벌 경쟁력을 제고하는 동시에, 지역 특성화 발전을 담아낼 수 있는 다핵연계형 국토공간구조가 형성될 것이다.

지역 격차 심화

미래에는 지역 간 주거, 교통, 여가 문화, 도시 서비스 등의 양과 질 그리고 비용의 차이에 따른 격차가 심화될 우려가 있다. 대도시권에 첨단산업과 주거 입지가 집중되고, 간선교통망이 확충되면서 교통결절지와 대도시권이 발전하며, 고비용 교통서비스가 발달하면서 국토이용의 상대적 격차는 확대될 전망이다.

미래국토 창조전략

미래국토 창조전략은 더 나은 국토를 만들기 위한 실천전략이다. 개별 대상이나 정책에 대한 것이 아니라, 국토 전체의 차원에서 미래의 이슈에 대응할 수 있도록 도출했다.

첫째, 연령, 소득, 국적 등 계층이나 기능별로 다양한 국토이용의 수요를 충족하는 맞춤형 국토서비스 공급 전략이 필요하다. 세부적으로는 앞으로 비중이 늘어날 고령인구, 네트워크형 거주 가구 및 소형가구, 귀농·귀촌가구,

외국인 및 해외동포 등 계층별 맞춤형 국토이용 전략과 주거, 산업, 여가 등에서 변화된 수요에 대응할 수 있는 국토이용 전략, 그리고 임대형 국토이용에 대한 관리 강화전략 등이 추진되어야 할 것이다.

둘째, 환경 및 역사문화의 가치, 창조 역량, 비즈니스 마인드, 핵심 인재, 스토리텔링과 같은 국토 소프트파워를 함양할 전략이 필요하다. '저성장 시대'를 맞이하여 지역발전 전략이 하드웨어 확충에서 벗어나 지역 고유의 소프트파워를 활용하는 쪽으로 전환되어야 한다. 또한 지역주민이 주체가 되어 특화부존자원을 활용하는 마을기업을 운영함으로써, 지역의 일자리를 창출하고 지역경제를 활성화해야 한다.

셋째, 국토이용을 통해 주거, 의료, 교육, 문화·여가, 쇼핑, 그리고 웰빙, 건강, 장수, 안전 등 인간의 기본적인 욕구가 충족될 수 있는 행복인프라 확충 전략이 필요하다. 세부적으로는 국가 최저서비스 및 농촌서비스 기준을 충족하고, 재해, 재난 및 범죄로부터 안전한 환경을 조성하며, 여가문화공간, 건강치유공간 등 국민행복공간을 확충할 필요가 있다.

넷째, 신규개발 대신에 재생을 통한 국토이용의 장수명(長壽命) 전략이 필요하다. 주택, 오피스 건물, 공장, 국토기간시설 등의 100년 장수명 활용전략과 수복형 재생을 통한 주거환경 개선, 그리고 도심 노후 산업단지의 복합적 재생 등이 추진되어야 한다. 특히 국토의 장수명화를 위해서는 궁극적으로 개별 대상에 대한 재생보다 인간 정주공간(도심·노후주거지·시외곽 농촌 등)에 대하여 주택 및 주거지, 도시 서비스시설, 산업공간, 간선인프라 및 지역자산을 종합적으로 활성화하는 재생이 적극 추진되어야 할 것이다.

다섯째, 국토의 자연자산 가치가 높아지고, 행복과 건강을 추구하는 국토이용 수요가 증가함에 따라 공동화되는 국토에 대한 재인식과 대응 전략이 필요하다. 저이용, 공동화되고 있는 농촌 마을과 농지, 산지, 하천 상류 등 국토 자연자산을 대상으로 본래의 기능을 유지·관리하는 국토가꾸기 운동을 대대적으로 추진할 필요가 있다. 국토 자연자산의 현황과 변화를 모니터링하고 지속 가능한 관리를 위한 조사도 병행해야 한다. 탄소흡수림을 조성하거나, 유사시 식량을 생산할 수 있도록 산지와 농지를 기후변화 대응력을 높이는 방향으로 관리해야 할 것이다.

주

1 메가트렌드 도출에서는 공통성 외에도 가능성과 영향성을 기준으로 활용하고 있다. 이 장에서는 기존 트렌드를 정리하고자 한다. 기존 문헌에 제시된 트렌드는 이미 가능성과 영향성 조건을 충족한 것으로 간주할 수 있으므로 결국 공통성이 중요한 기준이 된다.

2 메가트렌드 정리 과정은 표 19-4 참조.

3 통계청(2011), "장래인구추계: 2010년-2060년" 보도자료.

4 위와 같음.

5 통계청(2012), "장래가구추계: 2010년-2035년" 보도자료.

6 위와 같음.

7 외교통상부(2012), "한중일 FTA 산관학 공동연구 보고서."

8 크레디트스위스는 중국이 2020년 미국을 능가하는 세계 최대 소비시장으로 부상할 것으로 전망했고, IMF는 2016년 중국의 구매력이 미국을 능가할 것이라 내다보았으며, 이코노미스트는 2018년에 중국 경제가 미국 경제를 추월할 것이라 전망했다.

9 한·중·일 투자보장협정은 3국간 최초의 경제 분야 협정으로서, 3국은 이번 협정체결을 통해 투자자와 투자를 보호하는 데 유치국의 의무를 보다 강조하는 법적·제도적 틀을 강화해 진출기업 보호와 투자활동 증진 등 실질적 측면에서 크게 기여할 것으로 기대된다.

10 삼성경제연구소(2012), "미래트렌드·리스크와 향후 정책과제 분석" 보도자료.

11 통계청(2011), "장래인구추계: 2010년-2060년" 보도자료.

12 한국개발연구원(2010), "미래비전 2040 – 미래 사회경제구조 변화와 국가발전전략" 발표자료, p.36.

13 대외경제정책연구원·현대경제연구원(2012), "아시아의 미래와 정책 방향."

14 OECD(2012), "OECD 한국경제보고서."

15 기상청(2011), "2011년도 특이기상 및 새로운 미래 기후변화 전망" 보도자료.

16 삼성경제연구소(2012. 11. 7.), "자원시장 하락추세로 전환되었나?," CEO Information.

17 위와 같음.

18 위와 같음.

19 한국과학기술기획평가원에서는 기계, 생산, 항공, 우주, 천문, 농림, 수산, 도시, 건설, 교통, 생명, 의료, 소재, 화공, 에너지, 자원, 극한기술, 전자, 정보, 통신, 환경, 지구, 해양 등 기술 분야별로 총 652개 미래기술을 전망했다. 한국과학기술기획평가원(2011), "제4회 과학기술예측조사(2012~2035) 보고서."

20 한국과학기술기획평가원(2011), "제4회 과학기술예측조사(2012~2035)" 보고서.

21 LG 경제연구원(2012. 4. 6.), "중장기 미래 트렌드와 향후 정책과제."

22 한국트렌드연구소(2011), "메가트렌드 인 코리아 2012."

23 구재선 · 김의철(2006), "한국인의 행복 경험에 대한 토착문화심리학적 접근," 『한국심리학회지: 사회문제』, pp. 77~100; Diener, E. & Seligman, M. E. P.(2002), "Very happy people," *Psychological Science* 13, pp. 81~84.

24 "한국 행복지수 OECD 34개국 중 32위," 『조선일보』, 2012. 7. 10.

25 Hersey, P. and Blanchard, K. H.(1972), *Management of Organizational Behavior:Utilizing Human Resources* (2nd ed.), New Jersey: Prentice Hall.

26 통계청(2011. 10. 6.), "2011년 녹색생활지표 작성결과 녹색생활조사 결과를 중심으로" 보도자료.

27 통계청(2012), "한국인의 사회동향 2011" 보도자료.

참고문헌

강홍렬 외(2006),『메가트렌드 코리아』, 정보통신정책연구원.

구재선·김의철(2006), "한국인의 행복 경험에 대한 토착문화심리학적 접근," 『한국심리학회지: 사회문제』, pp. 77~100.

권기헌(2008),『미래예측학』, 법문사.

기상청(2011), "2011년도 특이기상 및 새로운 미래 기후변화전망" 보도자료.

김성태(2007),『또 다른 미래를 향하여–국정관리를 위한 미래예측과 미래전략』, 법문사.

대외경제정책연구원·현대경제연구원(2012), "아시아의 미래와 정책 방향."

미국 국가정보위원회(2013),『글로벌트렌드 2030』, 예문.

박영숙 외(2012),『유엔미래보고2030』, 교보문고.

삼성경제연구소(2012), "미래트렌드·리스크와 향후 정책과제 분석" 보도자료.

삼성경제연구소(2012. 11. 7.), "자원시장 하락추세로 전환되었나?," CEO Information.

외교통상부(2012), "한중일 FTA 산관학 공동연구 보고서."

이영탁(2010),『미래와 세상』, 미래를 소유한 사람들.

이용우 외(2009·2010·2011),『국토 대예측』(I)·(II)·(III), 국토연구원.

이용우 외(2012),『미래 국토발전 장기전망과 실천전략』(I), 국토연구원.

통계청(2011), "장래인구추계: 2010년-2060년" 보도자료.

통계청(2011. 10. 6.), "2011년 녹색생활지표 작성결과–녹색생활조사 결과를 중심으로" 보도자료.

통계청(2012), "장래가구추계: 2010년-2035년" 보도자료.

통계청(2012), "한국인의 사회동향 2011" 보도자료.

한국개발연구원(2010), "미래비전 2040–미래 사회경제구조 변화와 국가발전전략" 발표자료, p. 36.

한국과학기술기획평가원(2011), "제4회 과학기술예측조사(2012~2035) 보고서."

한국트렌드연구소(2011), "메가트렌드 인 코리아 2012."

LG 경제연구원(2012. 4. 6.), "중장기 미래 트렌드와 향후 정책과제."

OECD(2012), "OECD 한국경제보고서."

Diener, E. & Seligman, M. E. P.(2002), "Very happy people," *Psychological Science* 13, pp. 81~84.

"한국 행복지수 OECD 34개국 중 32위," 『조선일보』, 2012. 7. 10.

저자 약력

권용우

서울대학교 문리과대학 지리학과(문학사)

서울대학교 대학원 지리학과(문학석사/문학박사)

미국 미네소타 대학교, 위스콘신 대학교 객원교수

현 성신여자대학교 지리학과 명예교수

박양호

서울대학교 문리과대학 지리학과(문학사)

서울대학교 환경대학원(도시계획학석사)

미국 캘리포니아 대학교(버클리) 대학원(도시및지역계획학박사)

국토연구원 원장

현 홍익대학교 스마트도시 과학경영대학원 교수

유근배

서울대학교 사회과학대학 지리학과(문학사)

서울대학교 대학원 지리학과(문학석사)

미국 조지아 대학교 대학원 지리학과(Ph.D.)

현 서울대학교 지리학과 교수

조준현

고려대학교 법과대학 법학과(법학사)

고려대학교 대학원 법학과(법학석사)

서울대학교 대학원 법학과(법학박사)

현 성신여자대학교 법학과 교수

우명동

고려대학교 경영학과(경영학사)

고려대학교 대학원 경제학과(경제학석사/경제학박사)

영국 런던 대학교(SOAS) 경제학과 객원교수

미국 아메리칸 대학교 경제학과 객원교수

네덜란드 에라스뮈스 대학교(ISS) 객원연구펠로우

현 성신여자대학교 경제학과 교수

오세열

경북대학교 경제학과(경제학사)

고려대학교 대학원 경영학과(경영학석사/경영학박사)

현 성신여자대학교 경영학과 교수

황상규

아주대학교 공과대학 산업공학과(공학사)

서울대학교 환경대학원(도시계획학석사)

프랑스 국립고등토목대학원(ENPC)(도시교통·DEA)

프랑스 파리12대학교 도시계획과(교통학박사)

현 한국교통연구원 선임연구위원

변병설

충북대학교 공과대학(공학사)

서울대학교 환경대학원(도시계획학석사)

미국 펜실베이니아 대학교 대학원(도시계획학박사)

현 인하대학교 행정학과 교수

이재준

성균관대학교 공과대학 조경학과(공학사)

서울대학교 환경대학원(조경학석사/공학박사)

미국 델라웨어 대학교 객원교수

협성대학교 도시공학과 교수

현 수원시 제2부시장

김세용

고려대학교 건축공학과(공학사)

서울대학교 환경대학원(조경학석사)

미국 컬럼비아 대학교 대학원(건축학석사)

고려대학교 대학원 건축학과(공학박사)

미국 컬럼비아 대학교, 호주 시드니 대학교 객원교수

미국 하버드 대학교 펠로우

현 고려대학교 건축학과 교수

김광익

서울대학교 사회과학대학 지리학과(문학사)

서울대학교 대학원 지리학과(문학석사/문학박사과정수료)

성신여자대학교 대학원 지리학과(문학박사)

현 국토연구원 연구위원

유환종

서울대학교 사회과학대학 지리학과(문학사)

서울대학교 대학원 지리학과(문학석사/지리학박사)

스웨덴 예테보리 대학교 객원교수

현 명지전문대학 지적학과 교수

이용우

서울대학교 사회과학대학 지리학과(문학사)

서울대학교 대학원 지리학과(문학석사)

독일 본 대학교 대학원 지리학과(지리학박사)

현 국토연구원 기획경영본부장(선임연구위원)

이원호

서울대학교 사회과학대학 지리학과(문학사)

서울대학교 대학원 지리학과(문학석사)

미국 워싱턴 대학교 대학원 지리학과(Ph.D.)

현 성신여자대학교 지리학과 교수

구자용

서울대학교 사회과학대학 지리학과(문학사)

서울대학교 대학원 지리학과(문학석사/문학박사)

현 상명대학교 지리학과 교수

황철수

서울대학교 사회과학대학 지리학과(문학사)

서울대학교 대학원 지리학과(문학석사/문학박사)

미국 인디애나 대학교 지리학과 객원교수

현 경희대학교 지리학과 교수

김형태

서울대학교 사회과학대학 지리학과(문학사)

서울대학교 환경대학원 환경계획학과(도시및지역계획학석사)

미국 워싱턴 대학교 대학원 도시디자인계획학과(Ph.D.)

현 한국개발연구원(KDI) 연구위원

이자원

성신여자대학교 사회과학대학 지리학과(문학사)

성신여자대학교 대학원 지리학과(문학석사/문학박사)

미국 하버드 대학교 펠로우, 미국 매사추세츠 대학교(보스턴) 연구원/강사

현 성신여자대학교 지리학과 교수

박지희

성신여자대학교 사회과학대학 지리학과(문학사)

성신여자대학교 대학원 지리학과(문학석사/문학박사)

현 성신여자대학교 지리학과 강사

정경연

인하대학교 대학원 도시계획학과(도시계획학박사)

현 인하대학교 정책대학원 겸임교수